川床近くの砂丘の叢林地帯で休息するボーンズ。

捕食者の接近に驚いてジャンプで逃げるスプリングボック。

“木立ちの島”のなかにある私たちのキャンプ。周囲には何千平方マイルにわたってすむ人もいない。

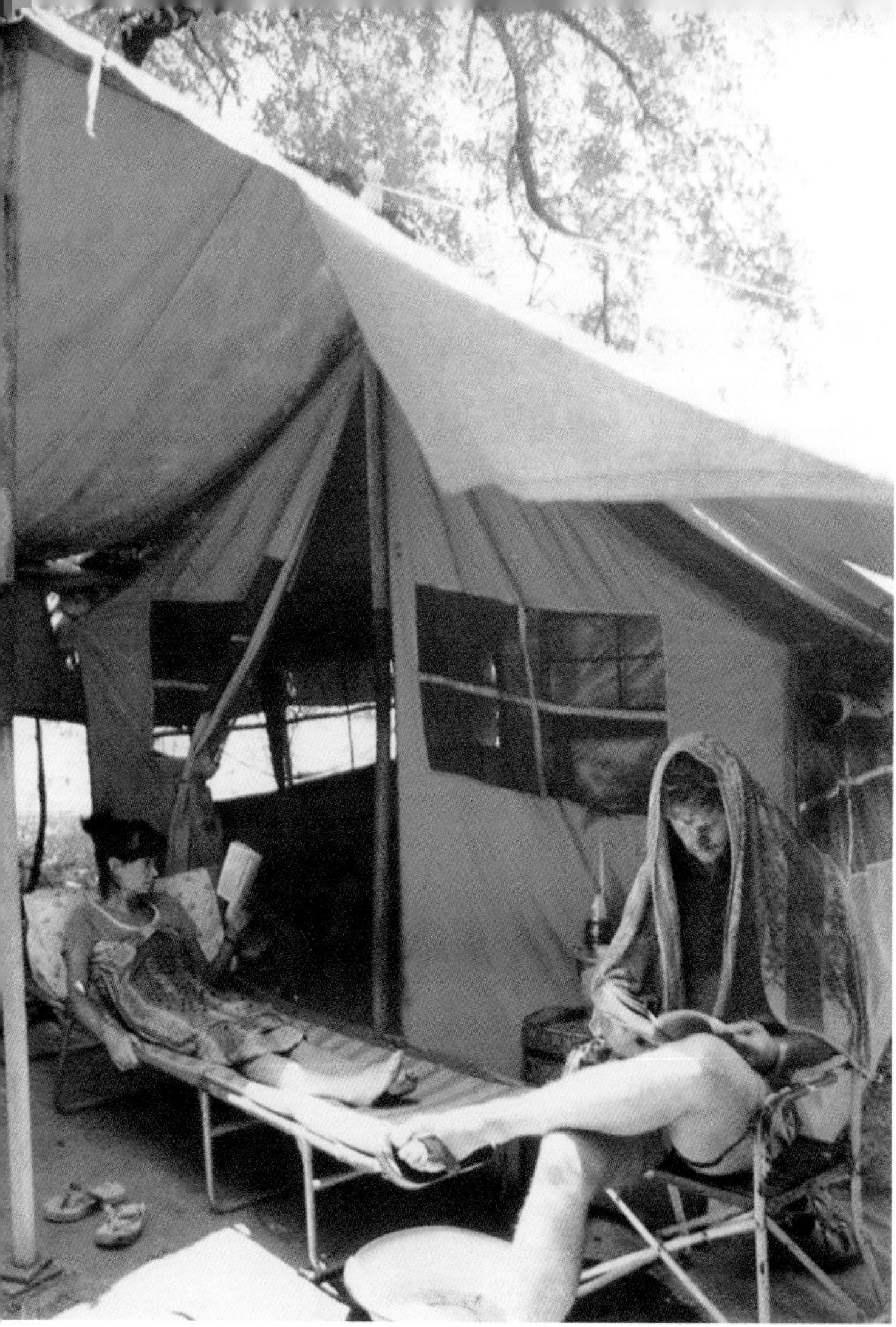

ぬれタオルを身体にかけて、休息をとる二人。このようにして私たちは摂氏49度という旱魃期の猛暑を何とか生きぬくことができた。

カラハリの野火

上）マークのテニスシューズを嗅ぐ“山賊”の群れのリカオン。
ここにいる動物の大半はこれまでに人間を見たことがない。
下）順位制のあるジャッカルの社会で、地位を守ろうとして争うキャプテン。

上）スプリングボック・パン・プライドのハッピーに無線首輪をつける私たち。
下）骨折した肢の手術後のまだ衰弱した身体で、私たちの与えたゲムズボックをなんとか木陰に運ぼうとしているボーンズ。

ブルーと交尾するボーンズ。

カッショクハイエナの子ども。安全な共同巣穴を大胆にも日暮れにぬけ出して散策するペッパー。このような時にヒョウなどの捕食者に狙われやすい。

上）トッフィーと遊びたがっているペッパー。
下）乾季の重要な栄養源であるダチョウの卵をかみ割ろうとしているダスティ。

雨が降ると、ミネラルを豊富に含む草を求めて、キリンまでもが
砂丘の林から川床へと移動する。

母親が狩りをしている間、丈の高い草の茂みにかくれているビンボ。

枝のむこうからマークをじっと見る、二歳になったビンボ。

3マイル離れたところにある共同巣穴へ運ぶため、息子ココアをくわえたスター。

観察中のディーリアにあいさつするペッパー。

ディーリアの手から餌を食べるサイチョウ、チーフ。

夜空に炸裂する稲妻。雷雨の襲来によって長かった旱魃も終わりを告げる。

空中からの無線追跡を終えて、マークが日暮れにキャンプに帰ってくる。

雷雨とともに乾季は終わり、ディセプションに生命を甦らせる雨が降りはじめる。

ハヤカワ文庫NF
〈NF577〉

カラハリが呼んでいる

マーク・オーエンズ＆ディーリア・オーエンズ
伊藤政顕監修／小野さやか・伊藤紀子訳

早川書房
8706

CRY OF THE KALAHARI
by
Mark Owens and Delia Owens

Japanese edition supervised by
Masaaki Ito
Translated by
Sayaka Ono and Noriko Ito
Published 2021 in Japan by
HAYAKAWA PUBLISHING, INC.
This book is published in Japan by
arrangement with
ICM PARTNERS
through TUTTLE-MORI AGENCY, INC., TOKYO.

地球にすむ動物たちのために助力を惜しまない
フランクフルト動物学協会の
リヒャルト・ファウスト博士と
イングリット・コバーシュタイン氏に、
そして、いっしょにくることのできなかった
クリストファーに捧げる。

目次

＊巻末に、著者たちが過ごしたキャンプのある「ディセプション・ヴァレー」の地図を掲載しています。

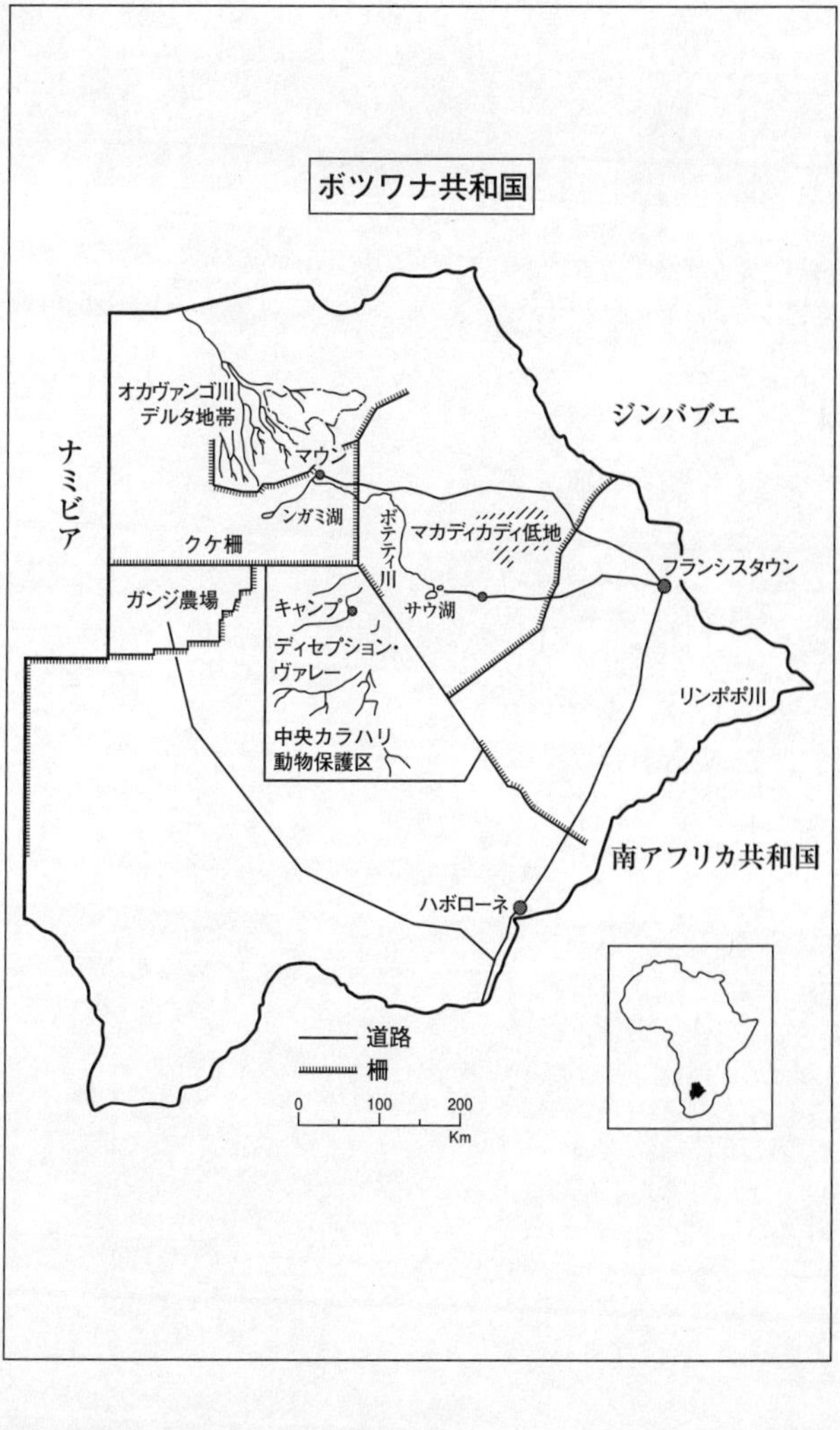
ボツワナ共和国
オカヴァンゴ川
デルタ地帯
ジンバブエ
ナミビア
マウン
ンガミ湖
ボテティ川
マカディカディ低地
クケ柵
フランシスタウン
ガンジ農場
キャンプ
サウ湖
ディセプション・
ヴァレー
リンポポ川
中央カラハリ
動物保護区
南アフリカ共和国
ハボローネ
道路
柵
0
100
200
Km

カラハリが呼んでいる

プロローグ

マーク

地面が固いので左側の肩や腰が痛い。寝がえりをうって右を下にし、草むらと小石の上でもぞもぞと身体を動かしたが寝心地はいっこうによくならない。私は明け方の冷えこみに寝袋の奥にちぢこまりながら、もうひと眠りしようとした。

前日私たちは、日が暮れてから、ライオンの群れ《プライド》が咆哮するほうへと車で川床を北へむかった。だが、咆哮は午前三時にはやんでしまった。たぶん獲物をしとめたのだろう。案内役となる声がしなくては群れ《プライド》を見つけることはできないので、私たちは草におおわれた小さな空き地の、かきねのようになった灌木の横で眠った。そして今、私たちのナイロン製の寝袋は朝陽を受けて、まるで二匹の大きなアワヨトウの幼虫のように、露できらきら光っている。

アオウ……低いうなり声に私はどきっとした。ゆっくりと頭を起こし、足のむこうを見て息をのんだ。とても大きな雌ライオンだ。三〇〇ポンド以上あるだろうが、地面から見上げる私にはもっとずっと大きく見えた。ライオンは五ヤードほど先から私たちのほうへ歩いてくる。頭が左右に揺れ、尾の黒い毛房がゆっくりとぴくりぴくり動いている。私は草をぎゅっとにぎりしめたまま身動きもできない。ライオンは近づいてくる。大きな足が規則正しく、地面を離れては下がる。あらい頬ひげにはきらきらと水滴が輝き、燃えるような琥珀色の目はまっすぐ私を見ている。私はディーリアを起こしたかったが、動くのがこわかった。

ライオンは寝袋のすそまでくると、少しむきをかえた。

「ディーリア！　しーっ、起きろ！　ライオンがいるんだ！」

ディーリアはそろそろと頭をあげ、目をみはった。鼻先から尾の毛房まで九フィート以上あるライオンの長い身体が、私たちの足もとをゆっくり通って、一〇フィート先の灌木のところに行った。と、ディーリアが私の腕をつかんで、そっと右側を指さした。ほんの少し頭を回して見ると、そばの茂みのむこう、四ヤードほどのところに別の雌ライオンが一頭いる。いや、一頭どころじゃない。いるわ、いるわ……ブルー・プライド、九頭全員が、私たちのまわりにいる。ほとんどみんな眠っていた。私たちはまさに、カラハリの野生ライオンの群れ《プライド》とともに寝ていたのだ。

ブルーは育ちすぎたイエネコみたいにあおむけに寝て、まっ白い柔毛におおわれた腹の上に後肢をなげ出し、前足をふわふわした胸の上に乗せて目を閉じていた。ブルーのむこうには、ボーンズが横たわっていた。ボーンズはぼさぼさの黒いたてがみをもつ大きな雄で、膝の上にひきつれた傷がある。数カ月前の闇夜に大急ぎでおこなった手術の跡だ。チェアリー、サッシー、ジプシーほかのライオンたちとともに、ボーンズも夜が明ける前に私たちのそばに来ていた。

カラハリのライオンたちとは、その後いく度も近くで顔を合わせることになったし、なかにはあまり友好的とはいえないライオンもいた。だがこのブルー・プライドは、私たちのすぐそばで眠るほど、完全に私たちを受け入れてくれたのだ。これだけでもカラハリに来た甲斐があった！　アフリカ南部の中央にある、ボツワナの広大な中央カラハリ砂漠で調査をはじめて以来、何度か味わった思いだが、この時もその喜びを感じた。ここまでくるには、ずいぶん苦労もした。

理想にもえる若い学生だった私たちは、かねてから計画していた野生動物の調査をはじめようと、誰にも頼らずにアフリカに渡った。昔のままの自然を保っている地域を見つけるのに数カ月かかったが、ついにやっと〝グレート・サースト〟にたどり着いた。ここはアイルランドより広いにもかかわらず、あまりにへんぴなために、すむ人といえば石器時代さながらの暮らしをしているサン人の集団《バンド》二、三のほかは私たちしかいない広大な原野だ。暑さはきびしく、水も、小屋を建てる材料にも乏しいので、中央カラハリ砂漠の大部分はいまだに未踏査のままで定住者もいない。私たちのキャンプからは、近くはもとより、少々行ったくらいでは村はない。そもそも道がなかった。必要な水は一〇〇マイルも離れたところから、ブッシュヴェルト（アフリカ南部に広がる叢林地帯）を通って運ばなければならなかった。小屋もなく、電気、ラジオ、テレビ、病院、食料雑貨店もないところで、いったんキャンプに入れば数カ月は、人けもなければ人工的な物もない、世間とはまったく遮断された暮らしだった。

ここにいるたいていの動物は、これまで人を見たことがなかった。銃で撃たれたことも、車に狩りたてられたことも、落とし穴や罠にかかったこともなかった。そのおかげで私たちは、多くの野生動物について、これまでほとんど知られていないことまで学べるめったにない機会を得た。雨季には、朝起きてみると三〇〇頭ものアンテロープがテントのまわりで草をはんでいることがよくあった。また、ライオン、ヒョウ、カッショクハイエナは夜キャンプにやってきて、テントの張り綱をひっぱって私たちを起こす。時には風呂場にきて私たちを驚かせたり、食器を洗ったまま捨て忘れた水を飲んだりした。月光の下で私たちといっしょに坐っていたこともあるし、私たちの顔を嗅ぎにきたことさえあった。危険といえば毎日が冒険で、助かったからよいものの、あやうく惨事になりかけたことも幾度かあった。テロリストにも出会ったし、水がなくて立ち往生したこともある。嵐にはうちのめされ、旱魃《かんばつ》には日干しになる思いもした。キャンプをひとなめにして通りすぎる、何マイルにも広がった野火と格闘したりもした。数えあげればきりがないが、私たちがなんとか切り抜けてこられたのは、事あるごとに助けてくれた、ある年配の砂漠の男と知りあえたおかげだ。

おんぼろのランドローヴァーとキャンプのたき火。それだけをたよりに〝ディセプションン〟と呼ばれる谷間で暮らしはじめたころには、カラハリのライオンやカッショクハイエナについて、きわめて興味深いいくつかの新事実を知ることになろうとは思いもよらなかった。飲み水もなく食物も乏しい旱魃の時期を、彼らはどうやってのりこえるのか。移住することでこういった困難をさけるのだろうか。また、子どもを育てるためには、それぞれの種でどんな協力がなされているのか。私たちはこういった疑問に解答を得ることができた。そしてさらに、世界でも最大級のヌーの大移動を観察、記録し、その結果、柵の存在がカラハリの息の根をとめようとしていることを知ることになった。

二人がアフリカ行きを決心したのはいつだったか、実のところわれながらよくわからない。ある意味では、どちらも以前からずっと行きたがっていたように思う。思い出すかぎりでも、私たちは自然を求めてよく外に出かけたし、そこから活力や安らぎを得たり、孤独にひたったりしていた。それら自然の場所を破壊から守りたいと思ったこともある。私はオハイオにいた少年の日に、風車のてっぺんから、一列に並んだブルドーザーがうちの農園の木立ちをなぎ倒して進むのを見た時の驚きと悲しみを、いまでも思い出すことができる。ブルドーザーは高速道路《スーパーハイウェイ》をつくるために農園をこわした。そしてそれが私の人生も変えたのだった。

ディーリアとはジョージア大学の原生動物学のクラスで知りあった。二人が同じゴールをめざしていることがわかるまでにさして時間はかからなかった。その学期が終わるころには、二人とも、アフリカに行く時は二人いっしょだと思っていた。このころ、客員の研究者が、失われつつあるアフリカの原野について語るのを聞いた。それによると、アフリカの野生動物は大規模な牧場経営や無計画な都市拡張のために生息地をうばわれ、すでに三分の二以上が死滅している。南部の地方では、家畜保護を理由に何千頭もの捕食動物が、落とし穴、罠、銃、毒薬などで殺されてきた。アフリカ諸国のなかには、自然保護のための政策や民間レベルの活動などないにひとしい国もあるという。

おそろしい話だった。私たちの心は決まった。広い原始のままの荒野でアフリカの食肉動物のどれかについて調査し、その結果をアフリカの生態系の保護計画作成に役立てよう、と。それに、そういった自然に包まれた場所がいまだにあることを、どうしても自分の目で確かめたいという気持もあったようだ。いずれにしてもすぐに行かなければ、調査する動物がいなくなってしまうかもしれなかった。

大学院での研究の一部としてアフリカに行くとすると数年先のことになる。まだ博士課程を修了していなかったので、自然保護団体から補助金が出る可能性はほとんどないこともわかっていた。そこで私たちは、たとえ少々長びいても一時休学し、アフリカ行きに必要な資金をかせぐことにした。いったん調査地がきまってフィールドでの調査がはじまってしまえば、その後の調査資金はきっと誰かが援助してくれるだろう。

六カ月間教師をしたが、お金は少しもたまらなかった。私は職を変えて採石場で砕石機を操作する仕事をはじめ、ディーリアはいろいろな臨時仕事をした。六カ月後には四九〇〇ドルと、南アフリカのヨハネスブルグまでの航空券二枚を買えるだけの貯金ができた。これだけではまだ、調査計画に着手するにはとうてい不十分だった。だが一九七三年も終わりに近い当時は、ちょうどアラブ諸国が安価な石油を各国に売らなくなったところで、物価は急騰していた。すぐに行かなければ、もう行けないだろう。

なんとか必要なだけの金をかき集めようと必死の私たちは、ある朝、持物すべてを小型ステーションワゴンに積みこみ——といってもステレオ、ラジオ、テレビ、リールつきの釣りざお、それに鍋だが——ちょうど夜勤明けの男たちが帰ろうとしている頃に採石場に行った。私は車の屋根の上に立って、何もかも競売で売ってしまった。車を含め全部で一一〇〇ドルになった。

一九七四年一月四日、結婚してから一年後に、私たちは飛行機に乗りこんだ。所持品はバックパック二個、寝袋二つ、携帯テント一つ、小さな調理用具一式、カメラ一台、着替えを一揃いずつと六〇〇〇ドル。これが調査をはじめようとする私たちの全財産であった。

この本は、調査結果の内容を学術的にくわしく述べたものではない。それは別に出版されている。ここではむしろ私たちの出会った、ライオンやカッショクハイエナ、ジャッカル、小鳥、トガリネズミ、トカゲ、そのほかたくさんの小動物とともに暮らした日々の出来事、そして地上最後となりつつある、最も広大な原始のままの自然地帯で、私たちがどうやって生き、どうやって調査をおこなったかについて語った。話は私たちの日誌からとりだしたもので、人名も会話もふくめ、すべて事実である。各章はディーリアか私のどちらかが語る形をとっているが、あらゆる面でこの本は二人の合作である。

一 アフリカへ

マーク

私は眠れないままに、ジェット機の二重になった厚い窓ガラスに頭をもたせて、夜の中部大西洋をおおう闇をぼんやり見ていた。夜明けのアフリカへむかって飛んでいるジェット機の下で、地球はゆっくり回っていた。

チーターは注意深く、だがゆったりとした足どりで草原に出る。頭をまっすぐに立て、尾をまるで風見のように軽々と風に揺らしながら、ざわめきだしたアンテロープの群れのほうへ音もなく進む。警戒したアンテロープは跳ねながら行ったりきたりするが、逃げはしない。腹を空かせたチーターはゆるい駆け足で走りはじめる。

飛行機は夜明けの空にはいり、通りぬけた。間もなく飛行機はアスファルトの上に止まり、もやのかかった町の近くに乗客を吐きだした。大きな黒い肩章をつけ、まっ白いシャツに半ズボン姿の税関官吏が声をあげ、クリップボードを振って指図した。私たちは記入事項の多い申告用紙や質問票に書きこみ、混みあったホールで順番を待ちながら、鎖をわたした柵のむこうをじっと見ていた。空想にふける時間はたっぷりあった。

スピード、無駄のない動き、バランス、フォームをみごとに一致させて、チーターは全力で逃げ走るアンテロープを追って足を速め、なかの一頭に狙いをつけた。ほかのアンテロープはわきへそれ、永遠に続く捕食者と被捕食者の駆けくらべがはじまった。

それから私たちは前よりも小さな飛行機で短時間飛んだ——旅は次から次へと続く。今度は汽車だ。私たちは窓に映った顔のむこうを、またぼんやりと見つめていた。果てしなく続くイバラのやぶの間を汽車は揺れながら走る。レールの継ぎ目でがたんごとんと鳴るのに合わせ、どこまで行っても同じイバラのやぶが窓の外を飛ぶように過ぎていった。

「がたんごとん、がたんごとん、おまえはここから降りられない、だからこれっきり帰れない。がたんごとん……」

チーターが草原のかなたにぼんやり浮かびあがる。時速五〇マイル、六〇マイル、ついに七〇マイル。動物ミサイル、チーターは、標的にむかって稲妻のように走る。今、チーターは電光のように逃げ走る獲物の臀部に近づいており、もはや恐ろしくも美しい彼らの戦いは避けられない。彼らはどちらも彫刻家だ。無限に長い時を大槌《づち》とし、進化をのみとして、互いに相手を比類のない形態と活動力をもつ現在の姿に仕上げたのである。両者の関係は、自然が提供しうる最良の関係であろう。

それはアンテロープにとって決定的な瞬間だった。チーターはなお全速力で走りながら、獲物のバランスをくずそうとして棍棒のような前足をのばす。アンテロープは急に方向をかえる。そのため、最高の形態だったものが突然最悪の事態を招く。時速七〇マイルで柵の針金にぶつかったチーターの鼻は切り裂け、顎は砕け、頭は針金の間にはさまれる。走ってきた勢いが金網の上で衰えるより先に、チーターの優美な首はねじ曲がって折れ、折れた白い骨の先が前肢の皮膚をつきやぶってとび出る。柵がはねかえり、大事な器官をもぎとられて裂け目から血を流しているチーターを泥のなかに吐きすてる。

エアブレーキの音とともに列車が傾き、止まり、悪夢は中断された。私たちはバックパックをかついで、まっくらなアフリカの夜半に砂地の駅に降り立った。背後でディーゼルの音がし、連結器をがたがたいわせて列車が出てゆく。午前二時。倒れそうな小さな駅舎のそばに二人きりで立っていた。まるで長い、まっくらなトンネルのなかにいるようだった。トンネルの一方のはしにうす暗い黄ばんだ明かりがついていて、その下のよごれた看板には、〈ハボローネ、ボツワナ〉と書いてあった。

静まりかえった闇のなかにのみこまれそうだった。ほんのわずかな金を手に（それはみな、私のバックパックのポケットにおしこんであったが）、見知らぬ国で二人きりになってみると、おしつぶされそうな脅威を感じた。なにしろまず四輪駆動車を手に入れて調査地を見つけなくてはならないし、所持金が底をつく前に、補助金を出してもらえるような充実した調査をやりとげなければならない。だが私たちは長旅で疲れきっていた。ほかのどんなことを心配するよりも、まずは眠ることが先決問題だった。

駅前の泥道をへだてたむかい側の、ハボローネホテルのぼろぼろの網戸のドアの上に、うす暗い電球がもう一つぶらさがっていた。建物はかしぎ、壁のペンキはあちこちはげ落ちて、土台の周囲には丈の高い草が茂っていた。宿泊料は一泊八ドル。とてもそんな金は出せなかった。
きびすを返して立ち去りかけた時、年のいった夜警の男がホテルから手招きした。彼は光のゆらぐろうそくを手でおおいながら、がらんとしたロビーをつっきり、私たちを草やイバラの生い茂る小さな中庭に案内した。年老いたアフリカ人は、さびたボルトのような歯を見せてにかっと笑いながら私の荷物を軽くたたき、それから地面をたたいた。私たちは頭を下げて感謝の意を示すと、さっそく折りたたみ式の小さなテントをイバラの木のそばに張り、寝袋にもぐりこんだ。

丈の高い草やイバラの茂みのある野原を通って、アリの大群の行列のように町にむかうアフリカ人のおしゃべりとともに朝がきた。彼らはたいてい西欧風のシャツを、ジッパーやボタンをかけずにはおり、にぎやかな色合いのドレスを着たり、ズボンをはいたりしていた。女たちは荷物をバランスよく頭にのせ、身体を揺らして歩いていた。荷物は一パイントの紙パック入りの牛乳だったり、果物のはいったかごだったり、五〇ポンドもあるたきぎの束であったり。タイヤのトレッド（タイヤの地面にふれる面）を切りとった厚いゴム板を足に縛りつけてサンダルとし、ヤギ皮の袖なし外套をはおり、斑紋のあるジェネットの毛皮でつくった、しっぽをたらした帽子をいきに傾けてかぶった男もいた。これらのひとびとは、木彫り細工やステッキそのほかの加工品を列車の窓から旅行者に売り歩いて、かろうじて生計をたてていた。彼らは波形ブリキ、厚紙、古板、レンガ状に固めた泥などでつくった掘っ立て小屋や、差掛け小屋に住んでいた。なかにはビールの空き缶だけでつくった小屋もあった。

こうした光景を見て、ディーリアがそっとつぶやいた。

「いったい私たち、どこにいるのかしら」

たき火の煙にかすんだハボローネの町へむかった。町は岩だらけの丘陵のふもとに、まとまりなくひろがっていた。ハボローネは、一九六六年に独立する以前は英国保護領ベチュアナランドの名で知られていたボツワナの首都である。建築様式から見ると混合の町で、小さな商店が並び、西欧風の三階建てオフィス・ビルも二、三ある大通りが、ロンダヴェルと呼ばれる泥とわらの小屋がごたごた並ぶ一角からはじまっているといったぐあいだ。ほこりっぽい道は、ヨーロッパ風の服を着たアフリカ人と、アフリカ的なプリント地の服を着たヨーロッパ人でにぎわっていた。

異文化がまじりあう、興味深いハボローネだが、しかしここではなにひとつすみやかには片付かない。私たちはボツワナに着いてから二カ月間もハボローネから出られなかった。来る日も来る日も、ひとつひとつ別の場所にある役所から役所へと、居住許可と調査許可をとるために奔走したり、適当な調査地についてなにか知っていそうな人たちと会ったりした。調査地には、人家から遠く離れた場所、捕食動物の行動が先住民の定住地の影響を受けていない地域を見つけることにした。

みなの話から推すと、私たちの望んでいるような調査に最も適した場所はボツワナ北部の奥地にいくつかあるようだった。だがそのなかの非常に近づきにくい地域には、野生生物局の職員ですらだれも行ったことがなかった。案内人なしでそのような地域を踏査するのは、想像以上に困難で危険だと思われる。かりにボツワナのこういった未開の地方に私たちだけで行くことができたとしても、調査のためにキャンプを設営するとなれば、広大な未踏査の原野を通って、食糧やガソリンその他の必需品を運ばなくてはならない。その上、ボツワナの北三分の一は、当地で史上最高を記録した大雨のためにほとんど全域が水びたしで、たったひとつしかない北部へ通じる道路は、もう何カ月も通行できない状態になっていた。

最もさしせまった問題のひとつは、町をがたがた走りまわっているきずだらけの四輪駆動車の個体群《ポピュレーション》のなかから、どうやって一台を手に入れるかであった。私たちに買える範囲で一番ましだったのは、屋根はくぼみ、両側はやぶでこすれた、泥灰色の使い古したランドローヴァーだった。そこでこの〝オールド・グレイグース〟を一〇〇〇ランド（当時で一五〇〇アメリカドル）で買いとり、エンジンをオーバーホールし、予備のガソリンタンクを一個備えつけ、物入れの浅い箱をつくって車の後部に並べた。この上に四角いフォームラバーを敷けば、ベッドとして使える。

グレイグースの装備がやっと完了した時には、すでに一九七四年の三月上旬になっていた。だが私たちはまだ一度もフィールドに出てはいなかった。しかも、所持金は三八〇〇ドルしか残っておらず、そのうち一五〇〇ドルは、補助金を得られなかった場合の帰国費用としてとっておかねばならなかった。調査をはじめるのが少しでも遅れれば、それだけ調査の時間が減ることになる。ただちに調査地を見つけて調査にとりかからないと、どこかの団体を説き伏せて出費してもらえる見込みが立つ前に、所持金を使い果たしてしまうことになる。そこで北部地方まで行くのは無理だとの警告を無視して、ある朝早くハボローネを発って、なだらかに起伏するブッシュ・サヴァンナにはいった。

町から数マイル離れたところで車はがたんと骨がきしむほど揺れて、ボツワナで唯一の舗装道路をあとにした。わだちや穴ぼこを避けてハンドルを切りながら細い泥道を進むにつれて、だんだんブッシュヴェルトの奥へはいっていった。私は人けのないアフリカの空気を思いきり深く吸いこんだ——ついに私たちの計画は実行の段階にはいったのだ。開放感と興奮で酔ったような気分になり、ディーリアをそばにひきよせようとして手を伸ばした。ディーリアは私を見あげて微笑んだ。それは、準備に費やした、何週間という長い失望続きの日々にたまっていた精神的な緊張を忘れさせてくれる笑顔だった。彼女の瞳は、どんな難題にぶつかってもきっと二人で処理できると信じきっていることを語っていた。

目的地のマウンという町は、オカヴァンゴ川の三角州《デルタ》を流れる水流がカラハリ砂漠の砂地に達するところにあり、ここからは四五〇マイル以上北だった。そこへはただ一本、ところどころに土地の人たちの小屋が群がり並ぶほかは、雨宿りの場所もほとんどない地域をせまい砂利道が通じているだけだった。洪水のために、長い間この道を通った車は一台もなかった。私たちは時速一〇～一五マイルでのろのろと北へ進んだ。進むにつれてサヴァンナのぬかるみはますますひどくなり、ついにまっ黒な深い泥をかきまぜて進むというありさまになった。

ボツワナの東側にある最後の大きな町、フランシスタウンの近くで、マウンにむけて北西にカーブを切った。マウンまではまだ三〇〇マイル以上あり、道路はどこもかしこもおし流されていた。ところどころでは、私が素足で水面下の固い地面をさぐりながら車の先にたって一マイル以上ある浅い湖を渡り、ディーリアが車を運転してついてきた。三、四フィートも深くえぐられたわだちを避けながら、タール・ピットに落ちこんだ恐竜さながら泥のなかにひっくりかえっている何台ものトラックの残骸のわきを通った。それらは何週間も放置されたままになっていた。グレイグースは何度も車台まで沈みこんだ。私たちは車を強力なジャッキで持ちあげておいて、車輪の下にイバラや石ころや丸木を積みあげた。が、数ヤード進むと、車はまた車軸のところまで沈んでいた。

日が暮れると、群がる蚊をたたきながら水たまりの横にしゃがんで、泥水で顔や腕や脛にこびりついた汚れを洗いおとす。それから車の後部に並べた箱の上で眠った。車は、いつも道のまんなかに止めておいた。道の一番高いところからはずれたら、ぬかるみにはまりこんで動きがとれなくなる恐れがあった。この数日の間に、ほかの車には二、三台しか出会わなかったので、夜中に私たちのそばを通らなければならない車があるとは思えなかった。

朝が訪れるとまた旅を続けた。疲労でぼうっとしながら、ひと走りするとぬかるみにはまり、掘り出してはまたひと走り、のくりかえしだった。たったの一マイルか二マイルしか走れない日もあった。だが進みつづけなくてはならなかった。マウンに行くことすらできないのなら野外調査などやりおおせるはずがない。口にこそ出さなかったが二人とも絶望的な気持になっていた。しかし、失敗するわけにはいかなかった。私たちはこの仕事に全財産を注ぎこんでしまっていた——夢と誇りをかけて。途中でやめて帰る口実はなにもなかったし、帰るべきところもなかった——。

時おり、道ばたの泥水のたまったところで、ヤギや牛やロバが水を飲んでいたり、泥水のなかでころげまわっているのが見えた。だがそのほかには動物がいる気配もなく、食い荒らされたイバラのやぶがどこまでも単調に続くばかりだった。こんなに奥地まではるばるやって来たのに、野生のアンテロープの群れひとつ見られないことに私たちはがっかりし、狼狽もした。ことによると、野生動物がほとんど残っていない地域を選んでしまったのかもしれなかった。私たちはアフリカの大半の地域が家畜動物に食い荒らされて砂漠化していることをすでに知っていた。

ハボローネを出発してから一日目、日は落ちくぼみ、泥にまみれた私たちは、タマラカネ川にかかる一車線の橋の上で車を止めた。川の両岸がマウンだった。アシとわらでふいた小屋と、ロバと、砂の町だった。エメラルド色の川岸には、ヘレロ族の女たちのやたらと大きなスカートがひろげて干してあった。いろいろな生地の布をたっぷり使ったスカートは、まるで赤、黄、青、緑、紫と色とりどりの羽を扇形にひろげた、大きなチョウのようだった。

ディーリアの目は赤く、顔や髪の毛には灰色の泥が点々とこびりついていた。手には、ぬかるみにはまった車の下に石ころやイバラを積みあげた時にできた深いひっかき傷があった。だが彼女はにやりと笑って、大声をあげた。ついにマウンに着いたのだ!

ロンダヴェルの間を走る砂道を通ってライリー館へ行った。大きな敷地のなかには車の修理所から雑貨店、ホテル、バーまであった。私たちはここでガソリンとラード、小麦粉、ひきわりトウモロコシ、砂糖など食糧を少し買った。牛乳、パン、チーズなどの腐敗しやすいものはボツワナ北部では手にはいらなかった。それに私たちが着いた時には、道が通れないために輸送トラックが何週間も来ていなかったので、必需品すら不足していた。町のひとびとは飢えていた。私たちは、ほどこしを乞う子どもたちの目を避けた。彼らとくらべれば裕福なことがわかっていたのに、彼らにやるものがなにもないので、当惑したからだった。

ハボローネの野生生物局の職員から、調査を始めるのによい場所についてはプロのハンターに聞くように、と勧められていた。日誌を見ると、書きつけたハンターたちの名前のなかに、マウンのライオネル・パーマーの名がある。ライリー館ではみなライオネルをよく知っていたので、私たちはここで彼の家へ行く道順を教えてもらった。また水たまりをいくつか越えて深い砂地の道を進んでいくと、やがて、町の北方約四マイルのあたりで、パーマーの屋敷が見えた。背の高いイチジクの木が何本か川につき出ており、てっぺんからはオレンジや赤や黄のブーゲンビリアがこぼれ落ちそうだった。アカメアフリカヒヨドリ、ハイイロコサイチョウ、ヤツガシラ、そしてそのほか無数の小鳥が、庭をおおう樹冠の間を飛びまわっていた。

ライオネル・パーマーはすっかり日焼けした、白髪まじりの黒髪の男で、だぶだぶのジーンズにカウボーイシャツを着て、バンダナを首にまいていた。彼はウィスキーのグラスを片手に、ぶらぶらと私たちを迎えに出てきた。ライオネルはこの地方で最も年長の、そして最も経験のあるプロのハンターで、マウンではかなりの社会的地位を得ていた。彼は、彼の開くパーティで有名だった。そうしたパーティの終わりには、寝室の家具が屋根の上に乗っていることもあれば、一度などはイチジクの木にランドローヴァーがぶらさがっていたりもした。彼はまた、酒量でも有名だった。ある時、彼は数日間酩酊状態で過ごしたあげくに、刺すような耳の痛みで目を覚ました。診療所の医者は、二インチほどもあるソーセージ・フライを彼の耳からとりだした。これは赤褐色のチューブのような胴体をもった羽のある虫で、ライオネルが花壇で眠って酔いをさましている間に、感覚を失った彼の耳のなかにすみついたのだった。ライオネルは、一週間、綿を敷いたマッチ箱に横たえた屍骸を持ち歩いて、知人であろうがなかろうが会う人みなに得意げにそれを見せていた。

ライオネルは私たちといっしょに、川を見下ろすテラスの椅子に坐って、ボツワナの北部で洪水があまりひどくなく、しかも人間の影響を受けていない捕食動物のいる地域を二、三あげてくれた。そのひとつのマカディカディ低地は広大なブッシュヴェルトの原野で、マウンからは東へも南へも一〇〇マイル以上離れていた。この低地は、一万六〇〇〇年ほど昔に枯渇した巨大な湖の跡なのだ。

「マウンからナタ・ロードを東へ九九マイル行くと、てっぺんが折れたヤシの木があるからね、そこで本道から南へ出ている古いタイヤの跡をさがしなさい。立て札はないが、そこからが保護区だ。だれもそんなところへはあまり行かないねえ——なにもないんだから。どこまで行っても、見えるのはどでかいアフリカの大地だけさ」

ボツワナにある動物保護区は、たいていがまったく未開発の広大な原野である。先進諸国の公園や保護区に見られる舗装道路、ハンバーガーなどを売るスタンド、水飲み場、キャンプ用地、トイレなどはいっさいなく、そのほかのいかなる〝改良工事〟も加えられていない。

二日後、私たちは折れたヤシのそばで二本のうすれたタイヤの跡を見つけ、本道からそれて文明の息のかかったあらゆるものをあとにした。すぐに私たちは、アフリカにいるんだ、と実感した——本物のアフリカ、かねてから夢みてきたアフリカに。道もなく、孤立した木がところどころに立っているほかは目をさえぎるものもない広漠たるサヴァンナにいると、自分たちがもろい、ちっぽけな、無力なものに思えてきた。サヴァンナは美しく、興奮をさそったが、威圧的なところも少しあった。

わだちをたどって本道から南へ約三〇マイルはいると、果てしなくひろがる平原のへりに出た。そこでわだちは消えていた。ディーリアはコンパスが示す方向と、計器のマイル数と、次に見た時に見分けのつきそうな、ぽつんと一本生えているイバラの木をノートに記し、それを〝ローン・ツリー〟と呼ぶことにした。私たちは地図もガイドもなしに、わずか一五ガロンの水と必要最低限の食糧を持って、マカディカディ低地を横切りはじめた。

サヴァンナはひどくでこぼこしており、草は高く伸びて穂もたわわに種をつけていた。そして暑かった。その日のそれからあとは、一時間にせいぜい三マイルしか進めなかった。グレイグースの前部は、しだいに草の種子や昆虫の厚いじゅうたんに埋もれ、ヘッドライトもボンネットもすっかり見えなくなってしまった。四分の一マイルかそこら進むごとに、エンジンの前面を払ってごみを落とし、猛烈に熱くなったラジエーターに上から水をかけて冷やさなければならなかった。

二日目の朝おそくに、私たちは皿状の塩のくぼ地が網状にいくつも果てしなく並ぶ地帯に出た。これらのくぼ地を結ぶように、三日月形の草原や、疎林地帯や、小さな島のようなヤシ林がそこここにあった。くぼ地のなかには、塩分をふくんだ、飲用にはむかない水がたまり、オレンジ、紫、緑、赤の藻類が花のように集まって浮いているものもあれば、固まった塩の薄い皮におおわれているものもあった。私たちは別世界のへりにいた。それは道もなく、車の通った跡もなく、人もいない世界だった。空にはヤシの梢の蜃気楼がゆらめいていた。

「どんなことがあっても、くぼ地を渡ってはいけないよ。そんなことをすりゃあ、でかい岩みたいに沈んでしまう」私たちはそうライオネルから警告されていた。「固まった塩の表面は堅そうに見えるけどそうではないんだ。ことにこんなに雨が降ったあとはね。下は泥だけでね。どんなに深いかわからんよ。動物局では去年、くぼ地のひとつでトラックを一台失くしている。どんなに時間を節約できると思っても、くぼ地を渡ってはいかん。まわって行きなさいよ」

私の運転で、不規則に並ぶ巨大なくぼ地のふちにそって進んでいった。その間ディーリアは、例の〝ローン・ツリー〟のところへもどれるよう、通った道筋の略図を描き、コンパスの示す方向と走行距離計《オドメーター》の示数を定期的に記録した。

草の種子や虫でかゆいのをこらえながら、水浴びができるほどたっぷり雨水をたたえているように見える大きなくぼ地へむかって車を進めた。そのへりの小山にさしかかったところで、突然、車がガクンと落ちこんだ。シャーシーがするどい銃声のような音をたて、私たちはシートからフロントガラスにたたきつけられた。エンジンが止まり、目の前にもうもうと砂ぼこりが上がった。砂ぼこりがおさまってみると、ランドローヴァーは丈の高い草にかくれていたツチブタの大きな巣穴に落ちこんでおり、ボンネットが地面の高さにあった。私はディーリアの無事を確かめてから、ジャッキで車を持ちあげ、車輪の下に大量の砂をスコップでほうりこんだ。ついにバックで出られるようになったところで、被害を調べにグースの下にもぐりこんだ。シャーシーの数カ所に新たに亀裂ができている。そのひとつはエンジンを支えているシャーシーに入っていた。もうひとつひどい裂け目ができたら、エンジンがはずれるところだった。それでも私たちは運がよかった。もし前輪がひとつでも内側へめりこんでいたら、折れてとれていたにちがいなかった。

なんらかの理由でグレイグースが使えなくなったら、生きてマカディカディを出られる見込みがほとんどないことははっきりわかっていた。機械に関する私の知識はしれたものであてにならないし、このような踏査には当然備えていなくてはならない非常用の予備パーツも、全部そろえることはできなかった。その上、私たちがどこにいるのか、いつ帰るのかを知っている人はだれもいない。ライオネルも、私たちが彼のあげたいくつかの地域のひとつにむけてマウンを発った、ということを知っているだけだった。

私たちはこれらの危険について話しあいはしなかったが、心の底ではずっと気になっていた。私たちはくぼ地の塩気をふくんだ水で汚れを落とした。風ですっかり乾くと、顔がつっぱって、ふくれすぎた風船みたいな感じがした。

その日はそれからずっとディーリアが車を運転し、私は車の先を歩いて、伸びた草かげに巣穴がないかどうか調べた。何度か私は齧歯類《げっし》の巣穴に踏みこみ、そのたびに、毒ヘビのすみかになってはいないだろうな、と思った。抗蛇毒血清を持っていなかったのだ。血清は冷蔵しなければならないからである。

その二日目の夜は、六フィートそこそこの小さな木のかたわらで野宿した。あたり一帯で唯一の木だった。私たちはその木の魅力に抗しきれず、実はコースからだいぶ離れたところまで車を走らせたのだった。車のなかで眠ったが、その木のそばにいるだけで漠然とした安心感があった。われわれの先祖である大昔の霊長類も、何百万年も以前に安全な森を捨ててあえて広大なサヴァンナに出てからは、樹木のほとんどない平原で木を見つけると、この程度のほんの若木にさえ、私たち同様によろこびを感じたにちがいない。

四日目の午後おそくに低い丘にのぼった。その時も私が先にたって歩いていた。ふいに私は足をとめた。「すごいぞ！　あれを見ろ！」動物、それも何万という動物のたてる音とにおいが、微風にのってただよってきた。丘のむこうの草原には、見渡すかぎり一面にシマウマとヌーがいて、大きな池の近くでゆったりと草を食べていた。争っているシマウマの雄は、たがいにかみついたりけとばしたりして、ひづめで砂ぼこりをあげた。ヌーは急に頭をあげて後肢ではねまわり警戒音を出した。大群が動きだし、私はその壮観な眺めに興奮して皮膚がぴりぴりした。アフリカの大半が昔はそうであったにちがいないこの光景を、いま一目見られただけで、数ヵ月にわたる採石場での労働も、家財道具をみな売り歩いたことも無駄ではなかった。たとえ二度とこのような光景を見ることができなくても。

二人は双眼鏡をやりとりしながら何時間も眺めた。そして目にはいるすべてを――群れはどんなふうに混ざりあいどう動いたか、水を飲んだのは何頭、争いをしたのは何頭――と、あたかもこれで私たちの調査がはじまっていることが少しは示せるとばかりに記録した。チーターかライオンが群れを襲うところを見られるよう、テントを丘の頂上近くに張った。暗くてなにも見えなくなったころ、私たちはグレイグースのなかに坐って、灯油ランプの上でソーセージの缶詰を温めながら、マカディカディで調査をする場合のことについて話しあった。

次の日は終日、日が暮れるまでそれらの群れを眺めていた。そのあと、ふと現実にたちもどってみると、水がなくなりかけていた。充実した調査を少しでもまとめたいと思っていたし、シマウマやヌーと別れたくもなかったので、がっかりしたが、草原を越える長い帰途につくことにした。ディーリアが描いたコースの略図をたよりに、来る時に東へ進んだ道を、コンパスを見て逆にたどれば〝ローン・ツリー〟のところにもどれるはずなので、そこで位置を確かめて、さらに一三マイル西にあるボテティ川まで水をとりに行くつもりだった。

二日間、来た道をあともどりしたが、どこかで道をまちがえたらしい。見おぼえのない大きな塩のくぼ地に行く手をふさがれてしまった。むこう岸まで一マイル以上、南北に数マイル延びた、まぶしく光る白い大きなくぼ地だった。ランドローヴァーの屋根の上に立って双眼鏡で見まわしてみたが、そのまわりに道は見当たらなかった。

岸にそって北へも南へもかなり行ってみてから、私はくぼ地の表面がどのくらい堅いか調べることにした。減りつづけているガソリンと水のことがますます心配になっていた。注意してやれば、でこぼこしたくぼ地の縁を何マイルも進まなくても、むこう側に渡れるかもしれない。鋤で試しに穴を掘ってみた。固まった塩の表面の下の土は意外なほど乾いているらしく、堅そうで、とびあがってどんなに強く踏みつけてもほとんど足跡はつかなかった。そこで私はグレイグースを運転し、そろそろと前輪をくぼ地に入れてみた。が、塩の表面はびくともしなかった。ついに車全体を乗り入れて重みをかけたが、表面はまるでコンクリートの車道みたいに頑丈だった。そこでライオネルの警告を無視して、くぼ地を渡ることにした。

走りはじめるとすぐに速度をあげた。四輪駆動で疾走すれば、たとえ先のほうで地面の柔らかいところに出くわすことがあっても、その上を滑りぬけられると思ったからだ。ハンドルの上に身を乗りだして、どこかに黒ずんだ個所はないかと前方の白い塩の表面にじっと目を注いだ。もしあれば、くぼ地は完全に乾ききってはいないしるしである。だがそんな個所はなかった。まるで玉突き台の上を走っているようなもので、私は少し気がゆるみかけてきた。と、その時、縁から八〇ヤードほど進んだところだったが、材木や棒が灰色のひび割れた地表のくぼみから妙な角度でつき出ているのが目にはいった。私たちは調べるために車から降りた。なんであのような穴があいたのだろうか。それにあの材木はどこから来たのだろう。わだちもないし、ほかに手がかりとなるものもなにもなかった。不思議に思って深いぎざぎざした穴をのぞきこむと、それは何本かのくいの先が一カ所に集まり、底知れぬ泥沼に消えたところだった。ふいに喉がぐっとこわばった——だれかが車を救おうとしたがだめだったのだ。私は急いで車を見た。

「たいへんだ！　車が沈むぞ！　早く乗るんだ——ここから出なきゃあぶない！」

車輪は塩の表面の殻を破って、下の柔らかい土のくぼみへじわじわと沈みかけていた。地表はすでにくずれはじめている。間もなく車はめりこむだろう。

車を前進させようとしたが、エンストしてしまった。車輪が沈みすぎていたのだ。やっきになってふたたびエンジンをかけ、力いっぱいギアを四輪駆動のローにいれた。車輪が回り、土をはねとばしながらランドローヴァーは前進し、やっとまた地表の固いところへ出た。私はすぐにギアをハイに切り替えて、スピードを出し、くるりと回って、くぼ地の緑の草の生えている安全な岸へ全速力で走りついた。二人は坐って顔を見つめあったまま、ほっとして口もきけずに頭を振るばかりだった。くぼ地を渡ろうとした自分にひどく腹をたてていた。くぼ地のまんなかで停車したために一層の危険にさらされたのだった。私たちは手製の略地図をよくよく見てから北へむかった。そのくぼ地の周囲を回りきるのに、午後いっぱいかかった。

帰途について四日目の朝、私たちはついにマカディカディ平原の西端に着き、河辺林の、ひんやりした気持のよい林冠の下に滑りこんだ。クモの巣が木から木へ魚網のようにかかっている。網を張りめぐらした黒と黄色の毛深い建築技師たちは、川へむかって深い砂地を苦労して進む車のボンネットの上を、あわただしく這いまわった。奥の暗がりからはクードゥーが見ていた。

とうとう私たちはボテティ川の高い土手の上に出た。まっ青な水はあちこちへ寄っては、ゆるやかな流れのなかで揺れているスイレンや、ホテイアオイや、そのほかの水草をそっとなでていった。高いイチジクの木のてっぺんでサンショクウミワシが二羽、頭をそらせて空にむかって叫んだ。私たちは急な土手を駆けおりて、冷たい水にとびこんだ。

ひと泳ぎしてから土手に上がると、草のなかになにか赤いものが見えた。五〇ガロンはいるドラム缶だった。こいつは見つけものだ！　マウンでさがしたのだが、ボツワナ北部でこれを手に入れるのはほぼ不可能だった。だれもかれもが必要としていたからだ。これをランドローヴァーの上に縛りつけて水をいっぱい入れれば、調査地をさがしてへんぴな地域を調べ歩く際に、行動範囲も継続日数も大幅に増やせるにちがいない。ドラム缶はまだ十分使えそうだった。私たちはなぜそれが捨てられたかを怪しもうとさえしなかった。

午後おそくに、下の川から水のはねる大きな音が聞こえはじめた。私たちはこのところずっと、ひきわりトウモロコシや生のオートミール、粉ミルク、そしてたまに缶詰の脂ぎったソーセージ――色がとてもうすく、ぐにゃっとしているので〝死人の指〟と呼んでいたしろもの――しか口にしていなかったので、二人とも肉汁のしたたる厚切りの肉を食べたいと思っていた。とれたての魚があればごきげんだ！　ランドローヴァーのなかに、前の持主が置いていったもつれた釣糸を見つけたので、ペンチで釣針をつくり、粉ミルクの缶のぴかぴかしたふたを利用してルアーをこしらえた。

ディーリアは私が釣りのしかけをつくるのを疑わしげに見ていたが、じきに三脚つきの鉄の深鍋で、トウモロコシパンを焼きはじめた。私は土手をおりる途中で草むらからコオロギをつかみとり、釣針につけて流れに放りこんだ。そろそろ夕方で、川面には大きな魚がとびはねていた。たちまち私は、叫び声をあげ笑いながらきれいなテラピアを釣りあげた。続いて大きなナマズ。

ディーリアは、切身をひきわりトウモロコシと小麦粉のなかでころがしてから油で焼いた。間もなく私たちは火のそばに坐って、湯気のたつトウモロコシパンの厚切りと柔らかい白身の魚をがつがつ食べた。食後は、静かな流れを見下ろす高い土手の上に坐って、マカディカディでの冒険のことを話しあった。私たちは少しずつアフリカに慣れてきていた。

翌日もまた、魚をとって食べた。そのあとで、急な土手を何度ものぼり下りしてジェリカンで川の水を運びあげ、赤いドラム缶にたくわえた。いっぱいになると、横倒しにして、これをランドローヴァーの屋根に縛りつけた。正午前には、捕食動物をさがすべく、マカディカディ平原の奥へもどる道を走っていた。

四日後に〝シマウマの丘〟へもどったが、一週間前に見た無数のヌーはいなかった。あたり一帯を何時間も車でさがしまわったが、一頭すら見あたらなかった。獲物がいなければ、ライオン、チーター、その他の食肉類がいるはずもない。これにはがっかりした。私たちは本気でマカディカディに腰をすえて調査しようと考えていたのだ。だがこれらの大群のものすごい移動力、しかも中心部らしいものもないことを考えると、おそらく捕食動物の動きも同じだろうから、研究対象の動物を見つけだして接触を保とうにもどうしようもない。私たちは食糧その他の補給と、助言を得るため、ひとまずマウンに帰った。

それから数週間の間、私たちはナイくぼ地、サヴティ沼沢地、それからオカヴァンゴ川のデルタの外縁にある地域をいくつか訪れて調査した。沼沢地にも、くぼ地にも、林地にも、いろいろな種類の魅惑的なアンテロープと捕食動物がいたが、概してそれらの場所からはまだ水がひいていなかった。水びたしでは私たちの行動はひどく制限される。私たちはマロポ（アシの密生するじめじめした水路）を横切ってヤシ林からヤシ林へと進んだが、マロポでは車の床上まで水が流れこんできて、エンジンが動かなくなることがたびたびだった。まっ黒な泥沼から車をひきだすのには、何時間もかかった。

私たちはがっかりしてマウンへひきかえした。適当な調査地も見つからぬまま、踏査に出ては必需品補給のために帰ることを幾度となくくりかえしたが、そのたびに軍資金は減っていった。

「カラハリ砂漠へ行ってみてはどうかね。ディセプション・ヴァレーというところを飛行機から見たが、獲物はたくさんいるよ。むろんわたしはそこで猟なんぞしてませんがね。そこは動物保護区のずうっと奥なんだ」最後にこう勧めてくれたのは、またしてもハンターのライオネル・パーマーだった。

縮尺一〇〇万分の一のボツワナの地図を見ると、中央カラハリ動物保護区は二万平方マイルほどある、道もない未開の原野で、世界最大の野生生物保護区のひとつであることがすぐにわかった。しかもその原野は保護区内だけにとどまらず、境界線の外へだいたいどの方向にも一〇〇マイルほどひろがっており、ところどころに牛の放牧場や小さな村が点在するだけだった。ライオネルの話では、アイルランドよりも広い地域のなかに、道ひとつ、建物ひとつなく、水もなく、サン人の集団がいくつかいるほかは人もいないということだった。あまりへんぴなために地域の大半は踏査されたこともなく、ボツワナ政府もそこを観光客に開放してはいなかった。したがって、そこではだれも野生動物の研究をしたことはない。これこそまさに私たちのさがし求めている場所だった。ただし、そこに行きつけるならば、そしてそのようなへんぴで困難な環境のなかでやっていくためのいろいろな問題を解決できるならば、の話だった。

私たちは、なんの特徴もないのっぺりしたカラハリの地図を前に、しばし頭をひねったあげく、とうとう中央カラハリ動物保護区の奥地へ入るルートを二人で考えだした。それができあがると、野生生物局には告げずにカラハリに行くことにした。どうせそのようなへんぴな地域での調査には許可がおりないにきまっていたし、どのみち私たちのことは遠からず知れるにちがいなかった。

私たちはグレイグースにガソリンその他の必需品を積みこみ、水を入れた赤いドラム缶を屋根の上に縛りつけて、ディセプション・ヴァレーをさがしにカラハリにむかって出発した。すでに一九七四年四月下旬となっていた。マウンの東方九マイルの地点で、ボテティ川を渡ってサマドペ・ドリフトへむかって南に出ている車の跡を見つけた。そこは水がとても浅いところで、川底に丸太を並べた渡り道ができていた。丸太や石ころにぶつかって勢いを失った流れは、アシの茂みとイチジクの巨木の並木の間でゆるやかにうねり、渦をまいていた。ウは水にもぐり、アフリカレンカクはスイレンの葉から葉へと渡り歩いていた。ツメバガンやシラサギが、羽音をたてて水面低く飛んでいった。

私たちは最後のひと泳ぎをしようと渡り道の上で止まった。そこで私はディーリアの肩までたれる髪を短く切ることにした。なにしろ砂漠では、髪が長いと清潔に保つのに水がいりすぎる。ひと握りずつ、彼女の長い毛の房は水に落ちて渦をまき、流れにのってただよっていく。ちょっとの間、水面に映ったディーリアの笑顔が見えた――はじめて会った時と同じ笑顔だった。私は一瞬ためらい、彼女の頬に手をあてた。が、すぐにまたじょきじょきと切りはじめた。

川を渡って深い砂地のけわしい土手をのぼると、道は二本の車輪の跡ぎりぎりにせばまっていて、両側には茂ったアカシア科のイバラのやぶが続いていた。その日は一日中、熱気とほこりと深い砂のなかをのろのろと進んだ。両側の密生したやぶがランドローヴァーのわきをひっかき、始終キーキーと歯の浮くような音をたてていた。午後おそくになって、古い車のわだちははたと消えてしまった。そこはほこりっぽい小さな空き地で、くずれかけた泥小屋と牛に水をやるブリキの桶のそばを、球状にまるまった枯れた植物が、風に吹かれて飛ぶようにころがっていった。私たちは坐ったまま、どこで道をまちがえたのかと首をひねった。

やぶのなかから、ふしくれだった──肘、膝、指の節ばかりがやけに目だつ──年のいった男が、これもふしだらけのねじれた杖を手にして現われた。男の妻と四人のひょろ長い少年が、皮の肩掛けを一方の肩にまとっただけのいでたちで、吹きまくる砂ぼこりのなかを、一列に並んだやせた牛をつれて桶のほうへむかっていった。

私は手を振った。「ハロー！」

「ハロー！」少年のひとりが大声で答え、彼らはみな笑った。

「ああ、英語が話せるな」と思った。

「道にまよったんだけど、教えてくれませんか」私は車から降りて、地図をひろげはじめた。

「ハロー」と少年はまた言った。彼らはみな私のまわりに群がった。「ハロー、ハロー、ハロー」

私は地図をしまって、作戦を変えた。

彼らに防疫柵の名前がわかればよいがと思いながら、私は「マカラマベディ？」と聞いて、両手を出して手のひらを上にむけた。この柵にそって行けばカラハリの保護区にはいれる。一番やせこけた、一番おしゃべりの少年が車のボンネットによじのぼると、来た方向に車輪の跡を指さした。ほかの三人の少年もボンネットに這いあがった。私たちはみなで笑いながら、来た道をひきかえした。少年たちはボンネットの上でとびはね、指をぴくぴく動かして行き先を示していた。

二、三分後、彼らはいっせいに車をばんばんたたきだし、私は車を止めた。彼らはとびおりて、やぶ越しに東のほうをさした。はじめ、なんのことかわからなかった。そこで彼らの横に立ってみると、サヴァンナのなかをかすかな線がずっと続いているのが見えた。それは実地踏査のために切り開かれた古い道で、東へのびている。その道を行ってみるしかなかった。ディセプション・ヴァレーを見つけるまでは、マウンにはもどるまいと決めていた。

少年たちに礼を言い、砂糖を一袋与えると、私たちは出発した。

「ハロー、ハロー、ハロー!」彼らは私たちがやぶにはいって見えなくなるまで手を振っていた。

次の日の早朝に、柵のところに着いた。行く手を横切って、風雨にさらされたくいに五本の針金を張りわたした柵が、南北にまっすぐどこまでも続いていた。私たちは南へむかったが、数時間後もまだ、柵の横を走っていた。それはサヴァンナを横切る大きな傷跡だった。その時はどこまでも続く柵にいらいらしただけだったが、それは、しかるべき理由でやがて見るのもいやになるものだった。

その晩は柵ぞいに車を止めて眠り、翌朝また、砂をまきあげながら車を進めた。シートに寄りかかる背中は汗ばみ、身体じゅうが砂ぼこりと草の種子におおわれてしまった。突然、柵はとぎれ、砂と、イバラのやぶと、草と、熱気のほかはなにもなくなった。二本の車輪の跡が草地の上に続いていたが、しだいにうすれ、ぼやけてゆき、ついには遠い昔の記憶のように見えなくなっている。私たちは今平坦な草原を走っていた。時おり、青々とした茂みや木立ちにおおわれた低い砂山に出くわすばかりだ。これがカラハリ砂漠なのだろうか？ あの流砂でできる巨大な砂丘はどこにあるのだろう。

現在位置を確かめる方法はなかった。私たちは地図を見て、マウンからどれだけ南に来ているのか、当然来ていると思われるマイル数を計算してみた。そして、西へあと二〇マイルだけ行ってみることにした。それまでにディセプション・ヴァレーが見つからなかったら、こんどはマウンへ帰る道を見つけなければならない。

一八……一九……一九・六……もうだめだ、とあきらめかけたちょうどその時、大きな砂丘の頂上に出た。眼下にはディセプション・ヴァレーのなだらかな斜面と広々とした草原がひろがっている。この谷間は、樹木におおわれた砂丘の間にうねうねと続く、太古の川床である。かつては川が流れていたのだが、いまは草におおわれており、スプリングボック、オリックス、ハーテビーストの群れがのんびり草を食べている。青い空には白い入道雲がもくもくと浮かんでいた。ディセプション・ヴァレーは信じられないほどのどかで、願ったとおりの場所だった。一九七四年五月二日、私たちはアフリカにすみかを見つけた。国を出てからほぼ四ヵ月がたっていた。このわが家に、結局それから七年間住むことになる。

なだらかな砂丘を下ると谷間にはいった。私たちはその水の涸れた川床を横切ったが、車がそばを通ってもスプリングボックはほとんど気にもとめず、草から頭をあげようともしなかった。川床の西側のはしに、アカシアの木の立ち並ぶ孤島のような一角が見つかった。避難所にもなりそうだし、見晴らしもよさそうだ。キャンプ地には恰好だった。

数カ月間、私たちはどこへ行くにも小型テントを持ち歩いてあちこちへ移動していたので、なんだか鋼鉄の甲羅を背負ったカメになったようだった。そして、そろそろ落ちつきたいという気分になっていた。

最初のベース・キャンプを設営するのにたいした時間はいらなかった。ひきわりトウモロコシと小麦粉のはいった布袋は、齧歯類にやられないようアカシアの木にくくりつけた。

わずかしかない缶詰の食品は、その木の根元に積みあげた。鍋類を大きな枝にうまく並べてつるすと、だいたい準備は終わった。それからたきぎを集めた。小屋といっても小さな折りたたみ式のテントしかないので、私たちはその後ずっと、グレイグースのなかで眠ることにした。

ディーリアが火を起こして紅茶をいれている間に、私は古びた赤いドラム缶を下ろして、台所と化したアカシアの木の下にころがしていった。そのなかには、あたり一帯数千平方マイルのなかで唯一の水がはいっていた。

二　水

マーク

時間がたつにつれて、水の分子は上からの圧力によって、鉄さびの薄片の間を通ってにじみ出た。外に出た水分は一ヵ所に集まり、やがて水滴となる。その小さな水滴はふくらみ、重くなって、ひしゃげた缶のふちを伝って流れ、ついには持ちこたえられなくなって乾いた砂の細長いくぼみのなかへ静かに落ちて消えてゆく。缶のふちにはもう次の水滴ができていた。

幾日かがたった。水滴の行進は鉄さびから缶のふちへ、そして砂のなかへとあくこともなく続いていた。ドラム缶のきずはさらにひろがり、水滴は前よりも早く、ぽた、ぽた、ぽた、と日のあたらぬ黒ずんだしみのなかへ落ちていった。

私は目をあけてランドローヴァーの天井を見つめた。まったくの、といってもよいほどの静けさがひたひたとせまってきた。一瞬、どこにいるのかわからなかった。窓のほうに目をむけた。外にはふしくれだったアカシアの木がぼんやりと見え、その枝は白みかけた空を背景に影絵のように浮かんでいた。アカシアのむこうには、樹木におおわれた砂の山々がうっすらと、なだらかな線を描いて川床へくだっていた。朝、ディセプション・ヴァレーでむかえる最初の朝が、砂丘のはるかかなたの空でしだいに光を増していた。ディーリアが身動きした。私たちはアフリカが目覚める音に耳を傾けた。アカシアの木のなかからハトの声がする。ジャッカルがふるえ声で悲しげに鳴く。遠く北のほうからは、ライオンの咆哮が轟いてきた。重々しい強烈な響きだ。チョウゲンボウが一羽、燃えるようなオレンジ色に染まりかけた空を背に羽をひるがえして舞っている。

外からぶうっ、ぶうっという音や荒い鼻息が聞こえてきた。とても近い。ディーリアと私は音をたてないようゆっくり起きあがって、窓からのぞいた。キャンプのすぐ外に、少なくみつもっても三〇〇〇頭ほどのスプリングボックの群れがいた。頭の上で内側に曲がった長さ一フィートほどの角をもつ、小形のガゼルのなかまである。顔には、目から鼻づらにそって白と黒のはっきりとした縞があり、露に濡れた草を食べているその姿は、まるでマリオネットのようだった。私たちからほんの一五ヤードのところにいるものもいた。

若い雌が二、三頭、草の茎をむしゃむしゃ食べながら色の濃い澄んだ目でこちらをじーっと見ていたが、ほとんどは私たちのほうを見むきもせずに草を食べており、腹をごろごろ鳴らし、尾をひょいひょいと動かしていた。私たちはゆっくり身体を起こしてフロントシートのうしろ側にもたれてベッドに坐り、二頭の雄の一年子が角を突きあわせて練習試合をしているのを眺めた。

彼らは移動しているようには見えなかったのだが、いつとはなしに動いていて、二〇分とたたぬ間に一〇〇ヤード以上も遠くへ移っていた。感じたことを話そうとして私が口を開きかけると、ディーリアが東を指さした。セグロジャッカルが一頭、私たちのいる林に小走りにはいってきて、前夜たき火をしたあたりを嗅ぎまわりだした。セグロジャッカルはアメリカのコヨーテの近縁の動物だが、少し小形で、ずる賢いキツネのような顔をしており、背中には鞍形に黒い毛が生えている。ジャッカルはアフリカのおおかたのところで害獣とみなされており、見つかるとすぐに射殺されるので、人の気配に気づくやいなや逃げるのが普通である。ところがこのジャッカルは、燃えさしのそばに置いてあったコーヒーカップに近寄ると、カップのふちを歯でくわえて鼻の上にさかさにかざした。そして彼は私たちのわずかな持物をつくづくと眺めてから、「あとでまた来るぜ」と言わんばかりにちらっとこちらに視線を投げかけ、ゆうゆうとキャンプを出ていった。

あの時の興奮と喜びを言葉にするのはむずかしい。要するに私たちは、私たちの楽園を見つけたのだった。しかし、周囲で生きている動物たちの複雑な生態を乱すことはなんとしても避けたい。ここはまだ人間の自然に対する数々の悪事を、動物たちに知られていない場所である。もし私たちがこれら動物の自由に対して十分に敏感であるならば、この大昔の谷間に人しれずはいりこみ、その財宝を注意深く傷つけずに調べることもあるいはできるかもしれない。私たちはほかにいくつも残っていない地上最後の自然のままの一隅を、断固私たち自身から守ることにした。

ひづめの音、何千というひづめの音に大気が震動した。スプリングボックの群れが、川床を南へすごい勢いで走っていく。私は双眼鏡をひっつかんだ。二人は寝袋をはねとばして、ランドローヴァーから朝露に濡れた丈の高い草のなかへとびおりた。八頭のリカオンが、スプリングボックを追ってはねとぶように谷へおりてくる。捕食者たちがちょうどキャンプの横手まで来た時、そのうちの二頭がむきをかえて、まっすぐこちらにやってきた。

ディーリアは急いで車の後部ドアを開けたが、その時にはもう、金色と黒色のぶちの体毛を露に濡らした二頭のリカオンはほんの五ヤード先に立っていた。彼らは無遠慮な黒い目でじろじろ見ている。私たちはじっとしていた。毛むくじゃらの尾をあげて私たちのほうへ身をかがめ、鼻をひくひくさせている間に数秒がたった。それから黒い鼻づらを高くあげて、一歩また一歩と慎重に足を出して近づいてきた。ディーリアはドアのほうへにじり寄った。私は彼女の手をぎゅっとにぎった——動いてはいけない時だ。リカオンは手を伸ばせばとどきそうなところに立って、こんなものはまったく見たこともないといったふうに私たちを見つめていた。

首にひとすじの金色の毛がたれているほうのリカオンが、身体をふるわせ黒い鼻孔をひろげて、胸の奥からうなり声をあげた。二頭はその場でくるくる回ってから後肢で立ちあがり、まるでジグを踊っているみたいに両方の前足を互いに相手の肩にのせた。それからゆっくりと、群れの仲間を追って駆けていった。

私たちは服を着ると、車を出してそのあとを追った。リカオンの群れは協力して、スプリングボックの群れを三つのグループに分裂させると、川床をあちこちと、それぞれのグループをかわるがわるに追いかけはじめた。先導のリカオンは、いかにも攻撃に弱そうな一年子に目をつけた。一マイル近く追跡されたそのスプリングボックは、目を血ばしらせ息を切らして、はげしくジグザグに進みだした。リーダーは獲物の後肢の上部を捕らえて、九〇ポンドの雄をひきずり倒した。八分後には獲物は食いつくされていた。リカオンたちは小走りに木立ちの陰にひきあげた。そして、そこで日がな一日休息をとった。私たちは、その後も〝山賊《バンディット》〟と彼の群れに出会うことになる。

キャンプにもどると、寝袋を巻きあげて片付け、その下の食糧箱から粉ミルクと生のオートミールを少しとり出して、水筒の水をがぶ飲みしながらいっしょに流しこんだ。朝食が終わると、調査地の川床を調べに出かけた。

スプリングボックの群れはリカオンの狩りが終わると落ちつきをとりもどし、私たちの行く手を横切る形でひろがって、また草を食べていた。私たちはそろそろと進み、警戒の色を見せはじめたものがいればいつでも車を止めて、群れのなかを慎重にゆっくりと進んだ。群れの外側を回っていこうにも、彼らはそこらじゅうにいる。しかたなく、時速三マイル以上は出さないよう注意し、彼らを驚かすような急な動きをしたり音を出したりしないよう気をつけて、群れをつっきった。彼らはまだ人間や車に対して否定的な気持を持っていなかったので、私たちがそのような気持を抱かせてしまうことのないよう、重々用心した。

ディセプション・ヴァレーは大昔の川の跡だ。カラハリ砂漠を通るこの川に水が流れていたのは約一万六〇〇〇年前が最後である。当時はいまよりもはるかに雨量が多かった。だがこの地域は土地も気候も昔からいつも変わりやすく、それ以前にも少なくとも三回は起こっていることだが、土地が乾燥しきって、川の跡だけが砂地のなかでひからびて残ったのである。太古の川床は驚くほど細部まで残っており、一条の細長い草地となって砂丘の間をうねり曲がって続いている。実によく昔の姿をとどめているので、川床の上を車で走っていると、草が風に揺れているところをかつて水が流れていたさまが容易に想像できた。

中央カラハリ動物保護区は雨量が一〇インチを多少越えることがしばしばあるので、真の砂漠とはいえない。またここには、サハラその他の世界の大砂漠を象徴する、あの草木のない流砂の砂丘もない。雨量は二〇インチを越える年もあり、一度などは四〇インチ以上になったことさえある。そういう年には緑の楽園が魔法のようによみがえってくる。その一方で、私たちはのちに経験することになるのだが、雨の水分は、蒸発するか、砂地に吸収されるか、植物を通じて発散されるかしてたちまちに消失する。もっと極端に、数年間もまったくといってよいほど雨が降らないこともある。したがって余分な湿り気があることはめったにない。なにしろここには人目につかない泉もなければ、常に水をたたえた湖もないし、小川もないのだ。このようにカラハリ砂漠はほかに類のない、二つのまったく異なる顔を持つ地域である。オアシスのない半砂漠地帯なのである。ここには私たちの知っているような季節はない。そのかわり、気候がはっきりと異なる三つの時季がある。ひとつは雨季だ。一一月から一月までのある日にはじまり、三月か四月、時に五月まで続く。次に寒い乾季が六月から八月まで。そして暑い乾季が九月から一二月、つまり次の雨季がくるまでだ。私たちがディセプション・ヴァレーに着いたのは雨季が終わり、寒い乾季がはじまる前だった。

大昔の川の両岸から、それぞれ一マイル以上離れた砂丘の頂上まで、草やイバラのやぶにおおわれた斜面が続いていた。砂丘の頂上はコンブレツム、テルミナリア、アカシアなどの林におおわれており、それらの木々が、混生のやぶや草の群落とともに砂地に深く根を下ろして、砂が風に流されるのをふせいでいた。

川床の草地から砂丘の頂きの林地までの間は、ケーキのなかのようにいろいろな植物群落帯が層をなしており、それぞれの群落はなにかしら特有のものをそこにいる鳥獣類に提供していた。たとえば平原にすむ種々のアンテロープ類、おもにスプリングボックとオリックスは、川床の栄養分に富む短い草を食べていた。スタインボック、ダイカー、ハーテビースト、エランドは、砂丘の斜面づたいに生えている少し丈が高く繊維も多い草や、木の葉を食べていた。斜面のもっと上の頂上近くでは、キリンやクードゥーが林地の木の葉や果実を食べていた。私たちの小さな調査地域に集まるアンテロープ類は、ライオン、ヒョウ、チーター、ジャッカル、ブチハイエナなどの捕食者をきっとひきつけるにちがいない。

はじめて車であたりをひとまわりした時、重要な観察を集中的におこなったり、調査中の動物の行動域をつきとめたりするのに役立ちそうな、目立つ場所に名前をつけはじめた。草の川に浮かぶ小さな丸い島のようなアカシアやジジフスの木立ちは、〝ワシの島〟、〝木立ちの島〟、〝ブッシュの島〟、〝ライオンの島〟などの名前をつけると、すぐに見わけがつくようになった。川床に舌状につき出ている、やぶにおおわれた砂地は〝アカシア岬〟、オオミミギツネの一家が眠るやぶは〝オオミミギツネのやぶ〟となった。そして最終的には、方向を定めたり位置を示すのに便利な、目だつ特徴のある場所にはすべて名前がついた。

ディセプション・ヴァレーは、捕食動物の研究をはじめるのには理想的な場所に思われた。マカディカディ低地とちがって、ひからびた川の生息環境は被捕食動物であるアンテロープ類の個体群が特に集中するところなので、研究対象とする捕食動物を連続的に見つけだして観察することができそうだった。

このように人里離れたところで調査をおこなうのが、困難で危険だということは明白だった。アフリカのほかの地方で調査しているたいていのグループとはちがって、ここには水や食糧を手に入れるところが近くにない。人家もなく、人と接触することもなく、非常事態が起こっても助けてくれる人はいない。実際、もし私たちが死んでも、おそらく何カ月もの間、だれもそのことに気がつくまい。このように人里離れていることを不利だとは思わなかったが、輸送業務に関してはいくつかの重要な問題を処理しなければならなかった。たとえば、ドラム缶の水を使い果たした時には、ボテティ川まで往復一四〇マイルの経費のかかる旅をしなければならない。マウンを発って以来、水の割当ては一日一ガロンと決めて節約に努めてはいたが、すでにランドローヴァーのなかのタンクの水は半分になっていたし、ジェリカンの水も大半を使い果たしていた。まだあとドラム缶いっぱいの水があるのはありがたかった。ことにマカディカディであんな経験をしてからは、カラハリ砂漠で生きのびるために絶対に必要な二つのものは水とトラックであることを、私たちは十分に承知していた。

こうした難題があったにもかかわらず、ここでの捕食動物調査は、土壌や植物群落、時季ごとの降水量や湿度の変動パターンについての生態学的分析をあわせておこなえば、この化石化した河川系全体の動的な営みを明らかにしてくれることを私たちは確信していた。このように広範囲にわたる調査研究が必要なのは、この地域ではだれもまだ調査をおこなったことがなく、下地となる情報がなにひとつないからだった。私たちはこの新天地を開拓できることを光栄には思ったが、開拓者には捕食動物の観察以外にも、骨の折れる仕事がたくさんありそうだった。

研究費が非常に乏しいことを考えると、最初の研究対象はかなり観察しやすい種でなければならなかった。そうすれば、その動物を見つけるためにそこらじゅうを走りまわって高価なガソリンを煙にしなくてもすむ。それに、その生態がほとんど知られていない動物でないといけない。そういった動物の調査なら、スポンサーになってくれそうな人たちの気をひきやすいと思われたからだ。

私たちは何日も、午前と午後に川床のいろいろな地点で、ランドローヴァーの屋根に腰かけてアンテロープを眺めながら、捕食動物が現われるのを待った。ライオン、ジャッカル、チーター、リカオンは現われたが、これらはあれやこれやの理由で、調査対象とはなり得なかった。これらの動物についてはすでにアフリカのほかの地域で調査されていたので、いまさら調査をしても補助金をひき出せそうにもなかったからだ。それにカラハリではリカオンとチーターはどちらもきわめて少ないし、非常によく移動するので、見つけだして定期的に観察するのはむずかしい。その上、私たちの見たチーターはたいそう用心深かった――明らかに理由がありそうだった。のちに聞いたのだが、サン人はよく獲物からチーターを追いはらって、横取りをするのだという。

どの捕食動物を調査するかを決める時のために、見つけた動物についてはみな記録をとった。そうしている間に、その後の調査の方向を決定する、あることがわかってきた。すなわち、夜のカラハリ砂漠は食肉類の世界だということである。

夜よりも暗い黒紫の姿を浮かべて、砂丘は太古の川のそばでおとなしく眠っていた。空は無数の星明かりにきらめき、流星が時々大気に尾をひいて流れた。地上では、乾季を前にしてひからびた黄褐色の草が空の明かりを映し、まるでふたたび川が流れているかのようだった。

私はエンジンを止めた。スポットライトが闇を貫く。目、無数の目が燐の球のように光っている。スプリングボックの群れが休んでいて、ぼんやりした角のカーブと、顔の上のきわだった白いすじが草の上に見えた。なかには立ちあがりだしたものもいて、落ちつかない様子で頭を上げたり下げたりしている。私はライトを動かして、一本の木を照らしだした。そこにも目が、それももっと大きな目が、大理石のような輝きで木のてっぺんからじっと見下ろしていた。キリンがアカシアの葉を食べていたのである。

間もなく私たちは夜間でも、目の反射光の色や動き、それに草からの高さで、いろいろな動物を見分けられるようになった。ジャッカルの目は黄色く光り、草の穂先のすぐ上をゆっくり進む。ライオンの目も黄色だが、もっと大きくて地上からの位置も高く、歩くと左右に少し揺れる。

ある晩、観察を終えてキャンプへ帰る途中のことだ。私たちは闇にかすんだキャンプの木々を見つけようと、ライトの光を目で追っていた。突然明かりのなかで、見たことのない目が光った——エメラルドグリーンの、両眼が離れた目だった。なだらかにたれた長い毛におおわれた黒っぽいクマのような動物が、明かりのへりを通っていった。肩までの高さがかなりある、大きな角ばった頭の持主だが、後半身は小さく、まるで発育をさまたげられたみたいだった。尾は長くてふさふさしていた。そいつは急いで私たちから遠ざかっていく。私はそっと足を下ろしてアクセルのペダルにのせた。ひびがはいって黄ばんだフロントガラスごしに、見失うまいと目をこらした。速度を増して遠ざかるその動物は、なにか黒っぽい毛むくじゃらの幽霊みたいにサヴァンナの上を滑ってゆき、そして見えなくなった。

キャンプにもどると、アフリカの大形動物の手引書をめくってみた。アードウルフか、ブチハイエナか、それともツチブタか。ネコ科の動物でないことは確かだった。手引書にはぴったりと合う記述も図や写真もなかった。姿をはっきりと見たわけではなかったが、なんであったにしろ、よく見かける動物ではなかった。私たちはランドローヴァーの後部の寝袋の上であぐらをかき、手引書を初めから終わりまでくりかえし調べた。二人の間には、光のちらつく灯油ランプがつるしてあった。ブチハイエナよりは小さいし、アードウルフよりは大きい。シマハイエナということは分布域がちがうのであり得ない——だがあのプロポーションは確かにハイエナのものだった。そしてついに、あれはカッショクハイエナにちがいない、ということになった。カッショクハイエナは、地球上の大形食肉類のなかで最も稀少で、わかっていることもほとんどない動物の一種である。

なんという幸運だろう！　絶滅のおそれのある種がここにいる。しかもこれについては、まだだれもその生息地で調査をしたことがないので、事実上なにもわかっていない。私たちが知ることはすべて科学の役に立つだろうし、絶滅のおそれのある稀少動物の保護のためにも重要なものとなろう。調査の対象としてはもってこいの動物だと思われた。

カッショクハイエナは完全な夜行性で、あまり声もたてない。が、その後も車をがたつかせて川床を走っていると、時々ほんのつかの間ではあったが、彼らを見かけることがあった。その習性ゆえに観察しにくい動物だったが、彼らのことを知りたいと思う気持はますますつのる一方だった。私たちは毎晩、夕方になるとカッショクハイエナの姿を求めて車とスポットライトをたよりに川床を徹底的にさがした。左――右、右――左。ゆっくり走りながら、私は何時間もライトを動かしつづけた。だが徒労の連続だった。ジャッカル、オオミミギツネ、クロエリショウノガン、チドリ類、リビアネコは茂った草むらのいたるところにいたのだが。たまにあの間隔のあいたエメラルド色の目を見つけたが、彼らはいつもスポットライトの明かりのはしにいて、すばやく闇のなかへ立ち去ってしまった。

五月も末に近いある早朝。カッショクハイエナをさがして、長い夜を結局無駄に過ごした。身体はこわばって痛み、私たちは一刻も早く眠りたい思いでキャンプにたどり着いた。するといつもたき火をする場所のそばにジャッカルが一頭いる。彼は四肢を開いてしっかりとふんばり、黒い鉄の深鍋に鼻をつっこんでいた。鍋のふちからは大胆な黄色い目が私たちをじっと見つめている。頬ひげから肉汁のしずくがたれた。鍋をきれいに舐めおわると、ジャッカルは片肢をあげてその上に放尿し、さりげなく小走りでキャンプから出ていった。暗闇に姿を消す時、尾に錨のような形の黒斑が見え、それが私たちのよく見かける、〝キャプテン〟と名づけた胸幅の広い大きな雄であることがわかった。背中には銀毛のまじったまっ黒い毛の鞍形の斑紋があり、ふさふさした太い尾を持っている。

数日後の夜、私たちは車に坐ったまま、ライオンがたらふく食べたあと捨てていったオリックスの屍骸を見つめていた。カッショクハイエナが屍肉をあさりにくればよいが、と心待ちにしていたのだ。が、午前三時半にはどうがんばっても起きていられなくなった。ディーリアをハイエナの見張りに残して、私はランドローヴァーの横の草の上に静かに寝袋をひろげた。靴をすぐそばの草のなかに並べてから寝袋にもぐりこみ、シャツを丸めて枕にした。

ちょうどぐっすり寝こんだところで、いきなりごつんと固い地面に頭があたった。私は起きあがって手さぐりで懐中電灯をさがした。五ヤード先をジャッカルが、私の頭の下からひっぱりとったシャツをひきずって、足早にあとずさりしていくところだった。「おい！　やめろ！」私はなかばおかしく、なかば腹だたしく、そしてまだなかば寝ぼけていた。寝袋からやっと出た私は、大声をあげた自分を責めた。ハイエナを驚かして追いはらってしまったかもしれないからだ。草のなかで靴をさがしたが、それもなくなっていた。

シャツよりもこっちのほうが重大だった、なにしろ代わりがない。私は足をひきずりながらジャッカルを追った。折れ残った草の茎のとがった先が素足を刺す。懐中電灯の光のなかに、シャツをひきずりながら草むらをいくジャッカルのつぶらな目が、じっと私にむけられているのが見えた。足が切れてひりひり痛むので私はとうとう追跡をあきらめて、夜明けまでランドローヴァーのなかでちぢこまって寝た。夜が明けてからよだれでべとべとになった靴の片方と、ぼろぼろのシャツの残骸をとりもどした。海賊ジャッカル、キャプテンがまた襲来してきたのだった。というわけでその日は、色あせた二枚のキャンヴァスでモカシンを一足つくるのに数時間を費やした。

朝食中にディーリアと私は、同時に同じことを思いついた。それは、おくびょうなカッショクハイエナが私たちに馴れるのを期待しながら毎晩川床をあちらこちらと何時間も走りまわる間に、ジャッカルについてできるだけ調べてみよう、という案だった。ジャッカルはカラハリ砂漠のような地域では研究されたことがないので、私たちが調べてわかったことはみな新発見となるにちがいない。

毎日、日没のころに、〝チーターの丘〟へ行った。〝チーターの丘〟は、キャンプの北方で川床につき出ている、灌木におおわれた砂地の小丘である。私たちはそこに車をとめ、双眼鏡とノートと一缶のコンビーフを持って車の屋根に上がり、それぞれスペアタイヤの揺りかごにおさまってディセプション・ヴァレーの夜の世界がはじまるのを眺めたものだった。

キャプテンはたいていいつも、日暮れの少し前に〝ノース・ツリー〟の近くにあるお気に入りの休息所から立ちあがり、鼻先を空にむけて近くのジャッカル仲間に呼びかける。そして耳をぴんとたてて、谷間のあちこちから返ってくるかん高い、ふるえるような呼び声に耳をすます。その毛深い身体をかいたりふるわせたりすると、背中の黒斑にまじる銀色の毛が、暮れゆく薄明かりのなかでかすかに光った。彼は大きく伸びをしてから出かけるのが常で、非常に鋭敏な鼻を草のなかにつっこみ、マウスをさがしながらとことこと歩いていく。私たちはまず、〝チーターの丘〟で彼の進行方向をよく見定め、それから尾行を開始したものだった。

私はいつも左手でハンドルを握ってギアを切り替えながら、右手でライトを窓からさし出し、キャプテンと足並みをそろえて見失わないよう努力した。私たちはだいたい一五ヤードから二五ヤードおくれてついていった。それより少しでも近づくと、あきらかに不安を感じてこちらをふりむくだろうし、それ以上少しでも離れると、草むらに彼を見失ってしまう。その間ディーリアは、膝の上に置いたノートとコンパスに懐中電灯をかざして、キャプテンの行動、進んだ方向、その距離、生息場所の様子などを記録していた。双眼鏡は、二人のどちらもがさっとつかんで見たことを伝えられるように、二人の間のシートの上に置いておいた。この方法は、少し慣れるとたいそううまくいった。私たちは、キャプテンが捕らえた鳥、それにしばしばラットやマウスの仲間の種を、食べられてしまう前に同定することができた。また彼が嗅ぎまわっていたところへ行って草のなかを見ると、舐められた直後で興奮しているシロアリかアリの列をたいてい見ることができた。

六月初めのある晩、靴を盗られてから間もないころ、私たちはキャプテンを追跡していた。するとなんの前ぶれもなしに、彼は信じられないほどのスピードで、スタインボックの子どもを追って駆けだした。私は速度を速めて、何度も完全な円を描いて長い間追跡を続けるキャプテンを、なんとか見失わないようつけていった。が、結局は見失ってしまった。ところがそのあと、どの方向へ行ってみても、日が暮れてから無事に帰るための道標としてキャンプの木の高い枝につるしておいたランプが見つからない。私たちはキャプテンのあとを追って川床の見慣れた一帯を出てしまっていた。それに彼があまりたびたび方角をかえたので、私たちはどの方向にどれだけ進んだのかすっかりわからなくなっていた。ランドローヴァーには一リットルたらずの水しか積んできていなかったので、キャンプからそれ以上離れるような危険な動きはできなかった。しかたなくその晩はその地点で寝ることにした。翌朝、屋根の荷台に上がって見ると、一マイルばかり先の川床に、〝ノース・ツリー〟が見えた。キャンプはそこから南へさらに一マイルほど行ったところだった。キャンプへむかいながら私は決心した。帰ったら赤いドラム缶の栓を開けてジェリカンに水を詰めよう、そして今後はいつもそれを車に乗せて持っていよう、と。もう何週間も雨は降っていなかった。毎日雲ひとつなく、サヴァンナは日ごとに乾燥の度を増していた。もしまた水を持たずに道に迷ったりしたら、住まいのある林の庇護を離れて一夜を過ごさねばならないくらいのことではすまないかもしれない。

キャンプに帰ると、ディーリアは朝食のしたくをはじめた。私は道具箱からレンチをとり出し、空のジェリカンとサイフォン・ホースを持ってドラム缶のところへ行った。栓をゆるめようとしてレンチをあてると、うつろな音が奥のほうから聞こえた。

まさかそんなことが……私はレンチを放りだして、ドラム缶を押した。缶はぐらりと倒れてわきへころがった――空だった。私たちに残されたのは、砂地に残る湿り気だけだった。

「ディーリア！　このオンボロ缶には水がないぞ！」私はさびついた缶の底を見ようとして腰をかがめたが、すぐにそのいまいましいしろものをけとばした。ディーリアのショックも同じだった。彼女は小声で言った。「マーク、どうしよう。川まで行けるかしら？」ボテティ川まで行くには、熱気と砂とイバラのやぶのなかを一日近く走らねばならなかった。車には一リットルたらずの水しかなく、エンジンのオーバーヒートをふせぐだけでももっと多量の水がいる。水がなくなってからオーバーヒートで動かなくなったりしたら、それこそえらいことになる。

どうしてこうもうかつだったんだろう。ガソリンに関しては、ランドローヴァーに据えつけた大きなタンクの油量を毎日見て、マウンに行けるだけの量が残っていることを確かめていた。水はたくさんあると思っていた。が、やはり確かめるべきだった！　私たちは念力で水を呼びもどそうとするかのように、湿った個所をにらんでいた。私はつのってくる不安を打ちはらった。これこそまさに避けなければいけなかった事態だった。

私は両腕をディーリアにまわして言った。「今夜涼しい間に行かなくてはならないね、そうすればラジエーターに水をあまり使わずにすむから」そうするしかなかった。

その日の午後、川へ行くために車に乗りこんだ。私はイグニション・キーをがちゃがちゃさせて何度もスイッチを入れようとした。「早くしろよ、こんちくしょう!」怒りとわきあがる恐怖に喉がしめつけられる。何度やってもカチッと無表情な音がするだけだ。私はとびおりて車の前部へ走っていき、ボンネットを押しあけた。

「もう一度やってみて!」ディーリアにそう叫んでから、どこが悪いのか見つけようとエンジンの音に耳を傾けた。

ハボローネを出てマウンへの道を北上しはじめた時から私が最も恐れていたことは、助けを求めるすべもないへんぴなところでランドローヴァーが故障して立ち往生することだった。ひどい故障となると、私にはそのほうの腕がないし、道具も予備のパーツもたりないので修理することができない。使い古した車なので、それまでにも、バッテリーのケーブルは腐食するわ、タイヤはパンクするわ、排気装置は故障する、などといった小さなトラブルは続出していた。それらの比較的簡単な故障はいつもなんとか修理できた。しかし今度という今度は、ディーリアにイグニション・スイッチの操作をたのんでボンネットのなかをのぞきこんでいると、緊張が重苦しく心にのしかかってきた。電流の通じていないバッテリーのカチッという音は、今やもっと不吉なごつんというにぶい音になっていた。なにかもっとひどい故障の起きたしるしである。

私は激しい不安をおし殺して故障個所をさがした。スターターがはずれているのがわかった時にはもう暗くなっていた。スターターのリングギアがフライホイールのケースのなかに落ちてつっかえていた。いくらクランクを手で回してみても動かないわけだった。太い針金を見つけてきて、先を鉤形にまげた。私たちは車の下にもぐりこみ、私が長い針金をケースのなかにさしこんで、フライホイールのむこうまでさぐってみている間、ディーリアは懐中電灯をかざしていた。だが針金を通じて伝わってくる手ごたえはなににあたっても同じなので、どこでひっかかっているかは見当をつけてさぐるしかなかった。

真夜中ごろに私たちは車の下から出た。私の指のつけねや額には血がにじみ、草くずやオイル、グリース、泥でよごれていた。望みはなさそうに思えた。リングギアに触れたかどうかすらよくわからなかった。クランクを回してエンジンを動かそうとしてみた。が、エンジンは少し動いただけで、すぐに止まってしまった。

たきぎをくべて身体を暖め、やすみながら、解決策を考えた。二人とも喉が渇いていたが、どちらも水を飲もうとはしなかった。私はディーリアを見た。彼女は両腕に頭をのせて火のそばに坐っている。打ちのめされた気持だった。ほかにやってみることもなにひとつ思い浮かばないまま時間はどんどんたってゆく。二人に残された水は一リットルたらずしかなかった。

私たちは車にもどった。クランクを時計の針と反対方向に止まるまで回してから、ほんの少し右へ回した。針金は十分長いので、落ちたリングギアにとどいていることは間違いなかった。ディーリアは明かりを持ち、私は針金の先端をいろいろな鉤形にまげてはさまざまな角度でケースにさしこんで、朝までずっと突いたりさぐったりした。なかでなにも動いた感じがしないときには、エンジンの位置を少し動かしてまたしばらくさぐった。かちっという音が聞こえたのは、陽がのぼってしばらくしてからだった。私は急いでクランクのところへ行ってエンジンを回してみた——動いた！　日中はやすんでから、夕方出発することにした。

この恐ろしい経験で私たちは、ディセプション・ヴァレーのようなへんぴな地域に滞在することはとても不可能であると悟った。かりに、今回は川まで行ってもどってこられたにしても、いつまた別の危機に見舞われるかわかったものではない。この次は危機どころか本物の惨事になるかもしれないのだ。それに、私たちにはこのようなところで調査をおこなえるだけの金がないという厳然たる事実がある。ことに十分な水とガソリンを運搬し貯蔵する方法がないのだから、わずかに残る資金も、それらを補給しにマウンへ往復すればすぐ底をつくにちがいなかった。調査地にはこれほどへんぴでないところをさがさなければならない。そうなるとこれほどの自然と自由は望めないが、やむをえない。苦い悟りだった。アフリカ行きを計画し、資金捻出のために働いた二年間と、調査地さがしと観察に明けくれたアフリカでの五カ月。なにもかもがドラム缶の水とともに砂漠のなかへ流れ去ってしまったような気がした。カラハリに来てからひと月を越えたばかりだったが、すでに、この太古の川床にも、そこにすむ動物たちにも、とりわけキャプテンのように見分けがつくようになった動物たちに深い愛着をおぼえていた。

私たちは憂鬱な気分で、朝食の煮豆をちびちび食べた。この一六日間ずっと、日に三度、食事といえばこれだった。それから、わずかな荷物を車に積みはじめた。私たちが落ちこんでいたこの無気力な状態は、突然聞こえてきたエンジンの音に破られた。ずんぐりした緑と白のまだらのランドローヴァーが、川床の東にある砂丘の斜面を、砂ぼこりの尾を長くひいてはずみながら下りてきた。この地域にもう一台ランドローヴァーがいるとは思ってもみなかったことで、私たちはあっけにとられて、立ったまま車が近づいてくるのを眺めた。車が止まるより早く、だぶだぶの半ズボンに膝までのソックス、たいこ腹にニットシャツがはりついた、そばかすのある赤ら顔の男が運転台からとびおりた。彼は白髪になりかけた薄い毛を日焼けした頭のうしろへまっすぐになでつけていて、笑うと目じりにしわが寄った。カラハリの太陽と風と砂に刻みこまれた深いしわだった。

「やあ! わたしゃバーグホッファー、バーギー・バーグホッファーです。バーギーと呼んでください。マウンで、あんたがた二人がここのどこかにいるって聞いていたのでね。ここから数マイル東のほうで車の跡を見つけた時には、こりゃあんたがたのにちがいないと思ったですよ」彼は車の後部をひっかきまわしながら、肩ごしにこう言った。「そろそろこんなものが要るんじゃないかと思ってね」彼は茶色の紙で包んだヤギの肉の包みを数個とりだして並べた。それからひきわりトウモロコシをバケツ一杯。そのなかには卵が埋めてあって、粉が卵を低温に保ち、割れるのをふせいでいた。それからジャガイモとコーヒー。私たちは何度も何度も礼を述べた。一二回ほども礼を言っただろうか、さすがに彼は両手をあげ、片方の目をつむって言った。「いやあ、いいんですよ。私も半分はアメリカ人だからねえ」

のちに知ったことだが、バーギーはもう二三年間もカラハリ砂漠を歩きまわっていた。彼はボツワナ政府国土調査局の仕事をしており、ブッシュ・キャンプに住んで、地面にテストホールを掘っては地下の鉱物資源を調べていた。彼の暮らしはまるで遊牧民のようで、一地域の調査が終わると別の地域へキャンプを移していく。それらの地域はたいてい動物保護区からは遠く離れていた。

「私はね、ここからはなにも見つからんとよいが、とほんとは思っておるんですよ、動物のほかにはね。だからもしなにか見つけても、教えてやるかどうかわからんですな」彼は皮肉っぽく言った。「ここの動物を研究する人がとうとう現われたんで、わたしゃほんとにうれしい。だれも、まだやったことがないんですからね。カラハリには擁護者が必要なんですよ」

バーギーが私たちに対して特に好意を持っていたのは、彼の父親がアメリカ人だからだった。父親はビル・コーディ・ワイルドウェスト・ショー（一八八三年にコーディ、通称バッファロー・ビルが創始した西部劇団）の一員として南アフリカ共和国へやってきた人で、そこで英国系の女性と出会い、結婚して、南アフリカに住みついたのだった。バーギーは、自分が人生の大半をいつもあちこち移動しながら未開の奥地で過ごしてきたのは旅好きな父親の血のせいだと思っていた。

「紅茶かコーヒーでもさしあげたいのだけど……すみません、ちょっとまずいことになったもんですから」私は詫びを言ってから、空のドラム缶を見せた。

「おやおや、そいつはついてないねえ」彼は眉をしかめて顎をこすった。「コーヒーなんか気にせんでいいが、君たち、水をどうするつもりだい？」

私は、まず川へ行こうとしていること、それからマウンに行くが、ディセプション・ヴァレーにはもうもどってこられそうにないことを話した。「そうか、そいつは残念だねえ……それにしてもやっかいなことになったものだな」彼は川床を見渡してため息をついた。

「いい考えがある」彼は明るい声で、「これを持っていきなさい。川までは安心だ」と言って、車の後部から水のはいったジェリカンを一個持ちあげた。「さてと奥さん、ごめいわくでなければコーヒーをいただけますかな」

私たちが強く言ったにもかかわらず、彼はキャンプへ帰る自分自身の安全を保証する水はまったく持っていこうとしなかった。彼はコーヒーを飲みおえたかと思うとすぐに、私のほうに手をさし出した。

「それじゃあ、マーク。じゃあね、ディーリア。もう行かなくては。ではまた」そう言ったかと思うとすぐに車にのりこみ、たちまち東方の砂丘のかなたに見えなくなった。

まったく予想もしなかった幸運と気まえのよいバーギーのおかげで、私たちは川まで行けるどころか、マウンまで行ってもまだあまるほどの水を手に入れることができた。そこで私たちはもう一晩ディセプション・ヴァレーで過ごすことにした。ディセプションを去りたくはなかったし、その上、前夜の悪戦苦闘で疲れきっていた。

翌朝、あと一時間たらずで、このディセプション・ヴァレーとも永久にお別れだというその時、突然、バーギーがもどってきた。今度は大型のトラックで、彼が穴掘りに雇っている現地の作業員を八人連れていた。彼らはトラックから、折りたたみ式の木のテーブル、椅子二脚、重い鉄製の火格子、シリンダーつきのガスバーナー、大きなフライ・シートのついた小さな台所用テント、水のはいったドラム缶四個とガソリンをおろした。バーギーはアラビアの物語に出てくる魔神みたいだった。彼が腕を振り大声で作業員たちに指図すると、まるで魔法のように小さなキャンプが現われたのだった。

私たちがなにがなんだかさっぱりわからないでいるうちに彼はもういなくなっていて、またもや一条の砂ぼこりが砂丘のむこうへ消えていった。私たちは瞬時にできあがったキャンプのまんなかに立って、イスラム教の托鉢僧のようにくるくる動きまわっていたカラハリの男たちの去ったあとを見つめていた。バーギーがすばやく示してくれたこの信じられないほどの好意のおかげで、少なくとも当分はディセプション・ヴァレーにいられることになった。そこで私たちはその間にさらに多くの研究資料を集め、補助金を獲得するために努力した。

ふたたび調査を始めたが、車のスターターなしで動物を観察しながら尾行するのは容易ではなかった。毎日夕暮れ近くに、川床の草のなかで眠っているジャッカルを見つけると、その近くに車を止めてエンジンを切り、ジャッカルが起きて餌をさがしはじめるのを待ったものだった。ジャッカルが立ちあがって伸びをしはじめるやいなや、私はこっそりと車の前へ回り、クランクを回してエンジンを始動させる。その間ディーリアは、丈の高い草のなかを遠ざかっていくジャッカルを見失うまいと見張っている。手でクランクを回すと、半マイル四方にいるあらゆる動物の注意をひくほど大きな音がしてしまう。それに夜間、近くにライオンがいる時には、闇のなかで彼らに背をむけるのはいささか不安なものだった。私がやっきになってクランクを回しているのを彼らはじっと見つめていた。

キャンプを与えてくれてから二週間後に、バーギーはさらに水を持ってきてくれた。ディーリアがコーヒーをいれている間に、彼はそっと私の腕をとって彼の車までつれていった。「ねえ君、もしディーリアをカラハリにひきとめておきたければ、少しは甘やかしてやらなければいけないよ。御婦人はみな湯浴みが必要なんでね」彼はうしろをむいて、車の後部からブリキのたらいをひっぱり出した。

「鏡はあるのかい」と言って、窓から手を入れて鏡をとりだした。これらの贈物を見た時のディーリアの表情から、バーギーの言うとおりであることが私にはよくわかった。

彼のキャンプは非常に遠くにあったので、たまにしか会わなかったが、彼はいつ私たちのキャンプを訪れたらよいかを見ぬく超人的な勘を持っていた。数週間が過ぎて私たちの水が乏しくなりだす、ちょうどそのころにいつも現われるのだ。彼は水のほかにもヤギやヌーの肉とか、卵、ジャガイモ、ブローン（肉を煮たゼラチン状のもので、ヘッドチーズともいう）そのほか、彼のキャンプにあった物やハボローネで仕入れたぜいたくな品々を持ってきてくれた。それらはたとえ入手する機会があったとしても、私たちにはとうてい買えない高価なものだった。

ある日彼は、私たちの行ったこともない、ディセプション・ヴァレーの南のほうまでつれていってくれた。彼のランドローヴァーは何枚も重ねて補強した堅い板ばね《リーフスプリング》を使ってあった。彼はこれがたいそうご自慢だったが、一時間もこの車で走ると、シートにたたきつけられる私たちは腎臓が痛くなり、首がこわばってきた。そうこうするうち、やっと、大きなまんまるの粘土のくぼ地を見下ろす砂丘の上で止まった。このくぼ地は、底にある灰黒色の土のせいで水をたたえているかのように見える。それは実に本物の湖さながらで、後年の旱魃時には水鳥たちが、一度はペリカンまでもがその表面に誘い寄せられるのを私たちは見ている。バーギーの話では、ディセプション・ヴァレーの名はサン人がこのくぼ地にちなんでつけたもので、彼らは〝ペテン《ディセプション》〟という意味のサン語でこれを呼んでいるのだそうだ。また、この川床を旅していると、曲がり目がくるたびに、これで終わりだと錯覚させられることもその理由のひとつだという。私たちの眼下で、この大昔の川底はうねり曲がりながら、私たちがよく〝本物のにせのくぼ地《リアル・ディセプション・パン》〟と呼んだこのくぼ地を越えて、カラハリ砂漠の奥へと続いていた。

バーギーが言った。「ここまでは来たことがあるが、この先へは行ったことがない。ここから先を知っている人間はいないんだ」

長い間、だれも口をきかなかった。草原を吹き渡る風に耳を傾け、何百マイルもかなたへ続く広漠たる原野を眺めていた。「わたしにはね」バーギーが口をきった。「ここではんとうにこわいものはひとつしかない。それは野火なんだよ」

三　野火

マーク

一九七四年の雨はボツワナ史上最高の雨量を記録し、国内のあちこちで氾濫を起こした。雨は五月には降りやんだが、そのあとには、サヴァンナの草はサン人の背丈よりも高く伸びて風にたわみ、あたかも差渡し何百マイルもある黄金色の小麦畑を見るようだった。七月には、私たちがディセプションに来てから三ヵ月目になっていたが、〝小麦〟は乾季の太陽に焼かれて麦わらとなり、麦わらは火口《ほくち》と化した。これらの火口は、露のしずくを通りぬける太陽光線で燃えあがることすらあるといわれていた。

「草――標本番号二七。基部　九・二センチ、枯れた草葉部　五七・二センチ、緑色の草葉部　一四・三センチ……」こうして私たちは午前中ずっと、何ヵ所か私たちの選んだ、川床から砂丘の頂上にかけての植物の標本採集ラインにそって、草の基部の範囲や草葉部の大きさを測ったり、草の群落の構成種を調べたりしていた。

しびれた膝を休めようとして立ちあがった私は、東の地平線から、奇妙な灰色の煙がたちのぼっているのに気がついた。煙は渦をまいて上空へと何千フィートもたちのぼり、てっぺんは風にちぎれて、もやのような尾をひきながらゆっくり南へ流れていた。はるかかなたで——どのくらい遠くかわからなかったが——カラハリ砂漠が燃えていた。

立ったままこの不吉な煙を眺めていると、時速三〇マイルはありそうな強風がまともに顔に吹きつけてきて、服は激しくひっぱられ、目から涙が出てきた。燃えているところと私たちをへだてているのは、何マイルにもわたって続く枯れ草だけだった。

私たちは毎晩、キャプテンやそのほかのジャッカルの尾行を続けたが、心のどこかではいつも、東の地平線の無気味な赤らみを意識していた。キャンプからは野火はまだずいぶん遠く、間に広いサヴァンナが横たわっているので、こちらまで火の手がおよぶには数週間かかりそうだ。それまでに、私たち自身とランドローヴァーとキャンプを守るなんらかの方策をたてなくてはならなかった。

七月の夜はひどく寒かった。昼間摂氏二〇度近くある気温が、夜明け直前には零下一〇度にまで下がるとは予想外のことだった。私たちは冬服を持っていなかった。出国する際の荷物には、冬物を入れる余地などなかったからだ。ジャッカルを尾行している時の空気の冷たさはほとんど耐えがたいもので、窓からスポットライトをさし出していると、ほんの二、三分で、腕も肩もこごえて感覚がなくなった。車にはヒーターがなかったので、コーヒー缶の横にいくつか穴をあけ、ロウソクの上にかぶせて床に置いた。ソックスを手にはめ、寝袋を二人の膝の上に渡しかけて、排気マニフォールドの上で温めた缶詰のシチューを食べた。それでもなお寒さにふるえ、わずか三、四時間しかランドローヴァーには乗っていられず、たき火をしにキャンプへと帰った。

最初、ことに夜間はたいていのジャッカルがみな同じに見えるので、少しは楽に識別できるよう、麻酔薬を使って何頭かに首輪をつけることにした。必需品を調達しにはじめてマウンに出た時、車のスターターを修理したのだが、この時、町のドイツ人獣医師、ノーベルト・ドラガーから、アフリカスイギュウ用の首輪の材料と炭酸ガスで弾丸を発射する麻酔銃をもらった。これはあちこちに漏れ穴のあいたさびだらけのしろもので、タイヤの修理に使うゴムテープで密封してなんとか弾丸を発射できるように直し、また、もらった材料で、小さなボルトで止める軽い首輪をいくつかつくった。

七月半ばのあるとても寒い晩に、私たちはキャンプの近くで一頭のジャッカルに麻酔薬をうちこむことに成功した。動物は低温下で麻酔をかけられると、体温が正常値以下に下がることがある。そこで、首輪を適切な位置にはめるとジャッカルをそっとキャンプへ運びこんで、麻酔からさめるまでたき火のそばで暖をとれるようにしてやった。それから私たちは、大形の捕食者から守るために、彼が完全に意識を回復するまでランドローヴァーのなかから見張っていた。

夜がふけるとともに寒さはいっそう厳しくなり、コーヒー缶のヒーターでは身体は少しも暖まらなかった。午前一時になる前にディーリアは音《ね》をあげた。彼女は懐中電灯のうす暗い黄色い明かりで前方を照らしながら、寝袋とうすっぺらなフォームラバーのマットレスをひきずって、小さな食堂用テントにはいった。その時季、川床では、齧歯類が急に増えていた。毛皮におおわれた小動物があまり多いので、私たちは数週間の間、彼らが脚を這いのぼってくるのを避けるために、缶詰の缶の上に足をのせて夕食をとらねばならないしまつだった。だがディーリアは、時おりラットやマウスが身体の上を走りまわろうが、そんなことにはかまってはおられず、断固暖かいところで少しでも眠ることに決めたのだった。

私は車のなかに坐ったまま、時々スポットライトをつけてジャッカルを見た。ジャッカルはもそもそと動きはじめていて、立とうとしてはばたりと倒れた。ライトをつけていると手が暖かいので、つけっぱなしにしておきたかったが、バッテリーをあげたくはなかった。私は双眼鏡を手にハンドルにもたれて、暗がりのなかで寒さにぶるぶる震えながら、どのくらい離れているのだろうと遠くの野火の明かりを眺めていた。

野火にはじめて気がついた日から二週間たっていた。その間に火はだんだんにひろがり、勢いを増して、赤黄色のコロナが地平線を北から南まですっかりおおっていた。今、湿り気をおびた空気が微動もしない夜のしじまのなかで、この鮮やかな色は空からほとんど消えようとしている。野火は静まったかのようだった。だが朝になればまた強風が吹いて、巨大な灰色の煙幕を大気のなかに吹きあげることはわかっていた。

バーギーのくれた小さなキャンプは、物質的にはたいした価値はなかったが、私たちにとってはこの世にある全財産で、かけがえのないものだった。代わりを買う余裕はなかった。もしこれが野火で焼けてしまったら、経済的にも破滅だし、研究もおしまいだ。その上、あの木立ちのなかにおろした私たちの根は、もう切るに切れないものとなっている。まだ暮らしはじめて日こそ浅かったが、ディセプション・ヴァレーは私たちの故郷となっていた。

キャプテンをはじめ、そのほかの動物のことも心配だった。野火で死ぬものもきっとでるだろう。それに、植物層を横切る何本かの標本採集ラインも焼けてしまう。焼け跡には研究材料はほとんど残ってはいまい。

野火は、時々ふいに噴水のように勢いよく噴きあげて夜空を染めたかと思うと、不思議なことに徐々に衰え、ほの暗くいぶる小さな煙となる。が、数分後には、結局またぱっと燃えあがってくる。炎は次々に砂丘を越えているのだ。砂丘をくだって、燃えやすいものの少ない谷間の〝防火地帯〟にさしかかるたびに勢いは弱まるが、樹木の多い砂丘の頂上に這いあがってくると風にあおられてまたふたたび燃えあがる。私はますます心配になるとともに、野火がどんなに巨大なものかわかりかけてきた。カラハリ砂漠の野火は、南北五〇マイル以上にもわたって燃えていた。

スポットライトを車の外のフェンダーミラーの腕金につるして、明かりをつけた。午前三時半ごろだった。ジャッカルはうまく回復しつつある。私は明かりを消してから坐って、手を暖めるために息を吹きかけていた。だがなぜか衝動的に、もう一度外を見なければならないような気に駆られ、スポットライトをつけてみた。そこに見えたのはなんと、七頭のライオンがジャッカルを囲んで立っている姿だった。

明かりに驚いて、二頭の雌の成獣と五頭の亜成獣はとびさがってむこうへ行った。だがすぐにまたもどってきて、じっと獲物を見つめている。私はエンジンをかけ、テントを通り越して進んだ。なかではディーリアがぐっすり眠っている。雌ライオンたちは車の音など気にもとめず、ジャッカルから離れようとしない。彼女たちは驚きと困惑からさめると、頭を低く下げ尾を左右に振りながら、ジャッカルのほうへ忍び寄ってきた。

私は急いでジャッカルのそばに車を進めて、ジャッカルとライオンの間にわけ入った。ライオンは車を避けようとしてうしろをむいたので、一頭の尻をバンパーでそっと押した。ライオンは不平そうなうなり声を一声あげると、ふりむき、ヘッドライトにむかってフウーッとうなった。雌たちは車のわきを回ってジャッカルのほうに行こうとしたが、私は道をふさぎ、むきをかえさせて、並み足で〝ウェスト・プレイリー〟にむかわせた。〝ウェスト・プレイリー〟は、キャンプのむこう側の、川床からはずれたところにある草原だ。ハンドルを右に左に切り、バンパーを彼らのすぐうしろにつけて追いたてていく。こんなふうに、こちらの都合でライオンを操りたくはなかったが、この場合、ジャッカルを一時的に無力な状態に陥れたのは私たちであったから、彼の安全をまず第一に考えなければならなかった。

後方のどこかで弱い光が明滅するのをバックミラーでとらえたのは、キャンプから西へ四〇〇ヤードほど行った時だった。それがテントからの光だとわかるのに数秒かかった。ディーリアはライオンがいたことを知らなかった。車の音で目を覚ました彼女は、私が、ジャッカルが完全に回復しているかどうかを確かめようとしてあとをつけていったのだろうと思った。ランドローヴァーが出かけて間もなく、テントの外に重い足音が聞こえた。テントの布壁が揺れ、それからフウッと息を吐くような大きな音が足もとでした。彼女はそろそろと頭を起こした。入口をかこまれて――入口のジッパーは以前にとれて無かった――星明かりのなかでかろうじて見えたのは、つま先の真上にぼうっと浮かぶ二頭の雄ライオンの大きな頭だった。

ライオンたちがテントの床を嗅いでいる間、彼女は息を殺していた。彼らは鼻孔からフッフッと息を吹き、頬ひげでナイロンの寝袋をかする。

彼女は足を動かした。ライオンはじっと動かなくなり、真正面からテントの中を見すえている。ランドローヴァーが遠ざかっていくのが聞こえる。枕もとの懐中電灯にそろそろと手を伸ばした。ライオンは身じろぎもせずに立っている。息すらしていないみたいだ。彼女は頭の上にある網窓にむけて懐中電灯を上げはじめた。左側のライオンが動いてテントにぶつかり、布壁がまたぐらぐらした。ディーリアは懐中電灯を窓にむけたまま、音をたてるのを恐れてスイッチをつけるのをためらっていたが、結局そっと押した。――静まりかえったなかで、それは銃声のように響きわたった。

ライオンは身動きもしない。ライトをつける、消す、つける、消す、と幾度も合図を送ってみる。しばらくしてランドローヴァーのエンジンをふかす音が聞こえ、キャンプにむかってがたがた走りだした車のバンパーの独特のきしみが聞こえてきた。彼女はゆっくりと大きく息を吐きだした。

キャンプのある林の近くまで来ると、私はスポットライトを何度も回してあちこちを見た。なにも変わったことはなさそうだった。だが懐中電灯の薄暗い光は明滅しつづけている。テントをまわったとたんに、私はハンドルを握りしめてブレーキを強く踏んだ。黒いたてがみのライオンが二頭、肩を並べ、テントの入口に頭をつっこんで立っていたのだ。ディーリアは袋のねずみだった。

なんとかしてライオンたちの注意をそらさなければならなかった。だが、へたに彼らを脅かすことになって、ディーリアを危険にさらすわけにはゆかない。不用意に動くとディーリアの危険を増すことになる。この時ばかりは私も、銃が一丁もないことを残念に思った。銃があれば、少なくとも空中にぶっ放すことでライオンを脅かして追いはらうことができたろう。

私はゆっくりとライオンのほうへ車を進めた。彼らは二頭ともテントの入口の前にがんとして立ったまま、目を丸くし、耳をぴんと立て、尾をぴくぴく動かしながら車を見ていた。いまや少なくとも彼らの注意の的は私であってディーリアではない。彼らがだんだん大きくなり、ついにはランドローヴァーのボンネットの高さになるまで近づいた。肩の筋肉はぐっと盛りあがって張りつめている。彼らは一歩も引かない。私は車をとめた。

それから数秒たって、ライオンはまばたきをしはじめた。彼らはふたたび尻をついて坐り、ディーリアのほうにむきなおった。私はクラッチ・ペダルを踏んでいる足をゆるめてさらに前進した。今度は窓から頭を出して、彼らの注意を車のほうにひきつけておくために車の腹をたたきながら。すぐそばまで近づいた時、やっと彼らは立ち去った。うるさくてたまらんというふうに耳をうしろに倒し、鼻を地面につけ、雌たちの去った方角へ歩いていった。そしてキャンプのすぐむこう側で彼らは咆哮しはじめた。しだいに強まるその咆哮は谷間の方々に鳴り響き、遠く西のブッシュ・サヴァンナからは、応答する雌ライオンたちの咆哮が返ってきた。このどさくさの間にジャッカルは去っていた。

私は急いでテントにはいり、ディーリアの隣に横たわった。おびえと興奮がいりまじって、ディーリアはしばらくしゃべりまくってから私の胸に顔をうずめた。やがて二人は深い眠りにおちた。

それから数日後の夜、首輪をつけたジャッカルの一頭を尾行していた時、東の空がまっ赤に燃えあがった。「マーク、火はそこまで来ているわ！　キャンプに帰って荷造りしなくちゃ！」私は火がまだだいぶ遠いと確信していたので、そんなに早くからキャンプをとりこわしてしまうのは時間の無駄だと思っていた。だが、彼女の懇願に負けてとうとう車のむきをかえた。

車が完全に止まりもしないうちに彼女はシートからとびおりた。そして深鍋やフライパン、小麦粉やひきわりトウモロコシの袋などをかき集め、持てるかぎりのものをかかえたりひきずったりして車に運びはじめた。私は彼女に言い聞かせて納得させようとした。

「いいかいディーリア、いますぐにあの火がすごい勢いで砂丘を越えてここまで来るってことはないんだ。朝になっても来やしないよ」

「どうしてわかるのよ！」彼女はタマネギの重い袋と取っ組みながらどなった。「あなたはカラハリの野火を見たことはないじゃない。カラハリでなくたって、ほかのどこの野火も知らないんだわ」

「ずっと遠くったって燃える音は聞こえるし、草原に炎も見える——火の粉だってあがるさ。火がこの谷間に来もしないうちから荷造りしてしまったら、どこで食べたり寝たり仕事したりするんだい？」

だが彼女を止めようとしても無駄だった。私はいまにも濡れた毛布を頭からかぶせられるんじゃないかと思った。今や彼女は、箱や衣類やジェリカンを山のようにかかえては、よろめきながら車へ運んでいる。ランドローヴァーの後部には刻々と荷物が積みあげられていった。彼女がうしろから積みあげる荷物を、私は横のドアからこっそりとり出しはじめた。「なあ聞けよ、ちくしょう！　野火がここまで来たらわかるだろ。落ちつけよ！」

「あたしは冒険するのはごめんだわ！」彼女はどなりかえした。

車のうしろ側の木にタマネギの袋をなんとかもとのようにつるしおえたとたん、食堂用テントの一角がくずれおちた。ディーリアはカブラ畑のジネズミみたいに、テントのくいをひきぬいていた。

「なにをしてるんだ！」

「テントを車に積むのよ」

私は荒々しく車のところへ行き、後部に積みあげたものを全部地面に押しだした。

「やめろ！」私は叫んで彼女と荷物の山の間に立った。

「もしそれで君の気が少しでも安まるなら、なにか建設的なことをしよう――そうだ、キャンプのまわりに防火地帯をつくろう」

私は古びた太い綿ロープで一本の倒木をランドローヴァーのうしろにくくりつけた。そしてキャンプのまわりを二、三回まわると、丈高い草の間に、帯状に草の倒れた空間ができた。

それが終わると車の後部に寝床のしたくをはじめた。もうとっくに夜半を過ぎていた。

「なにをしているの？」ディーリアがうしろに立っていた。

「寝るんだよ。だいじょうぶ、安全だってことがわかっているんだから。どうせ、君はなにごとによらずえらく強情だから、なにがなんでも一晩じゅうあの火を見張っているんだろうけどね」

夜がさらにふけてきて、寒さに身体がこわばり、後悔した彼女は、自分の寝袋にもぐりこみ、私によりかかって丸くなった。私は両腕を彼女にまわして、またいつの間にか眠りこんでいた。

午前の中ごろにバーギーの大型のトラックが、〝東の砂丘〟を越えて砂塵をあげながらキャンプへやってきた。彼は笑いながら運転台から滑りおりると、散らかったキャンプに目をやって言った。「これはまた、なにごとだい？」

私たちは、せまってくる野火の様子をたずねた。

「ああ、まだしばらくは生きていられそうだね」彼はくすくす笑う。「東から近づいているが、まだ三〇マイルはあるだろう。私のキャンプを通ったのが一昨日だからね」

ディーリアはちらりと私を見て弱々しく微笑んだ。

バーギーは今度はむずかしい顔をして言った。「だが、いいかね。野火はおそろしく凶暴なものだ。わたしには防火地帯をつくるのにトラクターもあったし、手伝いの連中もいた。が、それでもたいへんだったんだ。火がこっち側へ来たら用心するんだね――ちょろいと思ったら大まちがいだよ」

「どうして火事になったんです？」

「君、これはサン族のやつらが毎年火をつけるんだ。茂った草を焼きはらったほうが狩りがしやすいからさ。足跡を追えるからね。それに彼らの主食のひとつでもあるボーヒニアナッツを集めるのも楽だからだ。あまり彼らを非難することもできんだろうが、林地の木が燃えるから、たしかにものすごい大火事になる。動物が乾季に食べる下のほうの葉はみなひからびてしまう。しかしサン族だけではないんだよ。サファリをするハンターたちも草原を燃やすんだ。もっとも彼らは絶対にそんなことをしているとは言わんだろうがね」

彼はトラックの後部へまわった。「君らの使えそうなものが少し余ったのでね」と言って、ヤギ肉や卵やひきわりトウモロコシがいっぱいはいった布袋をテントの横の草の上に置いた。空になりかけていた私たちのドラム缶に彼のトラックのドラム缶から水を満たすと、どおんという音がした。そしてディーリアがコーヒーをいれた。

彼は最後の一口を飲みおえると、すぐに立ちあがっていとまを告げた。

「三週間の休暇があるんでね、ヨハネスブルグの娘一家のところへちょっと行ってこようと思っているんだ。でもね、きっとわたしにゃ、町での暮らしは長くはできん……一〇日かそこらで帰ってきますよ。たぶんここで火消しの手伝いでもすることになるね。なにしろ夜になるといつも火勢はぐっと落ちるから、ディセプションに来るのはまだ二週間さきだろう」

私たちは、研究成果も見せたいから、帰りにはぜひともここに二、三日泊まっていってほしいと彼にたのんだ。

「わかった、わかった……帰ってきたらまっすぐここへやってくるよ。じゃあな、マーク。じゃあね、ディーリア。またね」

二週間が過ぎたが、バーギーはまだ帰ってこなかった。来る日も来る日も風にむかって耳をすまし、何度も何度も、彼の車が近づいてくるのが聞こえたような気がした。私たちをだましたのはテントのひもが風に鳴る音だったのだろう。あるいは耳鳴りだったかもしれない。奥地では、長い間友人が来るのを待っているとこんなふうになるものなのだ。

病気だろうか。ディセプションの東の、いつも彼がやってくる道のどこかで車がひっくりかえったのではないか。私たちは心配になって、とうとう彼が私たちのキャンプへ来る時に通る道を車で行ってみた。が、なにも見つかりはしなかった。きっと彼は、予定よりも長くヨハネスブルグに滞在しているのにちがいない。

それから二、三日後の、霜のおりた八月初旬の朝、私はランドローヴァーの後部ドアを開けて寝床から這い出た。弱々しい太陽が、ぼんやりした青黄色いうす明かりを太古の川床に投げかけていた。鳥たちの声もしない。無気味な静けさのなかで、ふつうは夜間にしか出てこない昆虫が空中に群がり、木々にも地面にもうようよと這いまわっていた。高熱に焼かれて灰化した草の葉が一枚、私の手の甲に落ちてとまった。見あげると空一面に灰がただよっており、まるで黒い雪のようにふわふわ降ってきて、あらゆるものの上に積もりはじめていた。東の空には南北にわたって、何千フィートも上空まで煙幕が噴きあがっていた。火はすぐそこにせまっている。私は自分の無力さを思い知るとともに、危険がせまっているのを感じた。野火は想像以上に大きく、激しかった。たぶん何日も前にキャンプをたたんで、マウンに行かなきゃいけなかったのだ。

私は急いで鍋類や、小麦粉やひきわりトウモロコシの袋など、積めるものはみなランドローヴァーに積みこんだ。ディーリアは食堂用テントとフライ・シートを平らにして地面に置いた。だがもしも火が午後の中ごろにこの谷間に移ってきたら、そのころには湿度は最低のところへもってきて、時速三〇〜四〇マイルの東の風があるので、キャンプを火から守ることはまずできない。自分たちや動物たちの身の安全はむろんだが、データブック――私たちの調査記録――とランドローヴァーのことが非常に気がかりだった。私はふたたび枯れ木を車に縛りつけて、防火地帯をひろげるためにキャンプの周囲を走りまわった。鋤と斧を使って、とれるかぎりの草や枯れ木をキャンプからとりはらった。ディーリアは水を入れた鍋をいくつかたたんだテントの近くに置いた。私は炎をたたき消すのに使うため、枝を何本か切りとった。ほかにできることはもうほとんどなかった。

陽が高くなるにつれて風が強まり、野火の轟音が高まってきた。キャンプにはあとからあとから灰が降りそそぎ、激しく動く空気に渦をまいて地面を駆けていく。午後三時ごろには、激しい砂漠の風にあおられて、最初の炎が〝東の砂丘〟の頂上に現われた。炎はそこでちょっと休み、丈の高い草や一本の木の下のほうの枝をなめていたが、その木はすぐにてっぺんまで一気に燃えあがって、高さ三〇フィートのたいまつとなった。砂丘の頂上では次から次へと新たな炎があがる。横一列にひろがって進む野火は林地にはいりこみ、林の木はみな照明弾のように炸裂した。

高熱はそれ自体が風を起こす。この風が酸素を注ぎこんであおりたてるので、炎は北から南まで見渡すかぎりの草や茂みをなめつくしながら、信じられない速さで、砂丘の斜面を川床へむかっておりてきた。どんなに覚悟をしていても、あの光景には落ちついてなどいられなかったろう。

「あれっぽっちの空き地ではこの火は止められない！」私は野火の轟音に負けじと大声で叫んだ。そして、手にしていた枝を投げすてるとランドローヴァーに走ってゆき、ふたたび倒木を車のヒッチに縛りつけてひきずりながら、防火地帯をひろげるためにキャンプのまわりを何回もまわった。

火が川床に到達し、キャンプまであと一〇〇ヤードとなると、炎は落ちて草のなかで燃えひろがった。渦まく白煙がサヴァンナからもうもうと噴き出していたが、やがて野火は八〜一〇フィートの高さの炎をあげて谷間にひろがった。キャンプから四〇〇ヤード先で川床を横切っている車の通り跡が野火の進行を遅らせてくれることを願ったが、火はほんのいっときためらっただけで、すぐにまた私たちのほうへおし寄せてきた。私は即座に、キャンプのまわりの防火地帯がまだまだ狭すぎることを悟った。

私はもう一度倒木をひきずり、今度はわだちが大きな8の字を連ねた形になるように車を走らせた。炎が二〇〇ヤードぐらいに近づいた時、この防火地帯のへりに走っていって、むかい火を放つためにひざまずいた。マッチをつけようとして何本かすってみたが、この強風では無理だった。そこでむきをかえて身体を風よけにした。首のうしろが熱い。立ちあがって逃げだしたい気持をぐっとこらえ、結局、マッチ全部を一度に燃やして草のなかに押しこんだ。

だが遅すぎた――むかい火は強風にさまたげられて、十分に速くは燃え進まない。私は車にとんで帰って、枯れ木をひきずって野火のすぐ前を走った。もしこれで火勢をそぐことができれば、野火がむかい火、そして防火地帯まで来た時、キャンプのまわりでたたき消すことができるだろう。

私は炎のすぐ前を何回か往復した。だが火はなおも手に負えない速さでディーリアとキャンプのほうへ燃え進んでくる。草がおしつぶされているために火勢がすこし弱まっているところからじかに炎のなかに車を乗り入れ、野火の燃えぎわをまたぐ形で、枯れ木をひきずりながらできるだけ速く走った。五〇ヤードほど行ってから、火の外へ出てふりかえった。うまくいった。野火の燃えぎわにはところどころにすきまができ、勢いが弱まっている。ふたたび火勢がつかないうちに私は車をまわしてもう一度燃えぎわの上を走り、さらにそれをもう一度くりかえした。

三回目にはもう、くすぶる草の煙がひどくて、ほとんどなにも見えなかった。突然車の前にディーリアが、炎を踏み消しながら、枝を頭上にふりかざして現われた。私はぐっとブレーキを踏み、あと三〇センチというところで彼女をかわした。彼女はうしろへとび退き、私は走りすぎた。

もう一度火を抑えようと車をまわしているところへ、彼女がまっ青な顔をして腕を振り、叫びながら走ってきた。

「マーク！　たいへんよ、燃えてるのよ！　車が燃えてるの！　爆発しないうちにおりて！」私はうしろを見た。枯れ木と綿ロープとそして車台が燃えあがっている。

シートのうしろ側には、満タンの五〇ガロン入りガソリン・タンクが据えつけてあり、送油管が車の床を通って右の後輪の前に出ていた。私はブレーキを踏みつけて、エンジンを止めるやいなや、ランドローヴァーの両側のあちこちで炎があがるのと同時にドアからとびだした。そして三〇ヤード先に立っているディーリアのところへ走ってゆき、二人して爆発を待った。

「データブックもカメラも、なにもかも全部車のなかなのよ！」ディーリアが泣き声で叫んだ。

その時、フロントシートの上の天井に古い消火器がとめてあったのを思い出した。燃えている車のなかにもどったが、消火器の引き金はさびついて動かない。私はそれを窓から投げだし、エンジンをかけてギアを入れた。アクセルを床までぴったり踏みつけ、エンジンをふかしたままクラッチ・ペダルから足をそっとはずす。ランドローヴァーはがたがたと、あらゆる個所をゆすりながら前によろめき出た。炎をあげて燃えているロープと木が車からはずれ、奇跡的にも、くすぶっていた草もほとんどみな、車台の下から落ちた。私は車を止め、車台に砂を投げつけて残りの火を消した。

野火がキャンプのまわりで燃えつづけている間、私たちは食堂用テントに鍋の水を何杯もかけ、枝やタイヤのゴムチューブで幾度もたたいた。炎は、私たちのつくった空き地の地面を這い、一本一本草の茎をつたいながら防火地帯を進んでくる。テントのフライ・シートの張り綱の一本に火がついたのでそれを切り離す。ガソリンを入れたプラスチックのジェリカンと、ランドローヴァーの部品を入れた箱をキャンプの奥のほうへ運びこむ。火の粉は雨のように降ってくる。炎をたたき消しながら、いがらっぽい煙と熱い酸欠の空気にむせ、私たちはあえぎながら必死で息をした。時間も野火も、じっと止まってしまったような気がした。もはや炎にむかって弱々しく枝を振りあげるのがやっとだった。

数分後、いや数秒後だったかもしれない——どのくらいたったのか、まったくわからなかった——野火はおおかた通りすぎていた。私たちはかろうじて、キャンプのまわりへ火をそらせるまで火勢を弱めていた。ところどころに残って燃えている小さな炎を消しとめると、やっと危険はなくなった。

私たちはせきこみ、疲れはててあえぎながら、ぐったりと膝をついた。肺が焼けるような感じがした。上をむけるようになった私たちは、谷間に点在する木立ちの島々が、次々にオレンジ色の炎をあげるたいまつとなって燃えあがるのを、茫然として眺めた。〝ノース・ツリー〟と〝ワシの島〟が激しく燃えていた。

二人とも唇も額も手も火ぶくれになり、眉毛やまつ毛は焦げていた。このあと何日も、咳をしては灰やすすを吐きだすことが続くだろう。炭は毛孔の奥まではいりこんでしまったので、いくら洗ってもとれなかった。それから何週間もの間、車だろうが、徒歩だろうが、どこへ行ってもいつも灰色のほこりをかぶることになった。風のある晩などは、ランドローヴァーのなかまでほこりのもやにつつまれ、灯油ランプの明かりが暗い黄色に見えるほどだった。そんな時、私たちはバンダナで顔をおおって寝た。

私たちのところを通りすぎた野火は、夜空をあたかも目をみはるような夕焼けのように染めながら、砂丘をいくつも越えてカラハリ砂漠の奥へと進んでいった。あとには青みがかった赤色の火が、燃えきった立木や丸木に残っていたが、その深紅色もやがて、夜明けのばら色の光のなかに見えなくなった。

翌朝の日の出ごろ、私たちは坐って、まっ黒になったカラハリを見つめていた。燃えつきた木の根元から白い煙が、蔓のように這いのぼっている。もろい灰のかたまりは――砂丘や川床に生えていた草はみな、この灰になってしまったが――風でまもなくこなごなになるだろう。立木は全部、大きな木まですっかり焼け失せて、黒ずんだ砂地に白い灰が飾りのように残っているだけだった。私たちは、夜の間にできた火山島にすむ、唯一の動物のような気がした。溶岩や灰はまだ冷えておらず、地中からは溶けた地表を貫いて、まだ時々炎がちらついている。私たちの調査地は焼けて灰になってしまったのだった。

正午ごろ、バーギーの大きな白いトラックが、まっ黒になった〝東の砂丘〟の上にうなりをあげて現われ、がたがたとキャンプのほうに走ってきた。ディーリアはコーヒーをいれようと急いで火を起こしはじめた。

四トン積みのベッドフォードが止まり、バーギーの下で働いていたアフリカ人の一団が車からおりてきてざっと並んだ。

「ドゥメラ！」私があいさつをすると、

「うう」というおし殺した声が返ってきた。

「バーギーさんはどこにいるの？　お元気？」ディーリアがたずねた。彼らはみな地面を見て、咳払いをしたり靴を土にすりつけたりしている。

「カオフェリ、どうしたんだ？　バーグホッファーさんはどこにいるんだい？」私は作業員の長にたずねた。彼らはうなだれて、当惑してだまっている。

「ミスター・バーギー、帰らない」カオフェリは足もとに目をやったまま静かに言った。

「どうして？　まだヨハネスブルグにいるってこと？」

「ミスター・バーギー、死んだ」聞きとるのがやっとの声だった。

「死んだ！　どういうことだ――そんなばかな！」

彼は顔をあげ、胸をたたいてつぶやいた。「ピロ……心臓」

私はトラックのバンパーに腰をおろすと両手で頭をかかえた。ほんの短いつきあいでしかなかったが、私たちにとっては父親みたいな人だった。私はなおも信じまいとして、頭を振りつづけた。

「キャンプ……ミスター・バーギーのもの持っていく」カオフェリが口のなかでもぐもぐ言った。私はうなずき、ふりむいてバーギーがあんなにも愛していたカラハリ砂漠を見つめた。作業員たちはすぐさま、トラックに私たちのたったひとつしかないテーブルや、二脚の椅子、テント、そのほかの備品を積みこみはじめた。

「バーギーさんは、私たちにやりたいと思っていたにちがいないんだけど」と私は抗議したが、カオフェリは、これらをどうするかは政府の決めることだとあくまでも言い張った。彼らは水のはいったドラム缶までもトラックのほうへころがしてゆきだした。私は、国土調査局に交渉して正式に借り受けるようにするからと言って、渡すことをきっぱりと拒絶した。結局彼らも私たちに同情的になり、ドラム缶はおいて帰っていった。私たちのもとに残ったのは、野火から守った数本の立木、ランドローヴァー、ドラム缶、そしてひきわりトウモロコシ一袋とそのほかの食料品だけだった。

こんなに絶望的な思いをしたことはかつてなかった。私たちにとってバーギーがどんなに大切な人だったかを、彼の家族に伝えることさえできないのだ。なにしろ彼の娘の名前も知らなかった。彼にあげようと思っていた本は、テントがあったところの横の地面で灰をかぶり、風に吹かれてページをぱたぱたさせていた。

しばらくしてから、私たちは、黒焦げになった川床を車で走ってみた。周囲にはすすや灰がもうもうと渦をまいて、目に鼻に喉にはいってくる。なにもかもまっ黒だった。〝西の砂丘〟の頂上で、ランドローヴァーの屋根に立ってみると、見渡すかぎり、完全に焼きつくされていた。

一カ月ほど前に私たちは、帰国のための飛行機代を、思いきって研究のための必需品につぎこんでしまっていた。補助金交付を待つ間も研究を続行しようとしたのである。だが、補助金の話はどこからも来ず、いまや二〇〇ドルたらずしか残っていなかった。研究はもうおしまいだ。帰国の費用をなんとかしてかせぎださねばならなかった。

私たちは立ったまま、どこまでも続く黒ずんだ砂丘の山並みを悄然としてみつめていた。ディーリアは涙を浮かべ、私の肩に頭をのせて言った。「いったい私たち、ここへなにをしに来たのかしら？」

四　カラハリの叫び

マーク

しつこく吹き荒れる風に砂地はむき出しになった。焼けた葉の灰片は強風によって砂丘から吹きとばされた――よごれた黒い風がカラハリ砂漠をひゅうひゅうと鳴り渡っていた。スタインボック、クロエリショウノガン、ジャッカルその他の草原で暮らす動物たちの隠れ場は、野火に焼きはらわれてしまった。オオミミギツネは大きな耳を悲しげにたらして、不安そうにこそこそ歩きまわったり、一、二インチしかない燃えさしの陰に隠れようとしていた。安全なところはどこにもなかった。

だが黒ずんだ地表から少しはいった地中は暖かく暗かった。そして土のなかには、数カ月前の大雨が残していった水分、あらゆる生物にとって等しく必要な成分である水分があった。地上を吹く熱い乾燥した風のために、毛細管現象でつながった水の分子の長い鎖は砂丘の奥底からどんどんと吸いあげられていた。

小さな草の種子は、湿り気のある地下の苗床に埋まって発芽の時を待っていた。やがて種子ははちきれそうにふくらんで、ついに割れた。なかから淡い色の芽がでて、砂粒の間を曲がったりおしわけたりしながら地表へむかって伸びてゆく。内側からの膨圧で燃えがらをおしのけ、空の下へ出てみると、芽はそれひとつではなかった。何百万という仲間が、砂地をごくうっすらと緑に染めていた。

野火のあと三週間とたたぬ間に、黒焦げになった根元から短い草の葉が出そろってあたりをおおいつくした。スプリングボックやオリックスの群れは川床に近い砂丘の斜面をのんびりとうろつき、水分の多い青葉の先を食いとっていた。

バーギーの作業員たちが帰ったあと、私たちは長いこと砂丘の上に立っていた。それからおしだまったまま車を駆って、キャンプにもどった。私たちは自分たちが置かれている現状については考えずに、まったく気力だけで生きていた。だが直面しなければならないことがいくつかあった。なにしろ金を使い果たしているのだ。働こうにも、マウンでは仕事はまずない。というのも、マウンのサファリ・ハンティング会社ではたいてい、土地の労働者をわずか二、三ドルの日当で雇っている。南アフリカまで行ったところで状況は大差なかった。国へ帰れるだけの金をつくって帰国し、もっと報酬のよい仕事を見つけて、ふたたびここにもどるだけの金をかせぐのには何カ月もかかるだろう。

キャンプにはまだ数週間分の食糧と燃料のストックがあった。このままもうしばらくディセプション・ヴァレーにいれば、あるいはカッショクハイエナの研究が実際にできるかどうかを見きわめられるかもしれない。食べ物と水を制限して使えば、マウンに持ち帰る情報がどうにかそろうまで観察研究を続けることもできそうに思えた。ばかげたことのようだが、結局私たちはそうすることに決めた。

野火がキャンプを通過した日の翌日、私たちは動物が野火にどんな反応を示すか知りたいと思い、車を駆って西方の、野火の燃えぎわまで動物たちを見にいった。不安そうな様子をしているアンテロープや鳥はほとんどいなかった。オリックスの小さな群れは、少ししか草の生えていない石の多い空き地へギャロップで駆けてゆき、そこで火をやりすごした。スプリングボックの一群は、火から一〇〇ヤード離れたところで、四肢をつっぱって高くとびはねながら群れをなしてぐるぐる回っていた。チドリ類やキジに似たクロエリショウノガンがやかましく鳴きたてながら、燃えている草の前で飛びたった。それくらいのものだった。

おおかたの動物は意外なほど落ちついていた。オオミミギツネの一家は五頭とも、炎が数百ヤード先に来るまで草のなかで眠っていた。目を覚ましたが、明らかにそれは危険がせまってきたからではなく、火から逃れて空を飛び地を這いまわる、何千という昆虫のせいであった。一家はいつものように立ちあがるとあくびをし伸びをしてから、餌をさがして草のなかを歩きだし、大きなバッタを次々に食べていった。くぼ地や太古の川床にはかならず、地面がむき出した場所や、短い草がまばらにしか生えていない地帯が少しはある。ライオン、スプリングボック、オリックス、ハーテビーストなどは、野火があまりに近くなるとそういう逃げ道をぶらぶらとつたい歩いて、すでに火の通りすぎた焼けあとへと移っていく。地下の巣穴で火をやりすごす動物もたくさんいた。リス、キツネ、ミーアキャット、マングース、ヘビがそうだったし、ヒョウまでがその一員だった。火は非常に速く燃え進むので、穴のなかで窒息する危険はほとんどなかった。野火の犠牲者は少なく、多少の齧歯類と昆虫、それに爬虫類が少しばかりやられただけだった。

キャプテンは、時を移さずこの事態を利用した。彼はいつもの速い小走りで、すっかり灰になった砂丘陵をとびはねながら駆けめぐり、死んだバッタや甲虫、マウス、ヘビをばりばりかんで食べた。彼はまた、隠れ場を失ってむき出しの砂地に身体をさらしてちょこちょこ走りまわっている不運な昆虫や齧歯類も食べていた。

野火で調査がだいなしになるだろうと恐れていたのだが、これは根拠のない危惧であることがわかった。実際、焼けあとでは調査において興味深い新局面が開けていたし、動物の尾行や観察もしやすくなった。私たちは、草が元のようにまで伸びるのにはどのくらいかかるか、成長速度を測定してみたり、ジャッカルやオオミミギツネやアンテロープ類の食物や行動が、どのように変わったのかを調べてみたりした。ほかの動物たちと同じように、私たちもこの事態を利用しようと努力した。ジャッカルについて学ぶことはたくさんあったし、ジャッカル自身から学ぶこともたくさんあった。

必需品のストックがなくなるまでディセプションにとどまることに決めたものの、これは容易なことではなかった。野火以前ですらそうだったのだが、私たちは何週間も前から、主としてひきわりトウモロコシとオートミール、それに粉ミルクに混ぜたパブラム（シリアルの一種でコーンフレークスに似た食品）だけで暮らしていた。私は三五ポンド近く体重が減り、ディーリアも一五ポンド減っていた。二人とも衰弱していていつもだるく、ディーリアはまちがいなく貧血をおこしていた。

七月下旬、キャンプが野火にやられる何日か前のことだったが、私は車の後部ドアが開く音で目を覚ました。見るとディーリアが地面の上で激しい腹痛に身体を折り曲げている。そんなことが数週間前から何回も起こっていたのに、隠していたのだ。これは、単に栄養不足のせいばかりではなく、研究を続ける金もなければ国に帰る金もないことからくる心理的なストレスもおおいに影響していると思われた。彼女のためになにかもっと栄養のある食べ物を手に入れる方法はないものかと考えながら、私はまんじりともせずに夜を明かした。

翌日の晩サンドヴェルトでジャッカルを尾行していると、突然スポットライトのなかにスタインボックが現われた。ごく自然に考え直す気さえ起こらず、罪の意識もないままに、私は大きなハンティングナイフを鞘から抜きとると、靴をぬぎ、ディーリアが小声で反対するのを無視して車からそっと降りた。スタインボックとスポットライトの間にはいらぬよう注意しながら、二五ポンドはある獲物のほうへ忍び寄っていく。大きなつややかな目は明かりのなかで光り、鼻はひくひく動いて私のにおいを嗅ぎとろうとしている。どんな小さな音も聞きもらすまいとぴんとたてた大きな耳の内側には、血管が浮き出ていた。私はいつになく敏感になっていた。焼け残った草の根元をよけて静かに歩く素足にひんやりと砂の冷たさを感じながら、目は獲物に釘づけになっていた。そうしながらも一方では別の私が、長い間眠っていた私のなかのこの未知なる部分を興味をもって眺めていた。

ふるえる身体にじっとりと汗をかきながら、ついにスタインボックまでほんの五フィートのところまで這い寄り、右手のナイフを振りあげた。全力を集中し、獲物の肩のすぐうしろに刃を打ちこもうととびかかったが、スタインボックは感づき、最後の土壇場で身をかわして逃げてしまった。私は砂地に倒れ、這いつくばり、腕や脚や腹には悪魔のくさび《デヴィルズ・キー》——鋭い三角のとげ——がつきささった。身体中がちくちく痛み、きまり悪い思いをしながら、空手で車にもどった。

蛋白質を得るために、似たようなことを何回か試みたのだが一度も成功せず、私たちはその後もずっと、おもに穀物だけで露命をつないだ。ディーリアの健康状態は少しもよくならなかった。

七月初めから八月初旬までの観察研究で、ジャッカルは尾の下半分にあるそれぞれにちがう黒斑によって個体識別ができることがわかった。麻酔銃を使って彼らを傷つけたり遠のかせてしまう危険を冒す必要はなかったのだ。また、ジャッカルとカッショクハイエナは両方とも屍肉食者《スカベンジャー》だから、屍肉をめぐって互いに争いをするにちがいない。ジャッカルのあとをひんぱんにつけていれば、かならずやそのうちに、あの隠遁者のようなカッショクハイエナにも会えることだろう。

ジャッカルは夜の狩りに出かける前に、毎晩谷間のいたるところで、まるで起床ラッパのように互いに仲間に呼びかけあった。セレンゲティ国立公園のセグロジャッカル（そこではシルヴァーバックとも呼ばれている）のペアは一年中行動をともにするのだが、カラハリのジャッカルは、乾季にはよく単独で餌をさがし歩いていた。私たちは尾行する個体を見つけだすために、しばしばコンパスで叫び声の位置を確認した。キャプテンの声は、慢性の喉頭炎をわずらっているようなしわがれ声なので、容易に識別できた。

ディセプション・ヴァレーに初めてキャンプを置いてから三カ月の間、雨は一度も降らなかった。もう中央カラハリ動物保護区のどこにも飲み水はなかった。キャプテンその他のジャッカルたちは、殺した齧歯類や鳥類の水分と、歯でつみとったマレトゥワ（キイチゴの仲間）の実や、砂丘の斜面で時々見つける野生のメロンを食べて生きのびていた。

北アメリカのコヨーテと同じく、キャプテンはすぐれたハンターであり、かつまたすぐれて臨機応変の性質をもっていた。日没直後からしばらくの、夕方の涼しい間、彼はよく〝チーターの丘〟の下の川床を小走りに進み、時々足をとめては、草の茎をひきずって塚《コロニー》へ運んでいくシロアリの列をぺろぺろと食べていた。彼が茂った草むらにとびこんだ時はたいてい、大きなバッタかクモか甲虫を捕まえていて、すばやくかみ砕いては飲みこんでしまう。そのあとは地面に鼻を近づけ口をぎゅっと上にゆがめて、大急ぎで前進していくのが常で、器用にもサソリをくわえている時などは前歯をむき出しにする。鼻をならし頭を振り、大きく歯をむき出しにして（たぶん鼻を刺されるのを恐れているのだろう）、この節足動物をひょいと空中に放りあげる。それをくりかえし、三度目にはその砕けやすい獲物を二つにかみ割って飲みこむのだった。彼は小走りに進む間によくあちこちへひらりと動いて、大きなソーセージ・フライやシロアリの有翅虫を空中でぱくりととろうとして後肢でとびあがり、前菜がわりにばりばりかんで食べていた。

八時半か九時ごろには、冷えた空気が砂丘の尾根から谷間に流れこんでくるために昆虫は活動しなくなる。するとキャプテンはもっとあがりのよい仕事にとりかかった。マウス捕りである。彼は草むらを次々に小走りで訪れ、頭を高くあげ、耳を前方にぴんとたてて草のなかへわけいってゆく。マウスの居場所を正確に嗅ぎとると、後肢で立ちあがって背を伸ばし、前足をそろえて胸の前にひきよせる。そしてその足を投げ槍のように草のなかへおろして齧歯類を地面におさえつけ、足の下からくわえとった。捕まえそこねることもあったが、そんな時、獲物はしばしばまっすぐ上にとびあがり、結局は空中でひっつかまって、三、四回むしゃむしゃやられて終わりだった。彼は三時間の狩りの間に、狙った獲物を四度に一度のわりで捕まえながら、多い時には三、四〇匹のマウスを殺すこともあった。横腹がごみ袋みたいにふくらんでもまだ狩りを続け、前足で砂地に掘った小さな穴でマウスやラットを捕まえると、すばやく鼻で砂を押して穴をふさいだ。

ある晩キャプテンは、〝北のくぼ地〟を小走りで巡りながら次々に齧歯類を殺しては埋め、いつものように好成績をあげていた。ちょうど彼が、腹までとどく草むらのまわりを、あっちからこっちからと鼻をつっこみながらまわっている時だった。なにかを捕まえようと後肢で立ちあがりかけた彼は、ふと後方の、獲物を点々と埋めてきた隠し場所のほうをふりかえった。すると、ほかのジャッカルが小走りで隠し場所を次々に掘り起こして、彼のラットを食べている――彼は毛を逆立てた。雌ジャッカルは彼からよく見える所で、谷間のこの一帯の支配者であるキャプテンの貯蔵品をくすねているのだ。

キャプテンはその小柄な泥棒めがけて突進したが、彼女は頭を高くあげて、ブロンドの首や赤褐色の肩も堂々と、一歩もひこうとしなかった。まさに襲いかからんとするところまできて、キャプテンは突然攻撃をやめた。彼の体内の回路がショートして襲う力がなくなってしまったのだ。雌ジャッカルは目に見えぬ防壁のうしろに立っているかのようだった。

ふつうならば、追いたてて出ていかせるところなのだが、キャプテンは反対に雌の注意をひこうとしはじめた。首を弓なりにそらし胸をふくらませ、耳を前むきにぴんと立てて鼻をぴくつかせながら、気どった歩き方でほっそりした雌に近づき、ついには顔と顔をつきあわせた。彼はゆっくりと鼻づらを近づけて、雌の鼻づらにそっと触れた。雌ジャッカルは緊張して身体を固くして立っていた。キャプテンは相手の鼻から頬へ、頬から耳へと鼻を動かし、首にそっておりてくると、ごく軽やかに肩をなでまわした。そこで彼はふいにむきをかえたので、相手の臀部にぶつかってしまった。雌はわきへよろけたが、バランスをとりもどすと、動きまわる彼の鼻の下でじっとしていた。それから急に横に踏み出して彼から離れると、小走りに走ってゆき、キャプテンの風上にある草に恥ずかしそうににおいづけをした。彼は、雌が〝チーターの丘〟のやぶにはいって見えなくなるまで見守りながら、その間ずっと彼女の残していったマークを嗅いでいたが、それからあとを追った。消しがたい印象を受けたキャプテンは、翌日の夜もこの雌に会った。においを嗅ぎ、そっと尻を突く儀式的なあいさつがすむと、二頭は首を交差させて立ち、きずなを確かめあった。それから彼らはいっしょに狩りをしたが、メイト（と彼女を名づけた）が彼の先に立った。彼女はたびたび立ち止まっては、片肢を灌木にかけて自分のテリトリーであるというマークをつけたり、しゃがんでにおいづけをして雌であることを宣伝したりした。キャプテンは歩調を合わせてあとをついてゆき、彼女の行動をよく見ていて、彼女がつけたどのマークの上にも自分のマークをつけ、この雌が自分のものであることをほかのジャッカルに告げていた。

夜気がまだ暖かい間は、彼らはいっしょに平らな川床で昆虫の群れを荒らしていた。空気が冷えてくると、今度は〝チーターの丘〟の砂地で齧歯類のコロニーを狙いはじめた。次から次へとコロニーの迷路に鼻をつっこんで、鼻をならしたり嗅いだりしながら、掘りはじめるのに最適な場所をさがす。突然キャプテンが興奮して穴を掘りだした。前足で水車のように砂をかいて、大きくひろげた後肢の間からまき散らし、巣穴をひっかきながら尾を旗のように振っている。メイトはしばらく彼を見守っていたが、近くの別のコロニーに急ぎ足で行くと、そこで彼女も掘りはじめた。

狂ったように穴を掘り、草のまじった土や砂の大きなかたまりをかみとっているうちに、キャプテンはしだいに狙った獲物に近づいていった。だが掘った穴があまり深くなったため、迷路の別の出入口をしかるべく見張ることができなくなった。そこで彼は、ひとしきりせっせと掘ると急いで穴からあとずさりしながら出て、逃げ道を次々に見てまわるという方法をとりだした。巣穴のなかで捕まえられなければ地上の草地に走り出たところを捕まえようという魂胆だ。

長い時代を被捕食者として生きてきたラットには、そのような戦略はとっくの昔にわかっているらしく、このラットも土壇場になるまで迷路から出ようとしなかった。その時には穴はひどく深くなっていて、キャプテンがあとずさりして他の出口を確かめるたびに、何秒かかかるようになっていた。彼がジャッカルのもつ天賦の才の片鱗を見せたのはこの時だった。それは、私たちが知るかぎり、ほかの哺乳類では見られたことのない行動パターンだった。

地下での穴掘りと地上の出口の見張りとを同時にしなければならないという難問にぶつかったキャプテンは、後肢で立ちあがって頭を穴の外に出し、出口を次々とすばやく見まわしながら、穴の縁の地面を両方の前足でたたきはじめたのである。そして、ちょっと休むと、穴の底へもどって今度は実際に四、五回土をかいた。それから立ちあがると、また穴の縁をたたいて〝穴を掘っているふり〟をしたのである。とんとんという振動で、ラットはジャッカルがすぐそばまできていると思ったにちがいない。出口のひとつからちょこちょこと走り出てきた。キャプテンは穴からとび出すと、ぱくっとラットに食いつき、目をとじて、耳をかわいらしくぴくつかせながら食べてしまった。

午後一〇時半ともなるとあたりはだいぶ冷えてきて、齧歯類はみな、寝るために巣穴にひきこもってしまった。ジャッカルのペアが狩りをするのなら、鳥を狙うほうが有利な時だ。彼らは急に、ラットやマウスをさがして草むらから草むらへとぴょんぴょんとびまわるのをやめた。そして川床へもどってくると、かなり足を速めてとっとこ走りだした。臭跡を嗅ぎとろうと鼻を地面にぴたりとつけて、円を描いたりジグザグに走ったりしている。

〝アカシア岬〟の近くで、メイトは一方の前足を胸に、尾を上に立てて立ちどまった。鼻をまっすぐ前にむけ、耳をぴんと立てて、一五ヤードと離れていないところにいるオオノガンのほうへ一歩一歩忍び寄ってゆく。体重二五ポンド、翼長一二フィートはあるオオノガンの雄は、飛ぶ鳥のなかでは最大の鳥のひとつである。カラハリではふつう、ジャッカルはこのように大きな獲物を単独では相手にしないのだが、キャプテンの応援があるので今回はメイトのほうに歩があった。

シチメンチョウに似たこの大きな鳥は翼と首と尾の羽をひろげて、メイトのほうへ威嚇的にちょっと突進した。雄鳥はメイトよりも一〇ポンドほど重かったが、彼女はためらわずに襲いかかっていった。オオノガンは一度こけおどしをかけるとすぐに、巨大な翼をばたつかせて砂ぼこりを巻きあげながら飛びあがった。懸命に上昇しようとしているうちに、メイトは六フィート以上もとびあがって、オオノガンのももをくわえた。メイトが下にしがみついたまま、大きな翼は両方の重みをささえようと羽ばたき、両者はちょっとの間宙に浮いていたが、すぐにひとかたまりになって地面に墜落した。そしてメイトが放すまいとがんばっている間にキャプテンが駆けつけ、オオノガンの頭をかみ砕いた。

二頭のジャッカルは猛烈な勢いで獲物を食べはじめた。さかんに尾を振って、燃えるような目でにらみあい、顔は血や羽にまみれていた。食べはじめて二、三分たったころ、一頭のカッショクハイエナが遠まきに彼らのまわりを回りはじめた。ジャッカルにいどみかかって獲物を奪いとりたがっているのは明らかだったが、近くに私たちが腰をおろしているため、いつものとおり用心深かった。

ハイエナが少し近づいた。私たちは音をたてぬよう、身じろぎもせずに坐っていた。額の白い斑点がかろうじて見分けられ、草を踏む音がやっと聞きとれる。にわかにハイエナは突撃に出、キャプテンとメイトは逃げ散った。彼は鳥をくわえて地面から持ちあげると、急いで〝ウェスト・プレイリー〟にあるやぶにむかった。私たちはあとをつけようとしたが、ハイエナはゆっくりした駆け足で遠ざかり、見えなくなってしまった。

キャプテンとメイトは一食たべそこなったわけだが、川床の草地にいる昆虫やマウスや鳥やヘビのなかから十分な食物を見つけるのは容易だったし、彼らより大きな捕食者の食べ残しをあさる機会も常にあった。セレンゲティのジャッカルはガゼルのような大きな獲物を殺すこともあるが、キャプテンとメイトは、二頭が協力して狩りをする時でさえ、いましがた殺したオオノガンよりも大きなものにはけっして手出しをしようとはしないようだった。しかしながら次に私たちが彼らの狩りを見た時には、彼らはオオノガンよりはるかに危険な獲物を狙うことになる。

手持ちのガソリンを長持ちさせるために、夜が明けるとすぐ、私たちはよく徒歩で昼寝のためにひきこもる前のキャプテンとメイトを尾行した。九月はじめのある朝、〝チーターの丘〟へぶらぶらと帰っていく二頭の行動を、私が口述し、ディーリアがそれをノートにとっていた時だった。川床ぞいに生えているイバラのやぶの間を注意深く進んでいると、砂丘のむこうから小型機のエンジン音が聞こえてきた。ディセプションに来てからはじめて聞く飛行機の音だった。ここはあまりにもへんぴな場所なので、この地域の上空を通過することはボツワナ民間航空局によって禁じられている。飛行機が私たちのキャンプへ来ようとしているのは間違いなかった、なにしろこの一帯何千平方マイルというなかに住人は私たちだけである。私たちは人に会えるという期待に興奮し、川床に走り出て、すぐ上空を通りすぎていく青と白の小さなセスナにむかってめちゃくちゃに手を振った。私はシャツをぬぎ、パイロットに風むきがわかるよう、それを高くかざした。

セスナは旋回し高度を下げたが、川床で三度バウンドしてまた上昇した。そばをさっと通りすぎていった時、マウンのドイツ人獣医師、ノーベルト・ドラガーが緊張した顔で操縦桿の上に身をかがめているのが見えた。彼は砂丘の上を低く旋回し、もう一度着陸を試みたが、また数回バウンドしてふたたび飛びあがった。まだパイロットの卵の彼には、これがはじめてのクロスカントリー・フライトで、しかもこの強い横風のなかで、着陸をしようとしている。三度目にセスナがそばを通った時に、彼の隣に妻のケイトが、後部座席には娘のローニがいるのが見えた。四度目には、スピードを出しすぎていたため激しく地面にぶつかったが、かろうじてオオミミギツネの巣穴につっこむことはまぬがれた。セスナは灌木の茂みのほうへそれた。車輪が滑り、機体は前輪にもたれてひどく前のめりになりながらつき進んでいったが、茂みのほんの二、三ヤード手前でどうにか止まった。

「たった一回の着陸で、あなたほどいろんな練習をしたパイロットは知りませんよ」と私は彼をからかった。ノーベルトはやせ型で金髪のバイエルン出身の男で、笑うと大きく歯が見える。彼はドイツ技術援助団の一員としてアフリカに来ていた。

彼は飛行機の諸系統のスイッチを切りながらぶつぶつ言った。「飛ぶのはもうたくさんだね。九九パーセントたいくつで、残り一パーセントは恐怖のどん底ときてるんだから」

ケイトが大きな枝編み細工のピクニック用バスケットをかかえて降りてきた。バスケットには手づくりパンや小さなミートパイ、新鮮な魚、チーズ（はるばるローデシアからとりよせたもの）、サラダ、ケーキなどがいっぱいはいっていて、食べ物の上には赤いナプキンとチェックのテーブルクロスがきちんとたたんでかけてあった。私たちはごちそうをじーっと見つめる二羽のハゲワシそっくりだったにちがいない。彼らの好意に対し、ありったけの言葉で礼をのべた。彼らの訪問はほんの一例で、私たちはそののちもマウンの多くの人たちからいろいろとよくしてもらった。

アカシアの古木の下で、みなでこのごちそうを食べた。バーギーの作業員たちが彼の死を知らせに来て以来、だれとも会っていないディーリアと私は、まるでかちかち音をたてテープに印字する受信装置のように次から次へとしゃべりまくった。野火のこと、そしてジャッカルについてわかったことすべてについて。やっと私たちのおしゃべりがやんだ時にケイトが言った。「話はちがうけど、お国の大統領が代わったことはご存じ？」

「え？　知りません——いったいなにがあったんです」

「ニクソンはウォーターゲート事件で一カ月ほど前に辞任したのよ。後任はフォードという人だわ」私たちは半年以上も新聞を読んでおらず、ラジオも聞いていなかった。

ノーベルトは帰りのことを心配して、一時間後にはもう、家族をつれて飛行機にもどっていった。うなりをあげて川床を走り、一条の砂塵を残して浮きあがったセスナの窓から彼らはみな手を振っていた。セスナが見えなくなると、私たちはひっそりとキャンプへもどった。この短い彼らの訪問で、私たちは自分たちの暮らしの孤独さを思い起こし、それまでは感じることもなかった淋しさを覚えた。彼らが持ってきてくれた手紙の束もなぐさめにはなりそうになかった。もう限界だった。補助金の知らせをすぐにも聞けないのなら、荷物をまとめて帰国するしかない。

手紙の束は倒木の根元においてあったが、まるで開封できるものならしてみろと私たちにいどんでいるかのようだった。ディーリアがとりあげてひもをはずし、一通ずつくっていった。

「ナショナルジオグラフィックからなにか来ているわ」彼女が緊張した声を出した。

「そう、じゃあ開けて——いやなことは早くすませたほうがいい」私は陰気に言った。私たちはもう何度も失望を味わっており、これが最後の望みのつなだった。ディーリアは封を切って手紙をとりだした。

「マーク！　補助金よ！　補助金が出たわ！」

彼女は上きげんになり、手紙をひらひら振りながらとびまわった。とうとう私たちの力量を信じてくれる人が現われた——少なくとも三八〇〇ドルの価値はある、と。私たちは本物の調査チームになったのである。

マウンへ行って必需品を調達してきた私たちは、新たな自信と決意をもって研究にとりかかった。カッショクハイエナも早晩私たちに慣れるだろうから、とりあえずそれまではジャッカルを尾行することにした。ディーリアの胃痛はたちまちのうちに消えうせた。

九月。カラハリ砂漠に暑い乾季が訪れた。七月の冬にもそうだったが、私たちは夏に対しても準備ができていなかった。ほとんど一夜にして、真昼の気温は倒木の陰に置いた寒暖計で四三度を超え、とうとう四六度まで上昇した。キャンプの外の地表はあまりに熱いので寒暖計を置くわけにはいかなかったが、六〇度以上あったにちがいない。吹きまくる東方からの強風に谷間は暑く乾燥し、私たちは柔らかい若草のように身体が萎えていた。午後おそく風がおさまると、今度は静けさのせいで耳鳴りがした。葉のない木々と枯れ草と枯れた灌木だけの単調な褐色の世界と、かすんでゆらめく空。これは私たちの知らない、まったく別のカラハリだった。水分は身体からすぐに蒸散してしまうので皮膚はいつも乾いていた。目はかゆく、熱気を避けて目玉が頭蓋の奥にひっこんでしまったような気がした。

水浴や料理に使う水と飲料水もふくめて、水の使用量は一週間に七ガロンと定めた。ドラム缶から出した水は金気のある熱い紅茶のような味がするので、ブリキの大皿に入れてアカシアの木陰に置き、さましてから飲んだ。だがこれはよく見張っていないとすぐに蒸発するし、ハチや小枝や土がなかにはいったりする。私たちは皿を洗った水にスポンジを浸して身体を洗い、そのあとのコーヒー色になった水を布でこしてラジエーターに入れた。七ガロンのうちいくらかでもあまった水はジェリカンに入れてあとのためにとっておいた。私たちは毎日、木陰とパンくずとひきわりトウモロコシを求めてキャンプに集まってくる鳥たちに、新しい水をカップに二、三杯分けてやった。

私たちの皮膚はひび割れてはがれ、手足の指先は割れて血が出た。毎日毎日なにもかもが同じだった。Tシャツも切り口のほつれたジーンズの短パンも穴のあいたテニスシューズも毎日同じなら、あらゆるものをおおう灰色の石灰質のほこりも同じ、私たちの体力をしぼりとる熱気も少しも変わらなかった。私たちはランドローヴァーの後部で身体に濡れタオルをかけて眠ろうとしたが、一五分とたたぬ間に、水分にひきよせられたミツバチが黒山のようにたかってきた。

川床や砂丘の斜面やサヴァンナの草はすっかりひからびて枯れ、水たまりは乾いてほこりにまみれていた。カラハリ砂漠にはもう飲み水はどこにも残っていなかった。餌の草に十分な水分がなくなったために、アンテロープの群れは一五頭かそこらの小群にわかれ、そのほとんどがこの化石化した川床を去って、何千平方マイルという広範な地域に散らばっていった。アンテロープは分散してサンドヴェルトにはいり、そこにある高木や灌木の葉を食べ、多肉質の根や水分の多い塊茎をひづめで掘って食べる。こうして彼らの大半は、乾燥した数カ月を水なしでのりきっていた。彼らが川床から立ち去るとすぐに、ライオン、ヒョウ、その他の大形の捕食動物も彼らを追いかけていった。

一〇月。すでに半年以上も、雨はおろか雲さえ見えない日が続いていた。ある日の午後、ふわふわしたネコの手みたいな蒸気が東の空へたなびいていくのに気がついた。熱い風はしだいに弱まり、谷間は不思議な静けさにつつまれた。私たちは暑さと夜の調査でくたびれはてていたが、のろのろとキャンプを出て開けたところに立ち、頭上でうねる蒸気を見守った。連れのない一頭のスプリングボックが、うだるような熱波のなかで頭を高くあげ、いっとき現われたこの雲のほうをむいていた。まるで雨乞いでもしているかのようだった。だがその白い幽霊は太陽の力の前にはかなくも消散してしまった。

毎日午後になると雲はもどってくるのだが、かすんだ砂丘をおおって流れる、溶けたガラスのような猛烈な熱気のなかで結局は消え去ってゆく。私たちは始終頭がくらくらし、集中力は失っており、読書や車の修理はおろか、最も単純な仕事すらもできないほどだった。短気になり、腕や脚は重く動かすのもおっくうだった。それでも夜はいつも、カッショクハイエナに会えることを願いつつ、ともかくもジャッカルを追跡した。毎日、夜明けになると暑くて過酷な一日がはじまる。そこでしのぎやすい間に土壌の採集や植物群落の帯状横断面の作成、排泄物の分析などをした。だがこのような生活はどうがんばっても三週間が限度だ。そこで身体が疲れてどうにもならなくなると、涼しい夜間に一晩ぐっすり眠ったものだった。

谷間にすむジャッカルはこの時季にはたいていペアになっていて、どのペアも一平方マイルくらいのテリトリーを確立していた。テリトリーはどれもみな、最も重要な生息地としての川床の部分と、それに続く、砂丘のブッシュ・サヴァンナの部分とから成っていた。キャプテンとメイトは〝チーターの丘〟を保持し、ボニーとクライドは〝ラスト・ストップ〟の近くの一帯をまもっていた。ジンピーとフィニーは〝ノース・ツリー〟の東側を徘廻し、サンダンスとスキニーテイルは〝ノース・ベイの丘〟を所有し、そのほかのペアたちもおのおの自分のテリトリーを持っていた。彼らは毎日、日暮れには叫び声をあげ、その後も夜どおし、定期的に叫ぶので、七組のペアをその声色やキャンプを基点とした声の位置で識別することができた。

長い毛が密生した背中の黒斑はかなりの断熱効果があり、彼らをよく太陽から守っていた。キャプテンとメイトは、焼けつくような昼間中、〝チーターの丘〟にある葉のない小さな灌木の木陰でずっと眠っていたが、彼らにはこのシェルターひとつで十分らしかった。このころには早朝や夕方近くですら暑かったので、夜間の涼しい時にしか狩りをしなかった。彼らはもう何カ月も飲み水なしで暮らしていた。水分を手に入れるため、たった一個の野生のメロンをめぐってほかのジャッカルのペアと争っていることもよくあった。

一一月の雲にはじれったい思いをさせられた。薄もやのような雨の幕の、信じられぬほど甘くみずみずしいにおいがするのに、雨はいつもどこか遠くの砂漠のなかに降っていた。焼けて乾いた川床からたちのぼる熱対流の厚い壁に挑戦できるほどの重い黒雲はなかった。

ある日、朝になっても風がなかった。大気はまったく静かで、なにかを待っているかのようだった。午前の中ごろになって、〝ウェスト・プレイリー〟のむこうに入道雲が出てきた。雲の群れは時々刻々と大きくなり、ついには互いにもたれあうかのごとくそそり立っていたが、この水蒸気の高い柱は、空にとどまっているには大きくなりすぎていた。午後三時ごろには、黒紫色の空は蒸気で渦まいていた。稲妻が雲を裂いて走り、雷鳴が谷間に轟いた。

何週間も失望を重ねてきた私たちは、今度もきっと嵐は素通りすると思った。だがそのとたんに黒雲はなだれのように〝西の砂丘〟の肩にくずれ落ち、黄色い砂嵐をのみこみながらキャンプのほうへおしよせてきた。周囲のよどんだ空気がざわつきだした。私たちは車に走ってゆき、車を木の下から後退させた。

キャンプから三〇ヤード離れたところで、車の後部を近づいてくる嵐のほうへとむけた。じきに砂まじりの風が吹きこんできた。私たちはシャツを顔におしあてて、灰色の空気のなかで息をしようとした。ランドローヴァーは揺れてきしみ、イグニションにさしたキーがちゃりちゃり鳴った。雹《ひょう》が車の屋根を打つ。フロントガラスのむこうでは、箱や袋や鍋やそのほかのキャンプの小物が宙に舞うのが見えた。アカシアの木は、身体をかきむしる狂った動物のようにぐらぐらと揺れていた。

とうとう雨になった。窓枠のすきまから水が流れこんで、膝の上にしたたり落ちてくる。

「におうよ！　雨のにおいだ！　ああ、なんてすばらしいんだ！　なんてきれいなんだろう！」私たちは何度も何度も叫んだ。

嵐は激しい勢いでおしよせ、稲妻のいかつい指が低くたれこめた黒雲の上を走り、妖しい青い光を放って空中の雨や砂を映し出した。その夜ずいぶんおそく、私たちは車を揺さぶる突風の音を聞きながら知らぬ間に寝入っていた。

次の朝目を覚ますと、谷間は太陽の光をあびて明るかった。だがそれは、数カ月もカラハリ砂漠を焼き焦がした意地の悪い太陽ではなかった。穏やかなやわらかい光が、きらきらと露に濡れた水気の多い草の基部をかじっている数百頭のスプリングボックの背中をやさしく照らしていた。嵐は遠くの地平線で、わずかにけむっているだけだ。キャプテンとメイト、そしてオオミミギツネのペアが、スポンジのようになった地面にできた水たまりで水を飲んでいるのがキャンプから見えた。

私たちの衣類も鍋も、紙もそのほかのものも、みな川床に散乱していた。ディーリアはキャンプから五〇ヤード離れたところで鍋を見つけてきて、糖蜜とサンプ（ひきわりトウモロコシ）を入れたオートミールをこしらえた。朝食を食べてから私たちは、散乱したものを集めはじめた。ガソリンのはいったドラム缶は、谷間のなかほどにまでころがっていっていた。

この嵐で砂漠はふたたび緑色にぬりかえられた。それから一週間とたたぬ間に、谷間にはアンテロープの群れがたくさん集まり、ベルベットのような新芽のなかに、やせて耳のたれた子どもたちを次々に産んでいった。シロアリの有翅虫は女王アリのあとに群がって飛んでいた。オオミミギツネは綿毛のふわふわした子どもを連れてあちこちへ、ちょこちょこ走りまわり、いたるところではねたり這ったり飛んだりしている昆虫の群れを食糧として、ふとりだしていた。だれもが食物の豊富なこの短い時期に子どもを産んで育ててしまおうとして急いでいた。暑さと野火の長い試練のあとにはいたるところに生気がよみがえり、新しい生命のはじまりが感じられた。間もなく次々に嵐が訪れ、雨季のはじまりとともに日中の気温は二五度から三〇度程度に下がり、青い空にはこころよいそよ風が吹きわたり、まっ白い雲がひろがった。

なによりもすばらしかったのは、数カ月前にディーリアをテントに閉じこめた、あのライオンの群れ《プライド》がこの谷間にもどってきたことだろう。夜間と早朝に轟く彼らの咆哮はジャッカルたちの叫びと相まって、この化石化した川床にふたたび活気をもたらした。私たちはいつかそのうちライオンを調査しにカラハリにもどってこようと話しあった。だがまずはジャッカルとカッショクハイエナの調査を片付けなければならない。

雨季の最初の嵐が来てから数日後の夕方、キャプテンとメイトをさがしに出る前に、私たちはたき火のそばで急いで食事をつめこんでいた。ジャッカルのペアの一組、ジンピーとフィニーが、〝双児のアカシア〟の東方で叫びはじめた。かん高くふるえる、それでいてふしぎな旋律をもつ叫び声が谷間に響きわたった。いつものことながらその悲しげな響きに私たちは感動し、だまりこんだ。それはまさしく砂漠の心からほとばしり出る——カラハリの叫びそのもののような気がした。残りのジャッカルたちがコーラスに加わりだし、ボニーとクライド、サンダンスとスキニーテイルの声が聞こえ、最後にキャプテンのしゃがれ声が、メイトの澄んだなき声とともに〝チーターの丘〟から聞こえてきた。

「ちょっと待って……なにかしら」とディーリアが言った。

かん高いキイキイ声が、息を切らして懸命にキャプテンとメイトをまねようとしていた。

「子どもだ！」私たちはランドローヴァーにとび乗って、声のするほうへ走った。車をキャプテンたちのところからだいぶ遠くに止め、やぶの陰から見ようとあちこちからのぞいてみた。その時、メイトが巣穴の入口に現われて頭を低く下げた。彼女がわきへよけると、けばだった短い顔にずんぐりした黒い鼻をした、パウダーパフみたいなのが二頭、尾を振りながらよたよたと出てきた。

メイトは〝ヘンゼル〟と〝グレーテル〟の顔や背中や腹を舐めはじめた。一頭ずつ、砂の上で何度もころがしながら舐める。その間もう一頭のほうは、太短い不安定な四肢で、彼女の腹の下でよろよろしていた。キャプテンはその近くで前足に頭をのせて横たわっていた。その時北のほうで、ボニーとクライドがまた叫びはじめた。その声が終わらぬうちに彼らは返答しはじめた。ヘンゼルとグレーテルはキャプテンとメイトのかたわらに立って、小さな鼻づらを空のほうへ伸ばしていた。

両親は二頭とも子育てにかかわっていたが、アフリカのほかの地域のセグロジャッカルに見られる〝ヘルパー〟は、彼らにはいなかった。パトリシア・モーエルマン博士は、セレンゲティ平原にすむジャッカルの亜成獣のなかには、両親のそばに残って次産でうまれた子どもを養う手伝いをするものがいることを発見している (P. Moehlman, 1979)。彼らは母親や弟、妹のために食物を吐きもどしてやったり、巣穴の番をしたりして手伝いをする。私たちの知っているジャッカルの間では見られなかったが、カラハリのほかのペアのなかにはヘルパーのいるペアもいたかもしれない。この行動はなかなか観察しにくいものなので、おそらく数年間の継続調査をへなければわからないだろう。

最初の何週間は、いつもキャプテンかメイトのどちらかが、子どもを捕食者から守るために巣穴に残っていた。毎日陽が沈むとキャプテンはメイトのそばへ行く。ヘンゼルとグレーテルは彼の足もとではねまわったり、耳や四肢や尾の先をかんだりした。彼は鼻でメイトの鼻に触れてから足を高くあげ、ころげまわっている子どもたちをまたぐと、子守りはメイトにまかせて、狩りをしに小走りで出て行くのだった。父親が行ってしまうと、ヘンゼルとグレーテルはただちに母親にまといついて、耳をかんだり顔の上でごろごろころがったり、背中からころがり落ちたり尾にとびかかったりした。メイトは寛大でされるままになっていたが、遊びに加わることはめったになかった。

成獣の行動パターンのいくつかは、子どもの活動のなかにごく初期から見られた。子どもたちは、相手をつかまえておく、忍び寄る、とびかかる、かみ殺すなどの、成獣になった時すぐれたハンターになるのに必要な技術をくりかえし練習した。母親が相手になってくれない時には、彼らは互いに攻撃しあったり、巣穴から数フィート以内にある草むらとか枯れ枝を相手にしていた。

子どもが生後三週間になったころ、キャプテンは彼らに食べさせるために生肉を持って帰るようになった。子どもたちは尾を振りながら、入口からとびだして父親のところへとんでゆき、ひもじそうに彼の口を舐めて食物をねだった。キャプテンは口を大きく開けて、彼らの前の地面になかば消化したマウスや鳥のねとねとしたかたまりを吐きもどす。ヘンゼルとグレーテルが湯気のたつこまぎれ肉をがつがつ食べている間に今度はメイトが狩りをしに小走りで出てゆき、キャプテンは灌木の下に坐りこんで休息しながら子守りをするのが常だった。

子どもたちが離乳しはじめて少しは生肉を食べるようになるとすぐに、両親は朝の早い時間に彼らを巣穴の近辺に連れ出すようになった。キャプテンとメイトがゆっくりと歩いてゆくかたわらで、子どもたちは灌木や草やアンテロープの糞など、鼻をつけられるものはなんでも嗅ぎながらはねまわって遊んでいた。こうして彼らは、太古の川床の環境についてだんだんと学んでいったが、その中でも最も重要な学習のひとつは昆虫の殺し方と食べ方をおぼえることだった。これは重要な捕食技術の一つである。これを知っていれば、メイトが離乳させようとしている間、彼らは与えられる乳と吐きもどした肉のほかに、昆虫も食べられるのである。

ヘンゼルとグレーテルが自分の面倒をかなり見られるようになってきたので、子どもたちには巣穴の近くで虫さがしをさせておいて、キャプテンとメイトはまた連れだって狩りに出るようになった。ある晩キャプテンたちは、〝チーターの丘〟の舌状になった砂地の東側の川床から、丘とその裏側の細長い疎林地帯にかけての一帯で獲物をさがしていた。彼らはそれぞれが、たびたび立ち止まっては後肢の一方をあげ、テリトリーの境界ぞいに生えている低い灌木や木のような草に、においのマークをつけながら進んでいた。

丘の斜面の疎林地帯にはいって間もなく、先に立っていたメイトが地面にあるなにかのまわりで、尾を高くあげて振りたてながらはねまわりはじめた。キャプテンが急いで駆けつけてみると、九フィートはあるブラックマンバがいまにもとびかからんばかりに、地上から三フィートも身体をもたげていた。マンバはアフリカにいる猛毒を持つヘビの一種である。ヘビは舌をちろちろ出して、無気味な蹄槽形の頭を発射寸前の石弓のようにうしろにひきつけていた。

キャプテンはヘビの防御のすきをかいくぐろうとして、あちこちからフェイントをしかけた。だがビーズのような目はミサイルのように彼を追いかけてきた。彼がどこへ動いても、マンバはそれに合わせてむきをかえて待ちかまえている。

メイトはぐるりとまわって、ヘビをはさんでキャプテンのむかい側へ行った。彼女がヘビのほうへ突進したので、ヘビは一瞬そのほうに気をとられた。キャプテンは目にも止まらぬ早わざでマンバに突進したが、ヘビはたちなおって攻撃してきた。数フィートもある、長いロープのような胴体が地面からとびあがったとたん、キャプテンは降りかかる砂の下でひらりと身をかわした。凶器である頭はどうにか彼の肩からはずれた。

キャプテンはすぐにまた攻撃を開始し、くりかえしとびかかってはヘビを捕まえようとした。ヘビが反撃してくると、さっと身をかわす。彼は攻撃の手をゆるめようとはせず、ヘビのほうは反撃するたびに、身体をもたげてとびかかる準備をするのがだんだんおそくなりだした。

キャプテンがマンバの背中を激しくひとかみしたのは、マンバが攻撃に失敗して体勢をたてなおそうとしている時だった。疲れている上に傷まで負ったヘビは、ひきあげようとした。だがメイトが退路をふさいだので、ヘビはもう一度頭をもたげてキャプテンにとびかかった。だがあと少しのところでとり逃がし、そのとたん、今度はキャプテンがヘビに突進した。逃げる間も与えず、キャプテンはヘビの頭から三フィートほど下に強くかみつき、さらにもう一度強くかんだ。この時にはもうヘビは苦しんでもだえていた。彼はさらに数回かんでから、最後にほんの一瞬くわえてすぐに激しく振りまわした。とぐろを巻いた胴体は、キャプテンの肢のまわりでもがいていた。それから彼はヘビを落とすと、危険な頭に食いついてこれをかみ砕いた。

その瞬間にこの危険な狩りは喜劇に変わった。キャプテンがマンバの頭をくわえるとすぐに、メイトは尾にくいついた。ついいましがたまでのこの上もない協力はどこへやら、それぞれが獲物を持って逃げようとして、ヘビの両端をつかんで綱引きみたいにぐいぐいひっぱりはじめた。数フィートあるこの爬虫類のかたわらで、二頭は耳をうしろに倒し燃えるような目でにらみあった。毛を逆立て、尾をむちのように振りながら、ひっぱったりひっぱられたりしていたが、ついにヘビはまっぷたつにちぎれて、同じ長さのすじばった白い肉片二個になった。どちらも夢中で食べはじめ、一〇分近くかかってこれを食べおえた。それからは、草の上でころげまわったり鼻を嗅いだり顔をこすりあったりしていたが、やがて連れだって丸い腹をゆすりながら、小走りでテリトリーの境界パトロールへと出かけていった。

フィールド日誌の表紙裏に小さなカレンダーをはりつけることを思いついた時には、すでに日付けがわからなくなってしまっていた。最後にマウンへ買い出しに行った時から推して、一九七四年のクリスマスも間近なはずだった。休暇を過ごしに町へ行く金も時間もない私たちは、適当に日を選びキャンプで祝おうと準備をはじめた。

ある朝、私たちはよくよく考えた末、疎林地帯で枯れかけたアイフジ（マメ科に属する広葉樹）を一本選んで切り、ランドローヴァーの屋根に乗せて持って帰った。そしてこの木に、寒暖計や赤い首輪の材料、注射器数本、解剖用のメスとはさみと鉗子をぶらさげ、さらにはかりとランプ、スプリングボックの顎骨、だめになった消火器、キャンプのあちこちから集めた道具をつるして飾りつけた。これらを全部木の枝に縛りつけてしまうと、今度はクリスマスのごちそうを考えはじめた。

雨季のはじめに一三羽のホロホロチョウの群れが、私たちのキャンプを見つけた。彼らはそれ以来少なくとも日に一度、たいていは二度、キャンプにやってきて台所のカウンターをぶらついた。カウンターといってもこれは二個のドラム缶の上に板を何枚か渡したものだった。彼らは角質の足で私たちの食事用のブリキ皿をかきのけ、ナイフやフォークやスプーンを地面にまき散らし、鍋のふたをはねのけて残りものはなんでもむさぼり食った。焼きたてのパンを見つけた時など、まるでガトリング銃で撃ったようにパンのかけらがとび散った。最初はかわいいと思ったのだが、夜おそくまでジャッカルを尾行していた私たちには、彼らが早朝にたてるさわがしい声は耐えがたいものだった。それに彼らは欲張りで、ほかの鳥のために地面にまいておいたひきわりトウモロコシも全部食べてしまった。私はついに、このホロホロチョウの群れにキャンプに来るのをやめさせようと決心した。私たちはすでに四カ月近く新鮮な肉を食べていなかったから、クリスマス近くになってそう決心したのはたぶん偶然ではなかったろう。

ある朝早く、私は箱に棒きれでつっかいをし、箱の上には石のおもしをのせて、その下にひきわりトウモロコシをばらまいた。つっかい棒にはナイロンの釣糸を結びつけ、その糸を地面を這わせてランドローヴァーのむこう側へ出し、私は車輪のうしろに隠れた。陽がのぼるとほどなく、ホロホロチョウの群れは金切り声でしゃべりながらやってきた。地面をひっかいたりつついたりしながらキャンプにはいってくるので砂ぼこりが舞い立った。雄の一羽がさっそく、箱の下へと続いているひきわりトウモロコシを見つけて、ためらうことなく矢つぎ早についばみだし、群れ全体が彼について罠のほうへ近づいてきた。はやくも、焼きたてのホロホロチョウの味が口のなかでするような気がした。

箱の下ではまるまる太った四羽の雌と先頭に立った雄が、おしあいながらひきわりトウモロコシをおおあわてでがつがつ食べていた。私は釣糸をひょいと引いた。砂けむりがあがり、翼がぱたつくなかで箱がどすんと地面に落ちた。ホロホロチョウたちは大声で文句を言っていた。私は車のうしろからとび出し、ホロホロチョウが疑わしげにじろじろ見るなかを箱へと急いだ。

箱罠はぴくりとも動かず、なかからはぴいという声もしなかった。見まわすと——なんと一三羽のホロホロチョウの目が私をにらんでいる。私はあきれてものも言えなかった。なんで失敗したんだろう？　彼らがみなそんなにすばやく巧みに立ちまわれるはずがないのだが。まあ結局は庭で飼っているニワトリみたいなものではないか、今度こそ捕まえるぞ。私はもう一度箱罠をしかけて、用心深くゆっくりとランドローヴァーのほうへ歩いていった。この時にはもうディーリアは寝床の上に坐ってにやにやしていた。

ホロホロチョウたちは餌をついばみながら罠のほうへもどっていった。大胆にも箱の下にはいったのは今度は二羽だけだった。糸を引くと箱は地面にぶつかった。私は急いでまた数をかぞえた。「一、二、三、四、五……ちくしょう！」ギャーギャー鳴いているホロホロチョウが一三羽と、くすくす笑っている妻が一人。三回目にはもう、箱のへりまではついばんでいったが、一羽として箱の下にはいろうとはしなかった。

私たちが勝手にクリスマスと定めた日の朝もホロホロチョウはいつものようにやってきて、大きな音をたててポットや鍋や皿をまき散らした。彼らも私たちも互いに相手を無視して、私は小麦粉からゾウムシをとり除いてから、バケツを利用したオーヴンでキャラウェイブレッドを焼いた。ディーリアは、バーギーがくれた干し肉《ビルトン》の、石のように硬くなった最後の分を使ってミートパイをつくった。クリスマスのデザートもやはりパイで、〝ウェスト・プレイリー〟のやぶでつみとったマレトゥワ・ベリーのパイだった。

　クリスマスは暑い日だった。陽気に過ごそうと努力してはみたが、家族やプレゼントなしではとうていクリスマス気分にはなれなかった。クリスマスキャロルをいくつか歌ったが、いささか淋しく、気がめいるので、キャプテンたちの巣穴に車を走らせて、午後はジャッカルの一家と過ごすことにした。

　車を止めようとしていると、ヘンゼルとグレーテルが駆け出してきた。もう生後七週間くらいになっており、背の高さも両親の四分の三はあった。背中の黒斑も輪郭がはっきりしだして、ぼやけた灰色だったのが目立つ黒色に変わりかけていた。昆虫を捕まえるのもだいぶうまくなり、時にはマウスを捕まえることさえあって、かなり複雑な狩りの行動《ハンティング・ビヘイヴィア》をとるのが見られた。このころにはキャプテンとメイトは以前よりも遠くまで徘徊するようになっていたし、食物はずっと少ししか持って帰らなくなっていた。

そのクリスマスの晩、キャプテンとメイトが狩りに出かける前だった。変わったタイプのジャッカルの叫びが〝ノース・ツリー〟のあたりから響きわたった。それを聞くやいなやキャプテン一家はさっと立ちあがった。両親からだいぶおくれてヘンゼルとグレーテルが続き、一家全員は、ウィーウー！　ウィーウー！　ウィーウー！　と、急を告げるかのようにくりかえし聞こえてくる、この聞きなれない鼻声のするほうへと急いだ。

キャプテンとメイトがその現場に着いた時には、すでに六頭のジャッカルが丈の高い草の茂みを囲んで、肢をつっぱってとびあがりながら全員があの風変わりな声をあげていた。彼らはくりかえし草むらにとびこんでは、すぐにあとずさりして出てきた。キャプテンとメイトはこの儀式に加わったが、ヘンゼルとグレーテルは尻を地面につけて坐り、眺めていた。

この騒ぎが一五分ほど続くと、ヒョウが茂みからこっそり出てきた。顔や胸を血でよごしたヒョウは、はねとぶジャッカルたちに囲まれたまま、耳をうしろにねかせて歩き去った。ジャッカルたちはヒョウのまわりで叫び、突進し、とびはねながら四〇ヤードほどついていったが、ヒョウが置いていったスプリングボックの残骸をあさりに、急いで草むらにもどった。

ジャッカルはヒョウの好物である。おそらくジャッカルたちは、あの奇妙な叫びとそれにともなうとびあがり行動によって、丈の高い深い茂みにいる捕食者を見張ると同時に、ほかのジャッカルに危険を知らせていたのだろう。これは、鳥が捕食者のヘビを見つけた時にたくさん集まって騒ぎたてるモビングと同じ効果をもつ行動である。

しばらくしてからヘンゼルとグレーテルは、両親とほかのジャッカルがスプリングボックの屍骸をめぐってけんかをしている丈の高い草地にはいった。キャプテンとメイトは、ボニーとクライド、ジンピーとフィニー、それから遠くにテリトリーを持つほかの二組のペアが、彼らのテリトリーに侵入するのを阻止することはできなかった。この大きな獲物のまわりで起こった激しい争いは、この谷間にすむ個体群のメンバーの間に年間を通して存在するきびしい社会順位制を強化しようとするものだった。

ヘンゼルとグレーテルが採食に加わろうとすると、両親は二頭とも怒り声を発して威嚇的に口をすぼめ、尾をうち振ってけんか腰でうなった。子どもたちはびっくりして、おじけづいたらしく、少しうしろへさがった。そこにいるのは彼らの知っている、それまでの寛容な両親ではなかった。最近はキャプテンもメイトも怒りっぽく、彼らがじゃれつこうとするとそっけなくはねつけていたが、このように本気で脅したのははじめてだった。彼らは競争相手として扱われており、キャプテンの攻撃はおもにヘンゼルにむけられていた。彼グレーテルは尾を巻きこんでその上に坐り、口を大きく開けておとなしく、一方の前足を上げた。彼女は食べる順番がくるまで待たなければならなかった。

ヘンゼルの背中の鞍形の斑紋は黒くだんだん目立つようになり、間には銀毛が見えはじめていた。身体の大きさも斑紋も成獣のそれに近かった。彼は執拗に屍骸に近寄っていったが、そのたびにキャプテンにあっさり追いはらわれた。とうとうついに、彼は我慢できなくなった。二頭の雄は背中の毛を針金みたいにぴんと逆立てて、うなりながらむきあった。キャプテンが襲いかかって肩でヘンゼルにつきあたった。若いヘンゼルはこの一撃に耐え、お返しに臀部でどすんと体当たりした。ちょっとの間、二頭はひとかたまりの毛玉となって激しく動きまわった。争いにけりがつくと、ヘンゼルは大胆に前進して、父親の隣で屍骸を食べた。彼のなかには、成獣の社会にある順位制のなかで自らの地位を勝ちとるために不可欠な競争心が育っていた。彼らの社会では、順位の高いジャッカルほど屍骸を食べる際に長い間食べることができる。またよりすぐれた相手とペアになれるし、出産《ブリー》育児《ディング》のためのテリトリーにしてもよりよい場所が確保できる。

キャプテン、メイト、ヘンゼル、グレーテルの間で起こったことは、人間も含め、多くの動物の種に見られる典型的な〝親子間の対立〟である（R. L. Trivers, 1974）。たぶんこれは離乳期に一番よく見られるものであろう。はじめて母親の巣から追い出されたヒヒの子の悲鳴を聞いたことのある人や、何週間も親に寄りそって餌をもらい、毛づくろいしてもらっていた子ネコがその親からひっぱたかれた時の表情を見たことのある人はみな、こうした対立が時に過酷なものであることを知っている。以前はこの行動を、親の子育ての一部とみなすのが定説だった。つまり、子どもの生存にとって必要な自立を強制することによって、親はまだ子どもの世話をしているのだと解釈していた。だが最近の学説は、子どもが離乳して身体も大きくなり要求もふえてくると、それら亜成獣を養い、守り、その他もろもろの援助を与えることが母親にとっては犠牲が多すぎ、わりにあわなくなる時期がくるからだと主張している。その時期がくると母親は本能的に、その分の努力を次の子を産むことにむける。またそれが子どもたちに生殖活動をはじめさせる刺激ともなっているという見方である。これは母親にとって、遺伝学的に利益のあることだ。というのは彼女の遺伝子は彼女自身の生殖活動を通じても、今遠ざけたばかりの子どもたちによっても、次代に受け継がれるからである。

カラハリに乾季が訪れるたび、おそらくは獲物の生息密度が減るからであろうが、ジャッカルはペアを解消し、出産育児に使ったテリトリーも完全に崩壊する。次の交尾期、つまり雨季のはじまるころには、ちがう組みあわせのペアが新しいテリトリーを川床にそって確立する。先にも述べたように、私たちの見たかぎりでは、若者が次にうまれた子どもを育てる手伝いをして家族がずっといっしょに暮らすというような証拠はひとつもなかった。しかし、雨量の多い雨季が何回も続くことがあれば、そういうこともあるのかもしれない。とにかく、ディセプション・ヴァレーのジャッカルはみな、ペアであろうがなかろうが、毎年常にきびしい順位制のもとに暮らしていた。

このクリスマスの宵、スプリングボックの屍骸を食べていたジャッカルたちはみな突然食べるのをやめ、東側の暗闇をじっとすかし見た。それから彼らは、まるで狂ったようにピッチをあげて食べはじめ、首筋や背骨周辺の肉に食いついてはうしろへさがって引きちぎった。私はスポットライトをあげて東のほうへ回した。カッショクハイエナの間隔のあいた大きなエメラルド色の目が一二五ヤード先からじっと見ていた。どうやらハイエナは多数のジャッカルがさわぎたてていた声を聞きつけたらしく、ヒョウがそのあたりにいることも、たぶん獲物があることも知っているようだった。私たちはじっと坐ったまま、それまでに何回となく願ったように、ハイエナが私たちにかまわずに食べにくることを願っていた。

ハイエナは車のまわりを何回かまわり、長い間立ってじっと車を見ていたが、ついに、肩から背中にかけての毛を逆立てて、屍骸のほうへ歩きだした。それが雌だということは乳房でわかった。ジャッカルたちはますます早くがつがつ肉を食べだしたが、最後の土壇場になってついに、スプリングボックの屍骸をとびこえてハイエナにやられないところまで一気に駆けだした。ハイエナは獲物を食べはじめる前に一度ふりかえって、ちょっとの間ランドローヴァーを見た。それからフウッフウッと息を吐きながら力を入れて、骨をかみ砕いたり肉を骨からはぎとったりしはじめた。獲物から追われて遠巻きに立っていたジャッカルたちは、だんだんとハイエナのまわりに近寄っていったが、すきを見て肉を食いちぎろうとすると、ハイエナは大きく口を開けて、だだっと足音高くジャッカルを追いかけた。

しばらくするとほとんどのジャッカルは数ヤードさがったところで横たわってしまったが、キャプテンだけはハイエナのまわりをぐるっとまわって、ゆっくりとさりげないふうに、採食中の彼女のうしろにまわりこんだ。ハイエナは、スプリングボックの肢を一本食いちぎって足もとに置いてから、肋骨周辺の柔らかい部分を食べていた。キャプテンは細い強靭な四肢を曲げて身を低くし、少しもあやしまずに食べているカッショクハイエナのほうにだんだんと忍び寄り、ついには彼女の尻に鼻をつけんばかりにしてかがみこんだ。ハイエナはまだ気づかずに食べつづけている。キャプテンはそろそろと鼻づらを上げ、ハイエナのひょいひょいと動く尾のつけねに近づけて数秒間そのままでいた。そして、尾がわきへ動いたとたん臀部にかみついた。彼女は左のほうへとぶように走り、キャプテンは細長い皮のぶら下がったスプリングボックの肢をくわえて右へ走った。スプリングボックの肢は彼には運べないほどの長さだったが、鼻を高くあげればどうにか走ることができた。

ハイエナはキャプテンの尾先のすぐうしろで大きく口を開け、毛をなびかせて、川床を大きく旋回しながらキャプテンを追いかけた。いまにもハイエナに飲みこまれそうになるたびにキャプテンはだしぬけに方向をかえて、重そうにぎごちなく走るハイエナをひき離す。だが、走りつづけるうちに彼の鼻づらは重たい略奪物のためにだんだん下がってきて、とうとうそれを落としてしまった。激しくあえぎながら、彼はハイエナが屍骸のところへ肢を持って帰るのをじっと見つめていた。ハイエナはその肢を足もとに置いて、また食べはじめた。

二分ほどたってからキャプテンはもどってきて、ハイエナにまたこっそりと忍び寄った。すぐに再試合になりそうな気配だった。まさにそうなり、キャプテンはハイエナの尻にかみつき、スプリングボックの肢を奪って尾をひるがえして逃げだした。ハイエナは怒ってあとを追いかけた。だが今度は、彼は川床のへりのやぶのなかに逃げこんだ。ハイエナは明らかにうんざりした様子で耳をうしろにねかせ、口のまわりを舐めながら屍骸のところへもどった。結局、彼女は屍骸の残り全部をくわえて、〝北の砂丘〟に茂ったやぶのなかへと運んでいった。

私たちがキャンプにもどった時はもう真夜中を過ぎていた。ヘッドライトが木々の間を照らし出す。するとふと、また別のカッショクハイエナの姿が浮かびあがった。――水のはいったドラム缶のそばに立っている。私たちから一五ヤードと離れていなかった！　ハイエナは私たちには関心を示さず、ひきつづきそこらを嗅ぎながらキャンプのなかを歩いていった。そして木にぶらさげたタマネギの袋に目をつけると、後肢で立ちあがって、網袋のはしをつかんで引っぱった。タマネギが滝のように落ちてきて鼻を打ち、ばらばらと地面に降りそそぐと、ハイエナはとびさがった。彼女はそのひとつを注意深く嗅いでかんでみたが、頭を振ってくしゃみをした。それから、火格子のところで（火は何時間も前に消えていた）やかんの取っ手をくわえ、気どってキャンプから出ていった。二、三ヤード先でそれを下に置くと、鼻でふたをかたかた動かして開け、なかの水を舐めた。それから尾をあげて立ち去りかけたが、見えなくなる前に立ち止まって、何秒か私たちをじっと直視した。その額には小さな白い星《スター》があった。

五　スター

ディーリア

　カラハリのクリスマスは、やはりクリスマスだった――カッショクハイエナがとうとう私たちをうけいれてくれたのだから。前の夜おそくまで仕事をしたにもかかわらず、次の日は朝早く目が覚め、すぐにも出かけたい気分で張りきっていた。私たちはホウロウのカップから熱い紅茶をすすり、前夜のことを話しあってから、キャンプから北へぶらぶら歩いて〝アカシア岬〟にむかった。涼しい朝にはよくそうしたものだった。

「信じられないよ、あそこをごらん」マークが三〇〇ヤードほど先の〝ノース・ベイの丘〟に茂ったやぶのはしを指さした。カッショクハイエナが私たちの車のつけた道のほうへまっすぐにむかって歩いている。そのまま来れば、私たちの行く手を横切ることになる。ハイエナは明らかに私たちには気づいていない様子で、腹までとどく草の間をかなりの速足で進んでくる。どうやらこれ以上陽が高くなる前に寝床にたどり着こうと急いでいるらしい。

私たちはどうすればよいのかよくわからず、身じろぎもせずに立っていた。キャンプにもどろうとすれば、ハイエナは私たちの動きに驚くかもしれない。ハイエナは――ほかのどんな動物もそうだが――車のなかにいる私たちはうけいれてくれるのだが、歩いている私たちを、一般にはるかにこわがるものなのだ。私たちは、いまにもハイエナが逃げるのではないかと思いながら、非常にゆっくりとわだちのなかに腰を下ろした。ハイエナは五〇ヤード先で道に出ると、南をむいてまっすぐに私たちのほうへやってきた。ひろい額にある小さな白い流れ星が上下に揺れている。前にやかんをくわえていったあのハイエナにちがいなかった。

彼女は一度もためらわずに着々と近づいてきて、ほんの五ヤード先でついに立ち止まった。私たちはちょうど彼女の目の高さにいた。彼女の黒い目はうるんでいたが、たぶんそれは意地の悪い太陽のせいであろう。顔の両側には戦いの傷跡があり、上背部は美しい金色《ブロンド》の毛でおおわれていた。細長いすらりとした前肢には黒と灰色のはっきりした縞があり、足は大きくて丸かった。五〇ポンドもあるオリックスの肢をかみ砕いたりくわえて運ぶことのできる角ばった口部は少し開いていた。

彼女は肉趾のある足を、ゆっくりともう一方の足の前に出して進みながら、鼻を私のほうに伸ばし、かすかにただよう私のにおいを嗅ぎとって頬ひげをぴくつかせた。とうとう彼女の顔は私の面前に来た。せいぜい一八インチしか離れていない。私たちは互いに相手の目を見つめた。

大学で動物行動学を学んだ際に、食肉動物は恐怖や攻撃を耳や目や口の表情で伝達するということを教わった。〝スター〟の顔にはなんの表情もなかった。つまりそのこと自体があらゆることを最も強く伝えるメッセージなのである。私たちはこの砂漠でいろいろな機会に、別種の動物の間でかわされた平和的な相互交渉を見てきた。たとえばジリスがマングースの鼻を嗅いでいたこともあったし、ケープギツネの一団が実際にミーアキャットの集団といっしょに同じコロニーのなかにすんでいるのも見たし、四頭のちっぽけなオオミミギツネがハーテビーストの小群をふざけて追いかけていたこともあった。そして今スターは、少しも恐れず、好奇心のままに、自らのすむ自然の世界に私たちをうけいれる意思を伝えていた。

彼女はさらに近づき、鼻をちょっと上げて私の髪の先を嗅いだ。そしていささか無器用に前足を踏みつけながら一歩横に出ると、マークの顎ひげを嗅いだ。それからむきをかえて、〝西の砂丘〟のほうへ前と同じ落ちついた足どりで歩いていった。

スターは積極的で元気がよく、いつでもすぐに全力を集中させることができた。川床をぶらついている時に、時々、後肢でとびあがり、頭を激しく上下に振って空中で半回転しながら奇妙なジグを踊ったものだ。カッショクハイエナの社会のさまざまな秘密について、またひいては私たち人間自身のいくつかの秘密について教えてくれたのは、たいていこのスターであった。

スターとそのほか何頭かのハイエナは、ジャッカルの場合と同じように、私たちが車で尾行するのを許してくれた。だが見失わずについてゆけるのは、長くて四、五時間だった。彼女が川床から離れるやいなや、その姿は丈の高い草や深い茂みのなかにのみこまれてしまった。一晩中尾行を続けられたことは一度もなかったので、彼らが昼間どこで眠っているのか見当もつかなかった。私たちはよく、夕方の暗い川床をさがしまわって、尾行すべきハイエナを見つけ出すのに何時間も費やした。私たちのカッショクハイエナの調査はもっぱら、幅が一〇〇ヤードもない細長い川床の草地での、偶然の出会いにたよるしかなかった。

一月のある晩、二つの大きな目がスポットライトのなかで光り、そのうしろには小さな目がいくつも続いて、はずみながらのろのろと進んでいた。最初見た時は、食肉獣の雌が子どもをつれて草のなかを歩いているように見えた。だがそれはスターと、そのうしろを一列縦隊で小走りに走っている五頭の若いジャッカルだった。そのなかにはヘンゼルもグレーテルもおり、どうやらみなで〝大将ごっこ〟をしているらしかった。スターが止まると彼らも止まり、スターがジグザグに進むと彼らもジグザグに進んだ。スターは、影のようにつきまとう彼らに腹をたててふり払いたいと思っているかのように、時々くるりとむきをかえた。彼女が、ひらけた川床のはしにある〝ワシの島〟に着いて、ひと休みしようと草地に横たわると、若いジャッカルたちは彼女をとりまいて輪になった。カッショクハイエナとジャッカルとは激しくせりあう競争相手なので、出会うとかならず相手をよく調べるし、相手が食物を持っていればたいていそれを見つけるものである。どうもこの未熟な若者たちはスターについていけばたやすく食事にありつけると思っているようだった。

二、三分すると、ヘンゼルはスターのそばに歩みよって、小さな黒い鼻を上げて彼女の大きな鼻づらに近づけた。それは友人同士の心のこもったあいさつのように見えたが、実際には彼はスターが最近食物を口にしたかどうかを調べていたのだろう。ヘンゼルは小走りに行ってしまったから、彼女の口のまわりには興味をひくものはなにもなかったようだ。ほかのジャッカルもそれぞれ、別の方向へ去っていった。

スターは〝ワシの島〟で二〇分休息してから、月に照らされた川床を時速三マイルの歩調で歩きはじめた。時々立ち止まっては、シロアリをぺろぺろ食べてみたり、飛んでいるバッタを捕まえようととびあがったりした。突然彼女はくるりと西をむき、鼻を高くあげた。夜気にただようにおいを分析したのだ。それから急に走りだした。〝ウェスト・プレイリー〟の丈の高い草の間を、灌木やシロアリの塚を避けながら、風のにおいを調べるために立ち止まる以外はずっと走りつづけた。においをたどって二マイル以上走ると、砂丘の疎林地帯のへりに到着し、そこで彼女は急に立ち止まって深い茂みをのぞきこんだ。草のなかに、低く横たわる黒っぽい姿が見える——二頭の雌ライオンとその子どもたちがオリックスの屍骸のまわりに横たわって食べていた。屍骸の腹はひき裂かれ、わき腹は血に染まっていた。オリックスの第一胃から出る鼻をつく臭気が夜気にたちこめていた。たぶんこのにおいで、スターは二マイルも先から屍骸のあることを知ったのだろう。彼女はその場所を遠巻きに一周してから風下で立ち止まった。獲物は非常に新しく、殺されてからせいぜい三〇分しかたっていない。ライオンたちは今夜はそこから離れないだろう。スターは立ち去り、北側の木立ちのなかにはいっていった。屍肉食者には忍耐こそが食にありつくかぎなのである。

その翌日の夕方早くに、私たちは、スターがライオンの獲物のオリックスのほうへまっすぐに歩いてゆくのを見つけた。その時にはもう、屍骸はいくつかの白い骨の断片とずたずたに裂けた赤肉と、おり重なった皮を残すのみとなっていた。ライオンたちはまだそこにいて、あおむけに寝ころがり、ふくれた腹の上に四肢をつきだして眠っていた。そこでスターは灌木の下にごろりと横になった。寝て待とうというわけだ。

このライオンたちは、前にマークが、麻酔をかけたジャッカルのそばからランドローヴァーで追いたてた、あのライオンたちだった。彼らにはかなりたびたび出会っていたので、たぶんこの地域に定住しているライオンと思われる。その夜彼らがやっと目を覚まして、一列縦隊で〝西の砂丘〟の林のなかを歩いていったのは、もう一一時ごろだった。

スターは彼らが出かけるのを聞きつけたにちがいない。立ち上がると獲物のある場所のまわりを三回まわって、あちこちでにおいを嗅いだりじっと見たりしていた。これはカッショクハイエナにとって最も危険な状況のひとつだった。ライオンの食べ残しにおおいに依存している彼らは、こうした屍肉をジャッカルやほかのハイエナや、夜明けにやってくるハゲワシたちにかっぱらわれる前になんとかして見つけなければならない。だが丈の高い草のなかにあるオリックスの屍骸を目で見ることは事実上不可能なので、スターは主として嗅覚にたよってライオンがみないなくなったかどうかを判断しなければならなかった。オリックスの屍骸のにおいとライオンの糞や尿のにおいがまじりあってただよっているのだから、それはむずかしいことだったにちがいない。彼女は何度も数歩進み出てはじっと立ち止まり、危険を避けるのに役立ちそうな手がかりをつかもうとして鼻を上げ、耳をぴんと立てた。ライオンの面前にとび出すような危険なことはしたくないからだ。彼女は用心しながら進んで、一五分後にはオリックスまで二五ヤードもないところまで来た。それからさらに長い間待って、ついに屍骸に近づいて食べはじめた。

すじばった肉や腱や筋を少しずつかじりとっては食べてから、大きく口を開けて、野球のバットほどもある太い肢の骨をかみ砕き、少なくとも三インチはある長い骨のかけらをのみこみはじめた（私たちはあとで糞を分析して、これらを測定した）。カッショクハイエナの歯は、まさに骨を砕くために特殊化した、まぎれもないハンマーである。彼らの小臼歯はほかの捕食動物の鋭いはさみの刃のような歯とはちがって、平らで大きくなっている。スターは頭を一方へ傾け、獲物の後肢の股関節の間に歯をさしこんで、肢をひき離した。そして膝の部分をくわえて、丘腹にある深いやぶにはいってゆき、川床から一〇〇ヤードほどのところにあるアカシアの茂みの下にこれをおしこんだ。

スターはライオンの獲物を見つけることにかけては並はずれた能力の持主で、おまけにいつライオンが食べ残して立ち去るのかを不思議なほどよく知っていた。ライオンの食べ残しは、雨季にはカッショクハイエナの食物の大半をささえる重要なものだ。とはいえ、何マイル歩いてもマウスか古びた骨のほかはなにひとつ食物の見つからない、長く淋しい夜を過ごすこともまた、多くあったのではあるが。

カッショクハイエナに関しては不十分な調査報告がわずかにあるのみだが、それによると、彼らは単独で暮らす屍肉食者で、時に小形の哺乳動物を捕食するほかは屍肉しか食べないまったく孤独な動物とされている。私たちも最初、この記述はたぶん正しいのだろうと思った。確かにスターの採食パターンは記述どおりであったし、いつも一頭だけでいた。だがそのうちに、カッショクハイエナはほんとうに単独性の動物だろうか、と疑いを抱かせるような意外な行動を、私たちは見るようになった。

群れで暮らすものはどれくらいいるのか、彼らは共有するテリトリーを防衛するのかどうか、また、なぜ群れをつくるのか。こういったことに関する情報はみな、ハイエナの保護のために重要なものである。しかし、彼らの社会生活を研究するにはいまひとつ別の理由がある。それは、人間もまた社会性を持つ肉食の動物なのであるから、ほかのさまざまな捕食動物の社会の進化や特徴を理解すれば、私たち自身にあるテリトリー意識や、集団の一員として自分を位置づけることの必要性や、競争者としての攻撃的な性向を、もっとよく理解できると思われたからだった。

その夜おそく、オリックスの屍骸を離れたスターのあとをつけていた私たちは、彼女が自分の行動圏のなかをでたらめにさまよい歩いているのではなく、それまでにも通っていたまぎれもない通路を歩いていることに気がついた。こうした通路のいくつかは、動物たちがよく使うけもの道と合流したり交差したりしていた。こうしたけもの道のなかに私たちが〝ヒョウの小道〟と呼んでいたものがあるが、これはオリックス、クードゥー、キリン、ジャッカル、ヒョウたちが利用する主要なルートだ。彼らは〝西の砂丘〟のふもとに一時的にできる水たまりをたどって南北に往き来していた。しかし、ハイエナの通路は通常、草がかすかに踏みわけられているか、砂が少し固まっているかぐらいの程度のものだった。

スターはある草むらで立ち止まると、一本の茎の、彼女の鼻の高さのところにある小さな黒いしみを嗅ぎ、それから非常に奇妙なことをした。草むらに入り、尾をあげて直腸にある特殊な小嚢《のう》をめくり出したのだ。彼女は尻をまわして草の茎をさぐり出し、丸い突出部の二つある小嚢をあて、エルマーの糊にとてもよく似た白いものを一滴ぬりつけた。彼女は尾を下げてから小嚢をひっこめて、ふたたび歩きだした。私たちはその糊状の分泌物《ペイスト》のにおいを嗅いでみた。つんとするかびくさいにおいがした。その草には白い〝糊〟のすぐ上にも、さび色になった少し小さい分泌物がなすりつけられていた。

それからの数週間の間に、私たちはほかのハイエナが、スターが往き来するのと同じ道を歩いているのを見た。彼らはいつも単独で行動しており、たびたび立ち止まっては、スターやほかのハイエナが草の茎に残していった糊状の分泌物《ペイスト》のにおいを嗅いでいた。立ち去る前には自分の化学的なサインを茎の上に残していくので、道が交差している地点では一三ものにおいのマークがつけてある草むらもあり、それはあたかもハイウェイの分岐点にある方向標示のようだった。

ある晩おそく私たちは、シャドーと名づけた、スターくらいの大きさの非常に用心深い雌のあとをつけていた。彼女はハイエナの道のひとつを通って川床を南へむかって歩きながら、一〇〇ヤードかそこら行くたびに立ち止まってはにおいのマークを嗅ぎ、その上に自分の糊状の分泌物《ペイスト》をぬりつけた。〝木立ちの島〟を通りぬけて〝南のくぼ地〟を渡り、深いやぶへ入ったところで彼女の姿は見えなくなった。午前一時だった。私たちはまた別のハイエナをさがしに行く前に、コーヒーを飲もうとして、川床のへりで車を止めた。ランドローヴァーの屋根に腰かけて、月光をあびながら魔法びんのカップからコーヒーをすすっていると、そこへスターがやってきた。彼女はシャドーが通った道を横切ったあと立ち止まると、長い毛を逆立てて、シャドーがつけたばかりのにおいのマークを一分近くも嗅いでいた。それから進路を変えると、急いでシャドーを追っていった。

どうにかスターを見失わずにつけてゆくと、やがて月明かりのなかに、シャドーがスターのほうにもどってくるのが見えた。二頭の黒っぽい姿は、銀色の長い草の間を静かに動いていた。私たちは車を止め、マークがスポットライトをつけた。すると二頭のハイエナは、私たちが見たこともないめずらしい行動をはじめた。

スターが近づくと、シャドーは腹をぺたりと地面につけてうずくまった。シャドーは唇をぎゅっとまくりあげて大きく口を開き、大げさに歯をむき出して見せた。長い耳をつばのたれた帽子みたいに頭からつき出し、尾は背中の上にきつく巻きあげている。さびついた蝶番《ちょうつがい》みたいにキイキイ鳴きながら、シャドーはスターのまわりを這いつくばってまわりはじめた。スターのほうもまわったが、方向は逆だった。シャドーはスターの鼻の下を通るたび、尾の下にある臭腺（においのある分泌液を出す腺）をスターに嗅がせようとして立ち止まる。二頭のハイエナはほの暗い舞台で踊るバレリーナのように、ぐるぐると旋回した。

奇妙なあいさつは何分も続き、スターが小道を歩いてゆこうとしても終わらなかった。スターが立ち去ろうとするたびに、シャドーはもう一度尾の下を嗅がせようとして急いで彼女の前に横たわった。ついにスターは、まるで召使いをさがらせようとする貴夫人のように、鼻を高く上げて立ち、それ以上シャドーの要求をうけ入れることを拒んだ。結局スターはどこかへ行ってしまい、シャドーも別の方向へと立ち去った。

数日後に私たちはまたスターを見つけたが、その夜は単独ではなかった。彼女につきまとっていたのは少し小形の二頭のハイエナだった。大きさはスターの四分の三ほどしかなく、彼女よりも色の濃い柔らかな毛をしていた。私たちは彼らをポーゴーとホーキンズと名づけた。彼らは〝チーターの丘〟の近くの川床をスターについて歩きながら、互いにふざけて頭や顔や首にかみついたりしながらはねまわっていた。スターが屍肉のかけらを見つけるたびに彼らはスターのところへとんでゆき、〝歯をむき出し〟てみせ、キイキイ鳴きながら彼女の鼻先を腹這いで行ったり来たりして食物をねだった。この行動にこたえてスターは獲物を彼らと分けあったので、私たちは当然彼らがスターの子だと思った。だがその次の日の晩にはポーゴーとホーキンズは、パッチイズという両耳がずたずたになった成獣の雌といっしょにいた。彼らがスターの子であるならば、なぜ彼らはパッチイズについてゆくのか。

四月には、私たちはこの一帯にすむ七頭のカッショクハイエナを識別できるようになっていた。アイヴィーと名づけた大きな雄は、数カ月前にこの地域に移ってきてすみついていた。成獣の雌はパッチイズ、ラッキー、スター、シャドーの四頭で、それに加えて子どものポーゴーとホーキンズがいた。だが夜間には、この毛むくじゃらの黒っぽい動物たちは識別しにくいことが多い。よく知られているように、カッショクハイエナはどんなに好条件のもとでも雌雄を見分けるのはむずかしいため、私たちは夜間、尾行しているハイエナの性別もわからず、どの個体かもはっきりしないままあとをつけていることがよくあった。

結局、不本意ながらもできるだけたくさんのハイエナに麻酔をかけて、イヤータグをつけるしかないという結論に達した。だが、これは不安だった。なにしろ、この七頭が私たちの存在に慣れるまでに数ヵ月がかかっているのだ。もし麻酔銃を使ったために一頭でも私たちから遠ざかることになれば、研究計画全体がだめになる危険性がある。けれども彼らに目印をつけないことには、彼らの社会行動を観察する際に誤解を生じるおそれがあった。

マークがフォルクスワーゲンのマフラーを改造した消音装置を麻酔銃にとりつけ、私たちはスターとポーゴーとホーキンズに薬をうちこむ機会が来るのを待った。ある晩、この二頭の子どもがスターについて、オリックスの屍骸のところへ来た時に機会は訪れた。子どもたちはしわくちゃの皮や骨——たぶん大きすぎて彼らにはかみ割れなかったのだが——にはじきに興味を失って、まだ食べているスターを残してぶらぶらと行ってしまった。

私たちはスターが見あげるたびに止まりながらじりじりと車を進めて、スターから二〇ヤード以内のところまで近づいた。マークは投薬量を見積もって弾丸《ボルト》にとりつけ、麻酔銃にそっと入れた。スターは非常にそわそわしていたが、たぶん、あたりにただようライオンのにおいのせいだろう。麻酔銃の遊底を引くカチッという音がしたとたんに彼女はスポットライトのほうをのぞきこみ、さっと数ヤード逃げた。だがちょっとの間車を見つめてから、口のまわりを舐め舐め、ゆっくりと食べにもどった。尾をひょいひょいと振っていたが、これは緊張をといたしるしだった。

マークは頰を銃床にあてて、スターの黒い姿に狙いを定めた。私はノートをにぎりしめてわきをむいた。いままさに起ころうとしていることがこわかった。きっと彼女はさっと逃げてしまい、もう二度と会うことはあるまいと思ったからだ。何カ月にもわたる苦しい努力がなにもかも、この一発にかかっているように思えた。マークはそろそろと腕を銃の下へもっていったが、ナイロンのジャケットがこすれるかすかな音だけで、スターはまた逃げた。今度はランドローヴァーを数分間じっと見たあと、立ち去りはじめた。

それから一時間、私たちは身動きひとつしなかった。スターはまだ、私たちから見えるところで前足に頭をのせて横たわり、こちらをうかがっていた。しばらくすると私は背中が痛くなり、お尻や脚がしびれてきた。片方の肘をハンドルに乗せ、もう一方をドアの枠にかけ、頰を銃床につけて照準のほうに前かがみになっているマークのつらさは想像を超えていた。

スターはその屍骸がどうもおかしいと気づいていた。彼女がふたたび立ちあがった時、去るべきか食べにもどるべきかを決めかねているスターの心がまるで目に見えるようだった。ついに彼女は、頭を下げると重い足どりでゆっくり屍骸のほうへもどっていった。マークは静かに引き金をひいた。ぼんという低い音がして、ライフルの銃身から弾丸が飛んでいくのが見えた。弾丸はスターの肩にぱしっとつき刺さった。彼女はとびさがってくるくるまわり、身をよじって弾丸にかみつこうとした。そして走りだした。マークは小声でののしりながらスターのほうへスポットライトをむけた。

スターは明かりのとどくぎりぎりのところまで走っていったので、その姿はかろうじて見えるだけだった。彼女はそこで立ち止まり、暗闇のなかであたりを見まわし、なにが肩をつき刺したのかつきとめようとするかのようにじっと見つめたり耳を傾けたりしていた。私たちは研究計画をだいなしにしてしまったのにちがいなく、スターはもう二度と私たちを信用しないだろうと思われた。ところが彼女は尾を振りはじめ、信じられないことにまっすぐに屍骸のところにもどって、私たちには目もくれずにふたたび食べはじめた。

間もなく彼女は地面にくずれ落ち、私たちはほっとため息をついた。成獣よりもはるかに警戒心の薄いポーゴーとホーキンズが屍骸のところにもどってきた。彼らはスターをちょっと嗅いでから獲物の骨をかじりはじめた。マークは彼らにも薬をうちこみ、一五分とたたぬ間に、三頭のハイエナは草のなかにやすらかに横たわっていた。私たちは道具箱をかかえて静かに車から降りて、しびれた手足を伸ばし、彼らにイヤータグをつけたり大きさを計ったりしはじめた。

「これは雌だよね」スターのそばにひざまずいているマークがささやいた。

「わからないわ。それは本物なの」私は睾丸のように見える、肉質の二つの丸い突出部をつついた。

私たち――二人あわせて大学生活一三年になる動物学専攻の学生――は、この奇妙な動物に堂々とついている生殖器か擬似生殖器か区別のつかないものをつつきまわした。カッショクハイエナの雌には、ブチハイエナの雌にある肥大した擬似陰茎（実はクリトリス）はないが、雄ならば睾丸のある場所に二つのふっくらした丸い突出物、つまり小瘤がある。私たちはかなり長い間調べたり話しあったりしたのだが、それでもまだスターが雄なのか雌なのか確信がもてなかった。幸いなことにホーキンズは本物の睾丸をちゃんと備えていたので、やっとことは解決した。スターとポーゴーは間違いなく雌である。

数日後の夜、青色のプラスチックのイヤータグをつけたスターが車から一五ヤードたらずのところを通った。彼女は私たちをちっとも警戒していなかった。そこで彼女についてゆくと、〝アカシア岬〟のふもとの近くでライオンの残していったハーテビーストの屍骸のところに出た。彼女はそれを食べはじめ、一五分後にポーゴーとホーキンズが加わった。

彼らはほんのちょっとの間食べただけで、いっせいに頭をあげて暗闇をじっと見つめた。

頭を高くかかげたパッチイズが、まっすぐに彼らのほうに歩いてくるのがスポットライトのなかに見えた。ポーゴーとホーキンズはまた食べだしたが、二頭の成獣の雌のほうはにらみあった。スターは頭を低くし、耳も低く倒した。全身の毛が総立ちになっている。突然パッチイズが襲いかかって、スターの首にかみつき激しく振りまわした。パッチイズの歯が皮膚を切り裂いたのでスターは悲鳴をあげ、血がブロンドの首の毛をつたわり落ちた。二頭のハイエナは枯れ草の間でのたうちまわり、スターは逃れようと鼻づらをあげたりうしろにまわしたりした。もうもうと砂塵があがって、争う二頭をおおった。

パッチイズは一〇分近くも敵に食いついたまま、あちこちへ激しく振りまわした。それは実に狂暴なやり方で、スターの前足は宙に浮きあがった。血が砂の上にしたたり落ちた。荒い息づかいと悲鳴の間に、厚い皮膚の奥で歯ががりがり音をたてるのが聞こえてくる。パッチイズはちょっとの間スターを放したが、すぐに耳の近くをとらえて食いついた。そのすぐわきで、スターの無防備な頸静脈がはげしく脈打っていた。パッチイズは何回も首すじをくわえなおして、ぬいぐるみかなにかのように、スターを砂の上でひきずりまわした。まるで路上でだれかが殺されるのを見ているような気がした。

パッチイズは二〇分間徹底的に痛めつけると、急にスターを放した。切りきざまれて一ペニー銅貨大の穴がいくつも口を開けているスターの首を見て、私は気分が悪くなった。

スターはよろめいて前膝をつく、そして二度と立ちあがれまい。私はちょっとの間そう思った。ところが彼女は、ほんの軽いけんかでもしたかのように長い毛をぶるぶるっとふるうと、尾をうち振って、パッチイズと並んで屍骸のところへ歩いていった。二頭の子どもはこの騒ぎを気にもとめていなかった。四頭はそれから、鼻づらが触れそうなほどによりそって屍骸を食べだした。それ以上争いを続けるような様子は見られなかったが、五分後にスターは屍骸から離れて近くで眠ってしまった。彼女はパッチイズがいなくなるまで屍骸を食べにはもどらなかった。このように首すじにかみつく行動はかつて一度も報告されていないが、これはカラハリでその後見た動物たちの戦いのなかでも、最も激しく、最も興奮させられたもののひとつだった。

私たちは何週間もの間、単独生活者といわれているハイエナが、ほかのハイエナと同じ道を通ってにおいのマークをつけ、腹這いで進むあの奇妙な形式のあいさつをかわすのを見てきた。ポーゴーとホーキンズが二頭の成獣の雌のどちらともいっしょに餌をさがしまわることもわかった。そしていま、その二頭の雌は全力をあげて戦ったばかりなのに、同じ屍骸をいっしょに食べている。なんというごたまぜのことをするのだ！　これは明らかに単独で暮らす動物のする行動ではない。単独で暮らす動物は、雄も雌も求愛と交尾に費やす期間しかいっしょにいることを許容しないものだ。カッショクハイエナはなにか独特の社会組織をもっているにちがいない、という確信がますます強まった。

二、三日後の夜、ハイエナを尾行しようとさがしているうちに、〝ワシの島〟の近くで、この地域に定住しているライオンの群れ《プライド》が、殺したオリックスを食べているのを見つけた。〝ワシの島〟というのは〝中央のくぼ地〟と名づけた池の北方にある木立ちである。午後一時にはもう、ライオンたちは屍骸をすてて川床を南へ歩いていた。それから一時間とたたぬ間に、アイヴィー、パッチイズ、スター、シャドー、ポーゴー、ホーキンズの全員が屍骸の近くに集まり、食べはじめたものもいた。

それから朝までの間に、私たちは彼らの奇妙なあいさつや首すじをかむ行動の例をさらに目撃した。首にかみつく前にひとしきり鼻口部で格闘することもあった。その時は二頭が並んで立ち、どちらも相手の首にかみつこうとして鼻づらをさっと高くあげて激しくぶつけあった。

しかし、屍骸に集まった彼らは、秩序ある行動をとっただけでなく、概して非常になごやかだった。たいてい一頭のハイエナが食べ、ほかの連中はその間、近くで眠ったり毛づくろいをしたり仲よく交際したりした。一頭が屍骸の肢を持ってやぶのほうへ歩いてゆくと、今度は別の一頭が食べはじめる。こうして彼らは交替して屍骸を食べるのだった。その晩は、最後のハイエナがやぶに入っていくまでに六時間かかった。あとに残ったのは顎の骨と、第一胃の中身だけだった。東アフリカのセレンゲティ国立公園のブチハイエナの間に見られる〝争奪戦〟にくらべたら、カッショクハイエナの採食は実に悠長なものだ。ブチハイエナはひとかたまりに獲物に群がっておしあいへしあいしながら、仲間と競争でできるだけ早く食べようとする。セレンゲティでブチハイエナを研究していたハンス・クルーク博士は、二一頭のブチハイエナの群れ《クラン》が二二〇ポンドほどのヌーの一年子を一三分で平らげたのを見ている(H. Kruuk, 1972)。

あいにく私たちは、雨季の間、週に一、二回しか、カッショクハイエナが何頭かいっしょに大きな屍骸を食べるところを見られなかった。しかし数カ月後には、彼らの社会組織のあらましが浮かびあがってきた。この地域にいる七頭のハイエナは単独生活者ではなく、ひとつの群れ《クラン》のメンバーであることを私たちは確信した(拙論、1979a)。彼らは鼻づらでの格闘や首すじをかんでの力くらべによって、彼らの社会の順位制のなかで、それぞれが個々の地位を獲得するのである。そしてその地位はあいさつによって示され、強化される。このグループでは、唯一の成獣の雄であるアイヴィーが最優位だった。雌たちの順位はパッチイズが一番上で、スター、ラッキー、シャドー、ポーゴーの順で低くなる。若い雄のホーキンズはポーゴーと同格だった。

通常、二頭のカッショクハイエナが路上で出会った際には、あいさつによって地位を確認するとすぐに別れる。首すじにかみつくのは、地位がまだ確立していない場合か、上位にあがろうとしている場合に限られていた。とりわけスターは、上位につこうと汲々としているように見えた。幾晩か、彼女は獲物のあるところに来ても食べようとしなかった。そして長い毛を逆立てて、下位の雌をいじめるか、あるいはパッチイズに戦いを挑むかして時を過ごしていた。

順位が上であることの利点のひとつは数頭のハイエナが大きな屍骸を食べている時にはっきりわかる。たとえば、シャドーが食べているところにアイヴィーが近づいてきた場合、二頭がいっしょに食べるのはたいていほんの二、三分だけで、そのあとシャドーは近くに休息しにゆき、アイヴィーがいなくなるまで屍骸のところにはもどらなかった。こうした場合、優位なほうのハイエナの側には、あからさまな攻撃的態度はめったに見られず、まるで下位のものが、上位のものといっしょに食べるのは気づまりだからあとにしたい、とでも思っているかのようだった。とにかく結果として優位なものはふつう食物に対して優先権をもつことになる。

オリックスのように大きな屍骸の場合には、順位の低いシャドーにも食べる機会があった。だがスタインボックやスプリングボックといった小形の屍骸を食べる時には、競争ははるかに激しいものとなった。そういう場合、ハイエナはふだんよりも早く屍骸を食べるので、先に着いた一頭か二頭しか食物を口にすることはできない。屍骸の残りが四、五〇ポンド以下になると、優位のハイエナはぼろぼろになった肉片をかき集めて束にし、ぶらぶらとたれ下がる皮につまずきながら運び去ることがしばしばだった。そして、そのあとを一列縦隊になったジャッカルたちが追いかけていった。

ライオンやオオカミその他の社会性のある食肉動物はふつう、グループのメンバーの少なくとも何頭かといっしょに、眠ったり狩りをしたり採食したりする。だがカッショクハイエナの場合、群れ《クラン》で暮らしてはいるがたいてい単独で餌をさがし歩き、眠る。群れ《クラン》のメンバーには、共同で使う道を歩いている時や獲物を食べる時にたまたま会うだけだった。彼らの音声による合図は種類が少なく、ブチハイエナのように、遠くにいる仲間と声で交信することはできない。これはカラハリの乾燥した空気では、音があまり遠くまで伝わらないからかもしれないし、彼らのテリトリーが非常に広いので、どんな大声で叫んでも群れ《クラン》のメンバーにはうまく伝わらないからかもしれない。その理由がなんであれ、カッショクハイエナは二、三フィートより遠くへとどくような声を出そうとはしなかったし、ブチハイエナがたてる、〝笑い声〟といわれるほぉほぉという大きな声も出さなかった。

四〇〇平方マイルもある広大なテリトリーを共同で占有し、そのなかを個々に徘徊しつつ、なおかつグループのメンバーと接触を保つことが必要な動物であるカッショクハイエナにとって、大きな声が出ないということは困った問題に見えるかもしれない。しかし、彼らは非常に発達した化学的伝達システムを持っている。それはにおいのマークをつけて情報を交換する方法で、たぶんこれが大きな声の代わりをしているのだろう。ブチハイエナも糊状の分泌物によるにおいづけ《ペイステイング》をするが、カッショクハイエナほど広範囲にわたるものではない。カッショクハイエナはこれを個体間の情報交換の最も重要な手段として使っているのだ。群れ《クラン》のメンバーは糊状の分泌物《ペイスト》によって互いの性別、順位、身元を識別しているようだ。社会生活を営んではいても、あちこちに少しずつしかない食物をさがして長時間単独で過ごさなければならない動物にとっては、この〝長距離電話〟でグループのメンバー間の接触を保つのが理想的な方法だ。

〝ディセプション・パン・クラン〟のハイエナたちも、彼らのテリトリーの境界線を明らかにするために、広範囲にわたってこの糊状の分泌物《ペイスト》をぬりつけていた。

このようにカッショクハイエナには、社会性と単独性が奇妙に同居していた。餌をさがし歩く時と眠る時は単独だ。大きな屍骸は仲間とともに食べるが、機会があり次第、残りを自分のために持ち去ろうとする。大きな声を出して意思を伝えあうことはせずに糊状の分泌物によるにおいづけ《ペイスティング》をおこなう。そして雌は、少なくともしばらくの間、食物をさがしにゆく時に子どもたちがついてくることを許す。

しかしポーゴーとホーキンズが生後二年半ほどたって成獣の大きさに達すると、パッチイズ、スター、ラッキー、シャドーは、もう食物をさがし歩く時に彼らがつきまとうことを許さなくなった。亜成獣たちはやむをえず自分で食物を見つけなければならなかった。ポーゴーは〝つつきの順位《ペッキング・オーダー》〟のなかで自分の位置を確保するためにほかの雌たちと競争しなければならなかった。そしてスターのほうはこの若い雌に一刻たりともどちらの順位が高いかを忘れさせはしなかった。

スターがポーゴーの首をかんで二時間にわたっていじめた時のことは忘れられない。スターは首すじにかみつくと一五分以上もポーゴーをくわえたまま振りまわした。ポーゴーは人間のような声で大きな悲鳴をあげる。争いをとめずに見ているのはつらいことだった。スターは断固として主張を通したのでポーゴーは彼女の地位を認め、敬意を表して身をかがめて這いだした。これは彼らのあいさつのひとつで、下位のものが服従を示す行動である。

ホーキンズはまた別の運命をたどった。ある早朝、ライオンの獲物の残りを食べている時、ふと見あげるとアイヴィーが北のほうからやってくるのが見えた。ホーキンズは優位の雄のほうへゆっくりと歩いてゆき、服従を示しはじめた。だがそのとたんにアイヴィーは突進してきて首にかみつき、彼を激しく振りまわした。ホーキンズは悲鳴をあげ、逃れようとやっきになった。アイヴィーはホーキンズの耳や顔や首を次々とかみ、とうとう首のブロンドの毛の間から血が流れだした。アイヴィーがかみなおそうとした時に、ホーキンズは逃げだした。だがほんとうに逃げ去ったのではなかった。彼は屍骸のまわりをゆるい駆け足で遠巻きにまわっていたので、簡単にアイヴィーに追いつかれてしまった。彼らはむきあい、相手の首をかもうとして頑丈な鼻づらをごつんごつんとぶつけあった。アイヴィーがまたホーキンズの首にたくみにかみつき、今度は猛烈に振りまわして地面に投げつけた。

ホーキンズはどうにかこうにか逃げだしたが、この時もまたもう一度挑戦するチャンスをひき出そうとするかのようで、本気で逃げ去ろうとはしなかった。この勝負には重大なことがかかっていた。彼がうまれ育った群れ《クラン》にとどまり、慣れ親しんだテリトリーで暮らせるかどうかがかかっているのだ。アイヴィーはすぐにまた彼を捕らえた。争いは二時間にわたり、ホーキンズはやられっぱなしだった。

とうとうアイヴィーはこの若い雄を放した。そして水たまりへ行って水を飲み、激しくあえぎながら横たわった。ホーキンズは彼についてゆき、攻撃できるものならやってみろといわんばかりに年上の雄の前をぶらぶらと行ったり来たりしはじめた。アイヴィーが彼の挑戦を無視すると、ホーキンズは枯れ枝をくわえてこの老チャンピオンに近づき、八ヤードと離れてないところでそれをへし折ってみせた。あまり効果的とはいえないまでも、明らかに力を誇示してみせたのだ。それでもアイヴィーがなんの反応も示さないのでまた行ったり来たりしはじめ、だんだんに近づいて、アイヴィーから五ヤードもないところまで行った。ひと休みしたアイヴィーはもう一度襲いかかり、またもやホーキンズにかみついていためつけはじめた。ホーキンズはさらに数分間虐待され、ついに〝東の砂丘〟の林へむかってのろのろと逃げだした。アイヴィーはあとを追わなかった。

それから数週間の間に、ホーキンズが群れ《クラン》の行動圏のなかで、アイヴィーに襲われずに食物をさがしたり食べたりすることはますますむずかしくなっていった。彼はテリトリーの周辺部をうろつきはじめたが、結局姿を消してしまった。放浪者として自力で生きのびることができれば、いつかはほかの群れ《クラン》の最優位の雄に挑戦して、その群れ《クラン》で繁殖にたずさわる唯一の雄になれるかもしれない。だが、雌もテリトリーも手に入れることができなければ、ひとりぼっちの宿なしのまま、この最もすみよい谷間から離れた辺境で細々と暮らしてゆくことになろう。その場合彼には、たまにしかいない雌の放浪個体と交尾するか、どこかの群れ《クラン》の雌とこっそり交尾する以外に子どもをつくる機会はない。

カッショクハイエナは、いつも単独で食物をさがし歩くにもかかわらず社会生活を営んでおり、しかもきわめて社会的であることがわかった。だが動物はなにかに適応するために群れをつくるのであって、楽しいからいっしょにいるのではない。ライオン、リカオン、オオカミ、ヒト、ブチハイエナは、グループで狩りをすれば単独の場合よりも大きな獲物を殺すことができる。一方カッショクハイエナはだいたい屍肉食者であり、めったに狩りはしない。だが共同して狩りをしないのなら、なぜ彼らは群れ《クラン》で暮らして、ライオンが捨てた大きな獲物を分けあうようなことをするのか。なぜ彼らは仲間を必要とするのか。いったいどうしてわざわざ社会生活をするようになったのか。私たちはのちにそれを発見することになるが、これらすべての疑問を解く答えがたったひとつあった。

六　キャンプ

ディーリア

野火のすぐあと、私たちのキャンプ地は絶え間なく吹く風にあまりにもひどくさらされていることに気がついた。そこで、小さな林地の奥に、枯れ枝を二、三本切りとってテントを張る空間をつくり、まったく新しいキャンプをこしらえた。

この林にはジジフスとアカシアの木が、長く伸びた下生えのからむなかにたくさん生えていた。ジジフスという木は複数の幹が集まって伸び、高さ一五フィートくらいのところでとげのあるたくさんの小枝を扇形にひろげている木で、小枝はもつれからまりながらたれ下がっている。平らに枝をひろげたアカシアと、たれ下がったジジフスがいりまじり、頭上によく茂った緑の屋根をつくるので、雨季には空が見えなくなるほどだった。キャンプの周囲は太古の川床が転じた広々とした草原で、これが南北に地平線まで続いていた。

草原の東側と西側は砂丘陵で、なだらかな斜面が樹木の多い頂上へと続いていた。

私たちはこの小さな林にすむ小形哺乳動物や鳥たちの平安を乱したくなかったので、枯れ木や下生えには手を加えず、もとのままにしておいた。木立ちの一方の奥の空き地にこしらえた台所からテントまで、細い小道を一本通しただけだった。最初の年は大雨のあとだったので、この林はたいそうよく茂っていた。私たちのキャンプもすっかりおおわれて外からは見えなかったので、頭上の林冠にキリンの頭が突然ぬっと現われる、といったことも時々起こった。キリンはたいてい、とげのある枝から葉をいくつかむしりとってから、はじめて、下に隠れていた私たちや私たちのわずかな持物に気がつく。そして尾を尻の上に巻きあげ、ずしりずしりと川床を少しばかり行ってから、おまえたちがそこに居たことなんてわかっていたさ、とでもいわんばかりにふりかえるのだった。

一九七五年の雨季には、三〇〇〇頭ものスプリングボックが非常に近くで草を食べることもあり、彼らの腹が鳴るのが聞こえるほどだった。

ここは砂漠なので、生えている植物はどれも、いずれかの動物たちにとって重要なものだった。茂った枝もしおれた草も大切にしなければならないという思いがいつも頭から離れず、ごくまれにやってくる客人にさえ、小道以外のところは踏まないようにとかならずたのむほどだった。私たちを訪れた自然科学者の一行が、寝袋をひろげるためにキャンプの中央を切りはらって大きな空き地をつくった時などは、ひどく腹が立った。彼らが野宿した場所は、去ったあと何ヵ月も、ふたたび雨季が来るまではほこりにまみれた〝自然がきらう真空〟だった。たぶん私たちは、自然に逆らわず見つかりもせずに自然の世界に適合しよう、そっと自然の世界にとけこみ、帰っていこうと必死に試みていたのだろう。私たちは、まるでひどく長い間ごぶさたをしていた客のように感じていた。

私は積みあげたたきぎの上に立って、ぼんやりゆらぐ車の形が熱波にかき消されてしまうまで、じっと眺めていた。一九七五年の雨季の初めで、マークは必需品を仕入れにマウンに出かけたところだった。町へ行って帰ってくるには三、四日はかかる。マークは私をひとりキャンプに残していくのをいやがったが、私は遅れている資料整理をしたいと言い張って、ディセプションに残ったのだった。エンジンの音が砂丘から消えてしまうと、私はこの世で人里から一番離れたところにいる人間のひとりになった。あとに残ったのは記録をきちんと書きなおすためだけではなかった。まったくの孤独、というものを味わってもみたかったからだった。しばらく川床を見渡しながら、ひとりになった気分を味わっていた。気楽な気分だった。

だがまったくのひとりぼっちの暮らしにはいささかの慣れを要した。何千平方マイルのなかに私だけしかいないのに、だれかに見つめられているような気がするのだ。これを振りはらうのにしばらくかかった。紅茶をいれる間、声を出してひとりごとをいってみたが、だれも聞いていないことを確かめようと、どうしても肩ごしにうしろを見ずにはいられなかった。ひとりでいること自体は少しも苦にならなかった。私を悩ませたのは、だれもいないはずなのにだれかそこにいるような気がしてくることだった。

私は台所へ行き、灰色の燃えさしをかきたててホウロウのやかんを火の上にのせ、紅茶を入れるためお湯をわかした。やかんはまっ黒な薄片の層に幾重にもおおわれ、何度も何度もキャンプのたき火にかけられたことをもの語っていた。その古びた取っ手には、高いところからそれをたびたび盗みだすカッショクハイエナの歯型がいくつもついていた。このやかんが私たちの唯一の湯沸かし器で、スポンジで身体を洗いたい時にもコーヒーが飲みたい時にも、いつでも重宝した。

私は自分のために簡単な豆のシチューをつくった。バーギーがくれた重い鉄の火格子の上で、シチュー鍋はすぐにぐつぐつと音をたてはじめた。そこでパンの生地をこね、三脚つきの黒いミーリーポットにいれて日なたに置き、発酵してふくれあがるのを待った。しばらくしてから五ガロンのバケツを横にして、生地を詰めたパン焼き皿二個をそのなかに並べて置く。鋤を使って、まっ赤に燃えている木炭をバケツ製のオーヴンの下と上にばらまいた。真昼の気温で、風が絶えず吹いていれば、パンは一七分で焼ける。風がなければ二五分、風が凪いだ、湿度のいくらか高い涼しい晩には一時間かかった。

私たちの食べ物は、マウンで手にはいり、自分たちの金で買え、しかも、暑いなか長時間の運搬に耐えるものにかぎられていた。マウンの雑貨店には小麦粉、ひきわりトウモロコシ、砂糖、ラード、塩などの主要な食品すらないことがあった。

冷蔵庫がないので腐敗しやすい食品は長くは置けなかった。タマネギは、乾燥した空気中につるしておけば数カ月はもった。マウンの農園から時々買ったニンジン、ビーツ、カブは砂のなかに埋め、使ったあとの水をふりかけておき、さらにシロアリの目をだますために時々埋め場所を変えてやれば二週間もつ。オレンジやグレープフルーツは、乾季には皮がしだいに硬く殻のようになって水分の多い果肉の乾燥をふせいでくれるので、二カ月半までは食べられた。乾季の間はなにも腐ることはなかった。

一九七五年には野生生物局から、アンテロープの第一胃の内容物を分析するのに必要な場合であるならば、彼らを殺してもよいという許可が与えられた。私たちはこの仕事がいやでたまらなかったが、動物が時季によってどんな草や葉を食べるのかを知ることは、彼らの保護のために重要なことだった。狩りをするのに、マークはいつも非常に時間をかけた。群れを驚かしたり敵意をいだかせたりしないよう、仲間から離れている個体をえらんで注意深く忍び寄って仕止めるようにしていた。こうした用心をしただけのことはあり、スプリングボックやオリックスは、私たちがディセプションにいる間じゅう、来たばかりのころと同じように私たちを恐れることはなかった。
私たちは干し肉《ビルトン》のつくり方をおぼえ、アンテロープの肉でビルトンをこしらえた。薄く切った生肉を、たらいに塩こしょう、酢を混ぜあわせたなかに一晩漬けてから針金でつるして乾かす。肉は三日で乾燥し、数カ月保存がきく。私たちの蛋白源はこのビルトンだけしかないことがよくあった。辛いマスタードをつけて食べればけっこうおいしかったが、このすじだらけの肉はすぐあきがきたので、料理をいろいろ工夫してみた。そのひとつは、ビルトンの揚げものだった。

材料　かちかちに乾燥したビルトンの厚切り二枚。砂漠乾燥のタマネギ。砂漠乾燥のピーマン。パイ風に焼いたパン。

作り方　トレーラーの連結鉤《ヒッチ》を使ってビルトンをたらいのなかで、五ポンドのハンマーとで砕く。次にそれをタマネギとピーマンとともに水につける。水をよく切ってから熱した油で軽くいためる。パンを三角形に切り、その上にいためた材料をテーブルスプーンに一杯ずつのせて巻く。これをカリッときつね色になるまで揚げる。

ビルトンはキャンプ特製のコーンブレッド（卵ぬき）ともよくあった。このとっておきのひとつであるパンのつくり方を紹介しよう。

材料　缶入りマーガリン　⅓カップ。ブラウンシュガー　⅓カップ。小麦粉　1カップ。ベーキングパウダー　小さじ3杯。粉ミルク　大さじ4杯。水　1カップ。ひきわりトウモロコシ　1カップ。塩　少々。

作り方　マーガリンと砂糖をクリーム状になるまでよく混ぜる。そこへ粉ミルクと水を加え、さらに混ぜる。小麦粉、ひきわりトウモロコシ、ベーキングパウダー、塩を加えてさらによく混ぜる。油をひいた皿に入れ、バケツ製のオーヴンで中火で二五分焼く（風が絶えず吹いていれば一五分）。

肉のない時には、乾燥した豆やトウモロコシ、サトウモロコシ、ひきわりトウモロコシなどでいろいろなシチューをつくって食べた。これらの間の抜けた味は、タマネギ、カレー粉、とうがらしなどを加えたり、メキシコ風ペストリーといっしょに食べると少しはましになったが、たいがいはできるだけ早く平らげて、食後に缶詰の甘いフルーツカクテルを食べて口なおしをすることが多かった。もっとも茶箱の貯蔵庫に缶詰が残っていればのことだったが。

雨季がはじまる前の九月と一〇月には、ダチョウは大きな象牙色の卵を産む。一個の大きさが長さ七インチ、まわりが一五インチほどで、だいたいニワトリの卵二ダース分に相当する大きな卵を、多い時には一度に二〇個も産む。私たちは、荒らされていない巣から卵を盗もうとしたことはなかったが、親鳥が捕食者に追いはらわれたあとの巣に、見捨てられた卵を一個見つけることは、時おりあった。ドラム缶に貯えた水もなければフルーツカクテルの缶詰の貯えもないカッショクハイエナにとって、こういう卵がどれほど貴重なものかがそのころわかっていたら、とるようなまねはしなかったのだが。

マークはいつもハンドドリルで、卵の一端に四分の一インチほどの穴を開けた。それから膝の間に卵をはさみ、火で消毒したL字型の針金を穴にさしこんで、両手でくるくるまわしながら上下に動かして白身と黄身をかきまぜた。私は卵をゆすって食事一回分をフライパンに流し入れると、穴にバンドエイドを貼りつけて密閉してから木陰の下に埋めた。卵がいたまないかぎり、それから一二日かそこらは、毎朝スクランブルエッグかオムレツが食べられた。

ダチョウの卵を食べるにあたって唯一危険なことは、ドリルの先で厚い殻を実際につきやぶってみるまで卵が新しいのか古いのかがわからないことだった。よほど注意してやらないと、どろどろに腐った卵から悪臭を放つ汁がとび出し、マークはそれをまともに顔にあびるはめになった。卵に穴を開ける時はいつも台所を離れるようにしたが、卵が腐っていたかどうかを知るには、彼の吐く悪態を聞くだけで十分だった。

マークがマウンへ発ったその日、ジジフスの木の下のテーブルに積みあげた山のような資料の整理にはまったく手もつけないうちに、いつの間にか午前中が過ぎてしまった。データシートに書き写さなければならない録音テープはいつもたまっていたし、書かなければならない手紙もあった。台所を離れる前には無意識のうちにやかんを火格子のすみに移し、煮えたって水がなくならないようにした。水を節約することは、習い性になっていた。そうでもなければ、水を常に切らさないために時間とお金の大半を費やしていただろう。

低い灰色の雲が砂丘のむこうからおしよせてくるたびに、マークと私は、雨水をためるため、大急ぎで鍋やポットをテントのまわりに並べた。それがすむと、今度はテントのジッパーを締める。ガソリンのはいったドラム缶を横倒しにし、小麦粉のはいっている布袋やデータブックを全部荷台の前のほうにおしこみ、食料品の棚をキャンヴァスでおおう。道具箱を積みかさね、半分に切ったドラム缶をたき火にかぶせる。そしてテントのつなぎ留めを点検すれば、これでやっとキャンプは安全なはずだった。

豪雨の雨足が弱まるやいなや、私たちは鍋をひっつかんでドラム缶に雨水をくみ入れた。それからキャンプにくるぶしまでたまった茶色い水をすくって、八〇ガロンもの水をくみあげたものだった。

ぬかるみが少し固まってから、私たちは〝中央のくぼ地〟にある水たまりへ車を走らせ、鍋とプラスチックの瓶でつくったじょうごを使って、さらに水を集めるのに何時間も費やしたものだ。水にぷかぷか浮いているスプリングボックやオリックスの糞が多少まじるのを避けることはできなかったが、それらはドラム缶の底に沈んでしまうし、飲み水はみな沸騰させてから使っていたので実害にはならなかった。とはいえ以前は、この煮沸という予防措置をかならずしもいつもとっていたわけではなかった。

一九七五年、乾季のある月のことだ。私たちは二人とも激しい腹痛と下痢、脱力感に何日も苦しんだ。身体は衰弱する一方で、原因はさっぱりわからなかった。水の貯えはほとんどなくなりかけており、病気が悪化したら、川まで水をとりに行くこともできなくなるのではないかと心配だった。無線装置がないので助けを求めるすべもない。

マークはふらつく身体をひきずってテントを出ると、たびたび休みながらも、ドラム缶の底に残っていた一ガロンか二ガロンの水をバケツに集めた。最後のドラム缶をさかさにすると、羽毛がくるくるとバケツのなかに舞いおち、続いてすっかり腐ってどろどろになった鳥が流れ出た。明らかに何週間も前にドラム缶のなかでおぼれ死んだものだった。それ以来、私たちはたとえどんなにきれいに見えようと、沸騰させた水以外は一滴たりとも飲まなかった。そしてドラム缶の注ぎ口にはぼろ布を詰めてふたをしておいた。

マークがマウンに行っていた四日間、まわりに人間はだれひとりいなかったが、私はけっしてひとりきりではなかった。最初の日の午後おそく、フィールド・ノートをしまうと、やきたてのキャラウェイブレッドをひと切れ切り、それを持って〝ティールーム〟に腰をおろした。ジジフスの木のたれ下がった枝の下が私たちのティールームだ。するとたちまち、鳥が鳴きながらたくさん集まってきた。〝チーフ〟と名づけた、意地わるそうな目をしたキバシコサイチョウは、小道のむかい側のアカシアの木からじっとこっちを見ていた。彼は木を離れると、羽をひろげて私の頭の上にすうっととまり、耳のそばで羽をばたつかせた。ほかにも二羽が私の肩にきてとまり、膝の上にも四羽が来て手をつついたり指をくわえたりした。もう一羽は空で舞っていたが、やがて降りてくると、パンの皮の大きなかたまりをうまくかみとった。私は残りのパンを彼らに分けてやった。

私たちがこの林の新キャンプで最初にしたことのひとつに、パンくずと小皿に入れた水を外に置いてやることがあった。間もなくして鳥がたくさんやってくるようになり、トキワスズメ、キクスズメ、ハジロアカハラヤブモズ、ケープカラムシクイ、シロハラチャビタキなどが、木々の間でさえずったり、羽づくろいをしたりするようになった。早朝にはクサマウス、トガリネズミ、ジリスなどが私たちの足もとをちょこちょこ走りまわり、小鳥たちと食物を争う姿も見られた。だが私たちのお気に入りといえばいつもサイチョウだった。

キバシコサイチョウはちぐはぐな姿のおかしな鳥だ。黒と白のやせた身体にはちょっと大きすぎる鉤状の黄色いくちばし、あとからとってつけたような長い尾、ずるそうな目の上で揺れる魅惑的なまつ毛——といういでたちで、まったく人を退屈させることのない友人である。彼らの羽にある生来の模様と、指先からパンを食べている間にくちばしにそっと塗りつけた黒い絵の具の模様とで、私たちは彼らのうちの四〇羽を見分けることができた。

私が料理をしているといつもサイチョウたちは台所のまわりに群がってきて、頭や肩にとまる。時にはフライパンにとまることさえあった。フライパンがだんだんと熱くなってくるにつれて、まず片足を、そしてもう一方の足をひょいと上げながら、私のほうをぶしつけにじっとにらみつける。その姿はまるで、自分がこんな目にあっているのはすべて私のせいだとでも思っているかのようだった。彼らはその三日月形のくちばしで鍋のふたをおしあけては、オートミールや米の残りを見つけだす。ジジフスの木陰に坐って食事をする時などは、群れをなして襲ってくる鳥たちに食べ物をとられないよう、注意深く皿を見張った。彼らはまた考えられないほどの正確なねらいをつけて、頭上の枝から例の白色塗料を落としてくる。私たちは何杯も紅茶をだめにしたものだった。

ある日木陰で書きものをしていると、小さなアフリカスズメフクロウが、とまっていた木から急降下してきてキクスズメ（黒いヤギひげのあるごく小さい鳥）を捕まえた。キャンプにいた鳥たちは、キクスズメの仲間だけでなく全員がただちにその場に急行し、警戒音をあげながら周囲の枝々を上へ下へと行ったり来たりした。捕まったキクスズメはフクロウの爪のなかでもがきながら、金切り声をあげてやたらに羽を動かしていた。その時、サイチョウが一羽、フクロウのすぐ下の枝に飛び乗り、背を伸ばしてキクスズメをひったくった。キクスズメは無事逃げていった。サイチョウがキクスズメを助けようとしたのか、それとも食べようとして手近な餌を奪ったのかは知るよしもない。助けようとしたと思いたいが、おそらくは食べようとしたのだろう。

キャンプにいつもいたもう一匹の友人は、トカゲの〝ラミー〟である。彼はベッドサイドテーブルがわりのオレンジの箱の上に置いたダイジェル（制酸薬）の空箱を毎晩のねどこにしていた。飽くことを知らない食欲でテントにはいってくるハエを食べてくれるので、彼の存在は大歓迎だった。そのつきることのない根気とすぐれた技能で、ハエを一匹ずつ追いつめては音をたててかみ砕いていく。だがララミーの一番好きな食べ物はシロアリだったので、私はよくシロアリを鉗子ではさんで、ベッドのわきの衣類をいれた古いブリキのトランクの上にすわっている彼に与えてやった。

周知のようにテントのジッパーは長もちしないものなので、窓や出入口のすべてがきちっと閉まることはめったになかった。そんなわけで、夜になると寝室にマウスがはいってくるのもめずらしいことではなく、特に寒い乾季にはよく、私たちの寝ているベッドのなかまではいってきた。毛布の間をなにか軽いものが歩きまわっているのを感じると、ベッドからとび出し、二人は闇のなかでほの暗い懐中電灯を振り動かしたり毛布をはたいたりして駆けずりまわる。そしてついにマウスが毛布の間からとび出してくると、テントの外に出ていくまで、靴や懐中電灯や本を四方八方に投げつけたものだった。

彼らの侵入にはもうすっかり慣れっこになってはいたが、ある日の明けがた、私は足の上を動きまわる、ずっしりとくる重みでなかば目を覚ました。きっと世界一大きなラットがベッドの上を這いまわっているのだ、そう思い、気が狂ったようにけとばしはじめた。起きあがるとちょうど、すらりとしたマングースがテントの出入口めがけて跳びはねていくところだった。彼はちょっと立ち止まってふりかえり、私たちは互いに目をみはって、相手をじっと見つめた。こうして私たちと〝ムース〟とのつきあいがはじまった。

ムースはキャンプのいたずら者だった。彼はいつも私たちから距離をおいていたが、たぶん私が前にベッドからけって追いだしたからだろう。私たちの手から食物を食べることは断固として拒んだが、目につくものは手あたりしだいに盗んではばかるところがなかった。ある朝、私たちがジジフスの木陰に坐って紅茶を飲んでいると、ムースが小道を斜めに横切るようにしてやってきた。彼のうしろではオートミールの残りがはいった鍋がかたかた音をたてている。頭を高く上げて鍋の柄をくわえた彼は、私たちのほうには目もくれずに鍋を鳴らしながらそばを通りすぎ、まっすぐキャンプから出ていって、朝陽のあたるところで朝食をとった。

キャンプの常連のマウスたちがいつも食糧のいれものを食い破ってなかに侵入するので、私たちは毎晩、台所のあちこちへ罠をしかけておいた。が、この罠はマウス以外の動物も殺してしまう可能性がある。しぶしぶながらやっていたのだが、案の定、事件が起こってしまった。ある日の明けがたに、マークと私が台所に近づくと、ぱちっと大きな音がした。

見ると、シロハラチャビタキが頭を罠にはさまれてばたばたしている。マークはすぐにこの小鳥を解き放ってやったが、小鳥はだんだんに大きな円を描きながら、いつまでもよろよろと歩いている。私は殺して楽にしてやったらどうかと提案したが、マークはどうなるか様子を見てみようと言い張った。

やがてこのシロハラチャビタキはぐるぐると歩きまわるのをやめ、飛びあがってアカシアの低い枝にぎごちなくとまった。以来この〝マリク〟は、次の三つのことを除けばふつうのシロハラチャビタキと変わらない生活をするようになった。それは、左目が見えなくなったこと、人間を少しも恐れなくなったこと、そして、羽のはえそろったばかりのひなのように、羽をぱたぱた動かして私たちに〝おねだり〟をするくせがついたこと、である。ほかのインコよりはるかに馴れたマリクは、よく私たちの頭の上や皿や本の上におりてきた。また、小道に立ちはだかっては食物をくれと元気よく羽を振り動かしたもので、私たちにはまるで、手を腰にあて、その小さな足を踏み鳴らしているようにさえ見えた。おそらくはあの事故に対するやましさもあって、私たちはいつも、彼に食物を与えた。たとえそのために、やりかけの仕事をやめてわざわざ台所へ行ってこなくてはならないことになってもかならずそうしたものだった。

マリクに雌のつれあいができた。彼女も私たちによく馴れたが、おねだりはしなかった。

ところが二回目のひな（初回のひなは嵐で失った）を育てだすと、ひなたちはすぐに、私たちから食物をねだる父親の習慣を身につけてしまった。こうしてこの行動は次々に受け継がれてゆき、数年後に私たちがカラハリを去るまでずっと、キャンプのシロハラチャビタキは私たちの足もとにおり立っては食物をねだって羽をふるわせたものだった。私たちはけっして「いや」とはいえなかった。

野生の動物にとりかこまれて暮らすのは最大の喜びのひとつだったが、時々はありがたくない出来事もあった。ある朝早く、私はまだ眠くてふらふらしながら、すでにぼろぼろになった紅茶箱のふたをおしあけた。オートミールの缶をとろうとしてなかに手を伸ばして、はっと息を詰めた。手のすぐそばの缶の上に、バンデッドコブラの長い灰色の胴体がとぐろを巻いていた。いつもヘビを恐がっていたわけではないが、この時ばかりはあわてて手をひっこめ、ものすごい叫び声をあげてしまった。幸いにもコブラはとびかかってこなかった。たぶん私同様、おびえていたにちがいない、缶の間へずるずるはいりこんでいった。その直後に、マークが四一〇番径の散弾銃を持って現われた。私たちはそれまでにほんの数匹、キャンプに入りこんだ猛毒をもつヘビを殺していたが、それも、どうしてもキャンプから出ていこうとしないからだった。このコブラもキャンプに居つかれては危険なことこのうえない。マークは箱のなかに銃をむけた。私はヘビといっしょに一カ月の食糧がふいになると思った。だがヘビの屍骸をとりのぞこうとして箱を横に倒してみると、完全にだめになった缶詰は一個だけだった――でも残念なことに、それはフルーツカクテルだった。

ブームスラング、パフアダー、ブラックマンバその他の毒ヘビは、ひんぱんにキャンプに現われた。私たちがかまれなかったのは、主に私たち専用の警報システムのおかげだった。小鳥たちはヘビを見つけるといつも、みな驚いてヘビの上の枝々に集まり、チイチイ、クックッと鳴いたりして騒ぎたてる。キャンプには二〇〇羽もの鳥がいることもあったので、彼らの大騒ぎのおかげでヘビがうろついていることがいつもわかるという仕組みだった。ただひとつ困るのは、フクロウやマングースやタカが来ても集まり騒ぐことだった。ある時驚くべきことに、足輪をつけた伝書バトが一羽、キャンプへやってきたのだが、このハトにさえ彼らは大騒ぎをした。騒ぎは数時間続くこともあれば、伝書バトの時のように何日も続くこともあって、そういった時などは、このやかましい鳥たちよりは静かなヘビのほうがまだましだなどと思ったりもした。

キャンプで勝手気ままにふるまっていたのは小動物たちだけではなかった。夜明けに小道をくだって台所に行くと、二、三頭のジャッカルが食堂用テントの入口の下からなかにはいりこんでいることがよくあった。私たちの足音を聞きつけると、出口をさがしてなかでとびはねるので、テントの布壁がぐらぐら揺れる。やがて耳をうしろにつけ尾をはずませながら、突然テントの入口の下からとび出してくるのだった。

雨季には、ライオン、ヒョウ、カッショクハイエナ、ジャッカルなどが毎晩のようにキャンプにさまよい入ってきた。小さな食堂用テントを買ってからは、これと台所を彼らに荒らされないよう、ドラム缶、イバラの枝、スペアタイヤ、火格子などでバリケードをこしらえて守ろうとした。それでもなお、一晩に何回も起きて、さまよいこんだ動物たちをキャンプの外へ連れださなければならないことがたびたびだった。静かに話しかけながら彼らにゆっくり近づいていく。このやり方はハイエナとジャッカルにはいつも効きめがあったが、ライオンやヒョウはなかなか出ていこうとしない場合があった。

ある晩車でキャンプに帰ってくると、暗がりからヒョウがヘッドライトの前に出てきた。マークがブレーキを強く踏んだとたんにヒョウは優雅な身のこなしでわきへ寄って車を避けた。彼は落ちつきはらってぶらぶらとキャンプの中央へ歩いていくと、音もたてずにひょっ飛びで、水のはいったドラム缶の上にとび乗った。缶から缶へとなかの水のにおいを嗅ぎながら歩いていったが、どうやら中身には触れられないことを悟ったらしく、ついには缶からとびおりた。そして今度はアカシアの木にすばやくのぼった。この木は、乾季の日よけ用に建てたもろいアシぶきの小屋にもたれるように立っている。彼がそろそろと木から屋根に足をおろすと、ばりばりと大きな音をたてて前足がアシのなかにめりこんでしまった。彼はまるでタールのなかを歩いているように足を高くあげ、尾を振ってバランスをとりながら、一歩ごとに天井をつき破って屋根を渡っていった。そしてやっとのことで後足でアカシアの木につかまり、今や穴だらけでぼろぼろになった屋根からなんとか前肢を抜きとった。それから木からとびおりてテントへ歩いていき、なかをよく見まわしてから、入口の上につき出た大きな枝を登っていき、枝の曲がり目に心地よさそうに寝そべった。彼は目を閉じ、長いピンク色の舌でのんびりと前足を舐めはじめた。そこにしばらくいるつもりであることは明らかだった。彼の行動はどれもたいそうおもしろかったのだが、もう午前二時四五分になっており、寝なければならなかった。マークはランドローヴァーを進めて少し近づいた。ヒョウは立ち去るだろうと思ったが、テントの出入口の上の木から尾と四肢をだらりと下げたまま、私たちを優しくじっと見下ろしただけだった。

彼を脅かして追い出したくはなかったし、かといって彼の真下を歩いてテントに入る気にもとうていなれなかったので、眠い目をこすりこすり、車にもたれてヒョウがうとうとしているのを五〇分ばかり眺めていた。ついに彼は、あくびをして伸びをすると木から這いおり、長い尾をゆったりとなびかせてぶらぶらとキャンプから出ていった。身体はこわばり疲れはてていたが、私たちはテントの横で歯をみがきだした。

「うしろにだれがいるか見てごらん」数分後にマークがささやいた。ふりかえるとランドローヴァーのうしろにヒョウが立っていて、鼻をあげて琥珀色の目でじっとこちらを見ていた。どうやら危害を加えるつもりはなさそうなので、私たちは最後まで歯をみがきおえた。ヒョウは一五フィート先に坐って頭をかしげている。私たちはテントに入り、できるだけうまく入口を閉めてベッドに入った。二、三分するとプラスチックの床敷きを踏むヒョウの静かな足音が聞こえ、それから入口のすぐ外側で仮眠をとろうと坐りこんだ彼の息づかいが聞こえてきた。

私はいつも、マークの共同研究者であると同時に彼の妻であることを強く意識していた。ほこりと垢にまみれ、短く切ったぼろぼろのジーンズをはいてはいたが、できるだけ女らしさを失わないよう努力していた。たいてい毎日軽くお化粧をしていたし、調査のない夜にたき火のそばでくつろぐ時は、ブラウスにアフリカ製のプリントの木綿のスカートという恰好だった。ある時、マークはひとりでたきぎを集めに出かけた。その夜はハイエナを尾行する予定もなかったので、私は少しおしゃれをしてみることにした。トランクの底からヘアカーラーをひっぱり出し、髪を洗って巻きつけた。

台所のほうへ歩いていくと、サイチョウがさーっと降りてきて私の頭の真上の枝に集まり、やかましく騒ぎたてた。それが彼らの警報だと気づいたので、私ははたと立ち止まってあたりを見まわした。けれどもヘビやそのほか、サイチョウたちを警戒させるようなものはなにも見当たらない。散弾銃をとりに、用心しながらテントへもどった。私がなかへ消えるやいなや騒ぎがおさまった。テントから出ると、まるで合図でもあったようにまたいっせいに騒ぎだした。銃を片手にヘビの姿をさがしていると、サイチョウは私の頭をめがけて何度も何度も急降下爆撃をしかけてくる。くやしくて涙が出そうだったが、その時不意に、騒ぎの元に思いあたった。理由はついにわからずじまいだったが、以後髪をカーラーで巻く時はいつも、テントのなかにひきこもっているか、さもなければサイチョウたちのやかましい不平の声をがまんしなければならなかった。

ディセプションにひとりきりになった最初の日、私は日没の少し前に、豆のシチューをボウルに入れて、夕食をとろうとキャンプの外の平らな川床に腰をおろした。サイチョウたちが私の頭上を飛んで、砂丘陵の林のねぐらへと帰っていった。そのすぐあと、二羽のヨタカが薄れゆく夕明かりのなかをすーっと飛んできて数フィート先で地面におりた。彼らはごろごろという低い声を発しながら、昆虫をさがしてよたよたと歩きまわった。空は暗みを増してきた。私は麦わら色の草のなかにあおむけになり、川床のざらざらした地表に指を押しこみながらそれまで幾度となくくり返した問いをまたくり返す。カラハリ砂漠はいつまでこの自然のままでいられるのだろうか。

私は起きあがった。私の姿が草に隠れて見えなかった間に、三〇頭のスプリングボックが五〇ヤードもないところまでぶらぶらと近づいてきていた。雄の一頭がぴいっと警戒音を発したので、みないっせいに尾をぴくぴく振りながら首をぎゅっとそらして私を見た。立ちあがると彼らは緊張をといた。草のなかに見えた、もしかすると捕食者かもしれない身をかがめた妙な恰好のものが、よく見慣れた私の姿にかわったからだった。彼らはふたたび草を食べはじめたが、それでもほとんど気づかないほどの速度でいつの間にか遠ざかっていった。私がここにいるのは彼らの保護のためだとは知るよしもなく、彼らはやがて砂丘のむこうへ姿を消してしまった。

昼間のなごりがすっかり消えかけたころ、私はそっとひとりごとをつぶやきながらキャンプを出て小道を歩いていった。たそがれと暗闇の間には目に見えるような境目などないのかもしれない。が、心理的には存在する。キャンプから半マイルも離れたころには、肩のあたりから背すじにかけて闇におおわれたのを感じた。私は背後をちらりちらりと見はじめ、結局、いかにも霊長類の動物らしく、キャンプの林へもどった。

マークがマウンにいたその後の三日の間に、私はたまっていた資料整理を片付けた。パンの半分近くはサイチョウに与えてやった。まだ大自然のなかのひとり暮らしを楽しんではいたが、それでも、車の音が聞こえたような気がして、仕事をやめてテントの外へ走り出ることがだんだん多くなってきていた。私は立ったまま、東の砂丘陵を越えて、遠いエンジン音が聞こえてこないかと耳をすましてみたが、聞こえてくるのは風の音ばかりだった。マークは間もなく帰ってくるだろう。そう思って彼のために、卵ぬきのスパイスケーキをバケツ製のオーヴンでやいたのだが、どうもいびつにふくらんでしまった。

記録は全部きちんと書き写したので、四日目はキャンプの掃除をした。とはいっても、資料整理がやっと終わって、もうなにかきちんとやりとげようという気がほとんど失せていたので、やたらとひとりごとを言ってみたり、長い間サイチョウといっしょに坐っていたり、何度もキャンプの外へ出ては車の音がしないかと耳をすましてみたりした。たぶんマークはなにかおみやげを持って帰ってくるだろう。――ライリー館のチョコレート、それとも手紙。お母さんからの小包みもあるかもしれない。だが彼は午後五時になっても帰らず、私はとてもがっかりした。

日が暮れて間もないころに、私がシチューを火にかけてかきまぜていると、七頭のライオンがぶらぶら歩きながらまっすぐキャンプのほうへやってきた。心臓がドキドキ音をたてはじめた。すばやくシチューの鍋をテーブルの上に置くと、急いで林の奥へ逃げこんだ。枝の間からすかして見ると、ほんの一〇〇ヤード先から、細長くて低い彼らの姿が音もなく滑るように私のほうに来るのが見えた。よく見かける雌ライオンたちだ。だが彼女たちが以前にキャンプに来た時にはいつも車が近くにあった。いまはそれもなく、私は甲羅を失ったカメみたいに無防備だった。私は自分を納得させようとした。車がなかったりマークがいないからといって、なんのちがいもありはしない、どのみちライオンたちはたぶんなにもしないのだから、と。それでもやはり窮地に陥ったという気はした。私は低くかがんだままテントのなかに忍び足ではいり、窓から外をのぞいた。

ライオンたちはキャンプのへりまでくると、身体だけ大きくなった子ネコみたいに遊びはじめ、たきぎの山を越え台所を通りぬけて、はねまわったり追いかけっこをしたりした。やぶのうしろにいても、たてる音でなにをしているのかがわかった。やがて鍋が地面にあたる音がして、あたりはすっかり静かになった。おそらくシチューを見つけたのだろう。

間もなくまっくらになり、しばらくはなんの音もせず、なにも見えなかった。彼らはいったいどこにいるのだろう。なにをしているのだろうか。ふいにテントのすぐ外の地面にずしんずしんという重い足音が響いた。私はベッドに深く腰をかけた。さまざまな思いが頭をかけめぐる。この前マウンに行った時、ハンターのひとりが、カラハリのライオンに一晩にテントを三個もつぶされたと話していた。彼とお客は車のなかで身体を寄せあっていたそうだ。これを聞いた時にはおおげさな話だと思ったが、ほんとうだったのだと確信した。

なにか方法を考えなければならない。衣類を入れたブリキのトランクが目にはいった。私は音をたてぬように動いてトランクを開け、中身をベッドの上に積みあげた。もしライオンがテントをおもちゃにしだしたら、そのなかに入ってふたを閉めるつもりだった。私はまっくらやみのなかでベッドのはしに腰をかけ、ふたを開けたままのトランクに片手をかけて、外のぴしゃりという音や、ぶうっぶうっという声や、どさどさと歩く足音に耳を傾けた。ふいにまた、まったく静かになった。外からは何分間も、物音ひとつ聞こえてこない。だが彼らはそこにいるにちがいない、立ち去ったのなら音が聞こえたはずだ。私はトランクのかたわらのベッドの上にちぢこまって、七頭全部がテントの入口を囲んで半円形に並んで横たわっているさまを思い描いた。

ずいぶん時間がたった気がしたが、やはり音はしなかった。彼らは私のにおいを嗅ぎとっているのだろうか。トランクのなかにはいったほうがよいのか、それともじっとそのまま坐っていたほうがよいのか。突然小枝がぽきっと折れる音がした。テントの片側が少しふくらみだし、ロープがぶうんとなった。窓ごしに雌ライオンの一頭が張り綱を歯でくわえて引っぱっているのが見えた。葉を踏む静かな足音と、鼻をふんふんいわせている大きな音もする。私がひざまずいているところのすぐ先で、彼らはテントの底部にそってにおいを嗅いでいるのだ。

その時、遠くのほうでぶうんという低い音がした。車かしら？　神さま、どうか車でありますように！　静かな湿気の多い夜には車がキャンプに着く四五分ほど前にエンジン音が聞こえることがあり、その後、車が砂丘の間を降りだすと音は長い間しなくなる。

音がまったくしなくなった。たぶんそら耳だったのだ。低い足音がテントのわきを出入口のほうへ動いていく。立ちあがって「しっ！　あっちへ行け！」と叫んだらどうなるだろう、と思ったりしたが、私はびくとも動かなかった。マークがそばにいる時のほうがはるかに勇敢にふるまえた。

ふたたび遠くでエンジンの音がした――マークにちがいない。とほうもなく長い静寂のあと、音の調子はまったく変わっていた。車は川床に出るとまっすぐにキャンプのほうに進んできた。

すぐ外で音がして私はとびあがった。テントの布壁をこすってライオンが通る音だった。

マークは〝アカシア岬〟をまわってみて驚いた。たき火も燃えていなければランプもついておらず、キャンプはまっくらだ。スポットライトをつけてみると、すぐに七頭のライオンがテントのまわりをうろついているのが見えた。彼はスピードをあげてキャンプに急ぐと、エンジンを止めて窓から大声で叫んだ。「ディーリア……ディーリア、だいじょうぶか」

「え、ええ、だ、だいじょうぶ。よかった、帰ってきたのね」私は言葉につまりながら答えた。

マークの到着でせっかくのお楽しみをぶちこわされたライオンたちは、キャンプを出て川床を南のほうへ縦に並んでゆっくり歩いていった。私はマークを盛大に歓迎しようと急いで立ちあがったが、ベッドに積んだ衣類の山のことを思い出し、トランクに詰めこむために立ち止まった。今となってはいささかこっけいにさえ思われる私のプランを、わざわざ彼に話さなければならない理由はなかったからだ。

「ほんとにだいじょうぶなのかい」マークはテントの入口で私を抱きしめた。

「もちろんよ――あなたが帰ってきたんだもの。あなたはどう？　きっと腹ぺこでしょ」

荷物を二人で車からおろし、彼がマウンから運んできた材料でごちそうをつくった。ヤギ肉とフライドポテトとタマネギを食べながら、私はこの四日間の出来事をたてつづけにしゃべりまくった。マークはしんぼう強く私に気のすむまでしゃべらせてから、マウンでのことをみな話してくれた。私たちはたき火のそばでよりそってお互いの話を聞いた。それからずっとあと、ベッドに入った時、私は枕の下に板チョコが置いてあるのを見つけた。

七　マウン

マーク

車が最後の砂丘の背を越えると、陽はもう川の上高くのぼっていた。砂ぼこりと疲労で灰色の私たちはボテティ川に車を乗り入れ、ドアを開けて冷たい水のなかにころがりこんだ。ほてった身体がじゅっと音をたて、熱がすっとひいたような感じだった。大ワニやビルハルツ住血吸虫症（川や湖にいるビルハルツ住血吸虫という寄生虫によって感染する病気で、皮膚炎や発熱をきたす）のことは警告されていたが、カラハリの猛暑のあとでは、なにものも私たちを水から遠ざけておくことはできなかった。私たちは頭だけを水面上に浮かせて、勢いよく流れる水に身体を沈めて横たわった。それでも岸から岸へと見まわしてワニのいることを告げるさざ波には十分注意した。

一九七五年三月。私がひとりでマウンへ行った時から三カ月がたっていた。生活必需品がまた足りなくなったので、前日の夜明けに町へむかってキャンプを出発したのだった。今度は入り用のものを仕入れるほかに、助手をひとり見つけたいと思っていた。私たちの研究時間を縮めてしまうキャンプの多くの雑用をやってくれる人だ。しだいに増えてゆく調査課題をこなしながら、植物群落の帯状横断面の標本作成、動物の糞の採集と分析、地図の作成、車の整備、水やたきぎの運搬、水を沸かして飲み水をつくる、料理、テントの修理、そのほかこのようにへんぴな土地で暮らすことにともなう無数の仕事をうまく処理していくことはますます困難になっていた。ハイエナを毎晩尾行するだけの時間も体力もいまはなく、日中休息をとる時間も十分にないといったありさまだった。

しかし人里離れたカラハリ砂漠で、しかも水もわずかしかなく、慰めとなるようなものもなく、ライオンが谷間を徘徊するようなところで暮らしてもよいというアフリカ人を見つけることは容易ではないと思われた。とりわけ、給料というのも口はばったいような賃金しか払えないのではなおさらだった。よほど特殊な人間しか来ないだろう。

ここからマウンまではあとほんの三〇分だ。私たちはひんやりする川に横たわって、町で会う友人たちのことを話した。アフリカマメガン、カモ、シラサギなどの群れが頭上を低く飛んでいった。服をごしごし洗って土手のイバラの木につるすと、また川につかった。小さな魚が足の指をちょこちょこかむ。そうしているうち、ぼろぼろになったヤギ皮のポンチョを肩にひっかけた白髪頭の老人がロバを川へ連れてきた。彼はほこりだらけの顔でにっこりほほえむと、手を振ってセツワナ語（この地方の方言）でなにか大声で言った。私たちもやけにあいそよく、大声で返事をして手を振ったので、きっと彼は私たちになにかよいことをしてやったような気がしたにちがいない。この男は、私を別にすると六ヵ月以上だれとも会っていないディーリアがひさびさに出会った最初の人間だった。

服がばりばりに乾いたので、私たちはまた運転を続け、マウンに入りまっすぐにライリー館にむかった。ライリー館は川のすぐ前の砂地に建っていた。二棟のコンクリートの建物の白い外壁はすりきずだらけで、屋根は緑色の波形ブリキでふいてあった。ホテルとバーと酒類の売店の裏側には、床に赤いワックスを塗った長いヴェランダがあったが、枝を張った高いイチジクの木々や前をゆるやかに流れる大きなタマラカネ川のせいで心なしか小さく見えた。

ライリー館は北ボツワナの辺境にできた最初のホテルだった。今世紀のはじめに、牛にひかせた四輪の荷車に乗ってやってきた開拓者たちによって交易所として建てられて以来、何十年もの間、北はザンベジ川、西はガンジへ行くひとびとや、三〇〇マイル以上東方のフランシスタウンにもどる人たちの宿場だった。ンガミランド地方全域でたった三、四ヵ所という、評判のよいたまり場のひとつである。ここにはビールがあるし、土曜の朝にはミートパイもあり、氷もあった。助手さがしをはじめるにも、友人たちとおしゃべりをするにも、まさにうってつけのところだった。

砂漠での孤独な暮らしが数カ月にもおよぶと、私たちはだれかほかのひとびとに会う必要、つまり社会の一員にもどる必要があることを告げる、かすかな徴候に気づきはじめた。ライオネルやフィリスはどうしているか考えたり、だれかと冷たいビールでもいっしょに飲んだらどんなに愉快だろうと想像したりするようになり、だんだん調査に専念することができなくなってきていた。

私たちは期待に早くも相好をくずしながらライリー館で車を止め、並んだトラックの隣に駐車した。トラックはみなフェンダーはめちゃめちゃに曲がり、両脇の下のほうにはやぶでつけた長いひっかききずがあり、オイルがぽたぽたたれていた。ヴェランダの低いブロック塀のむこうでは、デニムやカーキ色の服のサファリ・ハンターたちが、ワイヤ・テーブルから椅子をうしろへかたむけて腰かけており、どの男の前にもからになった缶ビールが何個も並んでいた。太い眉の、日焼けした牧場主たちは、汗じみになったほこりだらけの帽子をかたわらの壁にかけ、たくましい赤銅色の腕をテーブルについている。赤と黒のチュニックを着て、ふさのついた帽子をかぶった土地の男が、〈ライオン・アンド・キャッスル〉ビールを入れたマグカップをいくつも持って、せかせかと行ったり来たりしていた。

以前に町に来た時に知り合ったドレーン・ポールが、ヴェランダのむこう側から私たちに手を振った。金髪を短く切った魅力的な若い女性だ。彼女はマウンの近くでうまれ育ち、最近訓練をうけてプロのハンターになったサイモンというイギリス人と結婚している。私たちが彼女のテーブルのほうへ歩きだすと、サファリの連中から親しみのこもったやじがとんだ。「おやおや！　みんなビールに気をつけな！　気むずかしい生態学者さんたちのお着きだよ！」

みんなと握手をしているうちに、自分の握手が少し長すぎることに気がついた。右手をやたらと上下に振りながら、左手は友人の手か下腕をしっかり握りしめていた。私たちは頬が痛くなるほどにこにこ笑みつづけ、ひとりひとりファーストネームを何回も呼んではくりかえしあいさつした。そのうち急にきまりが悪くなって、急いで椅子に坐り、ビールを注文した。

まだ昼すぎだったが、だれも行くところもないらしく、冷えたビールをちびちび飲みながらみなで狩猟の話に耳をかたむけた。ディーリアと私は会話に加わろうとやっきになるあまり、話を途切らせるような意見を述べたり、だれもが退屈したにちがいない話題を、大きすぎる声で延々と話している自分に気づくことが何度もあった。私たちは社交べたになっていた。

時おり、話はサイモンの車のことになった。クラッチのベアリングを新しいのと替えなければならず、夕方までにはやらなくてはならないと話していた。それからまただれかが、みなにビールをおごった。

ドレーンは、この土地のアフリカ人ならたいてい知っているので、働き者で仕事を求めていて、喜んでいっしょにディセプション・ヴァレーで暮らしてくれそうな人を知らないかとたずねてみた。「いますぐには思い当たらないわ」と彼女はいう。「アフリカ人の仲間もなしで奥地に長いこと住んでもよい、なんていうひとを見つけるのはたいへんよ。今夜パパのところでブラーイをするからぜひいらっしゃい。ほかのハンターや牧場主がだれか知ってるかもしれないわ」ブラーイ、もしくはブラーイフレイスというのはアフリカ南部のバーベキューパーティのことだ。私たちはマウン風のブラーイのことを聞いてはいたが、行ったことはまだ一度もなかった。

数時間後には、だれもが立ちあがって伸びをしはじめ、おやじさんのところへ行こうと言いだした。いつの間にか夕闇が近づいていた。サイモンの車のことはそれっきりだった。どうやら翌日に延ばしてもいっこうにかまわないようだった。

おやじさんの家に車を走らせながら、私たちの受けた歓迎ぶりについてあれこれ考えてみた。「ラリーの態度をどう思う？ ウィリーはぼくたちに会えたことをほんとうに喜んでたと思うかい？」ディーリアは私にこんな注文をした。「おやじさんのところでみんなに会っても、あまり興奮したところは見せないようにして」

ドレーンの父親で、みなから〝おやじさん〟と呼ばれているリッグズは、この地方に入植した最初の白人植民者のひとりだ。家族とマウンに越してくる以前は、ンガミ湖に近いセヒツワという村で何年も小売商をやっていた。ドレーンと彼女の兄弟は、南アフリカ共和国の全寮制の学校で英語を習うずっと前から、セツワナ語を話していた。近年おやじさんは、マウンのンガミランド・トレーディング・センターという雑貨店兼商事会社で在庫調査係をやっていた。

おやじさんの住まいは店の裏に隠れた、波形ブリキの屋根の、クリーム色の建物で、土台の外側ははがれかけており、金網のポーチはまんなかがへこんでいた。家の正面のかすみは馬具置き場で、鞍や毛布が置いてあり、ウマをつなぐ横木には手綱がひっかけてあった。砂地の庭ではニワトリやウマやヤギがまばらに生えた草の先を食べており、数人の子どもが番をしていた。そこは裂いたアシでつくった塀で囲まれており、正面ポーチのすぐわきのところでは、四、五人のハンターや牧場主やその妻たちが、詰めもののはみ出た汚れたマットレスにのんびり坐っていた。おやじさんのリッグズが日に焼けた顔をしわだらけにして笑みながら、庭のむこうから大またで出てきた。白髪まじりのこわい金髪はかんな屑みたいにカールしていて、刈りこんだ口ひげはひきしまった口の上でちぢれていた。ドレーンが私たちを紹介すると、彼は大きな腕をディーリアの肩にまわし、毒ヘビにかまれた時、毒がまわるのをふせぐために切りとって短くなった人さし指を振って言った。

「いいかね、わが家じゃカラハリ砂漠の住人ならみな、いつでも大歓迎さ。ほんとだよ」

おやじさんは私たちを仲間の輪にひきいれた。私たちがマットレスのひとつに腰を下ろすよりも先に、彼の息子のセシルが冷えたビールを私たちの手におしつけた。彼は大酒飲みのカウボーイで、ウマの扱いのほうも荒っぽい。ディーリアは坐って、水道管の蛇口につながれている不安そうな黄色い目をした白い長い毛のヤギをなでていた。ここでもまたライオンやゾウやアフリカスイギュウの狩りの話が出た。サファリに来る前にはライフルにさわったこともなかったお客の話、トニーがつき刺された手負いのアフリカスイギュウの話、世界一大きなライオンやゾウ、そして世界一大きい四五八口径ライフルの話も出た。牛の売り買いの話も出たし、ローデシアの戦争の話もした。おかみさんといちゃついたと知って、ロジャーがリチャードをモパネの木の棒でめった打ちにした話などなど。爆笑の渦のなかでどんどんビールがからになっていった。ロバがいななき、イヌが吠え、遠くの村で住民たちが奏でる音楽、グンバが聞こえた。

さびた金網の門がぎいっと音をたて、ライオネル・パーマーと牧場主で治安判事もしているユースティス・ライトが気どった足どりで庭に入ってきた。ユースティスのでっぷりした腹はシャツのボタンのとれたところをひっぱり開け、ふしくれだったステッキみたいな脛の上では大きなだぶだぶのショーツがゆらゆらしていた。この暑さのなかを激しく動きまわったせいだろう、赤らんだ顔をしているユースティスは、マットレスに坐ったライオネルの隣にどしんと腰をおろし、たばこに火をつけて深く吸いこんだ。彼は小わきに抱えていたボトルからスコッチの〈ベル〉をグラスに半分ほど注ぎながら、しゃがれ声で言った。「お前さんらみたいにおそまつな連中は、どうせいなかもんの安酒しか飲んでねえことくらいわかってんだ」なぜこんなくだらない連中……「マウンのがらくたども！」のところへ来ることを承諾したのかわからないという。彼はウィスキーをたっぷり一口飲んで言った。「やれやれ！　いったいおれは、こんなところでなにをやってるんだ！」みんなが喝采を送った。

この町の実力者の二人、ライオネルとユースティスがマウンの昔話に火をつけた。「おい、サイモン、ライオネルんとこのケニーのやつがライリー館からキャッシュ・レジスターを盗みだした時、お前はここにいたっけな？　そうそう、いたいた。だがそれにしても、ロニーはあの週は愉快じゃなかっただろうな」

それはマウンにはじめてお目見えしたキャッシュ・レジスターで、ライリー館のバーテンダー、ロニー・ケイスはたいそうこれを自慢にしていた。ある日ロニーが兄のケニーに話しかけられて雑談している間に、プロのハンターの三人、ライオネルとセシルとドゥーギー・ライトがレジスターをひっつかんでライオネルの車に走り、車の後部に放りこんで走り去った。ロニーがこのおふざけをおもしろがるはずがなく、レジスターがやっともどってくると、彼はそれをカウンターの上にボルトでしっかりとめてしまった。数日後、ライオネルと仲間は、今度はウィンチケーブルをかくし持って、静かにライリー館に入った。ロニーが背中をむけたとたんに、彼らはケーブルの輪の部分を投げてレジスターにひっかけ、ヴェランダのむこうに車をとめて待っているだれかに合図をした。ケーブルがしっかりと締まるとレジスターはカウンターからとびあがり、ドアの外へととびだすように姿を消した。ロニーが管轄署の署長に盗難届を出すと、スポーツマンにあるまじき行為だとロニーに非難があつまった。

「おやじさんがパーマーのところでえらく酔っぱらった晩のことを覚えていますよ」サイモンが語末をはしょったイギリス風の発音で話に加わった。

「なにもめずらしいことじゃないぜ」セシルが笑う。

「そりゃそうだけど、あのときはおやじさんをつれて帰って、肉屋の前で拾ったロバの子といっしょに寝かせたじゃないか」

「おやじさん、そいつをクリスティーンだと思ってさ！」みな大笑いしておやじさんの背中をぽんとたたいた。

私はユースティスのそばに行った時に、私たちのところで働いてくれそうな人を知らないか聞いてみた。「カラハリのどまんなかで暮らしたいなんて、だれが思うものかね。そんなのはよほどの変人だけだね」彼はそういって笑った。

「それだってかまいませんよ。お力になってもらえませんか」

「そいつはマーク、きつい注文だね。ここの連中はひとりだけになるのをいやがるんでね、ライオンがうろつくようなところときてはなおさらだ」彼はたばこを深く吸いこんだ。

「ちょっと待った、みながモクスと呼んでいるやつがいる。長年うちで働いていたから、わたしが育てたような男だがね。酒を飲んでいない時はおとなしいやつなんだが、飲むと町じゅうをふるえあがらせるときている。いやはや！　あいつは飲めばかならずフン族のアッチラ大王よ、どうしようもない怒り上戸だ。女ぐせの悪いことでも評判で、あいつが飲んで騒ぎだしたらあぶない。毎日ブジャルワ（現地のビール）を飲んで酔っぱらうようになったんで、ウィリーと働くよう牛の放牧場に行かせたんだが、彼なら君といっしょに行くかもしれん。あそこじゃあ酒なんか手にはいらんから、ちゃんと働くんじゃないかな。

明日昼ごろにわたしのところに寄るといい。彼を呼びますよ。そうすりゃつれていきたいと思うかどうか、それに彼のほうが行くというかどうかわかるだろう」

おやじさんはやおら立ちあがって、だれにともなく、そろそろブラーイにとりかかる時間だと告げた。彼はヤギの角をつかんで庭のまんなかにつれていき、ナイフをさっとひと振りして喉を切り裂いた。ヤギはめぇと短い声をあげてがっくり膝をつき、血を吐いた。

私はごくりとつばを飲みこみ、ディーリアの驚いた顔を見た。

おやじさんとアフリカ人たちは、木の枝につるした滑車を使ってヤギの肢をひっかけてつりあげ、頭の下に半切りにしたタイヤを置いて、したたる血の受け皿にした。おやじさんはひざまずいて蛇口の下でナイフと手を洗いながら、「ホツァ、モレロ！」とどなった。アフリカ人が、山のように積みあげたモパネの丸木に火をつけた。男たちがみんなヤギのまわりに集まってナイフをふるいだすと、たちまちにしてヤギはさばかれた肉の山となり、上には皮をはぎとられ、目玉のとびだした頭がのせられた。

信じられないほどに深まった夕闇のなか、たき火のまわりではビールのおかわりが続き、それとともにひとびとの自慢話も次から次へと続いた。ユースティスの妻でボツワナ人のデイジーがたき火からまっ赤に燃えているまきをかき出し、その上に水を入れた鉄鍋をかけた。闇のなかにオレンジ色の火の粉が降る。お湯が沸くと、彼女はなかにひきわりトウモロコシをつかみ入れ、大きな木のスプーンでかきまぜた。おやじさんとセシルもまっ赤に燃えたまきをシャベルですくいだして、その上にヤギ肉をのせた大きな四角い網を置いた。ひきわりトウモロコシが煮えて、〝パップ〟と呼ばれるどろっとしたペイストができあがったころには、肉もこんがり焼けてじゅうじゅう音をたてていた。私たちは焼けた肉を食べに、そのまわりに集まった。火明かりのなかで、みな厚切りの肉にかぶりつく。溶けた脂はあごをつたい、ぎとぎとになった指からしたたり落ちた。

私たちは、社会性を持った、肉を食べる動物としてのヒトがたどった進化の歴史の重要な部分を追体験していた。狩りの話、たき火、酒、友情――これらはみなわれわれの先祖、つまり木からおり、アフリカの森での草食生活を捨ててあえてサヴァンナに出た、原人以前のかよわい最初の先祖からうけ継いだものだ。彼らひとりひとりには危険な獲物に忍び寄って殺せる能力はなかったが、協力して狩りをしたことがおおいに利益となって、肉を分けあうこともおぼえ、獲物に忍び寄って殺す術を詳しく伝えるためにことばも発達した。狩りの技術をことばで再検討しながら食べ物を分けあうことによって子どもたちは勇気づけられ、いろいろなことをおぼえたし、狩りをするものたちの間に不可欠な協調性も強まった。すぐれた知能の発達とともに、強力な社会的きずなをもったことで、人類は地上でかつてない最も成功した肉食の動物となった。私はこの太古の昔を思わせる儀式に参加して、私たち人間の基本的な性質のこの部分は、何千年たっても実はそんなに変わっていないことに気がついた。

ブラーイが終わると、ドレーンとサイモンがバファローコテージに泊まるようさそってくれた。川に張り出したところに建っている彼らのバンガローは咲きみだれるブーゲンビリアにおおわれ、ドアの上からはケープアフリカスイギュウの頭がじっとにらんでいた。私たちの寝室からはひろく川面が見渡せ、ジャッカルの毛皮をはぎ合わせた毛布《カロス》の上には、私たちのために清潔なシーツとタオルが置いてあった。ベッドに入る前に、私はカロスのつややかな黒と銀色の毛に指を走らせた。これひとつのために三〇頭もの〝キャプテン〟の皮が使われたのだ。

翌朝、私たちは紅茶とスパイスクッキーのにおいで目を覚ました。小さな先住民の少年のはだしの足音が廊下を遠ざかっていった。しばらくしてから、川を見下ろすヴェランダでドレーンとサイモンといっしょにトーストとオレンジマーマレードと紅茶の朝食をとった。前夜の後遺症でどんよりした目をしたろれつのあやしいハンターが数人到着したので、サイモンは紅茶のポットをもうひとつ持ってこさせた。

彼らはみな翌日の釣りにさそってくれたが、私たちは早くカラハリに帰らなければならない気がして、残念ながら断わった。だれかが冗談まじりに「わかったよ。さっさとカラハリに帰りな」と言った。本気であざけって言ったのでないことはわかっていたが、やはりこたえて、私たちの態度は社交的でなかったのだろうかと気にやんだ。話題はおやじさんのところでのブラーイから、釣りに行く計画に移った。時々だれかが思い出しては、サイモンの車の修理のことを持ちだした。やがて私たちは彼らに別れを告げて、必要なものを買いに出た。

マウンの商店はコンクリートブロックにブリキ屋根の低い建物で、町を走る小道やおもな道路ぞいに並んでいる。これからまた数カ月をカラハリで暮らしていくのに必要な食料品全部といくつかの金物類をみつけるために、いつも私たちは町中のすべての店に行ってみなくてはならなかった。タイヤのチューブとかパンクの修理用品のような、きわめて基本的なものがないこともしばしばだった。そういう時には運送業者の運転手のひとりに頼んで、フランシスタウンで買ってもらい、マウンへ運ぶ品々といっしょに持ってきてもらうよう手配しなければならなかった。じゃり道の状態が悪い時にはガソリンその他の絶対に必要なものを手に入れるのに何日も待たねばならないこともあった。つい最近になって町の一、二軒の店にはじめて冷蔵庫がはいったので、やっとチーズ、パン、卵、ミルクのような生鮮食料品も手にはいるようになった。

私たちは店から店へと、砂地に深くついたわだちにそって車を進めた。ロバやイヌ、ヤギ、牛、そして子どもたちが、ひき殺せるものならやってみろとでも言わんばかりに、時々車の前をつっきっていくので、何度もブレーキを踏み、車のわきをがんとたたき、口笛を吹きならして追っぱらわなければならなかった。このあたりでは〈スピロの店〉という名で通っているマウン卸売り商会《ホールセラーズ》のわきには、ウマが一頭横木につながれていた。背中にはヤギ皮の鞍と、携帯用寝具の格子縞のウールの毛布と、ヤギの乳の凝乳を入れた皮袋が、生皮の細長いひもで縛りつけてあった。スピロの店はだだっぴろく、壁にそって荒けずりの板の棚がずらりと並び、大きな木製のカウンターが店のほぼはしからはしまでそなえつけてあった。店の一方のはしには、缶詰の食品、〈サンライト〉の棒石けん、〈タイガー〉のカラスムギの箱、〈ライオン〉のマッチ、ラードの包み、〈ネスプレイ〉の粉ミルクの缶、そのほかいろいろな食糧雑貨類が天井までうずたかく積んである。シャツやズボン、安物のテニスシューズもあり、はでな色の生地もたくさんある。金属製の貯蔵箱にはいった計り売りの小麦粉、ひきわりトウモロコシ、あらびきトウモロコシ、モロコシなどは店の正面に並べてあり、その上の木製のカウンターには銅皿のついた、分銅をスライドさせて重さを計る鉄製のはかりが置いてある。たる木からは鞍や馬勒、ホース、鎖、灯油ランプなどがぶらさがっていた。

背の高い、陰気な顔のヘレロ族の女が二人、すーっと店に入ってきた。二人はこの暑さもものともせず、ゆったりとたれた色鮮やかな服を着て、紫色のショールをかけ、頭にターバンをまいている。彼女たちはパイプをふかしながら、それぞれコークのびんにドラム缶のコックから灯油を詰めた。こぼれ落ちた灯油はブリキのたらいがうけていた。店は男、女、子どもで混んでいて、ひとびとはカウンターに身をのりだして金をつき出し、店員に注文をどなっていた。

ディーリアは棚から缶詰類をとりはじめた。片方の肩から服のずり落ちたアフリカ人の若い娘が茶色い紙袋のはしを細く裂きとり、カウンターの上のトウモロコシの屑を払いのけてちびた鉛筆で計算しだした。私は、三脚鍋、やかん、ブリキのたらい、シャベル、つるはしなど壁によせかけてごちゃごちゃと置いてあるなかから、重い斧の柄を見つけた。

あとになってのことだが、キャンプに着いて荷物を車から下ろした時、いくつかの食料品といっしょに三カ月分の小麦粉と砂糖が盗まれていることに気がついた。私たちは怒り狂った。私たちのかぎられた生活費では、次のマウン行きと定めた日までは町にもどることなどとうていできない。しかたなく私たちはその三カ月間、食糧の大きな部分をしめるパンなしで暮らした。おんぼろランドローヴァーのドアや窓のロックはほとんどみなこわれていたので、町にいる間じゅうずっと、私たちのどちらかが品物を見張る以外に盗難をふせぐ方法はなさそうだった。だが次の買い出しの時には問題を解決し、それ以後はもう盗まれる心配がなくなった。

マウンへ出かける準備をしていると、キャンプの小鳥たちが突然チイチイとかまびすしく非常警報をだしはじめた。私たちはすぐに、一〇フィートほどのマンバが二匹、食堂用テントの上の木にからみついてのぼっていくのを見つけた。どうやら私たちの羽のある友人二羽を昼食に失敬するつもりらしい。ブラックマンバの毒は猛毒なので、土地の人はマンバを文字どおり〝二歩〟を意味することばで呼んでいる。つまり彼らによると、マンバにかまれたらかかりに歩けたとしても二歩であの世行きということだ。

私はヘビを撃ち殺し、マウンに持っていった。ランドローヴァーの後部に積んだ、買ったばかりの食品そのほかの上にこの二匹の死骸をとぐろを巻かせて置いた。死んでいてもかまわなかった。最初に車のそばを通りかかったせんさく好きな少年が指で窓をなぞりながらぶらぶら進むうちに、ふいに叫び声をあげてとびさがり、町のなかへ姿を消した。間もなく、グレイグースには手を出すなという評判がひろまった。

マウンには精肉店が二軒あった。どちらもギリシャ人が所有し経営している店で、〈マウン肉店〉と〈ダーティ・ジョージの店〉だった。ダーティ・ジョージの店はハエが多く、全体的に非衛生的で、安い肉を扱う店として知られていた。

私たちはいつもマウン肉店のほうで買っていたが、実際のところ、どっちの店で買おうがたいしたちがいはなかった。町の人たちが生肉を入手できるのはこの二軒しかなかった。かつては彼らも、アンテロープの大群を狩って暮らしていたのだが、いまではもう、そんな大群はマウンの近辺からは姿を消し、単式農法で飼育された牛、ヤギ、ヒツジがそれにとって代わっていた。血まみれの長ぐつにエプロン姿の、雲つくような先住民の大男が二人、すじが多くてかたそうな肉のかたまりを、肉切り台からとって売台のはかりに乱暴にのせ、客の注文に応じて切りわけていた。食肉の質が悪いのは、この国の牧場主たちが生きている牛を尊敬しているせいだろうか、と私はよく思った。彼らにとっては、牛は生きている時のほうが富を示すものとしてはるかに高い価値がある。マウンの人たちにしてもおおかたが、精肉店行きとなるのは老獣とひどくやせ衰えた牛だけだと思っていた。

買物をすませると、小道を北に進んでタマラカネ川の曲がり目にあるユースティスの小さな農場へ行った。ゆるやかに湾曲したひろい川を見下ろす小高いところに、小さな木造の家が建っていた。うしろは高い木に囲まれた大きな庭で、アシが生えた川岸までのなだらかな坂は菜園になっていた。

屋敷内の長い砂地の車道を入っていくと、ユースティスが菜園に近い横手のドアから現われた。ジャカランダの木の下には、つばの広い帽子をかぶった、二〇代なかばのほっそりした中背のアフリカ人の男が、布製の背負い袋をわきに置いて立っていた。私は彼と握手をした。腕や肩の力はあったが、脚はガゼルのようにほっそりして長い男だった。
ユースティスの通訳で彼にこう説明した。私たちはボテティ川のむこうの、カラハリ砂漠の奥のキャンプに住んでいる。キャンプに来れば生活はきびしい。水は非常に少ししかないし、何カ月もほかの人には会えない。ライオンがキャンプに来る夜もある。食事のほかには給料は少ししか出せない。彼の住む家は一〇×一二フィートの防水シート一枚でつくれるものしか提供できない。仕事はタイヤの修理と車の整備全般の手伝い、キャンプの掃除、水やたきぎを運ぶ手伝い、そして必要な時には調査の仕事にも手を貸してほしい、などなど。

この一方的な会話で、モクスは異常なほど内気なことがわかった。両手をぎこちなくわきにたらしたまま、身動きもせずに地面を見つめている。時々ユースティスがなにか聞いても、ささやくような声で「はい《イー》」と同意を示すだけだった。

「彼はなにができるんですか。タイヤの修繕はできますか。料理はどうです？」

「タイヤの修繕の仕方は知らんと言っているが、料理はわたしが少し教えてある。君が教えたいことはなんでも覚えようとするだろうよ」

「動物の跡を追うことはできますか」

「できない、だがね、マーク。そんなことはこの連中ならだれでも覚えるよ、すぐにね」

「英語が少しはしゃべれますか」

「いいや」

私はディーリアをちょっと見た。二人とも危ぶんでいた。きまり悪がって私たちを見ることさえできないほど内気な、しかもなんの特技もなく英語も話せない男と、いったいどうやっていっしょにやっていくんだ。とてもできることではない。ユースティスによると、モクスは二六年の彼の人生の大半を、日給三〇セントで牛の世話ばかりして過ごしてきたという。彼は母親と住んでおり、収入は全部母親に渡していた。父親は〈サファリ・サウス〉という会社で皮剝工をしている。

技術もなく、私たちと話をすることもできないモクスがどれだけ役に立つか、わからなかった。たとえ彼がカラハリに来ることを承知したとしても、ひとくぎりの三カ月以上は続くまいと思った。だが手伝いはどうしても必要だったし、私たちに支払える給料では腕のよい働き手を雇うことなどできるはずがなかった。

「食事つきで日給五〇セントでカラハリに来てくれるか、モクスにきいてみてください——これでも彼の今の賃金より二〇セントも高いんですよ。別の補助金をもらえたらの話ですが、彼が仕事をよく覚えたら、給料を上げてやります」

　ユースティスがセッワナ語で早口にしゃべると、モクスははじめて目をあげて私を見た。国産ビールで酔った彼の目は血走っていた。彼は妙なせきをしながら小声で「はい《イー》」と言い、私たちは次の日の朝、サファリ・サウスの前でおちあうことにした。

　太陽が川の上にのぼるころには、私たちは荷物をランドローヴァーに積みおえていた。ドレーンとサイモンに世話になったお礼を言っていると、釣りに行く連中の残りがやってきた。彼らはみな車の後部に釣りざお、散弾銃、折りたたみの椅子、古いマットレス、ビールの箱を積んでいた。サイモンは彼らにぜひ紅茶とビスケットを食べてから行くようにとすすめた。私たちは別れのあいさつをし、彼らはみなテーブルのまわりに腰を下ろした。だれかが、日暮れ前に帰ればサイモンの車の修理ができる、といった。

　モクスは砂地の道のわきで小さな毛布の包みの上に腰かけていた。包みのなかにはホウロウのボウル、ナイフ、ナイフを研ぐ堅木、かけたくし、木のさじ、鏡のかけら、〈スプリングボック〉というタバコのはいった小さな布袋がはいっていた。これが彼の全財産だった。穴のあいた青色のショートパンツにオープンシャツ、ひものない、ベロが外にたれた靴をはいた彼は、屋根の荷台にのぼってスペアタイヤの上に坐った。

　マウンから帰る途中、バファローコテージのそばを通ったのは午前九時ごろだった。ハンターたちはまだヴェランダで紅茶を飲んでおり、サイモンの車はジャッキで押しあげ、ブロックで支えられたまま、家の横に置いてあった。

その夜私たちは、中央カラハリ動物保護区のへりの近くで寝袋をひろげ、地面に食糧の箱を置いた。モクスが火を起こし、ディーリアはヤギ肉と炒りトウモロコシと紅茶の夕食をこしらえた。私たちは坐ってひっそりと食事をした——奥地にもどったことはうれしかったのだが、親しい友人を訪ねたあと、いつもなら残る、あの心暖まる楽しい思い出がなく、二人ともなんとなく寂しかった。ディーリアが悲しそうに言った。「がっかりだわ……わたしたち、ディセプション・ヴァレー以外どこへ行っても場ちがいみたい」

マウンへ行くのは必需品を仕入れるためばかりではなく、ひとびとと親しくつきあうためでもあった。だが、町の人たちは親切にしてくれたにもかかわらず、私たちはほんとうはどのグループの一員でもないような気がして、失望し、心満たされない思いで町を離れた。長い期間をカラハリで、二人だけで過ごしたあとの私たちは、やたら人なつっこく振舞ったが、マウンの友人たちの反応には私たちのような大げさな熱狂ぶりは見られなかった。私たちとは対照的なごくさりげない友人たちの態度から、私たちは誤解し、ほんとうはうけいれられていないのだと思いこんでしまった。ほかには交際するグループもないのだから、彼らにうけいれてもらわなくてはどうしようもない。この悩みは年とともにつのり、私たちはしだいにますます二人だけの世界に閉じこもりがちになっていった。

たき火のまわりにほかの人がいるのは妙な感じだった。モクスは無口ででしゃばったところは少しもなかったが、それでもなお彼の存在を意識した。まるで本人はいないのに影だけがいるみたいだった。私たちはカソリックの宣教師たちの出している慣用句集の助けを借り、知っているかぎりのセツワナ語を使って彼と話をしようと努力した。彼は尋ねられたことに答える以外はけっして話さず、話す時もほとんど私たちを見ようとせずにとても低い声で答えた。彼の答えはたいてい「はい《イー》」か「いいえ《ンニャ》」だった。だがそれでも私たちは、彼がこの世の中について知っていることを少しは理解することができた。

彼はうまれてこのかたずっとオカヴァンゴ川のデルタ地帯とカラハリ砂漠との境に住んでいるのだが、デルタの奥へはユースティスの狩猟旅行について二、三回行ったことがあるだけだったし、カラハリ砂漠についてはほとんどなにも知らなかった。棒きれで砂地に地球の絵を描いて、地球は丸いことや、私たちの国はアメリカといって海を渡った地球のむこう側にあることを説明しようとした。だが彼はかすかに笑みを浮かべて頭を振り、当惑した様子でまゆを寄せていた。自国語であろうが他国語であろうが、彼には「世界」とか「海」とか言われても、それがなんのことなのかわからなかった。海はおろか湖さえも見たことがなく、彼の世界はほとんど彼に見えるものだけでできていた。

だいぶ遅くなってたき火も残り火だけになったころ、私はあおむけに寝て、無数の星が散らばる濃紺の空を見あげていた。モクスを連れてきたのはやはり間違いだったのだろうか。モクスのほうはどう思っているのだろう。どうして彼は安全な町、家族、彼の属する社会集団を離れて、見も知らぬカラハリ砂漠へ来ることにしたのだろうか。そして、同じことを私自身にも問うてみる。遠く南のほう、ディセプションの近くのどこかで、ライオンが咆哮した。

八　ボーンズ

マーク

　モクスはグレイグースの屋根に坐り、身体を上下左右に動かして木の枝をかわしながら〝東の砂丘〟の林地を通りぬけ、ごわごわした黒い髪一面に草の種子やわらをくっつけて、ディセプション・ヴァレーにやって来た。キャンプまであと半マイルの川床のへりに来て、私たちはなにか異変があったことに気がついた。車体をふるわせ、がたがた音をたてながら全速力で私たちの林のほうへ行ってみると、キャンプのまわり何百ヤードにもわたって、鍋や衣類、ホース、布袋、箱などがあちこちに散乱している。キャンプはめちゃくちゃになっていた。

　大きな塵旋風か。それともひどい嵐か。こんなにめちゃくちゃにしたのはいったいなんの、いやだれのしわざだ。瓦礫の山の間を通って歩きだすと、底に五〇口径の弾丸が通ったくらいの穴のあいた、厚手のアルミの深鍋を見つけた。歯だ。でかい歯がこの穴をあけたんだ。そう私が気づいた時、キャンプの西側の、垣根のようになったイバラの茂みから毛におおわれた頭が九つ現われ、私たちをじっと見つめた。ライオンだ。私たちがそのままランドローヴァーのすぐそばに立っていると、彼らは長い一列縦隊でこっちへゆっくりと歩きはじめた。二頭の大きな雌がゆったりと身体をゆすりながら先導し、五頭のいくぶん小さな雌の亜成獣が自信に満ちた大またでそのあとに続く。しんがりには雄の一年子が二頭、互いに耳や尾にかみつきあいながらついてきた。それはあの晩、ディーリアをテントに閉じこめ、私がランドローヴァーで〝ウェスト・プレイリー〟へ追いたてた群れ《プライド》だった。以来彼らには、谷間のこのあたりで何回も出会っている。どうやらキャンプを襲ったのはこのライオンたちのようだった。

彼らは法廷に臨んだ判事たちのように、キャンプのまわりに半円形に並んでゆっくりと腰をおろした。私たちからせいぜい一二ヤードか一五ヤードしか離れていなかった。雌ライオンたちは足を舐めたり顔をこすったりしながら、ただなんとなく心ひかれるのか、私たちを眺めていた。明らかに恐れてもいなければ攻撃的なそぶりもない。私たちは彼らがこんなにも近くにいることに興奮し、また軽い不安を感じていた。と同時に、彼らの気が変わってここを立ち去ればそれまでなので、あまりにもあっけなく終わりそうな気がして、悲しくもあった。

が、モクスはそうは感じていなかった。ディーリアが火を起こしてスープの鍋をかけている間、彼と私はゆっくりと用心深く動きながら、キャンプを片付けだした。とはいってもモクスは、彼とライオンとの間にランドローヴァーがあるところにしかいなかったし、ライオンからまったく目を離してしまうこともなかった。

そのあと私たちは彼を車に乗せてキャンプから南へ一五〇ヤード離れたところにある木立ちへ行き、枝をひろげたアカシアの木の下に、防水したキャンヴァスでモクスの家をつくるのを手伝ってやった。枯れ木を何本かなわで縛った柱で骨組みをつくり、その上にキャンヴァスをかぶせて結びつけると、粗末だがこぢんまりした小屋ができあがった。モクスのお国の習慣に従って、キャンプをライオンから守るため、私たちは〝ちょい待ちイバラ〟を何本も切った。これはそばを通るものの肉や衣服をひっかける、鉤爪状のとげのあるきわめてやっかいな灌木で、ひっかけられると、この鋭いとげをはずす間、いやでも〝ちょい待ち〟しなければならない。モクスが大ぶりの灌木でふさげる出入口を一カ所残してこのイバラを積みあげ、堅固なボーマ（円形の囲い）をこしらえた。モクスは住居の居心地、安全性に満足したようなので、寝床の準備や荷物の整理をするよう彼をそこに残して、ディーリアと私はキャンプへ帰った。

車をキャンプへ乗り入れるとライオンたちは立ちあがったが、すぐにまた横になった。日暮れごろ、ディーリアは湯気のたつポテトスープを食卓に出した。黒い脚つき鍋のなかでは、トウモロコシパンが焼けていた。ライオンたちはあくびをするか前足を舐める以外はほとんど動かず、私たちのすることの一部始終をじっと眺めていた。

これは貴重な体験だったので、私たちのすることに彼らがどんな反応を示したかを詳しく記述していった。たとえば、私たちが急に動いたり、彼らのほうへ正面から近寄っていったりした時に見られる、大きく見開かれた目や張りつめた肩の筋肉。これは恐怖を表わしている。また大きな枝をたき火のほうへひきずっていくと、彼らは好奇心を示し、顎をもちあげて耳をたて、尾をぴくぴく動かす。彼らの姿勢や表情のひとつひとつが、どうすれば彼らを恐れさせたり攻撃心をおこさせたり、よけいな好奇心をいだかせたりするのを避けられるか、教えてくれていた。

涼しい夜気が砂丘の斜面を下って谷間をつつみはじめ、〝西の砂丘〟の背後の空から夕焼けの残光の色も消えようとしていた。ライオンの姿はしだいにかすみ、ぼんやりしはじめ、ついには消えてしまった。暗くなると科学的調査意識はうすれ、原始的な感覚、つまり恐れが強まってくる。私はライオンの位置を調べるためにスポットライトをつけた。驚いたことに、残っているのは大きな雌一頭と、二頭の雄の一年子だけで、ほかのライオンはみな、音もたてずに消えていた。モクスが心配だ。イバラのボーマの防壁があるとはいえ、やはり無事に小屋にいるかどうか確かめに行かなければならない。

スポットライトをぐるっと回してみると、琥珀色に光る目がいくつもぱっと目にはいった――ライオンたちはみなモクスのキャンプのまわりをうろついている！　私たちは車にとび乗った。が着いた時にはすでに、三頭の雌が注意深くとげを避けながらボーマのなかに入り、キャンヴァスに鼻を近づけていた。ほかの二頭はアカシアの木のむこう側におり、残る一頭の一番大きな雌は、イバラの囲いの入口付近に尻をついて坐っていた。

私は小屋のうしろに車を止めて、スポットライトをつけた。「モクス、だいじょうぶかい」せいいっぱい大きなささやき声で尋ねてみたが返事はない。

「モクス！」もう一度、少し大声を出して呼んだ。「だいじょうぶか」

「ラー？」だが声はキャンヴァスの小屋のなかからではなかった。

「モクス、どこにいるんだ」その時、ボーマの近くにいる大きな雌ライオンが頭上の木をじっと見ているのに気がついた。視線をスポットライトでたどっていくと、彼女の頭から一〇フィートと離れていない枝の上で、裸のモクスが不安そうに歯をむいている！

私はそろそろと車を進めて木の根元とライオンの間に割りこんだ。ライオンは文句も言わずに退いたが、今度は車のドアのすぐ前に来て坐り、開いている窓から私を見つめた。

まるで木の幹にグリースでも塗ってあるかのように、モクスはするすると一気に木をすべり降りると、ショートパンツをひっつかんではいてから、無事にランドローヴァーにとび乗った。

「タウ、フーウー」彼は身ぶるいしながら頭を振った。ゆっくりとそこから遠ざかる間、モクスはなにやらマウンのことをもぐもぐつぶやいた。ライオンが興味を失って北のほうへ谷間を歩いていくまで、私たちは車のなかにとどまった。

朝、目をあけると、木の燃えるこうばしいにおいがキャンプにただよっていた。ディーリアはまだ私の横で眠っていた。台所で仕事をはじめたモクスのたてる、低いかたかたという食器の音は耳に心地よく、昔、農場で迎えた朝を思い出させた。私たち兄弟姉妹は、階下で母が朝食をつくる音とにおいで目を覚ましたものだった。まだ朝も早いのに、どうやらモクスは熱心に新しい職場の仕事にとりかかっているようだ。彼がこのカラハリで長くやっていけるかどうかあやしむ気持もいっときうすらいだ。私は短く切ったジーンズにサンダルをはいて外に出た。カッカッと鳴いていたサイチョウや羽をばたばた動かして飛んでいたヒタキが小道ぞいの木々に来てとまり、ひきわりトウモロコシの朝ごはんをねだった。

台所に行くと、モクスはハイエナが夜の間に地面いっぱいに散らかしたごみのなかに坐っていた。食器類はすでに、ごみの山のなかを注意深く行き来して洗ってあり、きちんとテーブルの上に積み重ねてあった。彼は一番上等の料理用ナイフを使って、無邪気に足の爪の掃除をしていた。

朝食を食べていると、谷間の北のほうでライオンが咆哮しはじめた。一九七五年の五月初旬だった。まだ時々にわか雨は降っていたが、間もなくカラハリには乾季がやってくる。ライオンはあと一カ月から六週間以内にはいなくなってしまうだろう。彼らは私たちの知らない土地を旅してゆく。どの方向へどこまで移動するのかはだれにもわかっていない。ふたたびディセプションに帰ってくるのだろうか。もし帰ってくれば、この大昔の川の谷間の一部を自らのテリトリーとして守るだろうか。だが、実際に帰ってきたとしても、そんなに長い間見なかったライオンを、しかも夜間に、どうして見分けることができよう。なにしろ私たちが出会うとしたら、十中八九、夜間なのだから。

すでに気づいていたことだが、少なくとも雨季の間、ハイエナは主としてライオンから屍肉を手に入れており、彼らの食物や行動範囲はライオンに大きく左右される。もしカッショクハイエナも食物をライオンに依存しているのならば、ディセプション・ヴァレーのライオンについてもっとよく知ることが大切である。カッショクハイエナの夜間観察はまだ続けていたが、この地域にすむライオンの群れ《プライド》の習性、そして彼らとハイエナの生態上の関係についてできるだけ知るため、ライオンの観察をもっとひんぱんにすることにした。

もし彼らがここに帰ってくるのであれば、間違えずに識別するのに一番よい方法は、イヤータグをつけることだ。もしなかのどれかが射殺されることがあっても、色つきのプラスチックのディスクはたぶん野生生物局にとどけられるだろう。あるいはどこかのサン人の首飾りになっているのをひょっこり見つけることになるかもしれない。とにかく少なくともそれは、ライオンが乾季の移動の間に川床からどれほど遠くへ行ったか、人間に何頭殺されたか、殺したのはだれか、などについて知るためのよい機会ではある。どの個体がいっしょに暮らすかがわかれば、カラハリ・ライオンの社会組織について少しはわかってくるだろう。彼らの社会組織についてはこれまでに詳しく研究されたことがなく、記述もないのである。さしあたっての私たちの問題は、彼らが川床から立ち去る前に、できるだけ多くのライオンにイヤータグをつけることだった。おそらく一晩か二晩のうちにやらねばならないだろう。しかも、その作業中に彼らにうとんじられるようなことをするのを慎まねばならない。私たちはとりわけ、彼らの自然本来のままの行動を今後永久に変えてしまうようなことはしたくなかった。

麻酔銃の準備をしている間に私たちは話しあって、彼らが動けない間に受けるかもしれない傷害を最小限にとどめるための基本的ルールをいくつかまとめた。意識不明のライオンを日中の猛烈な暑さにさらすのを避けるため、麻酔をかけるのは可能なかぎり夜間だけとする。また麻酔をかけるのは獲物を食べることに熱中している間だけとし、それも十分長い間彼らの近くにいて、私たちのいることに確実に慣れてからでなくてはならない。また、けっして車で追いかけたりせず、カウボーイ式のやりかたであやつったりもしない(これはしばしば動物に非常に大きなストレスを与え、彼らから疎外されることになるし、時に死さえも招く)。投薬量は最小限にとどめ、不必要なストレスを与えないために、仕事はできるだけ静かに手早くする。ハイエナの場合と同様、完全な成功とみなす判断の基準は、イヤータグをつけられたライオンが以前と同様、私たちやランドローヴァーを恐れないことである。

時間があまりないので、一回の仕事でできるだけたくさんのライオンに薬をうちこむことにし、タグをつける間、モクスにスポットライトを持っていてもらうことにした。だがまだ意識不明のものからもう回復しかけているものまで、いろいろにちがう状態のライオンを同時に扱うとなると、せいぜい三頭から五頭でせいいっぱいだ。その間ほかのライオンは、暗闇のなかでまわりをうろつきまわることだろう。ライオンにはまだ麻酔弾をうちこんだことがないので、どう反応するかはわからなかった。

モクスを連れた私たちは〝ヒョウの島〟（〝チーターの丘〟に近い、〝北のくぼ地〟の西端にあるアカシアとジジフスの木立ち）で、例の群れ《プライド》が寝そべっているのを見つけた。半円を描いて車を進めながらゆっくりと近づいていくと、あと一五ヤードほどに近づいた時、彼らは頭をもたげ、不安そうに逃げ道を求めてあたりを見まわしはじめた。一般にライオンその他の野生動物は、この群れ《プライド》が以前ぶらりとキャンプを訪れた時のように、自分たちが主導権を持っている時のほうがはるかに悠然としている。この場合、私たちのほうから近寄っているので、彼らはちょっと危険を感じだしたようだ。私はエンジンを切った。彼らはすぐに緊張をとき、まばたきをしたりあくびをしたりした。私たちにもっとよく慣れさせるために、彼らがなにか獲物をしとめることを期待しながら、私たちは数時間静かに坐っていた。

　このライオンたちにはもう何回も会っているので、それぞれに名前をつけていた。年長の二頭の雌はブルーとチェアリーという。ブルーはいつも車のタイヤをかむのに夢中になる。幸いタイヤのゴムは厚いので、穴をあけたことはない。チェアリーは背中のたるんだ大きな雌ライオンで、この群れ《プライド》の最年長者だが、どういうわけかいつもちょっと私たちを警戒している。頭を前足にのせて休む時でさえ、完全に目をつむることはなかった。

　五頭の亜成獣の雌のなかではサッシーが一番大胆で好奇心も強い。胸幅がひろく体格のよい彼女は、そのうち非常に大きなライオンになりそうだった。彼女はよく、まるで私たちの車が獲物でもあるかのように車に忍び寄ってきた。獲物が逃げようとすればいつでもとび出せる姿勢で、そろそろと車の後部に這い寄る。だが、私たちの出発がたまたま彼女の遊びの計画にぴったり合わないと、彼女はどうやってつかめばよいのかわからない、このランドローヴァーという動物の前で、バンパーと口をつきあわせていることになるのだった。そうなると彼女は忍びの姿勢から立ちあがり、タイヤを前足で一、二回たたいてみたり、フェンダーやテイルランプをかんでみたりする。ある時私は、彼女がまだ遊びに夢中になっていることを忘れて、エンジンをかけてしまった。排気ガスをまともに顔に受けた彼女はとびさがり、シューという声をたてながら排気管を平手打ちした。車輪の回転にはいたく興味をそそられるらしく、私たちが群れ《プライド》の観察を終えてゆっくりひきあげる時にはいつも、急いで車の横にやってきて、車輪がくるくるまわるのを見ていた。車輪の回転につれて彼女の目もまわり、顎が上下にひょいひょいと動く。そして彼女は、どこをかめばこの獲物を殺せるのかさがしているみたいに、身体をかがめたまま車のあとから小走りでついてきたものだった。サッシーは私たちのお気に入りだった。

ジプシーはけっしてじっと坐っていることができない。この群れ《プライド》がキャンプにくる時にも、彼女はいつもキャンプの周辺を歩きまわったり、しばらく出ていってひとりになったりした。スパイシーは、かつて私に襲いかかるまねをしたこともある、シナモン色の毛をしたけんか好きだ。スプーキーは大きな丸い目の持主、リーザは小柄できれい好きの美人だ。二頭の雄の子、ラスカルとホンバーは、しょっちゅう成獣のどちらかを怒らせては鼻をひっぱたかれていた。

その晩、私たちが近くに坐っていると、チェアリーはなにかがもくろまれていると思ったらしく、数ヤード遠くへ移って小さな灌木の下に横たわった。ほかのライオンはみな眠ったが、彼女は私たちを見張っていた。

九時ごろ、彼女は頭を上げて油断なく遠くをじっと見つめはじめた。肩の筋肉がはりつめている。ほかのライオンもただちに動きをとめてあたりに注意し、同じ方向を見た。スポットライトを上げてみると、一羽のダチョウが〝北の砂丘〟のふもとのやぶを用心しながら歩いている。私は明かりを消した。チェアリーはゆっくりと立ちあがり、その大きな鳥のほうへ忍び寄りはじめた。草の間をヘビのようにするすると進み、闇に消えた。残りの雌も次々にそのあとを追った。ディーリアと私だけがとり残され、月明かりの下に坐っていた。ライオンたちや獲物のダチョウを困惑させて、狩りに影響をおよぼすことを恐れたので、あとを追ったりスポットライトを使ったりしたくなかったのだ。だがこの追跡がどうなっているかは知りたく、時の過ぎるのがとても長く感じられた……。

彼らが狩りに出かけて四五分ほどあとに、砂丘の斜面にあるやぶから、うなり声や喉から出る低いごろごろという声が聞こえてきた。しとめたダチョウをとりまいて食べている彼らの近くに車をとめた時は、まだ獲物を奪いあってけんかしている最中だった。彼らはふりむいて私たちをにらみつけ、チェアリーとスパイシーは立ちあがり、とびかかろうとするように腰をかがめて耳をうしろにつけた。明らかに私たちの侵入を怒っている。彼らの鼻づらには血や羽がくっつき、大きな前足は赤肉の大きなかたまりをはぎとる間、所有権を主張して獲物をおさえつけていた。私はそろそろとイグニション・キーに手を伸ばし、エンジンを切った。彼らは獲物のほうにむきなおり、ふたたび食べようとして腹這いになった。彼らからは一五ヤードも離れていないところにいるので、古い麻酔銃でも撃ちそこなう心配はほとんどなさそうだった。

ディーリアがスポットライトをかかげ、私はできるだけ静かに麻酔薬を弾丸に詰めようとして、手さぐりで道具箱や注射器や薬のはいった瓶をさがした。無器用な上に、始終ハンドルやシフトレバーがじゃまになる。私の横の下半分だけのドアから、ライオンたちが肩越しにじっと見ているような気がする。狙いをつけたライオンが車の横を通りこしていった場合のことを考え、銃をぐるりと回せるよう、ドアの窓と窓わくはとっぱらっていた。チェアリーを撃つ弾に、やっとのことでフェンシクリジン塩酸塩とキシリジンを混合して詰めおえた。彼女が一番用心深いので、ほかのライオンに警報を出させないよう最初に彼女を黙らせることが肝心だった。チェアリーの背中をとらえてライフルの照準を合わせたまま数分がたった。だが彼女は、屍骸のむこう側に横たわりホンバーの陰にいるので撃つことができない。銃床を持つ手はじっとり汗ばんできた。三五〇ポンドのライオンの肩を数ヤード離れたところから針で狙うなどということはあまりにも非現実的なことに思えた。

ライオンたちは互いに平手で打ったりなぐりあったりしていた。ふいにチェアリーが立ちあがり、彼女の右手で獲物を食べているブルーのほうへ行こうとしてむきをかえた。スポットライトの明かりのなかで、彼女は巨大に見える。私は目をこらして前後の照準器が一線にくるように合わせ、引き金をひいた。

弾丸はチェアリーの肩にあたった。さまざまなうなり声がいっせいにあがった。彼らはとびあがって屍骸をとびこえたので、砂ぼこりや羽が舞い散った。尾をむちのように振っている。緊張した時が流れた。一頭、いやもっと多くのライオンが、車めがけて襲いかかってくるかもしれない。私たちは恐怖に身をかたくした。彼らはぐるぐると歩きまわりながら車から屍骸に目を移し、それから暗闇を見やったり互いに仲間を見たりして、この騒ぎの原因をつきとめようとした。突然、チェアリーがブルーの鼻づらをひっぱたいた。これで問題のかたはついたらしい。緊張はほぐれ、ライオンたちはふたたび食べはじめた。私たちはシートに深く腰をおろして時を待った。

麻酔弾をうけてから一〇分後、チェアリーの目は大きく開きだし、瞳孔が広がった。彼女は獲物を離れ、よろめきながらやぶに入った。彼女の姿はかろうじて見えるだけだった。ネコのような目を持っているモクスにチェアリーの見張り番をさせ、私たちは続けて、といっても一頭撃つたびに残りのライオンがまたくつろいで食べはじめるのを待ってから、ブルーとジプシーとリーザに薬をうちこんだ。間もなく、獲物から半径五〇ヤード内のあちこちに、麻酔弾をうちこまれた四頭のライオンは横たわった。あとの五頭、若い雌と子どもたちはまだ食べつづけていた。

チェアリーが倒れてからすでに四〇分近くたっていた。彼女もほかの三頭も、薬をうちこまれてから一時間以内に意識をとりもどしはじめるはずだ。私たちは急いで車を動かし、モクスが最後にチェアリーを見たというところへ行った。車の屋根からスポットライトで照らしてみると、数分後に、美しい琥珀色の目を大きく見開いたままのチェアリーを灌木林のそばに見つけた。車が近づく音に彼女は耳をぴくぴく動かし、かすかに頭を持ちあげた。

彼女の一〇ヤードほどうしろに車を止め、エンジンを切って車から降りたが、こんなことをしてだいじょうぶだろうかと危ぶむ気持がつきまとう。なにしろどの程度麻酔が効いているのか確信がないものだから、そばに行くのはどうも気がすすまない。私の足が枯れ草をかさかさいわせると、彼女は頭をぴくっと動かした。もし聞こえるのなら、ほかの機能もまだ働いているはずだ。私は手を二回たたいて彼女の反応を見た。なんの反応もなかった。私は注意して彼女に近づき、ついに尾のそばで身をかがめて、いつでもすぐにランドローヴァーにとんで帰れるよう身がまえたまま、靴の先で大きな臀部をそっと押してみた。彼女はほとんど気がつかないようだった。

ディーリアにうまくいったと合図すると、彼女は車の後部にいるモクスにスポットライトを渡し、私のところへ道具をもってきた。足もとに倒れている雌ライオンは乾季の草のような色をしており、つややかで頑丈そうで、身体はカシの幹のようにがっしりしていた。彼女の信頼を得ておきながらこんなふうに利用することを、すまなく思った。ディーリアが上膊部の内側で脈をとっている間に、私はチェアリーの角膜が乾くのをふせぐために急いで目に薬を吹きかけてやった。チェアリーは弾丸がささった個所を下にして横たわっていたので、その大きな足をかかえ、肢部をてこにして彼女をころがした。ディーリアが弾丸のあとの小さな傷に軟膏をつけ、私は耳に標識札《タグ》をはさみつけた。

ブルーとジプシーにタグをつけおわった時には麻酔銃を撃ちはじめてから一時間半以上

たっていた。チェアリーはじめ全員が身体の調節作用を回復しつつあった。その上、薬をうたれていないライオンたちは、獲物のダチョウをたらふく食べて満足すると、今度は私たちのすることや群れ《プライド》の仲間に起こっていることに興味をつのらせていた。そこらじゅうをライオンがうろつきまわっている。それなのに、私たちはまだリーザにタグをつけなければならなかった。

リーザを見つけた時、彼女はふらふらしながら前肢で身体を支えていた。もうほとんど立ちあがることができる。こうなっていてはもう少し鎮静剤を注射しないことにはタグをつけることはできない。だが彼女に二度までも、とりわけ残り全員の見守るなかで麻酔銃のショックを受けさせたくはなかった。私は車にもどり、注射器の用意をした。

「ゴ　レバ　デ　タウ、シントレ（ライオンたちをよく見張っといてくれ）」とモクスに言って、靴をぬぎ、ドアを開けて、リーザのほうへ腹這いになって前進をはじめた。

ディーリアも私も、こんなことをするのはたぶん賢明でないことはわかっていた。だがまだなかば薬の効いているリーザのほうへ車で近づこうとすれば、彼女はエンジンの音に肝をつぶすのではないかと心配だった。それにもし彼女が突進しだしてあたりを走りまわったりしたら、群れ《プライド》全体が私たちから遠ざかってしまうかもしれなかった。

私はランドローヴァーから這い進みながら思った――ゆっくり行くんだ、けっして音をたてるな。手や膝をつくところには気をつけろ！——目の前にのびている私の影は、リーザの揺れている大きな姿にとどきそうだ。彼女はむこうをむいて尻をついて坐っている。私は枯れ葉や草むら、小枝などの間を手さぐりで静かに進んでいった。小枝は身体の重みがかかると、おもちゃのピストルのようにパシッと音をたてる。車から遠ざかるにつれて、ますますおろかなことをしていると痛感する。ひきかえしたかった。だが麻酔からさめかけてはいるにせよ、彼女はおそらく注射をされても感じないにちがいない。それに群れ《プライド》の仲間が近づいて危険な場合にはモクスとディーリアが知らせてくれるだろう。最初の合図ですぐにランドローヴァーのほうへ駆け出せばいいんだ。

リーザまであと五ヤードほどになった時、私は膝で枯れ葉を踏みつけて大きな音をたててしまった。彼女はくるりとむきをかえ、まっすぐに私を見た。私はぴたりと止まって顔をそむけるのを待ったが、彼女は黄色い目を私から離さない。耳をぴんと立て、まだ不安定に揺れ動きながら顎ひげからよだれをたらしている。彼女の目が焦点を合わせようとして細くなったような気がして、私はこわくて身動きひとつできなかった。

「タウ、モレナ！」モクスがさしせまった声でランドローヴァーからささやき、別のライオンが近づいていることを知らせた。

二〇ヤードほど右の茂みの間を、麻酔薬をうたれていない雌ライオンが一頭、身をかがめ頭を低く下げ、尾をぴくつかせながらこっそりと近づいてきた。私はとがった草がつき立った草むらのなかに腹をぴったりつけてひれ伏し、頰を砂地におしつけてむこうから見えないようつとめた。鼓動がドキドキと耳に響いてくる。

逃げ帰るにはランドローヴァーは遠すぎた。それにライオンはもうあまりにも近くまで来ていた。私は首のうしろへ腕をまわして目を閉じた。息をとめようとして、かえって砂や灰を鼻の奥まで吸いこんだ。マウンの友人で、以前にへまをしてライオンに襲われた二人のハンターの曲がった腕や、ライオンに小屋からひきずり出されたサン人の少年の、尻から胸にかけてわき腹に残る、肉がでこぼこに盛りあがった大きな楕円形の傷跡が目に浮かぶ。私は地面にはりついてじっと待った。

「モクス！　あのライオンの目に明かりをむけて」静けさのなかで、ディーリアが小声でせまるように言いつけているのが聞こえた。モクスはほとんど英語を話せないが、するべきことを理解した。彼はスポットライトを忍び寄っている雌ライオンにむけて、目にまともに光があたるように持った。ライオンは立ち止まり、かがめていた身体をなかば起こして、目を細めて光のなかをのぞきこんだ。

リーザは仲間の足音を聞きつけたにちがいない、そっちのほうに目をやった。私はいまだと思い、そろそろと膝をついて、音をたてないよう気をつけながら枯れ草の上を車のほうへあとずさりはじめた。麻酔をうたれていない雌ライオンは頭を上げたり下げたりして、なおもスポットライトの明るい光を通して私を見ようとしている。彼女が前進しはじめたので、私はまたひれ伏した。モクスがスポットライトで照らしつづけていると、やっと彼女は立ち止まってまばたきした。せいぜい一〇ヤードしか離れていない。私は飼いネコの目の前にいるネズミのような思いで、地面から腹をあげて、あとずさりで這いだした。恐怖で腕が萎えていた。すぐに車のフロントバンパーの横へ出た。私はドアからとびこみ、シートにぐったりと坐りこんで、顔についた細かい砂や汗を、ふるえる手でぬぐった。

忍び寄ってきた雌ライオンもやっと興味を失って、ダチョウの屍骸のところへもどった。たったいまこんなおそろしい経験をして、もはや私はリーザを脅かすことなど、そんなに気にしてはいられなかった。車を前進させてリーザの尻のすぐ横に止め、ドアから腕だけをそっと出して、薬を注射した。約一〇分後にタグをつけた。私たちはダチョウの屍骸の近くで麻酔をかけた全員が回復して動けるようになるまで待ち、それから、少しでも眠りをとろうとキャンプに帰った。

翌日の晩、チェアリーを除くこの群れ《プライド》全員がキャンプに来てランドローヴァーをとり囲み、タイヤやバンパーやグリルを嗅ぎまわった。それぞれちがう番号のはいった、青のプラスチックのイヤータグには気づいていないようだった。これが〝ブルー・プライド〟のメンバーだった。

　麻酔銃を使うことはいやでたまらなかったが、このおかげで少なくとも一回、雄ライオン間の社会的きずなの強さについていくらか学ぶことができた。

　パピーとブラザーはいっしょに育ったライオンである。二頭は自分たちが支配する群れ《プライド》が手にはいらず放浪ライオンとして暮らしていたころも、いつも二頭つれだって、この広大なカラハリ砂漠をさまよっていた。兄弟である場合が多いが、若い雄たちは成獣になってもそのままいっしょに暮らすことがしばしばある。この二頭も、離れられない仲間のようだった。

　私たちはいつもの手順でパピーを麻酔で動けなくした。麻酔弾をうけると、彼は地面にへたへたと倒れて横むきに眠りこんだ。肩のすぐうしろにつきささった針から弾丸がぶらさがっていた。ブラザーは頭を上げ、目を丸く見開いて、相棒が調節作用を失い、そして意識を失っていくのをじっと見ていた。彼はパピーから私たちに目を移し、またパピーを見て、あたかもなにが起こったのかを理解しようとつとめているようだった。それから彼は、ほんの八ヤード先に駐車している車には目もくれず、倒れているパピーに歩みより、その身体をはしから嗅いでいって麻酔弾を見つけた。それを前歯ではさむと、うしろへさがってひっぱった。針はパピーにしっかりとくいこんでいて、皮膚が円錐形にふくれたが、そのうちひょいと抜けた。彼は弾丸をかみ砕き、破片を吐きすてると、そばへ行って針であいた小さな傷を舐めた。優しい声でクークーといいながら、パピーの頭部に自分の頭部をこすりつけた。それから前半身をかがめると、パピーの首をそっとくわえて持ちあげようとしはじめた。だが相手の大きな図体は彼の手に負えなかった。そうやって一分以上悪戦苦闘していたが、今度は尻をくわえて持ちあげようとしだした。そしてまた首の下へ、と、彼は一五分もの間、クークーと言いながらあっちのはしこっちのはしと行ったり来たりして、パピーをくわえて持ちあげようとしていた。

相棒を立たせようとしていたのだろうか。確かにそうしているように見えたが、確信はもてない。ゾウが倒れた家族を持ちあげようとすることがあるのは知っている。ライオンも同じことをすると考えても別段おかしくはなさそうにも思える。

私たちはこの光景にいたく感動した。が、ブラザーがあまりしつこくくりかえすので、彼の犬歯がパピーの首を傷つけるのではないかと心配だった。私はゆっくりとランドローヴァーを進めてブラザーの横へ行き、彼をうまく追いたてて仕事に支障のないところまで立ち退かせ、パピーにタグをつけ、体重や大きさを測定した。それから動けないライオンをころがして防水シートにのせ、布の四隅を車のうしろに結びつける。彼が回復するまで、暑くないよう、日よけになる木の下へひきずっていった。ブラザーはついてきて、パピーが意識をとりもどすまで近くに横たわった。彼は頭や鼻づらを倒れている仲間の身体じゅうにしきりにこすりつけていた。

「タウ、モレナ！」ブルー・プライドを麻酔銃で撃ってからほんの二、三日後の早朝のことだ。前夜はおそくまでハイエナを追跡していたので、モクスに起こされた時はまだ、テントの床の上で眠っていた。彼はテントの入口のすぐむこうの陽のあたる一角に立って、キャンプの東方三〇ヤードのあたりにいるライオンを指さしていた。入口の間から見ると、死後何ヵ月もたったオリックスの残骸の上に身をかがめてふらふらしている雄の姿があった。彼はわずかに残っている骨やもろい皮を、力をこめてひっぱっていた。ふつうならばライオンはそんな役にも立たない、つまりあまりにもひからびていて、硬くて食べられない屍肉にはほとんど見むきもしないはずだ。ところがこの雄は、そのしなびた屍骸を〝トップレス・トリオ〟の木陰へ運ぼうとして懸命になっていた。〝トップレス・トリオ〟とは、川床をはさんでキャンプのむかい側にある背の高い木立ちである。双眼鏡で見ると、彼はひどくやせ衰えて弱っているのがわかった。オリックスの屍骸はほんの三〇ポンドほどしかないはずだが、それさえもこのライオンは数フィートと運べず、立ちどまって休んでは大きくあえいでいた。彼は幾度も屍骸をまたいではひきずってゆこうとしたが、あまりうまくいかなかった。むきをかえて、乾いて紙のようになった皮をくわえてうしろむきでひっぱってみたが、やはりだめだった。ひと動きするたびに身体は弱り、とうとうくずれおちてしまった。明らかに餓死寸前だった。

私たちは急いで服を着て車にとび乗り、彼のほうへゆっくりと車を走らせた。私たちが近づくと、彼はかろうじて気がついてぼんやりとこちらを見た。彼の状態を見てぞっとした。そこにいたのは、かつては堂々としていたはずの、ライオンのぬけがらにすぎなかった。肋骨がくっきりと浮きあがり、皮膚はひどくたるんでいた。胴は私の両手にはいるほどしかない。絶食同然の状態で長い間飢えに苦しんでいたにちがいなかった。

彼はたいそう骨を折ってやっと立ちあがると、〝トップレス・トリオ〟のほうへよろよろと歩きだした。首や肩やわき腹に、ヤマアラシの針が一ダース以上も深々とつき刺さっているのに気がついたのはその時だった。この弱りきった状態で食物を手に入れようとしてもおそらくうまくはいかなかっただろう。彼は木立ちの日陰にやっとたどり着くと、その大きなやせた頭やぼろぼろのたてがみの重さに耐えられないかのように、どさりと地面に坐りこんでしまった。

私たちは彼をそこに残していったんひきあげたが、午後おそくに麻酔銃の道具一式を持ってふたたびそこへ行った。私たちはこのライオンをもっとよく調べて、年齢や、生きのびられる可能性の有無をつきとめたかった。彼は弾丸がつき刺さってもたじろぎもせず、すぐに地面にくずれ落ちた。私たちは周囲を化膿させている針を抜きはじめたが、六インチ以上に深く刺さっている針もあった。

　ディーリアに抜けない針が一本あった。右の前肢の上膊部の内側からつき出ているのだが、ライオンが横むきに寝ているので左肢がじゃまになる。モクスは手をランドローヴァーのフェンダーにかけ、遠くから様子を見ていた。

「モクス、トラ　クワノ（こっちへ来てこれを持っていてちょうだい）」彼女は重い肢をわきへおしのけようとしながらモクスを呼んだ。モクスは不安そうな目をきょろきょろさせ、ためらいながら足をひきずるようにしてやってきた。その時私たちは知らなかったが、どうやら彼は子どものころに土地の大人たちから、ライオンに触れると腕が腐ると教えられていたようだ。彼はそのタブーを信じていたのだが、それでもしぶしぶこちらへやってきた。

　ライオンに触れるのをぐずぐずためらっているのに気がついたディーリアは、彼を安心させようとして「ホ　シアミ、モクス――ホ　シアミ、だいじょうぶよ」と言ってにっこり笑った。モクスは、いまにもライオンが動きだすかのようにおそるおそるその毛むくじゃらの大きな肢をつかみ、そっとうしろへひきよせた。ディーリアが針を抜きとると、まだライオンの前足をつかんでいたモクスは、その硬くなった大きな肉趾に手をひろげておしあてた。何秒かそうやっていたが、見あげた目にはかすかな笑みが浮かんでいた。

あたりはすっかりうす暗くなっていた。おおかたの針は抜きおわり、傷口に軟膏もつけた。だが私は、右の後肢の膝のすぐ下の、軟骨につき刺さって折れている針を抜くのに手をやいていた。どうしても抜けないので、ランドローヴァーからペンチを持ってきて、針をはさんで幾度もぐいぐいひっぱったが、いくら力を入れてひっぱってもペンチがするりとはずれるだけだった。ますます暗くなってきたので、モクスにスポットライトをつけるよう頼んだ。あたりがよく見えるようになると、私がひっぱっていたのはヤマアラシの針ではなく、なんとライオンの折れた脛骨のはしだったことがわかった。ひどい複雑骨折をしていたのだ。

私たちはジレンマにおちいった——客観的な科学調査の命ずるところによれば、なにもせずに死にゆくままにしておかなければならない。たとえ助けようにしても、二人ともこのようなけがの処置をする訓練は受けていないし、それにこの暗さではたいしたこともできそうにない。だがすでにライオンには麻酔がかかっている。それに、歯の摩滅が少ないことから推して、彼はまだ若い盛りでほんの五歳か六歳にしかなっていない。そこで、おそらくだめだろうとは思ったが、できるだけのことはしてみることにした。添え木をあてても、ライオンはじっとがまんしてはいないだろう。そこで骨折個所を切開し、骨の割れたはしを切りとり、裂けた筋肉を縫いあわせ、消毒して傷口を縫合することに望みをかけるしかなかった。なんとかして数日間彼を立たせないようにすることができれば、骨は接合しはじめるかもしれない。

キャンプへ帰って、まにあわせの手術用具を集めた。こわれた弓のこの刃、外科用メスの代わりにかみそりの刃、傷口の汚れを落とすためには皿洗い用ブラシ、縫合には、ふつうの縫い針と糸だった。

私たちがもどった時にはもうまっくらだった。モクスがスポットライトを持ち、私たちは傷口を切りひろげ、汚れをこすり落として消毒し、割れた骨を四分の三インチほど弓のこで切りとった。筋肉と皮膚をもとのように閉じて縫いあわせ、多量の抗生物質を注射してから、オレンジ色の〇〇一番のタグを左耳につけた。私たちはうしろへさがって、この哀れな骸《むくろ》同然のライオンを見た。もし生きながらえたなら〝ボーンズ〟と呼ぶことにしよう。

もし生きながらえたら水分と食物がすぐに必要になるが、傷ついた肢を圧迫せずに狩りをすることはとうていできない。私は野生生物局から借りている密猟者の古いライフルでスタインボックを一頭撃ち、ボーンズがまだ鎮静状態にあるうちに、その二五ポンドの獲物を頭の下に置いてやった。そこならば、意識を回復するまでにジャッカルやハイエナに盗まれることはない。数時間後、ボーンズは食べはじめた。はじめはのろのろと、だがすぐに、大きな赤肉のかたまりをがつがつとのみこみだした。夜が明けるころにはもう屍骸をすっかり平らげ、いつの間にか〝東の砂丘〟に太陽が姿を現わした時には、彼はぐっすりと眠っていた。

ボーンズにはすぐにもっとたくさんの食物がいるようになる。またアンテロープを与えなければ、彼は狩りをしようとするだろう。その朝早くに私は五三〇ポンドのオリックスを撃ち、車にとりつけた三〇フィートの鎖の先に縛りつけて、彼のところへひいていった。ライオン、特にカラハリのライオンは、獲物を一番近くの木陰へひきずっていく傾向がある。この屍骸も、ボーンズからあまり遠いところで鎖からはずすと、彼は立ちあがって移動させようとして、おそらく肢を一生使えないほどにいためてしまうだろう。問題は、どうすれば彼を脅かして追いはらったり、攻撃する気を起こさせたりせずに、鼻先といえるほど近くに置いてこられるかだ。今や彼は十分に警戒している。衰弱して危害を受けやすい状態なので、ふだんよりも神経質になっていることは疑いなかった。

オリックスをひっぱって、まだ二〇ヤードほども離れたところにいた時、すでに彼は緊張しはじめた。そこで私はランドローヴァーからこっそり降りて鎖をとき、車を駆ってその場を離れた。ボーンズは立ちあがり、肢をひきずってこの大きな屍骸のそばへ行った。屍骸にまたがるとその首をくわえて、全身の重みを折れたほうの肢にかけながらひきずりだした。縫い目が切れはじめて傷口から血が流れ出た。おそらくは激痛が走っていたにちがいない。

彼はオリックスを木陰に運ぼうとして一時間半も苦闘した。ほんの少し動かすたびに、疲れきってあえぎながら休む。どうにかやっと一〇ヤード運んだところで、とうとう力がつきた。彼は木陰によろよろと行って、ばったり倒れこんだ。完全に消耗しきっていた。それは荘厳とも呼ぶべき一幕だったが、彼にしてみればおそろしく過酷な作業だったにちがいない。屍骸をもっと近くに持っていってやらなければ彼が同じことをくりかえすことはわかりきっていた。

それからの一時間、私はランドローヴァーを少しずつ進めてオリックスのところにもどり、ふたたびそれを鎖で車のボールヒッチにつないだ。そしてゆっくりとボーンズの近くへひきずっていった。木のまわりを弧を描くように進み、彼が不安そうな様子をみせればすぐにエンジンを切りながら、ついに彼から四ヤード以内のところまで屍骸を運んだ。ランドローヴァーをオリックスのところまで後退させ、運転席のドアからそっと降りて車の後部に忍び寄ると、彼はますます動揺しだした。私は車の後輪の陰からそろそろと手をのばして、屍骸を縛った鎖を無器用にほどきはじめた。顔から汗が流れ落ちる。ボーンズは坐ったまま、肩をいからせて筋肉をぴくぴくさせ、恐れと怒りで目を皿のようにして、私の落ちつきのない動作をじっと見ていた。私は彼の刺すような視線に目をあわせたり、攻撃を誘発するような急激な動きをしないように注意した。やっと鎖がほどけ、私は車に這いあがってそこを離れた。

遠くから見ていると、ボーンズは屍骸の位置がまだ気に入らないらしく、痛みも忘れて木の根元までなんとか無事にひきずっていった。

キャンプからは彼が〝トップレス・トリオ〟の下に横たわっているのが見えた。毎日私たちは朝と夕方に彼の近くまで行き、徐々に目方が増え体力が回復していくのを車のなかから眺めていた。彼は日ごとに私たちのいることに慣れてきたし、私たちもますます強く、なんとかして生きのびてほしいと思うようになった。今や彼は傷ついた肢に無理をさせることも少なく、オリックスを食べる時と、木陰で位置を変える以外には立ちあがらなかった。だが私たちはこれ以上、彼に食べさせるためにオリックスを射殺するわけにはいかなかった。彼の弱った肢はいったん狩りをしなくてはならない時が来たら最後、追跡の身体の重みでぽきりと折れてしまうにちがいない。彼はもう一頭だけで生きていくことはできないだろう。

　手術をしてから九日目の晩、谷間じゅうに響きわたる彼の咆哮で目を覚ました。彼は川床を南へむかって歩いていた。いつかまた彼に会えるかどうか。それはおおいに疑問だった。

　ボーンズが去って一〇日たった。谷間には彼がいる形跡もなかった。ある朝早く、モクスと私は前夜やぶで見失ったハイエナの足跡をつけていた。二人が跡をつけている間、ディーリアはランドローヴァーを運転して私たちと同じ速さで進みながら、カッショクハイエナの歩いたルートと、食物をさがす時の習性を、砂地に残された足跡から読みとって記録していった。これは暑いイバラのやぶのなかをたどらねばならないうえに、いっこうにはかどらないたいくつな仕事で、私たちはほんの少しの情報を得るためになんと遠くまで行かねばならないことかと憂鬱になっていた。だがハイエナが川床からどれほど遠くまで徘徊するかとか、サンドヴェルトではなにをしているかを知るためにはこうする以外に手はなかった。サンドヴェルトは灌木や草が茂りすぎているので、夜間彼らについていくことはできなかった。モクスと私は肩を並べて忍び足で進みながら、たびたび立ち止まり、そこでハイエナは休息したのか、採食したのか、仲間と交渉をもったのか、それともトビウサギを追いかけたのかと話しあった。どういうわけか足跡を見失った時には、見落としたものはないかと、来た道をあともどりしてみた。見失ったハイエナを見つけようとしていたのではないので、ディーリアも私も、彼らがどこでなにをしたかがわかりさえすれば、どっちへ行こうがどうでもよかった。だがモクスは、あともどりをしようとするとがっくりきて、まったく興味を失ってしまう。気がつくと、両手をうしろに組んで立ったまま、モクスがぼんやりと、灌木のまばらに生えた草原を見つめていることもしばしばだった。どんなに言ってきかせても、彼にはどうして〝あともどり〟するのかがさっぱりわからなかった。そもそも彼はハイエナの跡をつけることからして、私たちをおかしなやつだと思っていた。多くのアフリカ人、それにほかの多くのひとびとにとっても、ハイエナは地上の疫病神なのである。そのハイエナの足跡を、どうして何時間も続けてたどりたがるのか、モクスにはとても理解できなかった。

この朝は〝ヒョウの小道〟までハイエナの跡をつけた。実に骨の折れる仕事だった。何度も四つんばいになっては、たったひとつの爪跡を見つけるために、固まった土の上を懸命になってさがした。足跡について私たちは北西に進み、砂丘の斜面の柔らかい砂地をのぼっていった。頂上の近くで、ハイエナの足跡は大きな雄ライオンのまだ新しい足跡と交差していた。この地域の雄ライオンとはほとんど接触したことがない。私たちはブルー・

プライドの雄たちにぜひ会いたいと思った。

そこでただちにライオンの足跡を追うことにし、ゆっくり林のなかを進んでいくと、トビウサギの入り組んだ穴のそばに出た。モクスと私は並んで、足跡をさがしてあたりを見まわしていた。とその時だった。私は非常に大きなパフアダーの平たいくさび形の頭を見つけた。しっかりととぐろを巻いたそのヘビの上にモクスは足をおろそうとしている。注意を与えるひまもない。私は左腕をさっと振って彼の胸をつきとばし、うしろへよろけさせた。そのとたん、ヘビはシューと大きな音をたて、私はとびさがった。モクスは妙な笑いを浮かべたが、遠巻きにヘビのまわりを回ってまた先に進みだした時には、目を白黒させていた。

パフアダーのすぐ先からライオンの足跡は深くはっきりとしてきた――彼はヤマアラシを追いかけていたのだ。私たちは砂に書かれた狩りの物語を読みとりながら足跡をつけていった。小雨が降りだした。ヤマアラシは低い崩れかけたアリ塚にぶつかると、急に南へ曲がっている。追っ手のライオンは止まりきれず、ぬるぬるした泥に足をとられて無器用にもすべってころんだのだった。だがすぐに起きあがったにちがいない。そこから二〇〇ヤード先にはたくさんのヤマアラシの針と血痕が見つかった。

モクスの手を肩に感じた。「タウ、クワ！」彼がささやいた。

一〇〇ヤード先のアカシアの木の下に大きな雄ライオンが坐っている。彼は雨に煙る疎林、そしてそのむこうの谷間を見ていた。――それは時代を超越したアフリカの光景であった。

モクスと私はディーリアの運転するランドローヴァーに乗った。ライオンのほうへ車を進めると、そいつは私たちを見ようとしてこちらをむいた。その時、彼の左耳に〇〇一番のオレンジ色のタグが見えた。ボーンズだ。ずいぶんと肉がついてきている。肢はまだ治りきってなかったが、傷口はもうかさぶたになっていて、明らかに快方にむかっている。もちろん彼はヤマアラシの針だらけになっていた。足が不自由なために大きな獲物は捕まえられないのだろうか。

私たちは長い間、彼といっしょに坐っていた。そして今度だけは、自然のなりゆきというもののじゃまをしてよかった、と思った。彼は立ちあがり、伸びをすると歩きだした。この間の苦しい体験の痕跡といえば、わずかなこわばりがリズミカルな足どりをさまたげていることだけだった。彼の足跡をもっとよく調べてみると、うしろの右足の跡は少しむきが曲がっている。これはボーンズに終生つきまとうトレードマークになるだろう。どこで見かけても、彼の足跡は見分けられるにちがいない。

ある朝、川床でアンテロープの個体数を数えている時だった。〝アカシア岬〟を回ると、ボーンズが殺したばかりの若い雄のオリックスを食べているのを見つけた。あの雨のなかの出会いから三週間たっており、彼は著しく体重を回復させていた。折れた肢の骨を四分の三インチ切りとってからわずか一ヵ月ほどで、このような強力であなどりがたい獲物をうまく捕まえたことに、私たちは目をみはった。陽が少し高くなると、彼は四〇〇ヤードほど先の私たちのキャンプの木陰に目をつけた。暑さに激しくあえぎながらも、彼は屍骸を木立ちのほうへひきずっていった。その彼をジャッカルが急襲し、とりかこんで獲物から肉をかみとっては逃げていく。彼は三〇ヤードかそこら進むごとに休んではいたが、肢をひきずる様子はまったくなかった。ボーンズは生きのびるにちがいない。オリックスをしとめること、それが彼の最終テストだった。そして彼はそれをみごとになしとげ、カラハリのライオンの並はずれた回復力を立証したのだった。

それからの二日間、ボーンズはキャンプから二〇ヤード離れたところにある一本の木の陰で獲物の味を楽しんでいた。私たちは夕方になるとその近くの川床で、車のなかに坐ったまま、彼が食べるのを眺めたり、あおむけに寝ころがって宙をひっかくのを見て笑った。

ある夜、お気に入りのカッショクハイエナ、スターを追って川床を横切っていると、不意に彼女は立ち止まって毛を逆立てだした。全身の毛が逆立っている。そして急に西へ駆けだした。ブルー・プライドがうろついていたからだった。サッシーとブルーが小走りに車のところに来て、窓のないドア越しに私たちをじっと見つめた。これをされると、彼らの気分が突然変わって危険になりはしないかと、時々ちょっと不安になってくる。だがどんなに近くまで来ても、彼らはいつも上きげんだった。

最初の取調べがすむと、サッシーとブルーはどうやら私たちをこわがらせようとするのにも飽きたらしい。二頭は警告もなしにスパイシーに模擬攻撃をかけた。彼女をはねとばし、大きな足で地面を踏みならしながら、ランドローヴァーのまわりを円を描いて追いかけまわした。彼らの気分は伝わりやすく、二頭の雄の子どもたち、ラスカルとホンバーも遊びに加わり、チェアリー以外は全員が、明るい月光の下ではねまわった。チェアリーだけは例のごとく離れていた。

突然、九頭のライオンは遊ぶのをやめて肩をよせあって並び、北のほうを見た。スポットライトをむけると、ボーンズがぎごちない、だが力強い速足で、大きな頭とたてがみを左右に振りながら光のなかにとびこんできた。彼は待っている群れ《プライド》のほうへ気どって歩いてゆくと、それぞれの雌のあいさつを受ける間そこに立っていた。雌はなめらかな動きで身体をすりよせ、頬と頬からはじめて彼の全身にそって身体をこすりつけだし、ロープのような尾の先のふさのところまでくると離れていく。このはなやかなあいさつがすむと、群れ《プライド》の全員はより集まって静かに横たわり、ボーンズは数ヤード離れたところで横になった。ブルー・プライドの家長が帰ってきたのだった。

ボーンズの到着で、群れ《プライド》の雌たちの気分は変わったようだった。それまでの遊びの気分は消え、冷静に仕事をする気になったのだろう、そこに横たわっていながらも、もっぱら暗闇をじっと見つめて獲物を求めていた。しばらくするとチェアリーが立ちあがって静かに去り、すぐに若いスパイシーとサッシーがそのあとに続いた。それからブルーとジプシーが立ち去り、ついに群れ《プライド》の全員は、ラスカル、ホンバー、そしてボーンズをしんがりに、長い行列をつくって深まる闇のなかへそっと消えていった。月は〝西の砂丘〟に傾いていた。

群れ《プライド》は川床を歩いて〝ラスト・ストップ〟へいった。それは〝北のくぼ地〟のはしにある小さな木立ちで、彼らが谷間を離れる前によくにおいのマークをつけたり休息したりするところだった。夜が明けはじめると彼らは薄明かりのなかを、〝北の砂丘〟の西側の斜面で、銀色のカトフラクトの葉を食べている七頭のカーマハーテビーストの群れのほうへゆっくりと歩いていった。角の先が摩滅して、てかてかしたこぶのようになった老いた雄のハーテビーストが一頭、少し離れたところでアリ塚からミネラルを舐めていた。身体を低く下げて忍びの姿勢をとった雌ライオンたちはその群れにむかって扇形にひろがり、耳を頭のわきにつけ、やぶのなかをすべるように進んだ。約一時間後には彼らは一〇〇ヤードほどにひろがって横一列に進んでいたが、まだハーテビーストからは七、八〇ヤード離れていた。ラスカルとホンバーはボーンズとともにはるか後方にいた。ところがハーテビーストの群れは、雌ライオンたちが北にむかって忍び寄っている間に東にむきをかえていた。ライオンたちも進路をかえなければ、狩りの機会を逸してしまう。チェアリーとサッシーが列からさがって群れ《プライド》の仲間の背後へこっそり回り、草のなかに消えた。二頭はハーテビーストの前面に行こうとしていた。リーザとブルーとジプシーはゆっくりと前方へ忍び寄りはじめた。

待機し……茂みから草むらへ、そして生垣のような灌木の陰へと移り……またしばらく待機する。こうして群れ《プライド》は用心深く標的に近づいていた。が、ハーテビーストたちはなにかに気づいた。ふりむいてライオンたちをじっと見ると後肢ではねあがり、警戒音を吹きならしはじめ、すぐにゆるい駆け足で逃げだした。

先頭には年老いた雄が立っていた。彼がアカシアの茂みをよけようとしたとたん、チェアリーの太い腕がさっと伸びて、彼の肩を鉤爪で捕まえた。荒々しくうなり、足をやたらとばたさせながら、彼の姿は木陰に見えなくなった。残りのハーテビーストは砂丘の頂上に駆けあがると、そこに立って鼻を鳴らし尾を振りながら見おろしていた。次の瞬間にはもう、ライオンたちはみな、獲物のほうへとわれ先に走りだしていた。喉から出る低いごろごろという声や肉を裂く音が聞こえた。

ボーンズも騒ぎを聞きつけ、仲間に加わろうとして小走りで私たちのそばを通りすぎた。ラスカルとホンバーも彼のあとについて丈の高い草のなかを大急ぎで走っていった。ボーンズは屍骸に近づくと歯をむき出してうなり、屍骸に突進して雌を追いちらした。彼はその大きな前足でハーテビーストをおさえつけ、自分だけで食べだした。雌たちとラスカル、ホンバーは、一〇ヤード離れたところからじっと見ていた。

だがブルーはボーンズから目を離さず、彼がブルーのほうをちらりと見るたびに身体を低く沈めながら、屍骸のほうへにじりよりはじめた。そして八ヤードくらいのところからは、弧を描きながらゆっくりと屍骸に近づいていった。ボーンズは食べるのをやめた。ごろごろという低い音が喉の奥でだんだん大きくなり、彼は唇をもちあげて、三インチもある犬歯をむき出した。ブルーがボーンズにむかってうなった。ボーンズは屍骸のむこうでうなり声をあげると、砂をかきのけて突進し、ブルーの鼻を前足で横なぐりにはたいた。

ブルーは大声でほえたが、耳をぴたりと頭につけるとふたたび地面にひれ伏してしまった。ボーンズは屍骸にもどり、雌たちは二〇分後にそろそろと立ち去った。ラスカルとホンバーもついていった。その晩、ボーンズがハーテビーストを食べるのに夢中になっている間に、雌たちは〝南のくぼ地〟で八〇ポンドのスプリングボックを殺して食べていた。

一九七五年五月の末だった。雨はもうひと月近く降っていなかった。空は白っぽく、雲ひとつなかった。夜気は涼しく、金色の草々の甘い麝香《じゃこう》のような香りがただよい、朝風は身を切るように冷たい。あらゆるものが冬の訪れの近いことを告げていた。川床の粘土質の土壌からは水分がほとんどなくなっていたし、オリックスやハーテビーストの群れは、すでに小群にわかれて立ち去っていた。

ライオンを見ることもだんだんに減ってゆき、ついにはいなくなった。夜風にのって谷間じゅうに轟く、あの咆哮が聞こえないのは寂しかった。彼らはどこへ移動したのだろう。ボーンズとブルー・プライドにはまた会えるだろうか。雨が降って、ふたたびこの化石化した川に新しい草が芽吹き、大形のアンテロープがもどってくるのは、おそらく八カ月以上あとである。たぶん一九七五年の末か七六年のはじめになるだろう。それまでライオンたちは帰ってこない。私たちはカッショクハイエナの研究に専念することにし、彼らの生活のあらゆる面について、できるだけ多くのことを知ろうとした。

九　食肉獣たち

マーク

ディーリアが肘で私の横腹をつついて言った。「聞こえた？」

「なにが？」私は眠い頭をもたげてうめいた。

「太鼓よ！」

「太鼓？」

「早く、答えなくちゃ！」澄みきった、凍えるような寒い夜明けだった。彼女は寝袋から這い出ると、パンティ一枚の姿で、入口のフラップをおしあけて急いで外へ出た。彼女はもうもうと白い息を吐きながら、寒さにちぢこまって耳をすましている。

「奥地に長く居すぎたんで耳がどうかしちゃったのさ」私はからかった。その時、私にも聞こえた。トン、トン、トン、トン、トントン……だれかが大太鼓を打っているような非常に低い音だ。

「返事をするのになにを使えばいいかしら」彼女は台所をさがしながらきいた。私はなかば冗談に、オーヴン代わりにしている五ガロンバケツとテントのくいでも使ったら、と言ってみた。彼女はバケツを小わきにかかえ、太鼓の拍子をまねてバケツの底を激しく打ちだした。ひとしきり打ちおわるたびに答えに耳をすましたが、もはや太鼓の音はなく、しんとしていた。彼女はくりかえしバケツをがんがん打ち、私はそのやかましい音が聞こえぬよう、寝袋を頭からひっかぶった。結局彼女はあきらめ、ぶるぶるふるえながらおとなしくまたベッドにはいりこんだ。

太鼓の音は何日も、日の出、日の入りのころに聞こえてきた。狩りをしているサン人の一団にちがいあるまい、と私たちは思った。なぜなら、最初はキャンプの南から聞こえた音が、のちには西や北から聞こえてきたからだった。彼らはこの谷間をあちこちと移動しているが、川床のなかでも私たちから見えるところには来ないようにしているらしかった。ディーリアはいつもバケツとくいを手近に置いていた。だが彼女が応答するたびに、太鼓の音は消えて静まりかえってしまうのだった。

ディーリアがたてる音が狩人たちをおびえさせていたのではないか。こう考えた私たちはある晩、太鼓の音が聞こえるやいなや、やりかけの仕事をほうりだし、応答する代わりにランドローヴァーにとび乗った。サファリ・ハンターたちの話では、わずかに残った未開のままのサン人は、現代人との接触を避ける内気な人たちだそうだ。彼らが逃げてしまわないうちに姿を見られるだけでも、たぶん幸運にちがいない。

車の窓から首をのばし、太鼓の音が聞こえるたびにコンパスで方向を確かめながら、音のするほうへゆっくりと車を走らせた。期待に身を固くしながら、いまにも出くわすであろう場面を想像する——生垣のような茂みを回ると、動物の皮を着て弓矢を背中に負った小柄なサン人たちが、たき火のまわりに集まって夕食のスタインボックを焼いている。いや、たぶんひとりが太鼓を打ちならし、残りはみな輪になって踊っているだろう。私たちを見たらどうするだろうか。砂糖かたばこでも持ってくればよかったな、とも思った。

私たちはその音の間近まで来、灌木の大きな茂みのまわりをゆっくり回っていたが、私は急に車を止めた。数ヤード先に、ふくらんだ首の羽毛をさらにふくらませた大きな雄のオオノガンが、つぶらな目をじっと私たちに注ぎながら、気どって草のなかを歩いていた。フム、フム、フムウムウム！　フム、フム、フムウムウム！　私たちが太鼓だと思った音、それは彼がつがいの相手を呼んでいる声だった。

オオノガンには思うように踊らせておいて、私たちはキャンプへひきかえしながら、このことはお互いに絶対に他言しないでおこう、と約束しあった。

一九七五年の乾季の間は毎晩、スター、パッチイズ、シャドーそのほか、この開けた川床で運よく見つけることのできたカッショクハイエナをどれでも尾行した。一晩でも観察しそこねた場合には、どんな理由であれ、その理由を日誌に書いておかなければならない気がした。「車の交流発電機故障。烈風、ならびに砂嵐。今夜はハイエナの尾行は不可能」「水運びで帰宅が遅れた。ハイエナをさがしに出かけるにはもう遅い」などなど。私たちはカッショクハイエナについて、できるだけ多くのことを、できるだけ早く学ばねばならなかった。それはハイエナの保護のためばかりではなく、私たち自身のためでもあった。ディセプション・ヴァレーにとどまっていたければ、野外研究をしている生物学者たることをこれから立証しなければならないからだった。

私たちは、カッショクハイエナと、彼らが食物の大半を依存しているほかの食肉動物との関係に、とりわけ興味をそそられた。それらの食肉動物のなかで、カッショクハイエナが優位を占めることができる、つまりうまく獲物を横取りできる相手はどの種か、ということも私たちにはまだわかっていなかった。ライオンの食べ残しが雨季の間の彼らの食物の大部分であるが、ライオンから獲物を奪おうとすれば、カッショクハイエナは短命たることをまぬがれない。ライオンが屍骸を放棄するまでは、じっと待つしかないのだ。彼らはジャッカルからはしばしば獲物を横取りするが、ヒョウやリカオン、ブチハイエナ、チーターたちとの相互関係については、まったくなにも知られていない。私たちはライオンのいない乾季の間に、これら動物たちの基本的な関係を調べることにした。

ある日の夕方、私たちはアンテロープの個体数調査をしていた。キャンプに帰って車を止めた時にはもうほとんどまっくらだった。モクスのたくたき火が、おおいかぶさるような大きなアカシアの下で弱々しく燃えていた。私はスポットライトをつけた。運がよければ、尾行したいと思っているハイエナの一頭が通りかかって、長い時間をかけてさがす手間を省いてくれることもあるからだ。川床づたいにライトを動かしていくと、モクスのキャンプと私たちのキャンプの間に生えている木の枝の間で、大きな黄色い目がまたたいた。地上一〇フィートほどの大枝に、〝ピンクパンサー〟と名づけたヒョウが尾をまっすぐ下にたらして寝そべっている。彼は私たちにはいっこうかまわず、北の〝チーターの丘〟のほうにいるなにかを見張ることに気をとられているらしかった。

そのほうへライトをむけると、毛のぼさぼさなカッショクハイエナの姿が見えてきた。スターだった。鼻を地面に近づけ、ジグザグに進みながらゆっくりこっちへ来る。間もなくピンクパンサーの真下にさしかかるところだ。

「マーク、スターを襲おうとしているのだわ！」ディーリアがささやいた。私たちの目的のひとつはカッショクハイエナとヒョウの関係を知ることなので、介入するわけにはいかない。ディーリアは膝の上のフィールド日誌を握りしめて、シートから身をのりだした。もしほんとうにヒョウがスターを襲ったら、おそろしいけんかを見ることになるのは間違いない。カッショクハイエナがオリックスの屍骸から重い肉片をひきずって持ち去るのを私は見ているからだ。そう思いながらも、きっとスターはヒョウを見つけるかにおいを嗅ぎつけるかして、その木を避けるだろうと考えていた。しかし私は間違っていた。

スターはまっすぐにピンクパンサーの下へ来た。彼はスターをじっと見下ろし、尾の先をぴくぴく動かしながら注意深く姿勢をなおしてうずくまった。スターはなおも地面を嗅ぎながら、その木の根元を回りだした。ヒョウは動かない。ほんの少し時間がたった。いまにもヒョウはとびかかってくるだろう。スターは見あげる間もなくひき裂かれてしまうにちがいない。

スターは木の下を離れ、〝ワシの島〟にむかって南へ歩きだした。ディーリアはほっと大きなため息をついて、シートの背にもたれた。が、スターが二〇〇ヤードほど離れた時、ピンクパンサーは木からおりて西へ歩きだした。スターがにおいを嗅ぎとろうとしてぐるっと回ると、ヒョウの姿が目にはいった。彼女は背中の毛をスパイクのように逆立てると、頭を低くさげて突進した。もう少しで追いつきそうになった時、ヒョウはさっき離れたばかりのアカシアの木にむかって走りだした。彼が身体をのばしきって大またで全速力を出した時には、スターの開いた口は流れるような尾の先すれすれまでせまっていた。彼は全速力でアカシアにとびつき、その勢いで身体は幹を回り、爪からは樹皮の切れはしがとび散った。スターが彼の尾めがけて最後の突進をしかけたその時、彼はふうっ、ううぅと怒ったような声でうなりながら、どうにか安全な大枝までたどり着いた。スターは木に前足をかけたまま、さもがっかりしたように、ヒョウにむかって幾度もほえた。ヒョウは枝の上からじっと彼女を見下ろしていた。結局スターは立ち去り、ピンクパンサーはスターが遠のいてもはや攻撃されるおそれがなくなるまでじっと彼女を見ていた。それから急いで木からおりると、〝ウェスト・プレイリー〟の丈の高い草のなかへこそこそ逃げていった。

これは偶然の勝利、そして思わぬ災難だったにちがいない、と私たちは思った。確かに、小形のカッショクハイエナが単独でヒョウの優位にたつことはふつう起こらない。だがピンクパンサーとカッショクハイエナたちの争いは、これが最後ではなかった。

数週間後、たき火をかこんで夕食を食べていると、キャンプの林のすぐむこうの暗がりから瀕死のうめき声が聞こえてきた。スプリングボックが殺されたのだ。調べにいこうとして車のほうへ行きかけた時、鼻づらや胸を血まみれにしたピンクパンサーが小走りにキャンプへ入ってきた。彼は私たちから三ヤードとないところで立ち止まり、肩ごしにこちらをちらりと見たが、すぐに近くの木にのぼった。いましがたスプリングボックを殺したのはどうやら彼だったようだ。だがどうしてそれを置いてきたのだろう。

キャンプの反対側では群れ《クラン》で最下位のシャドーがスプリングボックの腹部をむしゃむしゃと食べていた。私たちが待っていると、約二〇分後にピンクパンサーが林から出てきて、用心しながらシャドーのほうへ近づいていった。彼女はピンクパンサーにはほとんど注意をはらわず、奪いとったスプリングボックをかじりつづけている。彼は草のなかに横たわると、耳をうしろに倒し尾をぴくぴく動かしながら、シャドーが彼の獲物をむさぼり食うのを見ていた。だがすぐに、もうがまんできないといった様子でさっと立ちあがり、尾を背中の上に巻きあげると、急にシャドーのほうへ三歩とびだした。

ずんぐりしたシャドーは少しもためらわずに、毛を逆立て口を大きく開けて、屍骸をとび越えてまっすぐ彼にむかっていった。またもやピンクパンサーは尻に帆をかけて逃げだした。二頭はすぐに疾風のようにキャンプに駆けこんできて、ヒョウは台所の囲い《ボーマ》のわきの木に駆けあがった。シャドーはその下に坐って、彼が前足を舐めるのをちょっとの間見ていたが、すぐに屍骸のところへもどった。そこへ群れ《クラン》のボス、アイヴィーが来て、二頭でスプリングボックを平らげてしまった。ピンクパンサーはすごすごとひきあげていった。

彼らのこの相互交渉から多くのことを学んだのはさておいても、私たちはシャドーとピンクパンサーのどちらもが、いささかのためらいもなく私たちのキャンプを戦場にしてくれたことがうれしかった。私たちはディセプション・ヴァレーの風景のなかに溶けこみたいと願っていたが、これはそれがうまくいった証拠だった。

私たちはカッショクハイエナに新たな敬意をいだいた。彼らは屍肉食者である。だが捕食者の社会が与えてくれる残り物をただ受動的に待っているだけではなかった。彼らはかなり手強い競争者からもしばしば獲物を横取りした。どうやらヒョウにとっては、カッショクハイエナと戦うことは危険がすぎてわりにあわないことらしい。というのも、ハイエナのがっしりした肩や首はヒョウに何回もかまれたりひっかかれたりしても耐えられるが、ヒョウのほうはハイエナの骨まで砕くひとかみで、肢が折れるどころか死ぬことさえあるからだ。ピンクパンサーとしては、肢を失うよりは屍骸を失うほうが損失が少ないというわけだ。

カッショクハイエナは大胆なばかりでなく、たいそう手ぎわもよい。雨季の間、彼らはライオンにあわせて行動するが、その徹底ぶりといえば、ブルー・プライドのテリトリーと彼らの群れ《クラン》のテリトリーはほぼ境界を一にしている、といってもよいくらいだ。彼らはライオンやヒョウがいつも通る道や休息する場所をみな知っており、一晩に一、二回はそれら捕食者の風下へ行って、獲物を捕ったかどうか嗅いでみることで常に彼らの動向をよく監視している。早朝や夕方には、屍骸を見つける手引きとして空を旋回するハゲワシの群れを利用することさえあるし、私たちが目撃したように、ジャッカルが集まって騒々しくヒョウを攻めたてる時のかん高い叫び声をたどっていって獲物を見つけることもある。ヒョウは、カッショクハイエナが来る前に屍骸を安全な木の上に隠してしまわないと、すぐにハイエナに取られてしまうのだった。

カッショクハイエナはヒョウより優位を占めているばかりか、チーターをもその獲物から追いはらうことがわかった。チーターはヒョウよりもきゃしゃで、はるかに臆病である。東アフリカのチーターとは異なり、カラハリのチーターは夜間に狩りをすることが多い。ちょうどカッショクハイエナが餌をさがしまわっているころだ。これに対して、カッショクハイエナから屍骸を横取りするのがブチハイエナだが、ディセプション・ヴァレーに来ることはめったにないので、自分より小さいカッショクハイエナと争うことはごくまれである。

リカオンの群れには、さしものカッショクハイエナも単独ではかなわないようだ。ある晩、スターは〝アカシア岬〟の近くで、チーターから獲物のスプリングボックを奪いとった。貯蔵用にその肢を食いちぎろうとしているところへリカオンがやって来た。山賊《バンディット》とその仲間二頭で、彼らは屍骸に突進してスターを追いはらった。二分後にスターはもどってきて、リカオンたちがむこうのはしを食べている屍骸の肢をひっぱった。山賊《バンディット》はなんの警告もなしに、スプリングボックの屍骸をとびこえてスターの尻にかみついた。スターが悲鳴をあげて大急ぎで逃げていくのといれちがいに、山賊《バンディット》の群れの残りの連中が到着した。リカオンたちは九〇ポンドのスプリングボックを七分間で食いつくし、あとに残ったのは角と、頭骨、背骨、顎骨だけだった。スターはそのあと一口も肉にはありつけず、リカオンが去ってから骨を平らげただけだった。

実際のところ、カッショクハイエナはほかの食肉動物から屍骸を奪いとる力量にかけては、この地域の食肉動物のなかでもほとんど最高位といってもよいほどだ。順位を上から並べると、ライオン、ブチハイエナ、リカオン、カッショクハイエナ、ヒョウ、チーター、ジャッカル（最後の二種はこの点では互角）となる。だがライオンはカラハリが乾季の間じゅうずっとここにはいないし、リカオンとブチハイエナは季節を問わずめったに現われないので、この地域ではたいていカッショクハイエナが最も優位な食肉動物ということになる。彼らは多くの人が思っているような、臆病でこそこそ隠れ暮らす動物ではない。

夜間観察を終えて、ぐるっと車を回してキャンプにはいった時には夜もふけていた。はねまわっているジャッカルたちを見ると、しびれた脚の痛みも吹っとぶような気がする。

私たちはすぐにジェリカンの水を少し洗面器に入れ、水をはねかけて顔を洗うと、眠るためテントへむかった。テントにはいる前、ディーリアが靴は外に置いたらどう、と言ったので、私はちょっと腹が立った。

確かに、私のテニスシューズはもう穴だらけで、布地よりも穴のほうが多いほどだ。だがどんなに上等のはきものでも長くはもたないこの土地で、私をずっと長いこと運んでくれているのだ。一歩あるくごとに少しずつ穴はひろがり、風通しもはき心地もますますよくなっていく。とはいえ、ディーリアとの仲をこじらせないためにも、またテント内の空気をよくするためにも、ベッドにはいる前には靴はテントのフライ・シートの上にのせておくことにした。そこならばジャッカルに持っていかれることはない。

夜明けに私が起きた時にはもう、モクスは腹這いになって、つきの悪い火を吹き起こしていた。キャンプの近くではスプリングボックの群れが鼻をふんふんいわせて警戒音を発しながら、そわそわとざわめいている。川床に捕食者がいるのだ。私は入口のフラップをかきわけ、冷たいぼろ靴に足をつっこんで、凍えるような朝の外気のなかに出た。

太陽は〝東の砂丘〟をゆっくりとのぼっていくところで、まったく風もなく身のひきしまるような空気がさわやかだった。こんな朝こそ急いで仕事にとりかからなければならない。私は皮のように硬い干し肉《ビルトン》を少しポケットにおしこんで、車のほうへ行った。前夜

〝ノース・ベイの丘〟のやぶで山賊《バンディット》とその群れを見失ったのだが、たぶん今ごろは、〝中央のくぼ地〟で草を食べているスプリングボックを捕まえに出ているだろう。ディーリアはキャンプに残って記録を少し清書しなければならないので、モクスにいっしょに来るよう頼んだ。キャンプの雑用から解放されて彼も喜ぶかもしれないと思ったのだ。彼はいつものとおりなにも言わず、ランドローヴァーによじのぼって私の隣に坐ると、膝の上で手を組んだ。車を走らせている間、彼の鋭い目は眼前にひろがるこの大昔の川床にあるものをなにひとつ見逃さなかったが、顔にはなんの表情もあらわさなかった。

私たちは乾いた草をはんでいるスプリングボックの間をぬって、あてもなく走った。六月。カラハリは寒い乾季だった。オリックス、ハーテビーストそのほかの鼻づらのひろい、どんな草でも食べる草食動物の群れは——そのため草の茎を食いとりすぎてしまうのだが——この時季を過ごすためにすでに谷間から去っていた。スプリングボックにとっても、わずかに残る緑の茎を見つけることはだんだんむずかしくなっていた。彼らもほかのアンテロープ類と同様に採食戦略を変えて、夕方にはサンドヴェルトへ移動するようになっていた。彼らがそこで食べる、いくらか緑の多い草や木の葉には、湿った夜の大気から吸収した水分が、重さの四〇パーセントをも占めているものもあった。彼らは夜明けにはまた開けた川床へもどり、そこで夕方まで休息したり交際したりしていた。

やがて、相対湿度が最も低くなる暑い乾季になるとふたたび野火が砂漠を焼きつくし、木々の葉から最後の水分までも奪ってひからびさせてしまう。生きのびるために小群にわかれて散らばったアンテロープ類は、アカシアの花や野生のメロンを食べたり（それももしあればの話だが）、砂地に深く埋もれた多肉質の根をひづめで掘りおこしたりする。美しいオリックスの雄がひざまずき、穴の奥深くに頭と肩をおしこんで、生きるのに必要な水分と栄養をとるために木質の繊維をかじっている姿は、なんとなく哀れなものだ。アンテロープ類はこの気まぐれな土地に実によく適応している。食物が豊かな時季には大群で暮らして子どもを産み、乾燥の激しい乾季や旱魃の間は、ほとんど単独生活者のように分散して、やせた土地から木の根を掘りだしてかろうじて暮らしていた。

その日、早朝にスプリングボックの群れのなかを車で走っていると、彼らは突然なにかにおびえたようにぎくっとした。そして、まるで磁石にひきつけられた鉄くずのようにいっせいに北をむいた。双眼鏡をあげて見ると、山賊《バンディット》とその群れがほぼ縦一列に並んで、一マイルほど先の涸れ池のほうへゆっくり走っていく。車を駆ってこのリカオンの群れに追いついた時には、彼らは固く乾いた涸れ池の上で、土くれや地面の裂け目に鼻をつけて嗅ぎまわりながら、熱心に水をさがしていた。だが雨季がきて彼らがふたたび水を飲めるようになるのは、まだ半年以上も先のことである。それまでは彼らもほかの捕食者と同じように、獲物の体内にある流体から得られる水分だけで生きてゆかねばならなかった。

　山賊《バンディット》は涸れ池のへりのカルクレート（炭酸カルシウムで固められた地表の礫岩）の上に立って、谷のむこう側にいるスプリングボックの群れをじっと見た。それからほかのリカオンたちのところへ走りよって、彼らに鼻をすりよせて狩りのムードを盛りあげているうち、興奮してきて尾をあげた。彼らは鼻づらをおしつけあい、飾りふさのように尾を振りうごかしながら集まってひとかたまりとなると、群れ全体がひとつとなり、一個のハンティング・マシーンと化した。山賊《バンディット》は一味の先頭にたってスプリングボックの群れのほうへ疾走していった。

　数分後にはもう、スプリングボックを一頭倒していた。モクスと私が着いた時には、屍骸はすでに食い裂かれてばらばらになっていた。山賊《バンディット》とほかの成獣はみな、まず一年子に食べさせるためにうしろへ下がった。これはリカオンの習性である。五分間ほど子どもたちだけで食べてから、ふたたび年上のリカオンも加わり、屍骸をすっかり平らげた。それから彼らはみな、まっ赤に染まった鼻づらを草の間におしこんだり、何度もあおむけに寝ころがったりして汚れを落とした。

　鬼ごっこがはじまった。スプリングボックの肢をバトンにして、数頭のリカオンがランドローヴァーのまわりを全速力で駆けまわる。モクスと私はそのにぎやかな騒ぎ——よせ集めの毛皮を着て、ぼろぼろに破れた耳とほうき草のような尾をした威勢のいいイヌ族の放浪者たちがはねまわるのを――眺めていた。そのうちに陽が高くなって暑さが増してきたため、三頭がトラックの陰に入って休んだ。

彼らが殺したスプリングボックの下顎の骨は、一五ヤードほど先の短い草の上にころがっていた。それを手に入れれば、年齢を知ることができる。だがすぐに取りにいかなければ、かならずやリカオンの一頭が持っていってしまうだろう。リカオンが歩いている人間を襲ったという話は聞いたことがないので、私はカメラを持って静かにドアを開けて外へ出た。モクスは「ウーウー」と言いながら頭を横に振っていたが、私はいざという時にはすぐにひきかえせるように身がまえて、そろそろと車の前に忍び足で出た。

車から数ヤード前進した時、二頭のリカオンが、一方が他方の耳をかみながら、私とランドローヴァーの間を駆けぬけた。さらに三頭が、私の前方を稲妻のように走りぬけていった。一頭の口からはスプリングボックの肢が直角につき出ていた。はねまわったり、身をかわしたりしているリカオンの群れにかこまれていると、まるで彼らの仲間にでもなったような気がして、急にうきうきした気分がこみあげてきた。

私はできるだけすばやく写真を撮りだした。リカオンたちはきわめて活発に、走り、とびはね、ぐるぐるまわっている。朝のやわらかい光のなかで金色と黒の毛がちらちら動き、まるで万華鏡《カレイドスコープ》を見ているようだった。彼らは私にはまったく関心がなさそうだった。だがスプリングボックの顎骨を拾おうとしてしゃがんだとたん、雰囲気は一変した。一頭の若いリカオンが私のほうをむき、最初は頭を高くあげ次に低くさげて、まるではじめて姿を目にしたかのような様子で私を見た。彼は私からほんの一〇フィートのところまで忍び寄ると、黒オパールのような目で私の顔をまともに見つめた。ウー、ウォー！　胸の奥から出た大きなうなり声に、たちまち群れの全員が私のほうをふりむいた。彼らはただちにより集まって半円形に私をとりかこむと、肩を並べ、尾を背中の上にあげて、じりじり詰め寄りながらうなりつづけている。私の顔には玉のような汗がふき出した。遠くまで来すぎてしまった。車にむかって走るなどもはや論外だが、しかしすぐになんとかしなければ襲われてしまう。

私は立ちあがった。そのとたん、著しい効果が現われた。まるで鎮静剤でもうたれたみたいに、急に群れ全体の緊張がとけた。彼らは尾をおろし、目を私からそらして、隊形をといてぶらつきはじめた。ふたたび遊びだしたものもいた。なかの二頭は私を見ると、「いったいどうしてあんなばかなことをしでかしたんだ」とでもいわんばかりに顔をしかめた。

私は車にいるモクスのほうをふりかえった。かわいそうにこの男は、私たちのところで働きだしてからもう三度も木に逃げ登っている。二度はライオンがいたからで、一度はオリックスがいたからだ。どうしてリカオンのいるなかを歩くようなばかげたことをするのか、彼にはまったく解せなかった。

私はこの群れをうまく操る方法を知った。うずくまったり坐ったりすることで、たちまち彼らに、私を威嚇するようにしむけることができるのだ。リカオンたちはすっとんできてカメラの三脚にかみつき、そしてまたとぶようにしてもどっていく。彼らが興奮しすぎていると思った時には、立ちあがればよかった。そうすれば彼らは後退して緊張をとく。実験を何分も続けていると、好奇心によって威嚇が弱められることもあったように思う。私の姿勢に対する彼らの反応に興味をもったので、今度は横たわってみることにした。ゆっくりと腰をおろして坐ると、また例の若いリカオンが警戒声を発した。群れのなかの六頭が尾を背中の上にあげ、うなり、毛を逆立てて威嚇しながら私のほうへもったいぶって歩いてきた。ほんの一、二ヤード先まで来た時、私はカメラを腹の上に乗せてあおむけに長々と寝そべった。不思議なことにこの姿勢は、威嚇しようとする気持よりも好奇心のほうを刺激したらしく、二頭は鼻を地面に近づけて用心深く私の頭のほうへ、もう二頭は私の足のほうへ近づいてきた。左側にいる二頭は、カメラの三脚を威嚇して満足しているようだった。彼らはみな、リンバーガーチーズのようなかなり強いにおいがした。

足もとのリカオンはたいして気にならなかったが、頭のほうへ来る二頭をじっと見ているのは恐ろしかった。急に四頭はみな大急ぎで私に近づき、髪の毛と足をちょっとの間嗅ぐと、とびはねながら離れていった。時々足や頭をもぞもぞ動かしたりすると彼らはもっと慎重になり、こっそり忍び寄ってひと嗅ぎするだけで満足し、さっと離れることもわかった。

彼らの写真をとっている間は、群れが近寄るのをふせぐために、靴を動かしたり頭を振ったりした。そうやって写したなかには、リカオンの顎のすぐ下にある私の足、という傑作も何枚かある。このリカオンが私のつま先に二、三度鼻で触れるまでは、万事うまくっていた。ところがこいつは頭をかしげ、あっけにとられたような奇妙な顔をすると、すぐにくるりとうしろむきになって、テニスシューズを埋めようとして私の足に砂をはねかけだした。

一〇　雨季のライオン

マーク

父さん、母さんへ

カラハリではなにが起こるか、まったくわかりません。九月のはじめから一二月の末まで雨はぜんぜん降らず、一月のはじめになっても、空には雲ひとつ見えませんでした。気温は日陰でも四九度をこえ、溶鉱炉のなかのように熱い風が、乾いてほこりっぽい谷間を吹き渡りました。前回の乾季と同様に、私たちは暑さに目まいがし、身体に濡れたタオルをかけて簡易ベッドに寝ころがっている以外なにもできずに何週間も過ごしました。夜間に仕事ができるよう体力を貯えようとしたのですが、なにせこの暑さのため、陽がおちるころにはいつもぐったりしていました。キャンディみたいな塩の錠剤を食べていましたが、たえず関節が痛み、かろうじて生きていたというところです。太陽と風は、乾燥したカラハリ砂漠から生物という生物をひとつ残さず焼きこがし、一掃してやろうと心を決めたようでした。

しかし私たちが健康を害するほどのこの暑さは、動物にはもっと耐えがたいものでした。大昔の川床にはアンテロープ類はいなくなり、ごく少数のジリスと小鳥が餌をさがして地面をひっかいているだけでした。サンドヴェルトでは、オリックスが前足で地面に深い穴を掘って、多肉質で水分の多い木の根や塊茎をさがしていました。彼らはそれらの水分と栄養分のおかげで生きのびられるのです。キリンは涸れ池に両肢をひろげて立ち、ゆらめく熱気のなかで、頭を重そうに動かして地面をさぐっていました。夜は死のような静寂に閉ざされ、時おりクロエリショウノガンが鳴いたり、孤独なジャッカルの叫びが聞こえるほかは、まったく音のない世界でした。

一月のなかばになると毎日ふわりとしたまっ白い積雲が浮かびはじめ、砂漠の空のどぎつい光を和らげてくれました。でもその雲も、カラハリ砂漠をがっちりとつかんでいる巨大な熱気のなかに、幽霊のように消えてしまいました。雲は何度もくりかえし、大地を日照りのなかに閉じこめている動きのない高気圧に挑戦しました。日ごとにその姿を大きくしてゆき、ついには大寺院の巨大な円柱のような雲がいくつも空にたちならびました。するとはや先を見越したかのように、スプリングボックの小さな群れが川床に現われはじめました。彼らの姿はしんとした真昼の熱波にゆらめいて、形のくずれた幻影のようでした。彼らには遠くでごろごろ鳴っている雲のことばがわかるようです。その下では雨が滝のように降っているのでしょう。雨のにおいがしてきそうです。私たちはキャンプのへりに立って、念力で雨を呼ぼうとしましたが、どうしても来ようとしません。やはり雨は全然降っていないのかもしれないとも思いました。

が、その後間もなくのある日、午後おそくになってふたたび雲が出てきました。ぎっしり積み重なった黒山のような水蒸気は谷間の上空でどんどん大きくなっていきました。まっ黒いスコール線が低くたれこめ、川床のほうへおしよせてきます。木々はふるえているように見え、胸の奥で雷鳴が聞こえるような気がしました。稲妻が空を裂き、渦まく雲が砂丘の上空に急速にひろがり、突風とともに砂粒が斜面をすごい勢いで駆けおりてきます。いたるところに新鮮な雨のにおいがただよっていました。急に嵐となり、乾ききった砂漠に激しい雨がなだれのように落ちてきました。とてもじっとしてはいられません。私たちは笑い、歌いながら、身を刺すような風や雨に触れようとキャンプから走り出ました。踊りまわり、泥のなかでごろごろころがったりさえしたものです。嵐は私たちの活気をよみがえらせ、カラハリ砂漠に新しい生命をもたらすものでした。雨は激しく降りつづき、この嵐がカラハリ砂漠の雨季のさきぶれとなりました。セツワナ語で「プラ」という語が最も重要なことばなのも少しも不思議ではありません。プラは〝雨〟という意味で、あいさつのことばとしても使われ、またボツワナの貨幣単位のひとつでもあるのです。

カラハリが荒涼とした砂漠から緑したたる楽園に変貌するさまは、確かに世界の不思議のひとつにちがいありません。砂漠の生物はみな無限に長い時代をへて、この過酷な条件と劇的な変化に適応してきました。動物も植物も同様に、時を移さずこの短くあてにならない雨季を利用して、さかんに繁殖活動をはじめます。バッタからキリン、ジャッカル、オリックスにいたるまであらゆる動物が、ふたたび長い乾季がはじまる前に急いで子どもを産むのです。何カ月もひとりぼっちで、ほこりだらけの自分の糞の山の上に立っていたスプリングボックの雄がふと見あげると、二〇〇〇頭もの雌がとびはねながら自分のテリトリーにやってくる――こういった時の雄の顔の表情を描写するのは、動物行動学の研究者がおおいに力をいれてとりくむに値する仕事でしょう。

ある日の夜明け前に谷間はまた激しい嵐に襲われました。びゅうびゅうと鳴る風は滝のような雨をキャンプに吹きつけ、稲妻が、風にふくれあがったテントの布壁にあばれ狂う木々の影を投げかけていました。間もなく簡易ベッドの脚は八インチまで水につかり、私たちは横になって、テントをうつ風雨と雷鳴のかなでるシンフォニーを聞いていました。嵐が去ると、カラハリの砂漠は湿った静寂のなかにじっと佇み、万物に生命を与える水を飲みほす間、じっと息をひそめているかのようでした。ポッ、ポッ、ポッ、と水が頭上の木からテントにしたたり落ちる音が聞こえてくるだけ。その時、ライオンの低い咆哮が静かな夜明けの大気にのって谷じゅうに轟きました。雨季がやってきてからはじめての咆哮です。

私たちはくるぶしまでつかる泥沼のなかをのろのろ歩いて車に乗り、ライオンの声のした北へむかって川床を走りだしました。〝北のくぼ地〟には、霧のうすい層が、低く輪をえがいてたちこめていました。ちょうど太陽が〝東の砂丘〟から顔を出した時、大きな雄ライオンが渦まく金色のもやのなかから出てきました。私たちに慣れていない見知らぬライオンだといけないので、少し遠くで車をとめました。ライオンは頭を高くあげ、わき腹を波うたせてこっちへやってきます。咆哮するたびにパッ、パッと蒸気が出ます。彼は車から五フィート離れたところで立ちどまり、彼の呼びかけに答えるものはないかと耳をすましていました。その時、彼の耳にタグがついているのが見えました――オレンジ色のタグ、〇〇一番。ボーンズだったのです！

私たちの感動はきっとわからないでしょう。とても説明できません。彼はしばらく私たちを見ていましたが、咆哮しながら谷間を南へ歩いてゆきました。六月に姿を消してからもうかれこれ八カ月になりますが、その間彼はいったいどこに行っていたのでしょう。どの方角へ、そしてどこまで行っていたのでしょう。ブルー・プライドの雌たちをさがしていたのでしょうか。彼女らにはまだ会っていませんが、きっともうすぐ会えるでしょう。私たちは彼についてキャンプに帰り、彼はひなたぼっこをし、私たちは朝食をとりました。

調査はうまく行っていますし、二人とも元気です。この手紙は二、三週間後にマウンに買物に出た時に投函します。お便りお待ちしています。

愛をこめて

ディーリアとマークより

ディセプション　一九七六年一月

がちゃんという音に続いて木の裂ける音がし、私ははっとして枕から頭をあげた。薄織りのテントの窓をすかして、谷の西側の砂丘陵の上に月が低く沈みかけているのが見える……朝が近いにちがいない。ディーリアを見ると、まだぐっすり眠っていた。私たちはこの夜、カッショクハイエナをキャンプからうまく追いだすため、すでに三度も起きていた。今また彼らはもどってきて、明らかになにかをひき裂いている。私は睡眠不足でふらふらだったので、すっかり腹を立ててとび起きると、服も着なければガスランプもつけずに、暗闇のなかをせまい小道をどすどす歩いていった。今度こそ間違いなくわからせてやるつもりだった。

前方に黒っぽい姿が見え、ライオンやハイエナの糞を乾燥させるためにつくったふるいの枠を歯でがりがりこする音が聞こえてくる。私は腕を振りまわし、低い声でののしりながら、侵入者から四、五フィートもないところまで近づき、足を踏みならしてどなった。

「すぐに出ていけ、こんちくしょう！　急いで出て――」私はふと、その姿がカッショクハイエナにしてはあまりにも大きいことに気づいておしだまった。雌ライオンだ。喉の奥から威嚇的なうなり声を発しながらくるりとむきをかえて私の前にしゃがんだ。ふるいの枠を挑戦的にくわえたまま、なわのような尾を左右に振っている。

ライオンを危険な立場に追いこむようなまねは絶対にしない。そして脅したりもしない。私たちは以前からこう誓っていた。だが私は寝ぼけて、このきわめて重要な規則をやぶってしまった。闇を通してライオンとにらみあっていると、激しい不安が背筋を走る。冷たい夜気のなかで汗ばんできた。あたりはまったく静かで、雌ライオンの息づかいと、尾が草をこするしゅっしゅっという音のほかはなにも聞こえない。非常に近くにいるので手をのばして頭にさわることもできるほどだったが、どのライオンなのかさっぱりわからなかった。

「サッシー、お前はサッシーかい」私はささやいた。

ライオンは動かず、私のことばは闇に消えた。川床のどこかでチドリが金切り声をあげた。私は息をころそうとつとめた。顔が見えないので、なにも手がかりが得られない。彼女が尻をついてしゃがんだ時に一回だけ発した声は、驚きと威嚇を表わすものだった。彼女はただの一撃でらくらくと私の肩から腰まで切り裂くことだってできるし、イバラの茂みにぬいぐるみの人形かなんぞのように大の字におし倒すこともできる。動いたら最後、とびかかってくるかもしれない。が、じっとしていればすぐにむこうをむいて行ってしまうのかもしれなかった。

「マーク、だいじょうぶ？」うしろのテントから聞こえたディーリアの声は小さくて、とても遠いような気がした。

私はこわくて返事もできず、そろそろと片足をひいてあとずさりをはじめた。雌ライオンは大きく絞りだすようにフーッというやいなやとびあがってくるっとむきをかえ、ふるいの枠を高くかかげてキャンプから走り出ていった。テントへもどろうと歩いていくと、まわりの暗闇からふたたび、足をどんどん踏みならす音やフーッフーッという声が聞こえてきた。

私はガスランプをつけようとひざまずいた。ディーリアが身体を起こして片肘をついてきく。「マーク、どうするの」

「やつらにキャンプをめちゃめちゃにされるわけにはいかないよ」

「気をつけてね」小道を歩いてふたたび台所のほうへ行きかけた私に彼女は言った。私はランプを低くさげ、前方が見えるよう手で光をよけた。どうやらライオンたちは行ってしまったようだったが、ランプのたてるシューシューという音にかき消されて、彼らのたてる音が聞こえないだけなのかもしれない。食堂用テントのそばを通りすぎ、一列に並んだ水のはいったドラム缶のまわりを私は進んだ。するとブルー・プライドの三頭の雌が、ほんの一〇ヤード先から私のほうへ忍び寄ってくる。例によってサッシーが先頭だ。私の右側では別の三頭が、台所に通じる小道を歩いている。ラスカルとホンバーは、水のはいったドラム缶のうしろのやぶをかきわけていた。

軽い好奇心にかられただけのライオンと、ものをこわすことに熱中しているライオンとでは、姿勢にも表情にも大きなちがいがある。この日のブルー・プライドはみな緊張しており、耳を前むきにぴんと立て、身体を低くして尾をむちのようにうちつけていた。こんなムードの彼らを見ることはめったになかった。好奇心といたずらっぽい乱暴さに加えて、捕食の欲求も少なからずまじっていたのかもしれない。ここへ来る前に、たぶん川床で狩りをしていたのだろう。

彼らはこの前の雨季にも、私たちのキャンプに何回も来ており、来るたびに少しずつ私たちやキャンプの事物を恐れなくなっていた。そのため、大切な物を壊されないうちに出ていくようにしむけるのはだんだんむずかしくなってきた。最初の一、二回は、車のエンジンをかけたり、声を出したり、ゆっくり両腕を振ったりするだけで彼らは退散しはじめたのだが、以後は次々により強硬な手段をとらねばならなくなっていた。

いま彼らはこちらへ近づきながらまともに私を見つめている。キャンプをあらしはじめる前に出ていかせるには、いつもより強力な説得がいりそうだった。もし彼らが、いかにテントがもろいものかを発見し、このあたりをぶらつくことがどんなにおもしろいかを知ったなら、テントをたたきこわしてずたずたにしてしまうかもしれない。

サッシー、スパイシー、ジプシーは、私から六フィートほどのところにいた。「もうたくさんだ、いいかげんにしろ！」私はふるえる声でどなると同時に進み出て、彼らの鼻先一フィートと離れていないところでランプを振り動かした。以前にこの方法でうまく彼らを制止できたことがあったのだ。だが今度は、ライオンたちは急いで尻をおとしてうずくまり、尾を振って小道にぱっぱっと砂ぼこりをたてただけだった。ほかの二つのグループも私の両側から近づいていて、もう一二フィートと離れていないところまでせまっていた。

私は狼狽して、二、三歩あとずさった。その時、水のはいったドラム缶のわきにある木にもたせかけておいた、アルミ製のテントの棒に気がついた。これでうまくいくにちがいない。そう確信した私は、その棒で力いっぱい空のドラム缶を打った。グワーン！ が、彼らはまた、ちょっとうずくまっただけだった。

ふたたび私のほうへ来はじめたので、私は小道の近くにころがっていた大きなたきぎを一本ひっつかんだ。そんなことはしないほうがよい、と思いはしたが、ほかによい案も思いつかない。私は腕をうしろへ引いて、一〇フィートほど前方にいるサッシーのほうへその棒きれを投げつけた。たきぎは空中で一回転すると、彼女のほうへ落ちていった。もしすんでのところで彼女がその大きな前足をキャッチャーミットのように上げなかったら、たきぎはもののみごとに鼻づらに命中していただろう。サッシーは驚くほどすばやく器用に、飛んできたミサイルを前足の裏で受けとめると、足もとの地面に置いた。それからちょっと私を見て、その太いたきぎをくわえると、気どった足どりでキャンプから出ていった。まるで私のこの軽率な行動で緊張がとけたかのように、そのほかのライオンたちもサッシーを追ってとび出していった。

私はランプを左右に動かして下生えの奥まで見るようにしながら、ディーリアが心配して待っているテントへ急いだ。入口のフラップをひきあけてなかへ入ろうとした時、ランプの明かりにライオンの琥珀色の目が光った。彼らはみな、テントのすぐうしろにとめてあるランドローヴァーのまわりに立っていたのだ。

「このライオンたち、どうもひどく様子が変だよ。車に乗ったほうがいい。といっても、どうやって乗りゃいいかわからないんだけど」私は小声でささやいた。

ディーリアはジーンズをはき、シャツを着た。私はライオンがランドローヴァーのまわりで遊んでいるのを見張っていた。一頭はタイヤをかんでいる。ボーンズは左の前輪のフェンダーのそばに立っている。頭はボンネットよりも高い。横をむいた時、後肢の右膝の上に大きな傷跡が見えた。

私たちはテントのすみ近くにしゃがんで待った。この時には、すでに何頭かは車のまわりに横たわっていた。一方、残りの連中のうち一頭はたき火のそばから鋤を盗みだし、別の一頭は、アシで囲った台所から粉ミルクの大きな缶をくわえてとび出してきた。

約三〇分後にはボーンズが咆哮しはじめ、群れ《プライド》全体が合唱に加わった。運転席のドアのそばにいた二頭が咆哮しながら車のうしろへ行ったので、私たちはテントの布壁ぞいにのろのろ進んで、こっそりと運転台にすべりこんだ。

朝陽が〝東の砂丘〟の頂きに達した時、私は坐ってハンドルに額をのせたままうとうとしており、ディーリアは上着を首のまわりにひっぱりあげて、私のわき腹にぐったりともたれていた。タイヤになにかが起こったような鈍い音がしてハンドルが動いたので、私ははっと頭をあげた。窓から身をのり出して見ると、サッシーが前輪のそばに横むきに寝そべって長い犬歯をタイヤに突き立てている。ジプシー、リーザ、スパイシー、スプーキー、ブルー、チェアリー、ラスカル、ホンバー、ボーンズは昨夜のキャンプ襲撃で疲れきって、車のまわりの暖かい日だまりで四肢をのばして横たわっていた。ブルー・プライドがディセプション・ヴァレーに帰ってきたのだった。

長い乾季のきびしさにもかかわらず、ラスカルとホンバーはずいぶん大きくなっていて、どちらも頭のまわりにふぞろいでぼさぼさのたてがみをこれみよがしに生やしていた。若い雌たちも若者特有の斑紋が消えて、前肢や胸部や首筋が太くなっていた。もう立派な成獣であったが、明らかに、心はまだ子どもだった。

この短い雨季の間に、ブルー・プライドについてできるだけ多くのことを知ることがさしせまった問題だった。たとえば、テリトリーの大きさはどのくらいか、またどんな獲物をどのくらいの量、どのくらいの間隔で食べるのかなどをつきとめなければならない。彼らの獲物がカッショクハイエナの行動や採食の習性にどんな影響をおよぼしているかについても知りたい。また彼らの社会組織が、気候がもっと温暖なセレンゲティ大草原にすむライオンたちのそれと比べてどうちがうかについてもさぐりだしたかった。いつまで雨季が続くか、いつまで大形のアンテロープ類がこの谷間にいるかによって異なるが、ライオンたちはあと二ヵ月から四ヵ月以内にふたたびどこかへ移動していってしまうのだ。だがディセプション・ヴァレーの近辺にいる時でも、彼らは大部分の時間を砂丘の斜面の林地や灌木の多い地帯で過ごすので、とりわけ彼らが最も活動的になる夜間は、尾行したり観察したりするのが非常に困難になる。カッショクハイエナを尾行している時にたまたま出くわすほかは、彼らの咆哮にむかって進むことだけが彼らを見つける唯一の方法だった。

ライオンの咆哮を聞くのは、いつもきまって、数時間の夜の調査を終えて、ちょうど寝入ったばかりのころだった。私たちはいつも毒づきながらベッドからとび出して、手さぐりで懐中電灯をさがす。そしてどちらでも先に見つけたほうが、車にとんでいってコンパスでその方角を測定する。最初の咆哮が一段落するまでの時間はたった四〇秒ほど。その間に位置をつきとめられないと、いつも、ライオンはもう二度と咆哮しないような気がした。そんな時、私たちは茫然と裸のまま闇のなかに立ちつくす。むこうずねや足の指はたいてい、木立ちから車のところへ出る間に、道ばたのイバラやテントの尖ったくいや張り綱で、すりむけ、こすれて、ひりひりした。しかたなくのろのろとテントに帰ってやっとベッドにもぐりこむと、その瞬間に次の咆哮が谷間じゅうに鳴りひびくのが常だった。うまく方角がわかった時には服を着て車に乗りこむ。そしてコンパスを膝の上に置いたディーリアの指図にしたがって車を進めた。こうして出かけるとたいていの場合は彼らを見つけることができた。とはいっても、ライオンがよくやる、あの歩きながら咆哮している場合は無理だったが。実に幼稚な方法ではあったが、これによってこの谷間におけるブルー・プライドの雨季の行動や、彼らがどんなアンテロープを食べているかについて、結構いろいろな情報が集まりだした。

ブルー・プライドの咆哮にはほとんどいつも、ディセプション・ヴァレーのもっと南にいるライオンたちから応答があった。私たちはそれら隣人たちのことをますます知りたくなった。ことに、たったひとつの群れ《プライド》を観察するだけでは、これがカラハリのライオンの生態だといえるほどの情報は得られない。私たちはどうしても谷の南のほうへ行って、この谷間にすむ群れ《プライド》をできるだけたくさん見つけて観察しなければならなかった。

この思いつきも、最初は少々二の足を踏んだ。その方面には一度も行ったことがないし、そのような遠征をする装備もないからだ。行くとすれば、曲がりくねった浅い川床にそって進まねばならないが、砂丘にふさがれて川床がまったくなくなっているところもあるだろう。この古いぼろ車のほかには移動手段もなければ無線通信装置もなく、運べるだけの食糧と水を積んで出かける私たちは、川筋を見失い、キャンプを見つけようとして何日もさまようことになるかもしれない。

それでもやはり、私たちは出かけることにした。水、鍋、燃料、予備のパーツ、それに絶対必要な分の食糧と寝具を車に積みこんだ。たった一本しかない、タイヤの修理液のはいったチューブは、蒸発や、道具箱のなかでおしつぶされるのをふせぐため、ビニールの肥料袋に入れておいた。大きなイバラのやぶもところどころにあるだろうから、一度や二度のパンクは避けられまい。ビニールの肥料袋があれば、グリルにつっこんで燃やせばラジエーターにできた小さな穴くらいはふさぐことができる。これはカラハリ砂漠から帰ってくる方法なら熟知している老練のサン人から聞いた方法だった。

ある朝早く、私たちは川床を南へむけて出発した。モクスは一枚の紙を手に、キャンプのへりに立っていた。紙にはこう書いておいた。

発見者へ

一九七六年四月六日に、私たちはディセプション・ヴァレーのこの地点より、南方を踏査するためキャンプを出発しました。もしあなたがこれをお読みになっている日が私たちの出発日から二週間以上たっている場合は、どうかマウンへ行って、だれかに谷間を捜索する飛行機を出すよう頼んでください。お願いします。

マーク＆ディーリア・オーエンズ

モクス以外のだれかがこの走り書きを読むことなぞまずもってなさそうだったが、それでも残しておいたほうが安心な気がした。モクスには、もし太陽が一四回のぼっても私たちが帰らない時には、車のわだちをたどって東へ歩き、保護区を出て、牛の放牧場に行くよう指示してあった。

南へ車を進めていくと、一マイルほどの間はまるで絵のようなアカシアの林におおわれた〝西の砂丘〟の見慣れた姿がぴったりついてきた。が、そのうち急に砂丘はどんどんと後方へ遠ざかっていった。あたりは見たこともない景色となり、川床はだんだんにせばまって周囲との区別もはっきりしなくなってきた。間もなく、私たちのよく知っているカラハリはすっかり姿を消し、イバラのやぶと、草と、砂地の続く平坦な地平線にむかって走っていた。

さらに数マイルほど進むと、狭まっていた川床は開けた肥沃な平地、つまりくぼ地となり、そこでは何百頭ものオリックスやハーテビースト、何千頭というスプリングボックが豊富な青草を食べていた。私たちは日誌に、ここを〝スプリングボックのくぼ地〟と記入した。そのほかのアンテロープ類も、直径二、三フィートの浅い水たまりで水を舐めており、アフリカコガモは泥のなかで水をぱちゃぱちゃはねあげていた。ヨーロッパの煙突の巣を離れ、ここまで渡ってきたシュバシコウや、そのいとこで北アフリカから渡ってきたアオハシコウは、バッタを拾い食いしながらぶらついている。空にはカタグロトビ、トビ、ソウゲンワシ、ミミヒダハゲワシ、チョウゲンボウなどが舞い、ジャッカルやオオミミギツネはサヴァンナを走りまわり、マウスにとびかかって捕らえたり、草の茎からバッタをぱくりとくわえたりしていた。

ゆっくりと群れの間を通り、くぼ地をいくつか横切ると、私たちはまた川床の幅の細くなっているところにもどった。両側に並んだ、やぶにおおわれた低い砂丘陵からは、キリンが不思議そうに私たちのほうへ首をのばしていた。こんなにたくさんのアンテロープは見たことがなかった――私たちがそばを通ると、群れは次々にゆるい駆け足でわきへよけていった。

その後川床を曲がると、前方に大きな円錐形の砂丘が立ちふさがった。頂上をななめに帽子をかぶったように林がおおっているこの砂丘は行く手をふさいでおり、どうやらまわりに道はなさそうだった。そこでまっすぐに頂上まで斜面をのぼり、私たちは風の吹きつける頂上に立った。どこまでもひろがるサヴァンナを前にして、自分の小ささを痛感する。砂丘のむこう側では、川床はほぐれた縄の先のように何本かにわかれて扇形にひろがっており、どの支流を進めばよいのか、まったくわからなかった。

私は車の物入れのなかからぼろぼろになった写真をとり出した。何年も前に英国空軍が空中から撮影した小さな写真を集めた合成写真である。この写真を焼きつける際に、国土調査局の技術者がそれぞれの小さな写真のはしを注意深くつなぎあわせなかったために、地形はつながらずばらばらになっており、まるでジグソー・パズルのようだった。航行の道具としては、この拡大したよせ集めの写真はぼやけていて不正確だったが、私たちにはこれしかなかった。その写真によると、まんなかに見える川筋がおそらくはディセプション・ヴァレーからの続きだと思われたので、それにそって進むことにした。途中水たまりで泥のなかのライオンの足跡をさがしたり、疎林地帯で糞を採集したり、獲物を食べた跡を調べたりするためにあちこちで車を止めながら前進していった。

位置がわからなくならないよう努力してはいたが、太古の川床は浅く、周囲のサンドヴェルトと同じ植物におおわれているところも多かった。そのためディセプションからはずれていってしまうこともあるので、時々心配になって車を止め、屋根に立って平坦なあたり一面を見わたしてみる。するとふたたび、細い川床が見つかるのだった。それはかすかに見える細長いくぼみで、風に揺れる草の間を、北へ、また南へと、うねりながらのびていた。その時々のキャンプ地では、第二次世界大戦の爆撃機で使われた、英国空軍の古い六分儀を使って星の位置を測定したが、正確な地図がなくてはそれもたいして役には立たなかった。

思い出してみると、あの時ベース・キャンプから遠く離れて過ごした夜々は、この世のものではなかったような気がする。私たちは星空の下に横たわり、あおむけになった。恒星や惑星は、墨を流したような暗黒の空間にちりばめられたダイヤモンドのようで、人間の文明がうみだしたどんな明かりにもさまたげられることなく輝いていた。流星は青白い尾を空にのこし、人工衛星は定められた宇宙の旅を急いでいた。この地上に、私たちがどこにいるかを知る人はない。私たち自身にもかろうじてわかっているだけだった。

英国空軍撮影の写真を車のボンネットの上にひろげようとすると、風でばたばたした。ディーリアと私はまぶしい太陽の下で目を細めながら、いま私たちのいるところから南へ一五マイルほどのところにあるらしい、大きな、少し色が暗くなっている地帯を調べた。

「大きい！　直径数マイルはあるぞ」航空写真にあるそのくぼ地は、それまでにカラハリで見たどのくぼ地よりもずっと大きいように見えた。

「きっと動物がたくさんいるわ。ハイエナもいるかもしれない――そしてライオンも」とディーリア。

食糧、水、ガソリンはかぎられているので、そのくぼ地をさがすために川床を離れるのはためらわれた。なにしろこの川床は私たちの唯一の陸標で、迷わずに進むための唯一の手がかりなのである。だが、野生動物がどの程度くぼ地を利用しているかを知る必要もある。真南に進み、走行距離計のマイル数を記録しながらいけば、帰り道を見つけるのは――ことに草の間についたわだちをたどることもできるので――たやすいはずだ。そこで私たちは必需品の残量を調べてから、写真で見た大きな円形のくぼ地の中央にむかってまっすぐに南へ進むことにした。

車は遅々として進まなかった。地面のあちこちに草むらがあり、穴があり、枯れた灌木がつき立っている。私たちは車のなかで上下左右にゆさぶられながら、一時間にたった二、三マイルしか進めなかった。数百ヤード進むごとに私は車の前に立ち、コンパスの指す方角をにらんで、木か砂丘か、そのほか、なにか特徴があって目標になるものはないかと遠くをさがした。のろのろながら前進してはいたが、柔らかい砂地とやっかいなイバラのやぶで苦闘し、ランドローヴァーは前よりもずっとたくさんガソリンを食いだしていた。川床の固い地面や短い草の上のほうがはるかに速く走れた。もっと心配なのは水だった。というのは、四分の一マイルほど進むごとに止まって、ラジエーターについた草の種子をとりのぞいては、モーターを冷やすためにコップ数杯の水をかけなければならなかったからだ。がたがたと進みながら、私はそのくぼ地が航空写真で見たところにあればよいがと願っていた。川床を離れたことがはたして賢明だったかどうか。私は疑問に思いはじめていた。

何時間かのちに車を止めた――暑く、気分はいらだっており、草の種子や砂ぼこりで身体がかゆかった。大きなくぼ地があるはずの地点はもう通りすぎていた。もう一度航空写真を見てからさらに南へ進み、それから東へ行き西へ行きしているうちに、そのくぼ地との位置関係はますますわからなくなっていった。そしていまはもう、川床から南北にのびているはずの私たちの車のわだちも見失ってしまった。私は苦労してとげのある木のてっぺんによじのぼった。風にあおられながら目をこらして双眼鏡をのぞいたが、どっちをむいてもなだらかに起伏したサンドヴェルトがひろがるほかはなにも見えない。起伏のうねや木立ち、灌木の茂みはどれもみな見慣れたもののようにも見えるし、見たことがないようでもある。私たちはすっかり途方に暮れてしまった。

私は木を這いおりた。脚や腕はひっかいて血がにじみ、服は破れていた。私たちはもう一度航空写真をにらみつけた。そして、そのくぼ地がキャンプの近くで見なれているような輪郭のはっきりしたくぼ地とはちがって、へりがぼやけてはっきりしていないことに気がついた。私はどこでなにを間違えたのか考えてみた。

「信じられん……信じられないよ！」私はうめいた。「これ、なんだかわかるかい。ごみなんだ！　ぼくたちはごみにむかって何時間も走っていたんだ！」

何十年も前、英国空軍の航空偵察隊がこの写真を撮った時、不注意から静電気を帯びたごく小さなごみがカメラにはいりこみ、フィルムにその跡を残したのだ。写真のひきのばしとともにごみの跡もずっと大きくなっているので、それがちょうどカラハリのくぼ地そっくりに見えたというわけだ。私たちはまぼろしをさがしていたのだった。

帰路は川床めざして北に進めばよいというようなまやさしいものではなかった。ディセプション・ヴァレーは川床と周囲との区別がはっきりしないところが多いので、通ってきたタイヤの跡を見つけないかぎり、川床の真上を横切っていても気づかないこともある。私たちは右往左往しているうちに、走行距離と方角を書きとめるのをやめてしまったので、最後にむかった方角が、東だったか西だったかを二人とも覚えていなかった。実際、四平方マイルか五平方マイルにわたってさがしまわってみたが、北から南へ走る車のわだちは一度も見かけなかった。

私はディーリアを車のボンネットの上に乗せて、ディセプション・ヴァレーに私たちを無事つれ帰ってくれるはずのわだちをさがして、ゆっくりと西へむかった。だが揺れ動く草の波を数分間も見つめているうちにひどく目がまわりだした。これではたぶん、たとえ北へ続くわだちの真上に車を止めたとしてもわからないだろう。四〇分後、二マイル進んだところで東へひきかえした。なおさがしながら進んだが絶望的だった。貴重なガソリンと水をあまりにもたくさん使ってしまった。私たちはむきをかえ、ディセプション・ヴァレーをめざして今度は北へむかった。

ディーリアは屋根の上のスペアタイヤに坐っていた。そこからならディセプションの川筋が見えるはずだ。いや、なんとしても見つけだしてくれなくては。窓や換気孔から私の膝の上にわらくずや折れた草の茎やバッタが舞いこんでくる。エンジンと砂漠の熱気で口のなかはからからだ。私はシートのうしろに手をのばし、プラスチックの瓶から暑さで湯になった水をひと飲みして上のディーリアに渡した。

私たちが今いるところから――どこにいるにしてもだ――人はどこまで歩いていけるものだろう。私はそう思わずにはいられなかった。ライオネル・パーマーが動物保護区のへりの近くでライオン猟をしていたある日のこと、彼とトラッカーのアフリカ人は、前方の砂の上に人の頭らしきものを見つけた。それは死にそうになっている一四歳の土地の少年だった。水を与えられて元気を回復した少年の話によると、その日は少年がある牛の放牧場から別の放牧場にむかって歩きだしてから三日目の朝だった。彼は道に迷い、そのうちにヤギ皮の袋に入れて持っていた水も飲みつくしてしまった。彼は夜間だけ歩き、昼間は暑さを避け、身体の水分が失われるのを少しでもふせぐために砂にうずまっていたのだった。二晩が過ぎ、三日目に砂にもぐりこんでいたところを見つけられたわけだが、もしライオネルが通りかからなかったら、少年はそれで最後だっただろう。私たちにしても、あと二日以上生きられるとはとうてい思えなかった。

私たちはカトフラクトという銀色のもろい葉をつけた灌木に囲まれた浅いくぼ地をいくつか通りぬけた。この灌木はカラハリのくぼ地や化石化した川床のへりに生えているものだ。ということは、めざす川床を見つけたしるしではないか。私は車を止め、二人して屋根にあがった。まぶしさから目をおおいながら、浅いくぼみのまわりの傾斜の微妙な差異を目で追ってみたが、どれひとつとしてあのうねうねと続くディセプションの平坦で開けた川床に続いているものはなかった。

私たちは川床とのさかいめのはっきりしていないところでディセプションを横切ってしまい、今やどんどん遠ざかっているのにちがいない。先に進むにつれて、その確信はさらに強まっていった。私たちは車を止めて話しあい、あと三マイルだけ進んでみることにした。それでディセプション・ヴァレーが見つからなければひきかえす。その場合、少しでも川筋の輪郭がより深くはっきりしたところに行きあたれるよう、少し斜めに方向をとって、別の地点で川床をつかまえることにした。

　背を曲げてハンドルの上に身をのりだしていたので、疲れと緊張で肩はこちこちだった。私はジェリカンに半分しか残っていない最後の水のほうをふりかえった。不意にディーリアが叫んで屋根をたたいた。「マーク、わだちが見える！　ほら、ずっと左のほう！」彼女は小さなくぼ地の短い草の上を通っている、かすかなタイヤの跡を見つけたのだった。私は水筒をひっつかんで彼女に渡した。わだちを見つけたごほうびだ。川床へ帰る道を示している二本の矢じるしを見つけておおいにほっとした私たちは、その夜その場所でキャンプした。そして翌日の朝、わだちをたどって川床へもどった。

　ベース・キャンプを出てからたった五日しかたっていなかったが、私たちはありもしないくぼ地をさがして多量の水を使ってしまっていた。当然、まっすぐキャンプにむかって帰るべきであり、少なくとも〝スプリングボックのくぼ地〟にある水たまりまではひきかえすべきだった。だが、調べなければならないディセプション・ヴァレーはまだこの先に続いている。私たちはジェリカンに水を満たせるところをさがしながら先へ進むことにした。この一帯にはかなり長い間雨が降っておらず、いくつか見つけたくぼ地も、泥にうずまり、動物の足跡がついているだけだった。カラハリ砂漠はひあがりかけていた。

次の日の昼ごろには川床は浅くなって、灌木におおわれた砂地のうねで時々とぎれて見えなくなり、ますます川床をたどるのはむずかしくなった。私たちはカルクレートのくぼ地の木立ちに着いた。灰色ににごったくぼ地の底には一インチたらずの水がたまり、アンテロープの糞が浮いていた。なにがあろうとかまうものか――私たちにはそこはオアシスに見えた。私はくぼ地に深く穴を掘り、水が澄んでくるのを待つ間、二人は木陰に坐って紅茶を飲み、干し肉《ビルトン》をかじった。そのあと水をポットですくい、私のシャツでこしてジェリカンに入れた。それがすむと別の穴を掘り、裸になってぬるぬるした底に坐り、水浴をした。身体を風で乾かしてから、日焼けの痛みを和らげるために顔や腕にラードをぬりたくった。

翌日、大昔の川床は砂漠に姿を消してしまったので、私たちは帰途についた。そして数日後にはディセプション・ヴァレーの曲がり目にある大きな円錐形の砂丘を越えて、〝スプリングボックのくぼ地〟にはいった。「ライオンよ！」ディーリアがまばらなアカシアの木立ちをさした。倒木の茂みで二頭の雄と五頭の雌が眠っている。そばには彼らが殺したキリンの屍骸があった。濃い色の体毛、びっしり生えたまっ黒のたてがみ、そして顔のまわりを後光のような金色の毛で囲まれた二頭の雄ライオンは、大きなあくびをしながら頭をもたげて私たちを見た。

雄ライオンは、サタンとモレナ（セツワナ語で「ひとびとから敬われている人」の意）と名づける。一番大きな雌はハッピー、そのほかの雌はディキシー、マッツィ、タコ、サニーと名づけた。この群れ《プライド》にはもう一頭、ストーンウォールと名づけた、たてがみの生えそろっていない若い雄がいる。私たちは近くの木の下に、二人用のナイロン製携帯用テントを張った。そして次の晩早いうちに、彼らのうち数頭にイヤータグをつけることができた。彼らはみな順調に意識を回復し、眠って薬からさめると、ふたたび獲物のキリンを食べはじめた。その晩おそく、私たちはカッショクハイエナをさがして二時間ほど川床を走りまわってからテントへ帰った。私は麻酔薬をうちこむ仕事で疲れてしまったが、ディーリアはどうしてもハイエナを見つけるといって、車を運転してまたさがしに行った。私は少し眠ろうと思って小型テントにもぐりこんだ。

だが神経が高ぶっていて、どうも眠れなかった。そこでランプに火をつけ、虫が這いこむのをふせぐために入口の網のフラップのすぐ外に置き、片肘をついて日誌を書きだした。しばらくしてから音が聞こえた。だれかが脚をぴしゃぴしゃたたいているような音だ。それがライオンが頭を振る音だとわかるまでにはちょっとかかった。私はそろそろと手を伸ばしてランプを消した。この客人にはいささか不安を覚える。なにしろこのライオンたちについては、ブルー・プライドのように、あれこれ知っているわけではないからだ。月はほぼ満月だった。が、不意に大きな黒い影が光をさえぎった。私が寝ているすぐそばにサタンが立っていた。

彼は全長一二フィート四インチ、高さは四フィート以上ある。その気になればこのテントなどほんの片足で、あぶくのようにおしつぶせるのだ。彼の影が動き、ぶうんという音がしてテントの側面が揺れ動いた。テントをつなぎとめている綱につまずいたのだ。

サタンはテントの片側にぼさぼさしたたてがみのシルエットを見せて、ちょっとの間——ずいぶん長く感じられたが——身じろぎもしなかった。入口へむかってテントのまわりを歩きだすと、草を踏む音がかさかさとした。それからすぐ、彼は私のまん前に片方の前足をおろして立った。私はそのたるんだ腹の真下から川床をながめていた。その腹部がひきしまり、頭をあげたかと思うと、彼の咆哮が谷間じゅうに響きわたった。アアオオウーア　アアオオウウーア　アアアオオオウウアーア　アアアオオオオウウアーフーフーフーフ。サタンは咆哮しおわるとまた身じろぎもせずに立ったまま、耳をぴんと立てて、さほど遠くないところから二頭のライオンが応答するのを聞いていた。それから彼らのところへ歩いてゆき、咆哮に加わって、三頭はいっしょに月光の下に横たわって大合唱をした。

間もなく車が帰ってくるのが聞こえた。「咆哮が聞こえたのですぐに帰ってきたの」ディーリアはそう言いながら入口のジッパーを開けて、私のそばにはいってきた。私はまだサタンとの遭遇に興奮しきっていた。

「すごい——ものすごいよ!」これだけしか言えなかった。

彼らがやっと西へ立ち去ったのは、夜が明けてからだった。その時もまだ彼らはボーンズやブルー・プライドにむかって咆哮し、ボーンズたちは谷間の六マイル北から応答していた。

私たちはできるかぎり多く、〝スプリングボック・パン・プライド〟とブルー・プライドを観察するようにした。雨季の終わりには彼らがいなくなることはわかっていた。ブルー・プライドのほうについては、観察するのもさほどむずかしいことではなかった。というのも、私たちのキャンプは彼らが谷間を徘徊する際のコース上にあり、彼らのお気に入りの場所だったからだ。

私たちとこれらライオンたちとの関係は少しずつ変わってきていた。私たちは彼らの顔の表情や姿勢から、そのときの気分や、いまなにをしようとしているのかを読みとれるようになっていたし、彼らのほうも私たちにもうあまり好奇心をもたなくなっていたので、屈従を強いられているとか脅かされていると受けとめられるような行為をしないかぎりは、彼らから襲われる恐れはほとんどなくなった。とはいえ、彼らがイエネコ同然になったと言っているのではない。彼らは依然として野生動物だし、危険な捕食者であることはよくわかっていた。だが、彼らがキャンプに来た何回かの間には、うっかり彼らにぶつかってしまったことすらあったが、危害を加えられたことは一度もなかった。私たちはもはや、彼らがぶらりとキャンプにやってきても急いで車に乗りこんだりせず、まわりでうろうろしている間は、静かにジジフスの木の下やたき火のそばに坐っていた。もはや危険は感じなかったので、間近にいる彼らを以前よりもよく理解することができたし、楽しむこともできた。私たちは彼らをただ観察していたのではなく、自然のなかで暮らす野生のライオンのほんとうの姿を知ろうとしていたのだった。こんなふうに野生のライオンと接した人はほとんどいない。これはすばらしい特権だった。

私たちが調査をはじめたころ、野生のライオンに関する情報といえばたいてい、ジョージ・シャラー博士が東アフリカ、特にセレンゲティ国立公園の群れ《プライド》について調べた報告によっていた。が、私たちの観察で、アフリカのいろいろな地方にすむライオンはかならずしも同じ行動をするとはかぎらないことが明らかになりはじめていた。

群れ《プライド》が利用する範囲の土地を、その群れ《プライド》の〝行動圏〟と呼ぶ。これはほかの群れ《プライド》の行動圏と重なりあうこともある(G. B. Schaller, 1972)。テリトリーというのは行動圏の一部分で、群れ《プライド》が侵入者（ほかの群れ《プライド》のライオンや放浪ライオン）から守っている区域である。セレンゲティ国立公園では、群れ《プライド》は獲物の密集状態の季節にともなう変化をうまくとらえるため、行動圏のあちこちにテリトリーを移すこともある。だがその場合にも群れ《プライド》は外来者からテリトリーを守っている。

カラハリのライオンたちの雨季の行動と生態は、セレンゲティの個体群の一年を通じての行動や生態とよく似ている。ブルー・プライドの足跡をたどってみた結果、雨季の間の彼らの行動圏はだいたい一三〇平方マイルで、セレンゲティのいくつかの群れ《プライド》の行動圏とほぼ同じ大きさであることがわかった。しかし被捕食動物群の種類がちがうので、日常の食物はこの二カ所のライオンの個体群ではまったく異なっている。セレンゲティのライオンのおもな食物はヌーとシマウマだが、カラハリのライオンのおもな獲物は、オリックス、スプリングボック、ハーテビースト、クードゥー、キリンである。ヌーがいる時にはヌーも捕食する。

東アフリカのライオンの群れ《プライド》は、どの群れ《プライド》にも中心となる同族の成獣の雌たち（祖母、母親、姉妹、娘たち）と、その子どもたちと、一～三頭の優位の雄がいる。この雄たちは、年長の雌ライオンたちとは血縁関係はない。雄ライオンはたいてい死ぬまで同じ群れ《プライド》で暮らすが、あまり大世帯になると二、三頭は追い出されて、やむを得ず放浪ライオンとなることもある。だが雄は、三歳くらいになると、優位の成獣の雄に群れ《プライド》から追い出される。彼らは放浪ライオンとなり、テリトリーもなく広範な地域をさまよい歩く。この生活は、身体が成長しきってたてがみもすっかり伸びきる、五歳か六歳ごろまで続く。これらの若い雄は二頭から五頭くらいで同盟関係を結ぶ。つまり〝連合軍〟をつくるのだが、そのメンバーには兄弟とか異母兄弟がいることが多い。そして彼らは協力して、ある群れ《プライド》に君臨《ハーレム》している年長の雄たちをその群れ《プライド》の行動圏から追い出すと、そこに定住している雌の群れを手に入れる。

雨季の間は、カラハリの群れ《プライド》もいっしょに暮らす数頭の雌から成り立っている。相違点は――これはあとからわかったことだが――セレンゲティの社会性をもったグループの雌たちとはちがって、カラハリの群れ《プライド》の雌たちはしばしば、近縁関係にはないということだ。

しかしながら、この二つのグループの行動は非常によく似ている。セレンゲティの群れ《プライド》でもカラハリの群れ《プライド》でも、身体の触れあいや友情を示す行動は非常によく見られる。昼間眠っている間など、サッシーはよくブルーのほうへころがっていき、ブルーの肩に片方の前足をかけたし、ブルーはブルーでチェアリーの横腹に鼻をすりよせ、そのチェアリーの尾はといえば、スパイシーの耳の上にかかっているといったぐあいだった。こんなふうにして、群れ《プライド》のだれもがほかのだれかと触れあっていたが、ボーンズだけは別で、たいてい数ヤード離れたところに横たわっていた。雌たちは狩りをする時にも協力した。夕方や日の出ごろ、眠ったり狩りをしたり獲物を食べたりしていない時には、彼女たちは互いに顔を舐めあったり、駆けまわって遊んだりした。

カラハリ砂漠のライオンとセレンゲティ国立公園のライオンの最も著しい相違のひとつは、年間降雨量の差に関連している。降雨量が通常カラハリの二倍以上あるセレンゲティは、定住性の大形被捕食動物の数がカラハリよりも多い。そのうえ、ライオンが水を飲める場所がたいてい一年じゅうある。だがカラハリでは、すでに述べたように、アンテロープ類の群れが化石化した川床からだんだんに遠ざかっていなくなると、ライオンは何カ月も姿を消して、川床のテリトリーを守ることをやめてしまう。彼らの行動範囲はどこまでひろがっているのか、なにを食べ、どこで飲み水を見つけているのか。これらは興味をそそられる問題である。だが私たちは特に、獲物となる動物の減少そのほかの生態的な圧迫に応じて彼らの社会的な行動がどう変わるかが知りたかった。

砂漠のライオン、ひいてはライオン一般についての胸おどるような新発見につながる、これらの疑問を解き明かしたいと願っていた。

さしあたっては、ライオンはどうやって連絡をとりあっているかについての調査を進めることにした。群れ《プライド》のメンバーが近くにいっしょにいる時には、彼らは耳、眉、唇、尾などの動きや身体全体のポーズなどの組みあわせで、自分の気分や意図を相手に知らせる。瞳孔でさえ多くのことを表わすことができる。

ある朝、ブルーは〝イースター島〟でブルー・プライドの仲間といっしょに休息していた。すると、年老いたオリックスの雄が一頭、〝南のくぼ地〟のところから川床にはいってくるのに気がついた。ブルーの耳はそのほうへぴんと立ち、目は丸くなった。彼女は頭をあげて、尾の先をぴくぴく動かしだした。すぐにサッシーとジプシーが気づいて、同じ方向を見た。ブルーはその合図で彼女らに、「あそこにおもしろいものが見えるよ」と言ったのだった。

雌ライオンたちがオリックスを殺すと、例によってボーンズが、雌たちから屍骸をとりあげようとやってきた。サッシーが彼のほうをむいた。目を糸のように細くしていた。彼女は口を四分の三ほど開けて歯をむき出し、鼻にしわをよせ、怒った声でふうっというとうなりだした。彼女は防御のための威嚇をしてみせている。要するに「私のほうから攻撃しかけたりはしませんが、私の獲物を取ろうなんてしないほうがいいですよ」と言っているのである。彼女にはあいにくだが、ボーンズは彼女の威嚇をものともせずに、屍骸を奪いとってしまった。

獲物を食べる間じゅう、ライオンたちは互いに牙をむいて、うなったりひっぱたいたりしている。が、そのあとではかならず、丹念に顔を舐めあったり、頭や顔をこすりあう儀式をして仲直りする。そうやって互いの顔からこびりついた血がすっかり落ちたころには、群れ《プライド》はもう平静をとりもどしている。

ライオンはしばしば、ほかのライオンがいるのを見つけると咆哮したりうなったりして、このテリトリーは自分のものだと通告する。咆哮する時には、胸の奥まで深く息を吸いこんでから、腹部をぐっとひきしめ、声帯を通して圧縮した空気を吐きだす。そうして喉から勢いよく出された声は、非常に遠くまでとどく。時々、ブルー・プライドが車のまわりに集まって、いっせいに咆哮する時など、車の金属の床が共鳴して振動音をたてるほどだった。

ライオンの咆哮は三つの部分から成っている。最初の一、二回は、低いうめくようなうなり声だ。これがだんだんに音量をあげ、長くなって、今度はありったけの声をだして四回から六回ほどほえる。そのあと、ぶうっという声が何回か続いて、咆哮は終わる。雄も雌も、たいていは立って鼻づらを地面と平行か少し上むきに前へつき出して咆哮する。だが彼らは横むきに寝そべったままや、小走りしながらでも咆哮する。

カラハリのライオンは、大気が静かで湿り気があり、音の伝導体として最も効果的な状態の時、最もひんぱんに咆哮することがわかった。嵐のあとや、夜間の相対湿度がいちばん高い時間帯、つまり午前四時ごろから日の出後三〇分くらいまでの間には、ほとんどいつも咆哮した。ディセプション・ヴァレーでは、この状態の時に咆哮が最も遠くまで伝わるのだ。私たち人間の、彼らライオンに比べればまるで発達していない耳で聞いたところでも、八マイルまでは聞こえた。時々ブルー・プライドは、ジャッカルが朝夕叫ぶ声に答えるように咆哮をした。ジャッカルもまた、嵐のすぐあとには叫び声をあげた。

だが乾季には、ライオンの咆哮はほんの一マイル半から二マイル以上離れると聞こえなくなる。実際、彼らはこの時季にはめったに咆哮しなかった。おそらくそれは、大形の獲物が非常に遠くまで分散しているので、テリトリーの誇示や防衛のためにエネルギーを使うのは無駄だからだろう。ことによると、乾燥した空気中で交信しようとするのは、ただエネルギーを空費するだけだからかもしれない。それに群れ《プライド》は小群に分かれて非常に広範に散らばって食物をさがしているので、たとえ咆哮したとしてもおそらくは互いの耳にはとどかないというのが理由かもしれない。

群れ《プライド》の仲間を咆哮で見つけることができるかどうかは、咆哮を聞いたライオンが応答するかどうかにかかっている。ボーンズは定期的に、ことに仲間の雌たちから獲物を奪いとった時はいつも、雌たちとは別行動をとる。雌たちはたいてい、別の獲物をしとめるまで先へ進んでいくので、彼からは何マイルも離れてしまうこともよくあった。というわけで、一日か二日、時に三日で屍骸を平らげてしまうと、ボーンズは群れの仲間がどこにいるかを見つけだす、という問題に直面することになる。彼はだいたいの見当で雌たちが行ったほうへ歩きだし、時々咆哮しては返事がないかと耳をすます。テリトリーが比較的小さい雨季には、彼の咆哮はその全域までとどくので、雌がどこにいるにしても連絡はとれる。雌たちはたいてい彼に応答したし、群れ《プライド》とは再会できるのが常だった。

しかし雌たちがボーンズとの接触を望んでいない場合も時にはある。咆哮しながら川床を歩いていって、雌たちがひっそりと横たわっている茂みから数百ヤードと離れていないところを気づかず通りすぎてしまうことも何回かあった。彼はくりかえし咆哮し、地面を嗅いだり四方八方を見ながら、ひきつづき谷間を歩いていく。だがどういうわけか、たぶん獲物をとられまいとしていたのだろうが、雌たちは返事をしようとしなかった。しかし発情期の場合、最初に咆哮をあげて相手を呼ぶのは、しばしば雌のほうからである。雌たちにとっても、時には「呼ばないで。こっちから呼ぶから」ということもあるのだろう。

ライオンはまた赤ん坊のように優しい声を出すこともできる。深い茂みのなかを歩いている時、彼らはこのアオウーという声をやさしくかけあっている。この声は不安な情況の時に安心させあう働きがあるだけではなく、どうやらお互いを見失わないでいるのにも役立っているようだ。私たちは夜間時々車をとめては、この優しい声が聞こえてこないかと耳をすましてみる。そうすることで、やぶのなかを移動している群れ《プライド》を見つけ、尾行できたこともあった。調査をはじめてから何年か、まだブルー・プライドのライオンたちがキャンプですっかりくつろぐようになる以前に、私たちはよくこの優しい声に起こされたものだった。彼らは、見慣れないテントや水のはいったドラム缶や、そのほかいろいろな備品を調べながら、私たちの林のなかを歩きまわる間じゅう、この声をかけあっていた。

ライオンが使う三番目の連絡方法は嗅覚によるもので、においのマークをつけたり嗅いだりして情報を交換している。ブルー・プライドは夜、においの道を通って谷間を歩きまわる。それは、しばしばアンテロープの通り道や私たちの車のわだちと重なっていた。においの道はたいがいどれもにおいのマークによってそれを示されているだけで、目に見える道があるわけではない。これらの道を歩く時、ボーンズはよく灌木や小木のところで立ち止まり、低い枝のなかに頭を入れて目をつむり、顔やたてがみを葉にこすりつけていた。まるでその前につけられたにおいを楽しんでいるような様子だった。おそらくはそのにおいを自分の身体になすりつけてもいたのだろう。そうしてからすぐにむきをかえて尾を上げ、二つの肛門腺から出る分泌液とまじりあった尿をその低い枝々にかけるのが常だった。彼の通り道には、どうしても立ち寄らずにはいられないお気に入りの灌木や小木がいくつかある。テントの窓のすぐ前にあるアカシアの茂みもそのひとつだ。彼はこの茂みを素通りすることはけっしてなく、かならず一、二回は尿をかけていった。しかし精巧さに欠ける私たちの鼻には彼のにおいは長くは感じられず、立ち去ったあと数分以上においが残っていたことはない。また雌たちもにおいのマークをつけることはあるが、それはたまにしかなかった。

時にはこれらの茂みが目に見える道標になることもあった。ボーンズは、〝北のくぼ地〟にある高さ七フィートのアルビチアの木のそばを通る時には、かならずこの木に尿をかけた。この木の樹皮は、ブルー・プライドの雌ライオンたちがこれで爪をとぐためにずたずたになっている。彼女らはこの木の上で遊ばずにはおられないらしく――しかも全員がいっせいにのぼろうとするので――大きな枝々も、ねじれたり折れたりしていた。三、四頭がどうにか樹冠に入りこむと、別の連中がまたのぼっていこうとする。結局なかの一頭は大枝にぶらさがることになり、すると、あとから来た一頭がその上に立つ。こういったぐあいで、かわいそうにこのアルビチアの木は、いたるところからライオンの臀部や尾がつきでているというありさまだった。やがて起きるべきことは起き、枝は折れ、ライオンたちは地面に落っこちる。かくしてとうとうこの木も、今や単なる、木片のからまりあったかたまりと化してしまったが、ボーンズは、そうなってもなお、通りかかるたびに尿をかけていた。

ひっかき跡も、雄にも雌にも利用される、別のタイプのにおいのマークで、目に見える道標でもある。これはライオンが背を丸めて尻をおとし、土の上に尿をたらしながら後肢で地面をかいて爪で草地を掘りかえす時につけられるマークだ。ライオンはこのようにしてテリトリーに所有のしるしをつける。また彼らは、ほかの群れにむかって咆哮している時によくひっかき跡をつける。少し前に新しいテリトリーを手に入れた二頭の若い雄ライオンは、川床の車のわだちにそった四〇〇ヤードの区間内に、三週間の間に二六回ひっかき跡をつけた。これにくらべて、彼らに地位を奪われた年長の雄は、同じ区間、同じくらいの期間に、たいてい一、二回しかひっかき跡をつけなかった。若い雄たちは彼がマークをつけていた茂みにもみな尿をかけ、谷間にいるすべてのライオンに対し、この一画の土地は彼らのものであることを確実に知らせようとしていた。

においはテリトリーにしるしをつけるだけでなく、おそらくは前ににおいをつけたのはだれで、どのくらい前にそこを通ったのかをも示している。また、雌が発情期にあることも伝えることができる。ジョージ・シャラーは、セレンゲティのライオンは互いの居所をにおいで見つけることができると報告しているし、ある雄が臭跡をたよりに別の二頭の雄の跡を一キロも追ったのも観察している。が、カラハリのライオンは、においの追跡はそれほどうまくいかないようで、特に乾季はだめらしい。おそらくこれは、乾燥した砂漠の熱気のなかではにおいがより早く消えてしまうからだろう。ある時ボーンズは、ブラッドハウンドのように地面に鼻を近づけ、サッシーをさがして同じところをぐるぐるとまわっていた。サッシーはほんの三〇分前、もっと涼しい日陰を求めて彼のそばから立ち去ったのだが、実はたった二〇〇ヤード離れただけだった。彼は何回もサッシーの臭跡を見失ってもとの休息場所にまいもどったが、うまくそっちのほうを見さえすれば、彼女はそこに見えたはずなのである。最後にようやく彼女とめぐりあえたボーンズは、耳をうしろに倒し、目を細くして顔をそむけた。そうでないことはわかっていたが、その姿はどう見ても、きまりわるくていたたまれない、といった感じだった。

ボーンズは雌のにおいを嗅いでいる時にはいつも、頭をあげ唇をつりあげて歯をむき出した。そして空気が咽頭を通ると、顔をしかめて鼻にしわをよせる。この行動は、〝フレーメン〟と呼ばれる、においを〝きく〟方法のひとつである。つまりにおいを、口蓋にある知覚細胞のつまった特殊な小嚢《のう》の上を通らせ、その化学的メッセージをよりくわしく識別するのだ。フレーメンをしているライオンを見ると、私は、自分の選んだワインの芳香と味をよりはっきりと味わうために、口にふくんだ空気を鼻にぬくワインの鑑定家の姿を思い出す。

ふつうライオンは、大形のアンテロープの場合、窒息させて殺す。まず獲物をうち倒すか、ひきずり倒しておいてから、獲物の喉をがっちりとつかむ。時には獲物の鼻口部にがぶりとくらいつくこともある。ではキリンを倒す時にはどうするのか。私はかねてからそれを知りたいと思っていた。なにしろ体重二六〇〇ポンド、喉までの高さは地上一七フィートにもなるキリンである。ある日の午後おそく、私たちはブルー・プライドのキリン狩りを見ることができた。彼らはそれまでの数日間、オリックスの子とスプリングボックの子くらいしか食べていなかった。三〇〇ポンドを越す飢えたライオンたちにとっては、食べたともいえない量である。日中を〝南のくぼ地〟の林で過ごした彼らは、〝西の砂丘〟のふもとにひろがる疎林地帯で狩りをはじめた。小雨が降りだしていた。彼らは、化石化した川からこのブッシュ・サヴァンナに渡ってくるアンテロープがいつも使う、大形動物の通り道の両側にめいめいに横たわった。そして頭をあげ、どんな音も聞きもらすまいと耳をぴんとたてて、みなすこしずつちがう方向を見ていた。二時間近く、彼らはほとんど身動きもしないで、彫像のように横たわっていた。カラハリのライオンは、特に物陰の少ないところでは、忍び寄るよりはけもの道のそばでじっと待ち伏せして狩りをすることが多い。

今、雌たちはみな起きあがると尻をついて前にかがんだ。筋肉が盛りあがっている。〝西の砂丘〟のふもとの近くに、大きなキリンの雄がアカシアのてっぺんからもぎとった緑の葉を食べながら出てきた。キリンに一番近いところにいたのはチェアリーとサッシーだった。二頭はゆっくり立ちあがると低くかがんで、それぞれに、なにも気づいていないキリンのほうへ遠まわりに進みはじめた。リーザ、ジプシー、スパイシー、スプーキー、ブルーは、けもの道をはさんで弧状にひろがった。それから一時間のあいだ、彼女らは草や灌木の茂みや立木の陰に隠れながら、そろそろと獲物に忍び寄っていった。同時に、チェアリーとサッシーもうまくキリンのむこう側にまわりこみ、同じけもの道のずっと西のほうの草むらに隠れた。

いっしょに忍び寄っていた五頭の雌ライオンたちがキリンから三〇ヤード以内にまで近づいた。突然、キリンはくるりとむきをかえ、地ひびきをたてて砂丘のほうへ走りだした。尾を臀部の上にぎゅっと曲げ、大皿ほどもあるひづめでけずりとった土をけりとばしていく。チェアリーとサッシーは二〇〇〇ポンドの雄キリンにいまにも踏みつけられるかに見えたが、その時二頭は草陰からとび出した。キリンは前からもうしろからも突進してくるライオンを横へかわそうと、足を踏んばって止まろうとした。だが砂地がぬれているのでひづめが滑った。塔が倒れおちるように、チェアリーとサッシーのまんなかへ身体をねじらせながらつんのめった。すぐさまほかのライオンたちが両側からはさみ、腹部やわき腹をひき裂き、やぶった。キリンはライオンからのがれようとしてふたたび駆けだしたが、ブルーが右の後肢のひづめのすぐ上にがぶりとくいつき、四肢をつっぱってひきずられまいとした。

キリンは肢にくいついたライオンをひきずって、よろめきながら二五ヤード前進した。白目をむき、呼吸は乱れていた。ブルーは地面を放そうとしないので、爪で草がえぐれ、砂地に深い溝ができた。ほかのライオンたちはキリンと並んで走りながら、キリンに爪を振りおろし、ついに内臓が腹からとびだした。最後にはキリンはくずおれて、捕食者の一団を打つかのように弱々しく肢を動かすばかりだった。

ボーンズには飢えた雌たちをこの巨大な肉塊から追いはらう術がなかった。雌は彼の手にあまるほどたくさんおり、肉も守りきれないほどあった。ブルー・プライドがこのキリンの屍骸のかたわらで過ごした一週間のあいだに、私たちは、ボーンズと二頭の若い雄、ラスカルとホンバーとの関係が劇的に変化していることに気がついた。若者たちは今や三歳にならんとするところで、もじゃもじゃした首のまわりの毛が、たてがみとなる部分を示していた。ボーンズは、彼らがそばにいるだけでいきりたってくるようだった。彼ははじめ、若者たちには少しも食べさせてやらなかった。二頭が大胆にも屍骸を食べている彼に近づきすぎると、いつも歯をむいてうなり、追いはらった。彼らがなんとか少し獲物を食べることができたのは、ボーンズが満腹してからのことだった。

ボーンズがごくわずかな食物しか与えないため、ラスカルとホンバーは自立せざるをえなくなってきていた。間もなく彼らは群れ《プライド》を出て放浪者となるだろう。それからの二、三年が、彼らにとって非常に危険な時期である。狩りを手伝ってくれる雌はいない。次の乾季がくれば獲物は少なくなるし、狩りに役立つ茂みもほとんどなくなる。その上深刻なことには、彼らの捕食の腕前はまだまだ未熟でたのみにならない。雌の群れ《プライド》とテリトリーを獲得できるほどの、大きな身体と攻撃性を身につける前に餓死することも十分にありうる。事実、経験不足の若い雄には餓死するものがたくさんいる。雨季がきて少しは狩りがしやすくなるまで、彼らは共同してなんとかして生きていかなくてはならないのだ。

若い雄ライオンが独力で狩りをする方法を覚えなければならないのは、気候がいくらか穏やかな東アフリカにしても同じことだ。だがカラハリ砂漠では、それはいっそう重要なことになる。カラハリよりも獲物が手にはいりやすく、群れ《プライド》のテリトリーも通常はずっと小さい地方の雄ライオンとくらべると、カラハリの成獣の雄は群れ《プライド》の雌たちと別々にいることが多く、その期間も長い。カラハリでは、雄が仲間の雌たちから獲物を奪い、雌たちがどこかへ行ってしまうと、ふたたび彼女らを見つけるまでに何日もかかることがよくある。その間、雄はスプリングボック、オリックスの子、スタインボックなど、いくらか小さめの獲物を単独で捕まえなくてはならなくなる。

ラスカルとホンバーの成長は早く、それから数週間のあいだに、ボーンズと対決してもだんだん譲歩しなくなってきた。屍骸の断片をしっかりとつかみ、結局はボーンズにひっぱたかれて引きさがるのだが、鼻をつきあわせたまま唸り声をあげてボーンズを威嚇することもしばしばだった。彼らは、群れ《プライド》の雌たちとその行動圏とを手に入れて保持していくためにやがて必要となる攻撃性を身につけだしていた。

最初の何年かの間、ブルー・プライドとスプリングボック・パン・プライドの狩りを観察してきて、私たちはカラハリのライオンの雨季の食物について多くのことを学んだ。またそれをさらに補足するため、多量のライオンの糞から角、ひづめ、骨のかけらや毛を収集し、乾燥させ、砕き、選り分けて分類し、重さをはかり、それがどの動物のものかを見分けたりもしてきた。ある日私は、モクスにキャンプのはずれに来て手伝うよう頼んだ。

私たちはそこでバンダナで顔をおおって坐り、ライオンの糞をハンマーで砕いていた。ハンマーをふるうたび、私たちのまわりには白くて臭いほこりがもうもうとまいあがる。私がちょうど重さをはかろうとして、粉になった糞を予備の大皿にそそぎ入れているところへモクスがやってきた。私たちのしていることを見たモクスは、「おえー」といって手で口をおさえ、頭を振りながら、信じられないといった様子で唖然として見つめていた。はじめはちょっといやそうだったモクスも、間もなく、山のような糞をこつこつと砕きだし、彼もまた、もうもうとたつ白いほこりのなかに見えなくなった。だが、それから一日、あるいは二日後だったかもしれない、それまでは私たちの食器といっしょに洗おうとしてキャンプに持ってきていたホウロウびきの皿を彼がもう持ってこなくなったことに気がついた。

一一　ヴェストホイゼン物語

ディーリア

マークは腕を大きくはらって、カトフラクトの細枝から銀白色の葉をもぎとった。そしてガソリンを入れたドラム缶のなかにその小枝をゆっくりと浸してからとり出すと、ぬれた部分とそうでない部分のさかいめに爪でしるしをつけた。「これだけでもう八週間ももたせなければならない」

一九七六年五月。ナショナルジオグラフィックから三八〇〇ドルの補助金をうけとってから、二〇カ月が過ぎていた。資金がまたも底をつきかけていた。早急にあらたな補助金が得られないならば、調査を打ち切って帰国のための費用をかせぎださねばならない。カッショクハイエナやライオンは乾季のほとんどを深いブッシュ・サヴァンナで過ごすのだが、そういった場所ではかれらを追跡しようとしても、無線装置がないとなかなかうまくいかない。この装置を調えるための資金もどうしても欲しかった。ハイエナを追いかけても生息地がそんなぐあいでは、一時間かそこらでたいてい見失ってしまう。また暑い乾季にライオンがどの程度遠くまで移動するのかについても、これまでのところ全然わかっていない。カッショクハイエナとライオンを調査するにあたって、精巧な機械装置がなくてもできることはもうほとんどやりつくしてしまっていた。

マークがガソリンの量をチェックしてから二、三日後、（不定期に辺境を訪れる）小型《ブッシュ》飛行機《プレーン》がブーンという音をたてて、木々のてっぺんすれすれに、谷間にむかっておりてきた。激しく襲いかかってくる鳥のように旋回しながら急降下してきて、キャンプの上空を低く飛んでいる。急いで走りでてみると、ちょうど飛行機の窓から小さな包みが落とされるところだった。飛行機はそのあと両翼を上下に動かして私たちにあいさつをすると、スピードを上げて去っていった。糸で縛った、マウンからの郵便物の包みが草の上にころがっている。このような親切をだれがしてくれたのか、私たちには全然見当もつかなかった。

包みをあけると、マウンの銀行の新しい支店長、リチャード・フラッタリーからの手書きの書信があった。それによると、ファン・デル・ヴェストホイゼンという人が近くマウンにやってきて、私たちの研究計画《プロジェクト》に資金援助をしてくれるという。ファン・デル・ヴェストホイゼンというのは南アフリカ自然基金の理事長で、私たちはその団体に対し二万ドルの補助金を申請していたのだ。その晩はもう調査も休みにして、パンケーキと自家製シロップでお祝いをした。

翌朝、ランドローヴァーに荷物を積み、〝東の砂丘〟にまだ陽がのぼらないうちにマウンへむかって出発した。泥壁の小屋がごちゃごちゃと立ち並ぶ町の通りに車を乗り入れたのは、夜のとばりがすっかりおりたあとだった。家々にはかまどの火がゆらめき、あたりは薄く煙がただよって、やわらかい明かりにつつまれていた。フラッタリーの家は化粧しっくいをほどこした平屋根の建物で、〝おやじさん〟のリッグズの家のアシベいのまむかいにあった。リチャードがバケツにおおいかぶさるようにして魚を洗っているのが、さまざまな網でつぎあてをした網戸ごしに見える。妻のネリーはガスストーヴでとれたてのテラピアをフライにしていた。

「ようこそ……お二人のことはなにもかもうかがっていますわ。そう、ファン・デル・ヴェストホイゼンさんがあなたがたにお金を寄付なさるそうなんですよ。その件でお聞きしてることはみんなお話ししてさしあげますわ。――まずはお坐りになって食べものと冷たいビールでもめしあがってくださいな」

私たちは小さなたる木造りの食堂に入っていった。床をつきやぶって盛りあがっているシロアリ塚がなければ、英国のコテージによく見られる食堂と変わりはなかった。私たちはテーブルにつき、魚のフライ、ポテト、そして焼きたてのパンをごちそうになった。話をきいてみると、どうやらリチャードは補助金についてはほとんどなにも知らないようだった。知っていることはファン・デル・ヴェストホイゼン氏が翌朝マウンに到着するということだけだった。彼が到着したら、タマラカネ川ぞいの荒れたキャンプ地〈リヴィエラ〉で、この未来のスポンサーと昼食でも共にしたい。そこで、楽しい夕べのひとときを過ごしたあと、リチャードにこの意向をファン・デル・ヴェストホイゼン氏に伝えてほしいと頼んだ。

〈リヴィエラ〉の所有者はセレビ・ピクウェ出身で宿舎も経営していたが、その彼から私たちは、食糧補給のためマウンに来た時にはいつでもこのキャンプ地を使用してよいという許可をもらっていた。キャンプ地にはアシとわらでふいた荒れはてた小屋が五つあり、見捨てられた鳥の巣のように、けわしい川岸にへばりついて建っていた。私たちが使っていたのはなかでも一番大きな小屋だったが、川にむかって大きく傾いており、屋根にはあちこちにへこみが生じていた。小屋が倒れないように、イチジクの巨木との間にワイヤロープが張られてあった。砂漠のなかの避難所として重宝がられている、この荒れるにまかせたキャンプ地は、丈高く茂った草にその姿をほとんど隠されていた。さびたキャンプベッドを二台、くぼんだ部分の下からひきずりだし、しみのついたマットレスをはたき、たる木から寝袋にかけて蚊帳をつった。蚊帳には、つぎがあちこちにあたっていた。

小型飛行機のパイロットで、まだ若いマーク・マラーもこのキャンプ地に滞在しており、私たちのよりは小さい草ぶき屋根の小屋に泊まっていた。翌日の夜明け前、私たちはキーキーときしむ耳ざわりな音にまじった、ガタガタというううるさい物音で目が覚めた。マラーが自分の旧式のランドローヴァーを発進させようとしているところだった。それは屋根のない、過去の遺物といってもいいしろもので、第二次世界大戦中にドイツ軍の将校が乗りまわしていた車によく似ていた。マラーは土手の頂上に車を止め、アイドリングさせたままその場を離れると、なにか用を思いだしたのか小屋にひきかえしてきた。瞬間、大きな物音がしたかと思うと、トラックの先端が私たちの小屋の壁をつきやぶり、屋根をズタズタに裂きながら、ベッドから六フィートのところでどうにか止まった。小屋は大地震かと思うばかりに大きく揺れ、屋根のわら、アシ、柱が雨あられと降ってきた。二人ともと び起き、今にも小屋がくずれおちてくるのではないかと怖れおののいていたが、やがてゆっくりと揺れはおさまってきた。マラーがなにかわけのわからないことをブツブツいいながら、暴走したトラックのあとを追って丘を駆けおりてきた。「すみません」こうひと言謝ると、彼はすぐに部屋を出てゆき、車で走り去ってしまった。

私たちはさっそく、ファン・デル・ヴェストホイゼン氏との特別昼食会の準備にとりかかることにした。マークが、イチジクの木の下にでんと置かれた、さびただるまストーヴにたきぎをくべて火を起こす。ストーヴの煙突からもくもくとあがる煙のため、私の頬を涙がとめどもなく流れおちた。オレンジブレッドを焼くのが私の役目で、マークはその間食糧調達に出かけた。正午近くになって、食卓に薄切りのコールド・マトン、新鮮な果物、焼きたてのパンを並べると、準備は完了——ボツワナに来て以来、こんなに豪華な食事を用意したのははじめてのことだった。

アシぶき小屋のヴェランダで、ブリキ製のトランクを椅子代わりに、私たちはファン・デル・ヴェストホイゼン氏と昼食を共にした。彼は物腰柔らかな白髪の紳士で、足が少し不自由な様子だった。二、三フィート離れたところを広大な川がゆったりと流れている。オオバンがアシの間で川面にはねをあげ、対岸ではヒヒの群れが水を飲みに水際までやってきていた。

ファン・デル・ヴェストホイゼン氏から私たちの研究について質問を受けているうちに、なんだか変だぞという気がしだして、その思いはしだいに強くなっていった。この人は私たちについても、私たちの研究内容についてもほとんどなにも知らないんじゃないかしら。

とうとう、マークがきいてみた。

「私たちが提出した計画書をお読みいただけなかったのですか？」

「計画書ですって？」

「南アフリカ自然基金に提出したものですよ」

「どうもよくわからないのですが……あのう……ひょっとするとなにか勘違いなさってるのでは。私は自然基金のものじゃないんですけど」

ひきつづいて説明を聞いたところによると、彼はヨハネスブルグの建築家で、私たちの研究のことをきき、自分のポケットマネーから二〇〇ドルを寄付したいと申し出たということだった。

補助ガソリンタンクを満たしてマウンへの旅に出かければ、片道だけでもゆうに二〇〇ドルはかかる。私たちはがっかりしたが、つとめて落胆を表面にあらわさないようにしてこう言った。「ご寄付いただきましてほんとうにありがとうございます。ちょうど良い時にいただくことができました」

しかし、すべてが徒労だったという気持をぬぐい去ることはできなかった。以後、彼の話はほとんど耳にはいらず、それは長い長い時間に思われた。ファン・デル・ヴェストホイゼン氏はようやく話を終え、新しいピカピカのトラックに乗って帰っていった。二人はただ黙然と川を見つめるばかりだった。

頭が割れるように痛い。まるで万力で両側からしめつけられて、脳天からは鋭いくさびが打ちおろされたようだ。枕に頭をのせると耐えられないほどの痛みが走る。起きあがろうとすると吐き気の波が襲ってくる。柔らかい蚊帳の網のなか、隣で横になっているマークも安眠できないようだ。頭を動かさないようにして、私は肘でそっとマークをついた。

「マーク……なにか薬ないかしら。……マラリアにかかったみたい」

マークは私の額に手をあてると、ゆっくりとベッドからぬけだして、救急箱からにがいクロロキンを六錠持ってきてくれた。にがいのを我慢してやっとの思いでそれをのみこむ。これまで泊まっていたところよりは小さいが、壁に穴のあいてない小屋に私を移すと、マークはさっそくマットレスを敷いて、ねかせてくれた。マウンの慈善病院に行く理由はなにもなかった。マラリアにとってクロロキン以上の良薬はなかったし、そんなところへ行けば、肺結核やもっとたちの悪い病気に感染しないともかぎらなかった。雨季になるとマウンではマラリアが大流行する。「丸薬を飲み、汗を流して熱を下げる。そうすりゃよくなるはずだ。さもなきゃ死ぬしかないね」ハンターたちに言わせると、こうだった。

小屋はじめじめしていてうす暗い。チクチクする羊毛の重い毛布にくるまっているのに身体は石のように冷たく、皮膚はべとべとする。マークがすぐ隣で、ふるえがこないよう守ってくれたが、暖かさを感じることはできなかった。血の脈打つのが頭蓋骨に響く。小さな窓からさしこむ明るい一条の光が目に痛かった。

そうこうするうちに、今度は身体が燃えるように熱くなってきた。渾身の力をこめてマークをおしのけ、掛け布団をはいだ。シーツは湿っぽくて腐ったような臭いがした。長い時間、私の心は闇のなかをただよっていたが、そのうちに安らかなといっていいような気持へと落ちついていった。故郷《ふるさと》の町、あの生き生きしたカシの木、サルオガセモドキ。子どものころすんでいた赤レンガの家。近くのインディアンが襲ってくるぞ、って勝手に想像してつくった、マツの丸太の要塞フォート・ロッグ。そういった光景が目の前に浮かんできた。だがそのどれかに焦点をあわせようとすると、とたんに私は身体をベッドに激しく打ちつけて泣き叫ぶのだった。故郷《ふるさと》ははるかに遠い。がたんごとん、がたんごとん。おまえはここから降りられない、だからこれっきり帰れない。がたんごとん……。

長い時間が過ぎた。やがて、小屋の窓からさしこむ光がずっとやわらかく感じられるようになり、頭もいくらかはっきりしてきた。タタ、タ、タ、タ。ともかくも、アフリカにとどまって研究をやりとげることだ。タタタタタ。私が寝ているすぐそばでマークは、ブリキ製のトランクの上に借りてきたタイプライターをのせて仕事に余念がない。仕事の手を休めたときは私のところへ来てくれる。清潔なシーツにくるまっていると、暖かくてすっかり安心した気分になり、気持も晴れ晴れとしてきた。マークのいつに変わらぬ微笑みとキス、あついスープ、そして冷たい冷たい水が私の回復を喜んで迎えてくれる。身を起こそうとすると、力強い手が私の肩をつかんで布団の上におしもどした。……まだ起きあがるのは早い。

熱にうなされていた間、マークは私のそばで、世界中の動物保護団体に宛てて私たちの研究の進行状態や必要な品などを記した手紙を書いていた。病状がかなり回復して気分もよくなったある朝、マークはそのぶ厚い封書の束を投函しにマウンまで車を走らせた。その間、私は身を起こし枕に背をもたせかけて彼の帰りを待った。まだ少し頭はフラフラしていたが、起きあがるとよい気分だった。くちばしが湾曲刀のように曲がったミナミカマハシが二羽、窓ぎわのイチジクの木の間を飛びまわるのを見ながら一時間ほどするうち、ランドローヴァーが砂をまきあげながら大きな音をたてて帰ってきた。

「おい、だいじょうぶかい。起きあがれるようになってよかったね」マークはやさしく声をかけて、ベッドのへりに腰をおろした。「気分はいいの？」

「ええ――もうすぐまた砂漠にもどれるわ」私は彼に笑いかけた。

「そう急いじゃだめだよ」こう言って、マークは小窓のほうへ歩いていった。

「手紙は来てなかった？　うちからなにか知らせは？」

「うん……いや、なかったよ」マークは木々のかなたにひろがる川を放心したように見つめたままだった。

「でも、それ、ヘレンからの手紙じゃないの？」ズボンのうしろポケットに、私の姉の名を刷りこんだ封筒がしまいこまれてあるのに、私はとっくに気がついていた。

マークはさっと腰のところに手をやった。むきをかえ、ベッドに近づいてくる間、彼の顔は苦痛にゆがんでいた。

「君がもっと元気になって健康を回復してから言おうと思っていたのだけれど。そう、悪い知らせなんだ。君のお父さんがね、六週間ぐらい前に心臓発作で亡くなったんだよ」

身体からすうっと力が抜けて、私はへなへなとベッドにくずれおちた。「ママは——ママのほうはだいじょうぶなの？」思わず私はたずねた。「家に帰ろうにも帰るお金もないのよ、私たち」

父は私たち二人の有力な支持者のひとりで、激励の手紙をくれたり、参考文献を送ってくれたり、関係者の住所を知らせてくれたりしていた。もちろん、フットボールの試合に関連した新聞記事の切り抜きを送ってくれることも忘れなかった。それらは私たちがうけとりに行くまでの何カ月もの間、サファリ・サウスの郵便受けに山積みになっていた。

マークは私のそばに来て坐った。アフリカ滞在の七年間、最もつらいと思ったことは、家から遠く離れていて家族の不幸に立ちあえないということだった。アフリカに来て以来、マークのお母さんとお祖母さんが亡くなった。私のほうは、今度の父のほか、祖母も亡くした。それに、双子の弟の結婚式に参列することもできなかった。家族がつらい思いをしている時にいっしょにいて助けてあげることができない。また楽しい祝いの席にも出席することができない、そう思うと、心は罪悪感でいっぱいになり、なんとかしなければという気持になった。

「家に帰りたければそうしてもいいんだよ。金はどこかでつくってくるから」マークはこういってくれた。

「二人の研究計画《プロジェクト》を成功させましょう。それが一番だと思う」私は小声で言った。

やっと元気になって、マウンの医者のもとに行き診察を受けると、マラリアだけでなく、肝炎、単球増加症、貧血をも併発していることがわかった。「少なくとも、これから先ひと月の間はカラハリ砂漠にもどろうなどと考えてはいけません。静養することです。そうしないと再発のおそれがあります。カラハリで再発するようなことにでもなれば、事は重大ですぞ」医者は眼鏡ごしにじっと私の顔を見ながら、ひどいスウェーデン語なまりで、きつくこう言った。

でも、あの川っぷちのじめじめした小屋でさえ、なんとか静養できたのだから、カラハリのキャンプでできないはずはないだろう。それに資金が残っているうちに、できるだけ多くのことを研究しなければ。そう思って、私は医者に言われたことをそのままマークに伝えることはしなかった。それどころか、実際よりもずっと回復したようにみせかけた。

三日後、ディセプション・ヴァレーへ帰る準備はすっかり整った。

途中、町を出たところで、いつもあれこれと援助の手をさしのべてくれるサファリ・サウスの友人たちから高周波長距離無線機を借りうけた。これで少なくともサファリ・シーズンの間は、毎日正午に狩猟中のハンターたちやマウンの事務所《オフィス》の人たちと連絡をとることができる。外部の世界と接触できるようになったのは、私たちの研究がカラハリで始まって以来、はじめてのことだった。しかし、もしも補助金がすぐに得られなければ、これがカラハリへの最後の旅となることも確かだった。

キャンプにもどると、ガソリン、食料品、水の使用量をこれまでにもまして厳密にはかることにした。夜間のハイエナ尾行に使用するガソリンの量は一回につきわずか一・三ガロン、一日の水の量は一ガロンとした。これで三カ月はやっていける。二カ月を過ぎるころまでには、たぶんこの前提出した補助金の申請に対してなんらかの返事があるはずだ。それまで私たちは、ライオンとカッショクハイエナについて、まとまったデータを得ることに専念することにした。はじめのうち私はまだ身体がしっかりしていなくて、とても車の揺れには耐えられそうもなかったので、ハイエナとライオンの尾行はマークにまかせてキャンプにとどまった。しかし徐々に健康をとりもどすと、残り八週間は二人で、へとへとになるまで夢中になって仕事に没頭した。ディセプション・ヴァレーを去らなければならない日が間近にせまっていることがわかっていたからである。

「〇〇九、きこえますか」無線にフィリス・パーマーの声がした。いつもの彼女の声とはちがう感じだった。

「了解、フィリス。どうぞ」

「ディーリア。オカヴァンゴ野生生物協会理事長のハンス・ファイト氏がマウンに滞在中なの。あなたたちと会って、研究計画《プロジェクト》に対する補助金について検討したいみたい。マウンまで来られる？　どうぞ」

私たちは互いに顔を見あわせて、目を丸くした。先日のファン・デル・ヴェストホイゼン氏とのような結果に終わらないともかぎらない。が、そうかといってほかに手づるはないのだから、あたってみるよりしかたがなかった。

「了解、フィリス。マウンに着き次第すぐに連絡をとります。ありがとう」

二日後マウンに行ってみて、ハンス・ファイト氏がオカヴァンゴ野生生物協会の理事長であることは事実で、補助金ももらえそうだとわかった時には心からホッとした。しかし、最終的な決定が下される前にヨハネスブルグに行って、協会の調査委員会とさらに検討を重ねなければならない。

ヨハネスブルグに着くと、さっそく協会側と交渉をおこなって、今後二年間のカラハリでの研究資金として補助金を取得する約束をとりつけた。この資金が得られれば、もっとましな中古トラックやテントを買うことができるし、さらに重要なことに、アメリカに帰国して身内のものと再会したり、アメリカの動物学者の意見をきくことも可能だ。その上、ライオンやカッショクハイエナを尾行するときにどうしても必要な無線追跡装置を買うこともできる。長期にわたる乾季の間中一貫して捕食動物を尾行できるようになれば、私たちの研究も大きな転機を迎えることになろう。

それはさておいて、ヨハネスブルグで私たちがまず足を運んだのは菓子店だった。店のショーケースには、ピンクと黄色の糖衣をかけた小さなケーキ、ナッツのたっぷりはいったチョコレート菓子、サクランボがのったクッキー、クリーム入りのふわふわのペストリーなどが並んでいる。私たちは店にあるケーキを全部二つずつ注文した。ひもで結んだ白い小ぎれいな菓子箱をかかえて公園へ行き、日なたに坐った。焼きたての、甘くてあったかい、芳しい香りを胸いっぱいに吸ったあと、ひとつひとつ片付けていく。大好物なだけに、全部きれいに平らげてしまった。あおむけに寝ころんで胃を休めながら、口のまわりに粉砂糖をつけたまま私たちは笑いあい、おしゃべりをつづけた。

一二　ディセプションへもどる

マーク

一九七六年一〇月、ニューヨークからヨハネスブルグにもどる。街はローデシアでくりひろげられているテロ闘争の噂でもちきりだった。闘争はフランシスタウン付近の国境を越えて、ボツワナへも波及していた。そのずっと南のほう、東部および北部へ通じる唯一の本道ぞいでは、テロリストたちがマウンへいたる五〇〇マイルの道路ぞいにバリケードを設け、そこで旅行者を殴打したり射殺したりしているという。

ディセプション・ヴァレーを去ってすでに四週間もの月日が、混乱のうちに流れていた。一日もはやくもどって、ライオンやハイエナを無線で追跡する仕事にとりかかりたい。しかし、いまボツワナに入るのは危険だ。ヨハネスブルグからアメリカへむけて出発した時も、南アフリカではソウェト暴動が依然くすぶりつづけていたし、現在もなお全面的な無政府状態は、南アフリカ北部、そしておそらくはアフリカ南部全域にまでひろがりつつあった。

ボツワナは国境付近での紛争にはまきこまれまいと、数カ月にわたって抵抗を続けてきた。しかし今では不審なキャンプがフランシスタウンとセレビ・ピクウェ村近くに設立されたという噂だ。数カ月前からアンゴラからの難民もマウンに現われはじめ、素性が疑われている。村の住人たちの白人に対する態度も、しだいに険悪なものになっている。このように状況が徐々に緊迫してきているさなか、ンガミランド・トレーディング・センターでショッピングをしていたディーリアが、ひとびとにとりかこまれた。これはこの二年来前例のない事件といってよかった。恐怖と疑惑のムードが夕餉《げ》の支度時《どき》の煙のように先住民の定住地をただよいはじめた。へんぴな遠隔地マウンにも世界政治の波がひたひたとおしよせてきていた。

ローデシアからの脅威に対し、ボツワナはとりいそぎボツワナ防衛隊（ＢＤＦ）を結成した。装備も不十分なこの即席の軍隊は、警察の機動隊と手を組んで地方の町々をパトロールしながら、おそらくはローデシアや南アフリカから侵入してくると思われる暴徒たちの探索をおこなった。なんの罪もない人たちが、テロリスト、ＢＤＦ、機動隊員、このいずれかによって傷を負わされたり殺されたりしている、という情報を数多く耳にした――

しかし実際にこのうちのだれがやったのか、確かなことはわからないようであった。もしも政情不安がどうにもならないほど険悪になったら、砂漠への出発は一時延期する。もしくは、ボツワナからは〝全面撤退〟してしまう。私たちはそこまで考えていたし、また身内のものにもそうすると約束してきた。しかし必需品をまとめて荷造りをしているうちに、次のように理由づけをして、とにかく出発しようということになった。たとえ永久に待ったとしても、耳にするのは噂だけで実際には何事も起こりはしないのかもしれない。それにいったんカラハリのキャンプに入りさえすれば、危険なことはないんじゃないかと。凄惨をきわめるテロはそのほとんどがローデシア国境のフランシスタウンにかぎられている。ここからマウンへの道を北へたどっていけばそのあたりを通ることになるが、その際は、最も危険が少ないと思われる昼ごろに車を走らせることにしよう。私たちはそうきめた。中古のトヨタ・ランドクルーザーを買い、必需品を山と積んで、私たちは北にむかっての長い旅路についた。

一日目の昼すぎにはボツワナとの国境に着いた。道路は急に砕石《マカダム》から砂利に変わり、わだちが深く波のようにきざまれていた。人通りも車の往来も消えたようになくなり、私たちの車だけが土けむりをあげながら進んでいった。タイヤが砂利をザクザク踏みしだき、車はやせたトウモロコシ畑を走りすぎる。イバラでつくったボーマに囲まれた泥小屋が時おり視界を通りすぎた。手を振る人の姿はない。たまたま私たちに視線を投げかける人も、顔をしかめて、まるでこっちをにらみつけているような表情だった。

やがて人里もとだえ、道はカーブにさしかかった。すると不意に、切ったばかりでまだ皮がついている木の棒が私たちの行く手をはばんだ。アフリカ人が一〇人から一五人、道の片側に立っている。警官か、テロリストか、それとも兵隊か？　制服は着ていなかったが、それだけではわかりはしない。短くて太い黄緑色の小型軽機関銃を腰にかまえているものが五、六人、ほかの連中はライフル銃を肩にかけている。私は恐ろしさで皮膚に刺すような痛みを感じ、ハンドルをぐっと握りしめた。止まらないでこのまま走りつづけたかったが、彼らは道を横切って車の前に立ちはだかり、銃を手に構えの姿勢をとった。そこでしかたなく車を止めた。

ドアをロックして窓をあける。ギアは入れたままにし、エンジンもかけっぱなしにしておく。そして両足をクラッチとアクセルにかけた。車から降りろといわれたら、ただちに障害を突破するつもりだった。目の血ばしった若者がひとり、機関銃をドアの高さまで持ちあげて、ぶらぶらと歩み寄ってきた。そして開いた窓に顔を近づけた。吐く息がプジャルワくさかった。ほかの連中は車の後部にまわってなかをのぞきこみ、かけておいたキャンヴァスを上げて、缶詰の箱や新しいテント、そのほか日用品を指さしながら、なにやらペチャクチャしゃべっている。窓のそばの若者は指を銃の引き金にかけたまま、私に質問の矢をあびせかけた。いったいおまえたちは何者だ？　どこへ行くつもりなのか？　なんの目的で？　これはだれのトラックだ？　なぜ南アフリカのナンバー・プレートをつけているのか？　たった二人だけなのに、粉ミルクの缶や砂糖の袋がどうしてこんなに多く必要なのか？

しばらくすると、車の後部にいた連中が道の片側に集まり、私たちにはわからない言葉を早口でしゃべりながら、なにやら相談をはじめた。窓のそばにいた若者も彼らに加わった。クラッチをあげて車を走らせたい衝動にかられたがじっと我慢する。車とおぼしきものは持っていないから追いかけてくることはないだろうが、こわいのは発砲してくるのではないかということだ。

「絶対にトラックから降りちゃいけない……。合図したらすぐに床に身を伏せるんだ！」こうディーリアにささやいた。

血ばしった目をした若者は、ほかの連中が見守るなか、もったいぶった様子でトラックに近づいてきた。銃は依然として車のドアの高さにある。彼は窓によりかかると、ひとことも口をきかずにじっと私を見つめた。この時私はヨハネスブルグできいたある話を思い出して胸がむかついた。ヨーロッパから来た若い教師がボツワナ北部の学校に行く途中、バスからひきずりおろされて、ライフル銃の床尾で顔をしたたか打たれたというのだ――彼の顎ひげが気に入らなかったらしい。ヨハネスブルグを去る時、ディーリアは私にひげをそってくれと頼んだ。「そんなの、ただの噂だよ」そう言ってその時は彼女をなだめたのだが、今になってみるとほんとうに噂だけだったのかどうか。

「おまえたち――行っていい」太い声がゆっくりと言った。一瞬耳を疑った。ほんとうに行ってもよいのか？

「ホシアミ――オーケー？」私はききかえした。ひとこともいわずに彼は車からさがった。彼から目を離さずに、私はゆっくりとクラッチをあげた。車が動きだすのをほかの連中はじっと見ている。アクセルをいっぱいに踏んで、できるだけスピードをあげた。バックミラーに私たちを見つめている彼らの姿が映る。背中がむずむずする。「ふせろ！」ディーリアに叫び、私も身体を丸くしてハンドルにおおいかぶさった。そして急カーブにむけて車を全速力で走らせた。

五、六マイル走ったところで車を道の片側に寄せ、ディーリアを強く抱きよせた。二人ともこの思わぬ出来事に身も心もくたくたに疲れはててしまった。いくらか落ちつきをとりもどしてから、ボツワナの地図をひろげた。「できるだけはやく本道から離れなけりゃ」私は地図の中央にぽっかりあいた、カラハリ砂漠を示す大きな白い部分を見ながら言った。「砂漠を横断しなきゃならないとしても、ディセプションへいたる別の道はかならずあるはずだ」しかしその地点からディセプション・ヴァレーへの道のりは二〇〇マイルを越える。新しい貯蔵タンクのなかの、予備の五〇ガロンのガソリンと、ジェリカンにある一〇ガロンの水をもってしても、はたして砂漠にたどり着けるものかどうか心もとなかった。

「マーク、あの時バーギーが言っていた古いわだちのある道、ほら、南東のほうからのびてきている道、あれはどうかしら」

「そりゃ、いい考えだ……もし運よく行きあったら、あの道を行ってみよう」

私たちは本道をはずれて車を走らせ、やぶのなかへ二〇〇ヤードばかり入っていった。ふと思いたって、その夜はそこで野営することにした。新しい黄色のテントは道路から目につきやすいので張るのはやめ、なかにくるまって寝ることにした。そして翌日、カラハリ砂漠のへりにある小さな村に着いた。白いカルクレートの浅瀬を横切り、円形村落《クラール》を通りぬけ、雑貨店の角を曲がった。家畜道のような小道をたどるうち、突然、それがまさしく砂漠へいたる道であることに気がついた。道は乾いた侵食個所やくぼ地のまわりで、思い迷ったようにさまざまな方向にわかれていたが、私たちはコンパスでだいたいの方角を見当づけて、砂漠の奥深く、さらに一九〇マイルも先にあるディセプション・ヴァレーへとなおも進んでいった。

あと数マイルで道がとぎれ、村もなくなり、人間との接触もとだえるという地点にたどり着いたころには、もう夜のとばりがおりていた。ここからは、距離の測定は時間、つまり太陽、月、星の位置からわりだした時間によっておこなおう。腕時計をはずして灰皿のなかに置く。時計が刻んでいるのは別世界の言葉だ。

その夜はもはやひとの目を気づかうこともなく、火を起こして坐り、砂漠に帰ってきた喜びを二人でしみじみと語りあった。西のほうからライオンの咆哮が間近にきこえ、張りつめた心がゆっくりとほぐれていくのがわかる。こんなにゆったりとした気分になったのは何週間ぶりのことだろう。人工的な世界のあの虚飾や心配事――空港の雑踏、都会の車の往来、戦争や闘争、ウォーターゲート事件など――は、かなた後方に去って、原始のままのけがれないアフリカが私たちをふたたび迎え入れてくれた。寝袋にもぐりこんで落ちついてみると、今度はディセプション・ヴァレーのことが心配になってきた。谷間には雨が降っただろうか。私たちが不在の間、モクスは町でどのようにして生活していたのだろうか。

深いイバラのやぶ、そして熱くて重い砂――次の日、朝からジリジリと照りつける太陽のもとでの走行はなかなかきつかった。砂漠の奥へ奥へとさらに距離をのばす。草やイバラのやぶのなかに入ると道がとぎれはじめた。このまま消えてなくなってしまうのだろうか。気温四九度というものすごい暑さに頭はくらくらして目まいを感じる。時おり車をとめては暑さに湯気をたてているラジエーターを冷やしたが、そのたびに水にひたした布で顔や首すじをぬぐわないではいられなかった。走行中、ディーリアは段ボールの箱に足をのせていた。車の床は金属製のため、肉が焼けそうなくらい熱くなっていたのだ。

「ガソリンくさいぞ！」私は急ブレーキをかけた。外にとび出ると、すでに荷台の四隅からガソリンが砂の上に流れ出ていた。大型補助タンクの位置がずれて、燃料パイプが折れている。キャンプまでの走行に必要な、貴重な燃料がどんどん流れていく。

「急げ！　ガソリンを受ける容器がなにかないかさがすんだ！」私たちは車の後部に走り、荷物をひっくりかえしてさがしたが、一ガロン以上はいるいれものは見あたらなかった。

私は車の下にもぐって、燃料パイプを通すため荷台にあけた穴に指をつっこんでふさごうとしたが、タンクの送油孔は穴からずれて鋼鉄製の床にべったりくっついている。折れたニップルまでは指がとどかず、そこをふさぐすべはなかった。

運転台の道具箱からパテの包みをひっつかむと、また腹這いになって車の下にもぐった。霧雨のように降りかかるガソリンのため、シャツも半ズボンもぐしょぐしょだ。必死になってパテのかたまりを小さなすきまにおしこもうとしたが、破損個所にはどうしても手がとどかない。それにたとえとどいたにしても、あふれるガソリンのこの勢いではとても、栓をすることはできなかったろう。

タンクは荷台にボルトで固定されてあり、燃料パイプはその下につながっている。タンクの上方は鉄枠がかこみ、食料品などの必需品を上に山と積んでいるのだ。突然恐怖の念にかられて、二人は缶詰の箱、水を貯えたジェリカン、道具類、そのほかの備品を車の後部から外にほうり投げはじめた。その間もガソリンは休みなくもれつづけている。私は道具箱からスパナをつかむと、投げるのはディーリアにまかせてタンクにまたがり、荷台に鉄枠をとめている鋼鉄製の帯金をはずす作業にとりかかった。せきたてられるようにしてやるので、なかなかうまくできない。

一分また一分。時間は容赦なく過ぎてゆく。砂に吸いこまれてゆくガソリンの音をきいていると気も狂わんばかりだった。タンクにかがみこんで無我夢中でやりながら私は自分自身に言いつづけた。なにか見落としていることがあるにちがいない。……よく考えてみるのだ！

とうとう鉄枠がはずれて、タンクを自由に動かせるようになった。が、下に手を入れてタンクをひっぱりあげようとしても、油でヌルヌルして、どうしても持ちあがらない。鋤をてこにしてやってみたが微動だにしなかった。テニスシューズはガソリンでびしょびしょにぬれてしまった。爆発して燃えあがるのでは、という思いがはじめて頭をよぎった。ようやくのことで心が落ちついてくると、タンクと格闘するのはやめて、頭を冷やして考えてみることにした。

「ジェリカンの水をあけて――そこにガソリンを入れるんだ！」私は叫んだ。

フロントシートのうしろからサイフォン・ホースをとりだすと、一方のはしをタンクにおしこみ、他方を口にあてて吸った。ガソリンが口のなかにほとばしる。息がつまりそうになって思わずホースを口からはずす。唾をぺっぺっと吐きながらホースのはしをジェリカンにおしこみ、なんとかガソリンをジェリカンに移し入れた。二缶目がいっぱいになったところで車にかけのぼり、長いタンクの一方をつかんで持ちあげた。前よりも軽くなっていたので、やっとのことで持ちあがり、タンクを立てることができた。折れたパイプにたまっていたガソリンが全部出て、その部分が乾いたあと、穴にパテをつめた。こうして、残りのガソリンの流出はまぬがれた。

私たちはくたくたになって荷台に腰をおろした。喉がカラカラに渇いている。口のなかにガソリンの味が残っていて、何度も唾を吐いた。とその時、残った水がはいったジェリカン二個のふたが両方ともはずれていることに気がついた。ガソリンを失うまいと奮闘していた混乱のなかで、水のほうは全部流れ出てしまっていたのである。

こうしてガソリンの流出はいくらかでもくいとめることができたが、はたしてディセプション・ヴァレーまでの走行に必要な量が確保できたのかどうかはさだかでなかった。砂漠の奥深く、これからどれほどの距離を走らなければならないのかよくわからなかったし、燃費がどのくらいで走れるかも見当がつかなかった。もしガソリンが底をついたら、歩いていかなければならない。たとえ涼しい夜間にのみ行動するとしても、水なしでは徒歩で二〇マイルがせいぜいである。私は手でタンクの側面を上下になでて、冷たく感じるのはどこからか、つまりガソリンがどこまではいっているかを確かめようとした。確かな手がかりにそって行動していることだけでも確信できれば……そう思ったのである。

私たちは車の陰に坐って靴をぬぎ、両足を冷たい砂のなかに深く入れた。私たちがとるべき道は二つ。ひとつは、水もなくガソリンもかぎられた状態で、とにかく先へ先へと前進する。もうひとつは、ひきかえしてフランシスタウンを通る本道を行く。が、この場合にはテロリストや軍隊に遭遇する危険がともなう。と、不意にディーリアが運転台にかけのぼり、フロントシートを前に倒した。ヨハネスブルグを発つ前、水を入れた二クォート瓶をそこに置いておいたのを思いだしたのだった。やれやれ命びろいした。私たちは少しばかりホッとした。が、口にしたのはほんの一口か二口で、あとはラジエーターを冷やすのにとっておいた。

あちこちに投げ散らかした果物の缶をひろい集めているうちにふと思いあたった。缶詰のなかはシロップじゃないか。そうだ！　ディセプション・ヴァレーへの道すがら、これを飲めばなんとか行くことができる！　そう思って、結局このまま前進することに決めた。補助タンクは立てたまま荷台に縛りつけ、食料品などをふたたび車に積みこんだ。日陰に坐って、日が暮れて冷気がただよいはじめるのを待った。陽が沈むと、果物の缶詰をいくつかフロントシートの下にしまいこみ、別に二つだけとって、その上ぶたにポケットナイフで小さな穴をあけた。かくして、甘ったるいジュースで喉をうるおしながら、砂漠の夕暮れのなかを私たちは出発した。

ヘッドライトの黄色い明かりをたよりに数時間走りつづける。草々が波のように絶え間なくおしよせてくる、その広大な景色にはすっかり魅了されてしまった。そのうちに睡魔がおそってきて運転が続行できなくなり、車をとめた。道ばたに立って夜の冷気を胸いっぱいに吸いこむ。草々や灌木の茂みの甘い香りに生きかえる思いだ。コンパスで進路をくりかえしチェックしたあと、日の出まで車を走らせる。日の出とともに車をとめて、日中の熱暑が耐えられなくなるころまで、車の下にもぐりこんで車輪の間でねむった。

次の夜。車をとめて貯蔵タンクから本タンクへガソリンを吸いあげるたびに、心配がますますつのっていく。朝までに量はかなり減ってしまった。

陽がのぼってもそのまま車を走らせる。夜になったらキャンヴァス・シートを地面にひろげて、草や木の葉に凝結した細かい水滴をとって水の補給にあててみたらどうだろうかと走行中考えたりもした。たとえ事態が悪化の一途をたどったとしても、鏡を使えば、飛行機に——もし上空を飛行機が飛んでいればの話だが——合図を送ることはできるだろうし、車の後部には食糧も大量に積んである。ところが車は前にもまして遅々として、思うように進まなくなり、詳しい地図を持っていなかったので、ディセプション・ヴァレーまであとどのくらいの距離なのかも全然わからなかった。

一一月下旬のある日の昼下がり、とうとう私たちは〝東の砂丘〟の頂きにたどり着いた。そこに腰をおろし、手をかざして日差しを避けながら、目を細めてディセプション・ヴァレーを見下ろした。二人とも当然、歓喜してこの成功を祝ってしかるべきだった。しかしここにいたるまでの苦労があまりにも多すぎたのと、眼下にひろがる光景がひどすぎたために、ただ茫然と言葉もなく見つめるばかりだった。大昔の川の跡は、熱気のためもやにつつまれて、チラチラと光る砂丘の間を這いひろがっていた。地面は荒涼として焼けただれ、生きものはアリ一匹、草の葉一枚もまったく見あたらなかった。灰色の土地が一面にひろがっていて、ところどころに白くさらされた骨と、白いカルクレートの小片が散らばっていた。

ディセプションに行けば、暑さや日照り、熱風から解放されるものといくらか期待していたのだが、実際はほかのところと同じか、それ以上にひどかった。私たちは口をきく気にもなれなかった。

塵旋風が、地面は熱くてさわれないといわんばかりに、灼熱の平原をスキップして通りすぎていく。私たちは日焼けして唇は割れ、目も充血していた。ゆっくりと川床を横切り、キャンプの遺留物がある地点で車をとめた。ねじれた棒の山、ズタズタにひき裂かれ、日に焼けたキャンヴァス、そして数個のさびた空き缶が、折れた小枝と砂の層の下にうずまっている。すり切れたロープを木の大枝にわたしてつり下げてあった戸棚と、日よけ用に建てた小屋は、つぶれてアシの山と化していた。キャンプの境のところにおいてあった水のはいったドラム缶の風上には、砂が吹き寄せられて三日月型に斜面ができていた。木々の間を風がヒューヒューと音をたてて通りぬけるほかは、死のような静寂があたりをつつんでいた。

絶望の淵に立つとはこういうことをいうのか。私たちはできるだけ、その心境を直視しようとした。のんきでとりわけ楽天的な傾向の強い私たちは、ただひたすら雨が降ってくれれば、とそれのみを望んでいた。けれど、雨は一滴も降らなかったようだ。今、ここにはアンテロープもライオンもハイエナもいない。あるのは風とイバラのやぶ、砂、そして熱気だけだ。ねじまがったテントのフレームには裂けたキャンヴァスの切れっぱしがまだしがみついており、風に吹かれてぱたぱたとはためいていた。強風に巻きあげられた砂が顔にあたると刺すように痛いため、私たちは顔を布でおおい、のろのろと、あちこちに散らばった深鍋や缶をかき集めた。いったいここでなにをしようとしているのか――なんのために？　私たちは黙って自分自身に問いかけた。

陽が沈み……熱気がおさまり、風も静まった。砂漠は深い静寂につつまれた。吹き荒れる砂嵐のなかでは大きく、ゆがんで見える赤い太陽が〝西の砂丘〟のかなたに重々しく沈んでいった。キャプテンのテリトリー内の林から、人の血を沸きたたせるようなジャッカルの遠吠えが、谷間を越えてきこえてきた。そのとたん、私たちはどうしてここにもどってきたのかをはっきりと理解したのだった。

これからの私たちの研究は、すべてにわたって無線追跡装置の助けをかりることになる。しかし銃で麻酔薬をうちこんだ場合と同様、この装置も、二人ともこれまで使った経験は全然なかった。ラジオ・テレメトリーはまだ開発途上の段階で、ほかのフィールド・リサーチャーに言わせると、扱いにくく、たいていの場合役に立つというよりむしろ、問題をひきおこすというしろものだった。

「実際のフィールドの状態にできるだけ近い条件のもとで装置をテストせよ」説明書にはこう書いてある。そこでディーリアをキャンプから四〇〇ヤード離れた地点まで歩かせることにする。彼女は首に無線首輪をはめ、両手両膝をついて、餌をあさるハイエナの姿よろしく川床を横切りはじめた。私はアンテナをその方向にむけ、受信機のダイヤルをまわしたり、スイッチを入れたり切ったりしていた。ちょうどその時、背後にモクスの、あの軽く地面をすって歩く足音がきこえてきた。ディセプションにもどってから数日後にマウンへ行って、彼をキャンプにつれもどしていたのだ。ふりむくとちょうどモクスとむきあった。ほうきを手に、テントを掃除しようとしているところだった。鋭い目つきで遠くのディーリアを見てから、私が持っている受信機とアンテナに目を移す。なんとも好奇心をそそられたような顔つきをしている。私は大きな首輪を首にまくと、「通信機——無線——ペリ（ハイエナ）をさがすためのもの——このなかにはいっている」と言いながら、ピンク色をした歯科用のアクリル材のかたまりを彼に見せた。送信機はそのなかに密封されてあり、その両端にはベルトがしっかりとついている。

モクスは視線を首輪からディーリアへと移したあと、また私のほうを見た。「無線なんだよ！」受信機を高々と上げ、ホイップアンテナを首輪からひきだしながら、念をおすように私は言った。

「オウ！　奥さん……ペリ？　ペリ……音楽？」モクスは静かな調子でこうきいた。もう一度ディーリアに目を移したあと、彼は手で喉をおさえた。笑いだしそうになるのを必死に我慢しているようだった。そして鼻をならすとくるりとうしろをむいた。私たちの様子がおかしくてたまらない時でもモクスはいつも自分をおさえ、ゲラゲラと笑いだすことはけっしてなかった。失礼千万な、と思われるのがいやだったのだろう、ふふんとまた鼻をならすと、頭を左右に振りながらテントのなかへ歩いていった。彼がハイエナの追跡に関してどう考えているのか、これでだいたい察しがついた。

四〇〇ヤード余りはなれてアンテナをかかげてまわしてみたが――メーカーがだいじょうぶだと保証している一マイル半よりもずっと近い距離なのに――どうやってみてもディーリアの首の送信機からはなんの音もきこえてこなかった。私たちは川床に腰をおろすと、がっかりして顔を膝にうずめた。これは私たちの研究にとって決定的なダメージだ。修理のためにはわざわざまたマウンまで出かけなければならないし、調査はこれで数カ月遅れてしまうだろう。が、とにかく私たちにできることはメーカーに無線装置を送りかえして、チューニングと機械の再調整をしてもらうことしかない。私たちは機械を箱につめると、南アフリカに飛ぶ小型飛行機のパイロットにそれを託した。

無線機がもどってくるまでの間、ふたたび以前の方法でカッショクハイエナを尾行することにした。しかし、この方法では見つけるチャンスがかぎられていることはわかっている。ライトを左右に動かしながら、物陰もなくひっそりとした川床にじっと目をこらしながら、長時間デコボコの地面を走行する。こんなことを率先してやる気持にはなかなかなれず、私たちは歌をうたったり詩を朗読したりしてなんとかねむけをまぎらわしていた。

一九七七年の初めには雨が降りだし、ありがたいことに焼けつくような熱気からやっと解放された。アンテロープの群れがゆっくりと谷間にもどってきた。ある早朝にはあのサイチョウの群れも、クックッと鳴きながら〝西の砂丘〟の林からもどってきた。テーブルにおりたち、パンくずをせがんでいる。ディーリアは席をたつと、小鳥たちがおりてくる直前に、黄色いひきわりトウモロコシをボウルいっぱいに用意した。

ある朝はライオンの咆哮で目が覚めた。大きな雄ライオンが川床を下ってキャンプにむかってブラブラ歩いてくるのがベッドから見える。両肘を立ててテントの網の窓ごしに見ていると、一五〇〇頭ものスプリングボックの群れがまんなかからきれいに二つにわかれ、ゆっくりとわきによけてライオンを通した。いまはライオンが狩りをしないことがわかっているのだ。

ライオンがキャンプから三〇ヤードのところまで来たとき、〇〇一番のオレンジ色のイヤータグが目にはいった。ボーンズだ！　ボーンズが乾季をのりきって、今度もまたディセプション・ヴァレーにもどってきたのだ。彼はテントの窓のそばのアカシアの茂みのところで立ち止まると、私たちのほうをちらりと見た。そしてふさのついた長い尾を上げて低い小枝にむけて放尿し、においづけをした。それからもう一度ほえると――頭を高く起こし耳をピンと立てて――谷間のはるか北のほうをむき、耳をすました。するとその方向からライオンの合唱が彼の咆哮に答えた。彼は急ぎ足で合唱がきこえてきた方向に歩いてゆき、私たちも車であとを追った。

〝中央のくぼ地〟の水たまりでボーンズは立ち止まると谷間のかなたを見はるかし、長い一列縦隊を組んで近づいてくるライオンに目をとめた。ディーリアが双眼鏡をとりあげて目にあてた。「マーク、ブルー・プライドよ！」ボーンズは仲間たちのほうへほんの少し歩みよったが、すぐにくつろいだ様子で寝そべった。仲間のライオンたちは彼のもとに駆けより、互いに頰をこすりあったり彼に身体をすりよせたりしてあいさつをかわした。しばらくたつと、サッシー、スプーキー、ジプシー、スパイシー、ブルーは、車にむかってまっしぐらに駆けよってきた。そして車のにおいを丹念に嗅いだあと、タイヤにかみついた。なかなかやめようとしないので、スターターをぶつけるようにして押すと、やっとタイヤから離れた。以前にもまして背中がたるんだチェアリーだけはこの馬鹿騒ぎに加わらず、一頭だけ離れてみんなをじっと見ていた。

私たちはしばらくの間ライオンたちといっしょに腰をおろしていたが、やがて帰ることにした。群れ《プライド》から離れ、車を走らせると、いまもなお幼獣のころと同じように、サッシーは回転するタイヤに興味をしめし、動きだした車に駆けよって、後部バンパーに鼻を近づけてきた。うしろにはほかのライオンたちが、長い列をつくって従った。このようにしてキャンプのへりのところまでくると、モクスが皿をふきながら迎えに出ていた。いつもはめったに笑うことがない彼の顔に笑みが浮かんでいる。ハーメルンの笛吹きの情景を思い出したのにちがいない。

サッシーを先頭に、雌ライオンたちがキャンプに侵入してきた。ボーンズはいつもたき火をする場所の近くに身体を横たえた。いつものようにモクスは木立ちのうしろ側にそっと出て、ぐるりとひとまわりしてから、車のなかの私たちに合流した。モクスは今ではもう、このようなライオンやヒョウやハイエナたちの突然の訪問にも慣れ、ブルー・プライドがサーカス団のように移動するのを心から楽しんでいる様子だった。サッシーは水のはいったドラム缶からホースをひったくった。あたかも懸賞つきのヘビを殺したかのように、彼女はさも得意げに頭をもたげてその分捕品《トロフィー》をかかげ、とびはねながらキャンプから出ていった。ほかのライオンたちは、ブゥブゥうなったり、全速力で走ったり、ひらりと身をかわしたり、ころがったり、鉤爪で草をかきむしったりしながら、サッシーとともに逃げていくこのすばらしい獲物を追いかけた。ブルーが地を這っているホースの一方のはしにとびついて引っぱると、サッシーもまけずに引っぱりかえし、とうとうホースはまっぷたつに切れてしまった。スパイシーとジプシーがそのうちのひとつをひったくると、間もなくそれもひきちぎられ、グリーンの樹脂の破片に変わりはてた。こうしてホースがもう使えなくなった今、ドラム缶から簡単に水をくみだすにはどうしたらよいか、と考えをめぐらしているうちに、ライオンは列をなして歩み去り、〝ライオンの休息所〟と名づけた、二〇〇ヤードばかり西の、やぶが生垣のように生い茂っているところで昼寝をはじめていた。

川床近くでライオンの姿を目にした場合はそのつどその場所で観察をおこなうことにしていたが、一九七七年五月下旬のある朝のこと、ブルー・プライドはキャンプを通りすぎ、谷間のずっと北のほうに狩りに出かけていったので、私たちはあとを追ってみることにした。その年、ブルー・プライドを見かけたのはこれが最後だった。無線追跡装置がもどってこないうちに彼らが谷間を去るのではないかという懸念が現実のものとなってしまった。ライオン研究のための時季がまるまる無駄に流れる結果となったのである。

無線装置は三回修理に出したが、三回目がもどってきたときも前とたいして変わりはなかった。が、とにかく一時的にそれで間にあわせるよりほかはなかった。ライオンの姿はすでになかったので、カッショクハイエナの尾行にそれを使うことにした。ほかの装置を買う余裕は金銭的にも時間的にもなかった。

無線首輪の送信機の受信可能範囲をひろげるには、受信機のループアンテナを高くのばすこと、これしか方法がない。が、車の窓から腕をのばしてかかげるくらいでは十分ではない。そこで、テントのポールの部分にそれを結びつけ、下に別の長さのポールを足すことにした。こうすれば車の上二〇～二五フィートの高さまでアンテナを上げることができる。ディーリアと私はランドクルーザーの後部に立ち、ハイエナの動きにあわせてアンテナを手ばやく上げ下げする練習を、うまくできるようになるまでやった。その間モクスは、どこで仕事をしていてもその場所からアンテナ操作の一部始終をじっと見ていた。

ある夜、スターに麻酔をかけて無線首輪をはめ、キャンプ近くのやぶ深い〝ブッシュの島〟のジジフスの木の下に彼女の身体をそっと横たえた。そこでなら、彼女が意識をとりもどすまで、ずっと目を離さずにいることができた。そのうちに夜が明けてきたが、まだ目を覚まさない。意識を回復してやぶのなかにはいってくれれば、練習した無線追跡技術のテストができるのに。と、その時を今か今かと待った。キャンプにもどって手早く食事をすませたあと、また〝ブッシュの島〟に行ってみると、スターの姿はなかった。しかし私たちはあわてなかった。それほど遠くへは行っていないだろうし、無線首輪で簡単に居場所は見つけられるだろう。ディーリアが車の後部によじのぼって、ループアンテナを回しはじめる。私は受信機をスターの首輪の周波数にあわせた。とたんにイヤホンに、ビー、ビー、ビーという音がきこえてきた。「信号音がきこえたぞ！　あれ、きこえなくなった――左後方へ――こんどは右――もう少し右――そこだ！　よし。コンパスで位置を確かめて。さあ、出発しよう」

西に進路をとり、サンドヴェルトのうっそうたる灌木の茂みのなかに入っていった。スターの気配がしないかと、前方を注意しながら車を走らせる。二、三分たったが、彼女の姿はどこにもなかった。そこで車をとめてループアンテナをかかげることにした。「もしかしたらスターはほんとうにどこかへ行ってしまったのかもしれない。信号音がほとんどきこえなくなってしまった」私は車の後部にのぼった。テントのポールの山につまずき、ガチャガチャと大きな音をたてた。ポールを何本かつなぎあわせて、アンテナをおよそ一五フィートの高さまで持ちあげた時、乾季の朝には時計のような正確さでいつも同じ時間に吹きはじめる風が、いま急に勢いを増した。アンテナのポールは大揺れに揺れ、中央から弓なりに曲がった。私は懸命にアンテナをまっすぐに立てようとした。ディーリアはもつれた張り綱を手に、悲壮な決意に顔を赤くこわばらせながら、イバラのやぶのなかを前へうしろへと走りだした。ポールが曲がるむきを見当づけて走りまわる間に、意地悪なイバラのとげで彼女の衣服は裂け、顔や手にはひっかき傷ができた。

突風がひと吹きすると、この不安定なしろものはまるでスパゲッティかなにかのように西のほうに大きく曲がった。

「こっち側だ、こっち側に来てくれ——急いでくれ、持ちこたえられないよ！」私はうなった。

「来たわ——ほら、これでいいでしょう！」

「しっかり持って。よしいいぞ。スターの位置もつきとめた。さあ出かけよう」急ごしらえで立てたアンテナのポールからこまごまとした付属品をとりはずすと、やぶを通りぬけて、スターの信号音がきこえた方角にむけて車を走らせた。しかし数百ヤード走っても受信機にきこえるのは、ガーガーという雑音だけだった。「このいまいましいアンテナめ！もっと高くしろというのか」私はさらにポールを何本かつぎたしはじめた。一方ディーリアは、必死になってぐらぐらするアンテナの先を張り綱でコントロールしようとした。彼女の目からは涙がこぼれんばかりだった。私もヘビのように怒り狂っていた——彼女に対してではなく、なにもかもがうまくいかないからだった。

アンテナを車の上方、およそ二五フィートまで高くする。コントロールはほとんど不可能な状態だ。風の勢いはますます強くなっていく。突然、最悪の事態が発生した。とてつもなく大きな揺れが生じたかと思うと、次の瞬間、ポールが曲がり、つなぎ目がはずれてくずれてしまったのだ。ちぎれたアンテナは空にまい上がり、イバラの茂みのなかに落ちた。ぐにゃぐにゃになった張り綱を手にディーリアがつっ立っている。涙が目からあふれ出ていた。私は折れ曲がった、この役立たずのポールをぐっとにらみつけた。

「砂丘の頂上へ行ってみよう！」私は吐きすてるように言った。「もしそこでもスターからの信号音がきこえなければ、もうどこに行ってもダメだ！」私たちはまたアンテナの部品を車に投げ入れた。大きくはずみながらやぶを通りぬけると、やがて車は、一二〇フィートほど高いところにある〝西の砂丘〟の頂上に着いた。アンテナのポールの、曲がっていない部分をつなぎあわせてスターからの信号音をうかがったが、なにもきこえてこなかった。私たちは完全に打ちのめされてしまった。この装置のために何カ月も棒にふったのに、役に立たないとは！

川床へもどる道すがら、運転台の二人は石のようにおし黙ったままだった。キャンプに近づくと、モクスが腕を振って東の方向を指さしながら、テントのすぐわきに立っていた。

顔に隠しおおせない笑みが浮かんでいる。彼が指さした方向をみると、一〇〇ヤードと離れていないところに、なんとスターの姿があるではないか。川床を横切り、私たちが来たのとは反対の方向にむかって歩いていくのがはっきり見えた。

もうアンテナを高く上げることはせず、車の窓からつきだすだけにして、ハイエナの首輪の送信機の有効範囲内で信号音をキャッチすることにした。スターが日中どこで休息をとるのかもまったくわからぬまま、とにかく谷間から砂丘にかけて、東西数マイルにわたって長距離走行しながら、無線装置をたよりに彼女の居所をさがしもとめた。が、結局わからずじまいだった。無線がうまく作動しないときは以前の方法にもどって、毎夜何時間も川床を探索した。まずスポットライトでさがしはじめ、見つかったら無線機に切りかえて、サンドヴェルトのブッシュ・サヴァンナを行くスターを尾行する。彼女からの距離が二〇〇ないし三〇〇ヤード以内であれば、信号音をきくことができた。無線装置の使用はこのようにごくかぎられてはいたが、それでもいくらかはその恩恵に浴することができた。

スターに首輪をつけた翌日の夜、彼女が〝ノース・ベイの丘〟にいるのを目にした。彼女の行くところどこまでもついていくぞ、と心を決めてはみたのだが、いったいキャンプからどのくらい遠くまで行くのか、またどの方向へ行くのかもさっぱりわからない。が、とにかく食糧と水を余分に、そして野営に必要なその他のものをいっしょに車に積みこんだ。朝までにはおそらく、キャンプから五〇マイルは行くかもしれない。

スターは東にむきをかえると、サンドヴェルトの丈の高い草とやぶのなかに姿を消した。そのあと一二時間、彼女の姿を見ることはなかった。彼女からのかすかな信号音をたよりに、うっそうとしたイバラのやぶと深い林をつっきると、〝東の砂丘〟に出た。悪夢のような体験だった。それからは尾根づたいに北にむきをかえ、下生えがびっしりと生い茂るなかに入っていった。倒木をふみこえ、根株をよけ、壁のように立ちはだかるイバラのやぶをつっきって進んでいく。時にイバラの壁は高さ一〇フィートにもなり、ちょっとやそっとではつき破れず、前輪を浮かせて体当たりすることも時おりあった。こんな状態で二、三夜走りつづけるうちに、ランドクルーザーの電気系統、排気管、ブレーキ系統はひきちぎれてしまった。一、二週間後にはやっと余裕もできて、それらを頑丈なゴムホースにつつみこんでシャーシーにしっかりと縛りつけたが、それまでは、それらなしで運転を続けた。車の両わきがこすれてキーキーと音がなり、きずがつく。と、そのたびに小枝や木の皮、そして枝がいっぱい、雨あられとボンネットの上に降りそそいできた。スポットライトと無線アンテナは可能なかぎり車の外にかかげて、たえず前方の注意をおこたらぬようにし、スターが新しい位置から発信する電波を確実にとらえるようにした。ディーリアはコンパスで方位を確かめ、走行距離を読みとり、ハイエナの生息地や行動についてのノートをとりつづけた。懐中電灯とコンパスを操作しながら、しかも読みやすい字でノートをとる。それを同時に、はげしく揺れ動く車のなかでいったいどういうふうにやってのけるのか、私にはとても信じられなかった。

屍肉をあさろうにも、ライオンの食べ残しなどどこにもなかったので、スターはうっそうとした木の茂みをさがしもとめた。とりたての獲物を持ったヒョウ、ジャコウネコ、サーヴァルキャット、ジャッカルに不意打ちをかけて横取りするには、開けた生息地よりも暗い茂みのなかのほうが成功度が高い。スターは立ち止まることがないので、私たちも終始運転を続けざるをえなく、夜間の尾行中にできるひっかき傷や打撲傷はそのあともしばらくたえなかった。しかしおよそ三年前に私たちの研究がスタートして以来はじめて、乾季の間カッショクハイエナが、川床を離れてどのように生活しているのか、その詳細がわかりかけてきたのだった。

スターが砂丘の斜面の林を出て、丈の高い草の生えた開けた地に姿をあらわしたのは、ある朝の、夜が明けて間もなくのことだった。私たちは砂丘の頂きにおり、そこから彼女を見下ろしていた。彼女はにおいを嗅ぎながら草むらのなかにつき進んでいったが、その時、丈の高いほっそりした形のものが二つ、前方にぬっと姿を現わした。下生えのなかから突然、街灯がつき出てきた、といった感じだった。スターの身体は一瞬硬直したが、頭を低くして、そっと前方に忍び寄った。首がだんだんと長くのびて、立ちあがったのは二羽のダチョウだった。かれらは翼の羽毛を逆立てて、油断なくあたりをうかがっている。突然、雌のほうが羽ばたきをしながら走り去った。が、大きくて黒い雄ダチョウのほうは翼をひろげながら威風堂々とスターにむかって進み出てきた。大きな骨ばった足で地面を踏みならしながら、草の間を疾走してくる。スターも毛を逆立て、彼をめがけて突進した。二頭の距離が二、三ヤードになったとき、ダチョウは突然、身体を左に倒した。翼はだらりと下がり、まるで胴体から切りはなされたかのように地面を這った。そして白黒の羽をバタつかせながら倒れた。スターがこの策略にのらなかったので、やがてダチョウは起き上がり、〝怪我をしたように見せかけた〟翼をよたよたさせながら、今度は彼女のまわりを円を描いてまわりはじめた。〝擬傷〟といわれるこの惑わし行為はなかなか壮観だった。しかしスターは長い経験でたいていのことは心得ていたから、だまされることはなかった。鼻を地面にくっつけてにおいを嗅ぎながらあちこちその付近を歩きまわったあと、とうとうダチョウの巣をみつけた。乾季にカッショクハイエナがひきあてた、思いがけない幸運だった。

スターはダチョウの卵（メロンくらいの大きさでクリーム色がかっている）の間に立ち、口を大きくあけてそのひとつをはさんでとりあげようとした。表面がツルツルしているので、歯ではさもうにもなかなかうまくいかない。卵が口からポンとおちると、口もパチンと音をたててしまる。彼女はもう一度挑戦した。前かがみになって鼻づらを卵にくっつけるようにし、体重を犬歯にかけると、とうとう殻がわれ、なかの栄養物が流れ出た。彼女は三個だけ巣のなかで舐めて、残りの八個は別の場所に運んで隠し、今後の食糧として貯えた。

私たちはキャンプから数マイル離れた砂丘の頂上に坐っていた。太陽は私たちの頭上にある。干し肉《ビルトン》を食べながら冷たいコーヒーをすすった。コーヒーは、割れた魔法ビンのかけらがなかにはいらないよう布でこした。私がパンクしたタイヤ二つを修理している間に、ディーリアはコンパスによる方角の記録とオドメーターの表示を再チェックして、キャンプへもどる道を確かめた。スターのあとを追って二二マイルもの距離をジグザグに進んできたので、キャンプに帰りつくのはいったいいつごろになるのか、皆目見当もつかなかった。

無線首輪によるはじめての尾行で多くのことを知ることができたので、ひきつづきシャドー、パッチイズ、アイヴィーにも首輪をつけることにした。ハイエナの尾行は毎日夜間におこない、次の日の日中は、暑さのなかで、できるだけ休養をとるようにした。そして夜になるとまた尾行に出かけて行くのだった。数日間こんな状態を続けていると、二人とも互いに相手をライオンのえじきにしてしまってもかまわないような気がしてくる。二日ばかり続けて休養をとれば、このような大昔の先祖が体験したような思いはたいていすっかり消えてなくなるのだが、そうはいっても、暑さのため日中はなかなか睡眠がとれず、私たちはいつも疲れていた。

　調査にとりかかった当初から、私たちはカッショクハイエナの生態に関する数々の謎に魅了されてきた。雨季の間スポットライトをたよりにカッショクハイエナを追跡した結果、その行動圏内での動き、社会行動、採食習性などがやっとのことでどうやら少しずつわかってきたが、その知識の断片がかえって新たな疑問をひき起こし、さらに深く知りたいという意欲と好奇心をつのらせた。無線装置が十分に役割を果たしたとはけっしていえないが、それでも、乾季におけるハイエナの世界を内側から観察するのには役立った。ハイエナたちからの信号音を追いかけることによって、このタフで順応性にとんだ屍肉食者が、これほどに厳しく、そしてなにが起こるかわからない環境のなかで、さまざまな方法を使いなんとか生きのびていくさまを知ることができ、二人とも感嘆の念を禁じえなかった。スターがこの酷烈な旱魃を生きのびてゆく姿にはたえず目をみはらされた。乾季には屍肉はバラバラになって広範囲にちらばってしまう。カッショクハイエナはおもに屍肉を餌としているため、その行動圏は雨季のほぼ二倍にひろがる。つまりとてつもなく長い距離を歩いて、食べ残しをあさらなければならなくなるのである。くる夜もくる夜も、彼女は餌をもとめて歩きまわる。ジグザグに歩いた距離も含めると一夜に三〇マイルは下らない。そうやって夜間、長距離を歩いていれば、イバラのやぶをつっきったり、さらさらの砂の上を悪戦苦闘しながら進んでいったりすることもあるだろう。そういった際に必要なエネルギーは並大抵のものではないはずだ。にもかかわらず、驚くべきことに彼女が食べる量はほんのわずかであり、時には全然食べないこともある。ある夜などは、角一本、ひづめひとつ、ひからびた皮の切れっぱし一枚、太陽にさらされた骨の裂片がほんの少し――おそらく全部あわせても一ポンドか二ポンド――だけで、それもみな、ライオンやジャッカル、ハゲワシ、そしてほかのハイエナたちが何カ月も前に食べ残した屍肉の一部であった。カッショクハイエナは数カ月にわたって――旱魃の場合には何年にもわたって――水なしでも生きていける力を持っている。これもまた驚くべきことだ。彼らが自分で実際に殺して得る獲物は餌のおよそ一六パーセント余りである。乾季には時たま狩りに出かけて、小さな獲物をしとめる。トビウサギやそのほかの齧歯類を巣穴から掘りおこしたり、また、鳥やアンテロープの屍骸をジャッカル、ヒョウ、チーターから盗んだりするのである。そうして得られた獲物や屍肉の体組織は食糧としては言うにおよばず、水分の補給源としても不可欠だ。なぜなら、ハイエナが常食としている骨には、たとえ殺されたばかりの動物のものであってもほとんど水分が含まれていないからである。雨が十分に降って野生のメロンがたくさん生育すれば、それを食べて水分を補給することもある。

私たちのカッショクハイエナ研究と時を同じくして、ガス・ミルズ氏がカラハリ南部でハイエナの採食行動について綿密な調査をおこなっていた。しかし、この種に関しては、まだまだ明らかにされていない疑問点がたくさんある。例えば、彼らはどんな型《タイプ》の社会組織を形成しているのか。これについてはなにもわかっていない。ミルズ氏と彼の仲間たちは、カッショクハイエナが群れ《クラン》を形成しない単独性の種であると記述している（J. Skinner, 1979 & M. G. L. Mills, 1976）が、ライオンの食べ残した大形の獲物をあさるときなどは五頭ぐらいずつで集団を形成するのを、私たちはしばしば目にしている。それに少なくとも雨季の間は、社会順位制のもとで群れ《クラン》をなして暮らしていることも知っている。乾季になってライオンや大形のアンテロープが谷間を去ると、ハイエナたちの連係を強めていた大形動物の屍骸が少なくなるので、集団としてのつながりは解消する。その後はおそらく、各個体がバラバラにそれぞれの行動範囲を保有することになるのだと思われる。カッショクハイエナを無線追跡してわかったことは、乾季中は群れ《クラン》のメンバーたちがそれほどひんぱんに集まることはなく、たいていは単独で獲物をあさっているということである。しかし彼らは、共有する行動圏の共通の小道ににおいのマークをつけておくことで、たとえ何マイル離れていようが、互いに接触は保っている。さらに、各グループの社会順位制は、長い乾季の間じゅうずっと守られているのである。ハイエナはなぜ、こういった社会的慣習にこだわるのか。それはよくわからない。仲間と別れて獲物をあさらざるをえないのにどうして互いの接触だけは保とうとするのか。この疑問に対して答えを得ること、これが私たちのカッショクハイエナ研究の今後の主要目的のひとつとなった。

ある日のこと、群れ《クラン》の優位の雄であるアイヴィーは、〝東の砂丘〟頂上ぞいのやぶから林を、斜めに下っていた。ジグザグに進路をとっていたため、捕食者が殺した獲物の臭跡をあちこちで嗅ぎとることができたようだ。屍肉食者の基準からいえばその夜はけっして悪い夜とはいえなかった。というのも、いましがた殺されたばかりのホロホロチョウをジャッカルからうばいとってあったし、何日か前につかまえたクードゥーの片肢をさっき食べて満腹していたからだ。群れ《クラン》のテリトリーの東側の境界地帯ににおいづけをすれば、その夜彼がやるべきことはすべて終了するはずだった。

突然、よそものの臭いがアイヴィーの鼻孔を満たした。彼は首のまわりの毛を逆立て、大きくふみだそうと足をあげたまま身体を硬直させた。一五ヤードと離れていない前方のアカシアの茂みから、大形の雄ハイエナ、マクダフが大またで歩み出た。太い首と幅広い肩は、ブロンドの毛でケープのようにおおわれており、大きくて精悍な頭部を高くもたげている。アイヴィーの姿を目にして、マクダフはさらに一段と大きくなったようにみえた。二頭の雄は前足で地面をかいて、闘いの構えをした。数秒間彼らは互いに相手をうかがっていたが、やがてアイヴィーが頭を低くして攻撃をしかけた。マクダフはしっかりと足を地につけて待ちかまえた。二頭はぞっとするようなものすごい声でほえ、そして叫び声をあげて、相手の首にかぶりついた。互いに肩をぶつけ、鼻づらをくっつけあってとっ組みあいをはじめると、砂ぼこりがもうもうと立ち、灌木はミシミシと音をたてて折れた。最初はマクダフのほうが優勢だった。アイヴィーを強打してバランスを狂わせ、頭のわきをつかむとはげしくゆさぶった。アイヴィーの顔から血がしたたり落ち、彼は叫び声をあげてうしろへ上へと身体を押しながら、万力のようにぐいぐいしめつけてくる力をなんとかふりはなそうと必死になった。身体をひねってひきはなそうとすると、顔がひき裂けそうになる。囚人を連行する看守のように、マクダフは円を描きながらアイヴィーをひったて、彼の身体をゆさぶりつづけた。そしてしまいには彼を勢いよく投げとばした。

もう一度つかみなおそうとしたとき、アイヴィーは突然くるりとむきなおってマクダフの首をひっつかんだ。相撲の力士のように左右立ちかわったり、よろめいたりしながらも、二頭はそれぞれ相手の首と顔にかぶりついている。攻撃の手をゆるめるのは息をつぐほんのひとときだけだ。そのうちにとうとうマクダフが渾身の力をこめて頭をまわすと、かぶりついていたアイヴィーの歯は首からはずれ、マクダフは走りだした。するとアイヴィーがマクダフの後肢に突進してかかとにかみついた。が、マクダフはこのテリトリーから逃げだすことはせず、あたりをぐるっとひとまわりするとまたもどってきた。そして、走りながらのとっ組みあいとなり、二頭の雄はやぶのなかに消えた。

それから幾夜かが過ぎ、アイヴィーの姿をふたたびみかけたときには首と顔に深い傷があった。しかしカッショクハイエナの首の皮膚は非常に厚いため、あれほどの強打にも十分耐えうるし、また傷のなおりもはやい。アイヴィーとマクダフの間にはその後何度も闘いがおこなわれたが、たいていマクダフの勝利に終わった。アイヴィーを見かけることはしだいにまれとなり、そのうちにまったく見ることがなくなった。逆にマクダフの姿はどこででも見られるようになった。彼はパッチイズやスターといっしょに獲物にありついていたり、谷間をのぼりおりしてあちこちににおいのマークをつけながら、群れ《クラン》のテリトリーをパトロールしたりしていた。かくしてディセプション・クランに新しい優位の雄が誕生した。

カッショクハイエナについて非常に不可解なことがある。ほぼ二年半の間、夜間ハイエナの個体を追跡してきたが、その間彼らの繁殖行為についてはほとんどなにも知ることがなく、また幼獣の姿も全然見かけることがなかった。どこに子どもを隠しているのだろう？　以前にポーゴーとホーキンズをつれた雌の成獣を何頭か見かけたが、どれが彼らの母親なのかはさっぱりわからなかった。ハイエナは何回子どもを産み、そのうちの何頭が生きのびているのか。そしてどのようにして育てられるのか。こういったことがわかるまでは私たちの研究はけっして終わったとはいえない。

一九七七年の乾季のある夜、シャドーがオリックスの屍骸のところに姿を現わした。彼女の姿を見るなり、乳房が重くたれ下がっているのに気がついて、私たちはうれしくて胸が高鳴った。巣穴へむかうハイエナの母親を追跡するのははじめてのことである。シャドーはオリックスの屍骸から肢を一本つかむと、それを持ってサンドヴェルトのなかに入り、足早にやぶのなかに姿を消した。一方私たちは彼女の後方にぴたりとくっついて、見逃さないようにあとを追った。〝ヒョウの小道〟からほど近い〝西の砂丘〟のふもとで信号音の調子《ピッチ》が変わり、やがて突然きこえなくなった。「巣穴に入ったんだ！」地下にもぐったから無線機の送信状態がわるくなったのにちがいないと思いながら、私は言った。その後三時間たってもシャドーは現われず、信号音もふたたびきこえてくることがなかった。私たちは事の成りゆきにすっかりとまどうとともに、巣穴の場所が確認できなかったのでがっかりしてしまった。とりあえずトイレットペーパーをやぶに縛りつけてこの場所の目印とし、キャンプへひきかえすことにした。

夜明けごろにまたその場所にもどり、無線機に耳をあててシャドーからの信号音を待った。日の出直後になってやっときこえてきた。音はしだいに大きくなり、だんだんこっちに近づいてきた。また巣穴にもどってきたのだ。信号音がとまった時、位置を周囲の三点から測定した。すると急に、幽霊のように音が消えてしまった。その後二時間、シャドーを見かけることも彼女からの信号音を耳にすることもなかった。

待つこと二時間半。なにがなんでもシャドーの巣穴を見つけてみせるぞ。私たちは意気ごんだ。そろりそろりと灌木の茂みのなかを車で進んでいく間、ディーリアは屋根に立って、母親ハイエナのシャドーに近づきすぎてこわがらせることがないように見張りを続けた。ディーリアがトントンと屋根を叩いたので車をとめると、目の前にトビウサギのコロニーの中心へ続く小さな巣穴の入口があった。盛り上がった土の表面にはハイエナの子どもたちのかわいい足跡がついている。窓から身をのりだして、灌木にたくさんのティッシュペーパーを縛りつけると、しずかにその場を去った。

その後一〇日間、私たちは一日もおこたらず巣穴近くに坐りこんだ。しかし私たちの知りうるかぎり、シャドーは一度ももどってこなかった。キツネにつままれたような気がした。彼女は自分の子どもを食べてしまったのだろうか。それとも捨ててしまったのか。ただでさえ神経のいらだつ出産直後のこの時期に、ひょっとして私たちが彼女によけいなストレスをかけてしまったのかもしれない。あるいは私たちのにおいにおびえて近寄れないのかもしれない。

デイヴィッド・マクドナルドの研究によると、アカキツネの場合、優位の雌が子どもをつれた劣位の雌をいじめると、最後には劣位の雌は自分の子どもを捨ててしまう、ということだ(D. W. Macdonald, 1979)。シャドーはディセプション・パン・クランのメンバーとしては最下位だから、多分、パッチイズかスターがいつもよりもはげしく彼女をいじめたのにちがいない。理由はなんであれ、私たちはハイエナの巣穴をみつける絶好のチャンスを逸してしまったのである。

数カ月後、群れ《クラン》で最も地位の高い雌のパッチイズについてもシャドーの場合とほとんど同じような経験をした。パッチイズもまた私たちを巣穴までみちびいてはくれたが、シャドーのときと同様に子どもの姿をちらりとも見せないうちに巣穴のあたりにくるのをやめてしまったのである。あとには子どもたちのいた気配さえなかった。カッショクハイエナの雌はいったい子どもをどうしているのか。私たちはますます困惑するばかりだった。この疑問に対する答えがハイエナの社会性の謎と密接に結びついていることなど、今の段階ではわかろうはずがなかった。

一三　谷間から去る

マーク

草を踏む動物の足音で目が覚める。きっとあいつが来たんだ。目をあけると、思ったとおりボーンズが二、三フィート先に立っている。彼はテントの網の窓のそばのアカシアの木に勢いよく尿をとばした。「おはよう、ボーンズくん」私は声をかけた。「今朝はいい天気だね。雨季はとっくに終わっているのに、いったいここでなにをしてるんだい」ボーンズは顔をまわして窓のほうをむくと、尾を肢のところでくねらせたまま私たちを二、三秒じっとみつめた。それから小道をブラブラ下って、キャンプのなかに入りこんできた。素足であとを追うと、彼は食堂用テントの入口のフラップのにおいをかいだあと、なかに入ってかまどのほうにむかった。テーブルの横を通りすぎた時、モクスはちょうど彼に背をむけて皿を洗っていた。四五〇ポンドのライオンの巨体が突如として台所をふさいだ。

私がそっと口笛を吹く。モクスは肩ごしにふりかえりざま、ブリキの皿と布巾を水のなかに落っことし、アシの壁をつたって一目散に灌木の茂みのなかに走り去った。一分後。モクスは私たちのうしろに立っていた。「タウ、フーウー」こう言って、おだやかに笑っている。今では彼も私たちと同じくらいライオンに愛着を感じるようになっており、夜間にライオンの咆哮を耳にすることがあると、翌朝にはわざわざ居場所を報告してくれたりもした。朝、砂丘のほうを指さしながら、彼はよくこう言ったものだ。「ゆうべブルーのおかみさんがあっちのほう、ずっと遠くでほえてましたよ」

ボーンズは万能テーブルに行き、粉ミルクの大きな缶を口にくわえた。犬歯で缶をかみ切ると、パッと白い煙があがって彼の鼻をくすぐった。くしゃみをして頭を横に振り、もう一度またくしゃみをした。火格子の上ではやかんが湯気を立てている。ボーンズは熱い取っ手に鼻を近づけ、びくっとあとずさりをした。それから小道を下ると、アシでかこった風呂場に入っていった。大きな尻で狭い入口をふさいだまま、頭を洗面用テーブルまでもたげると、ピンクのプラスチックの洗面器に目をとめた。なかには昨晩スポンジで腕を洗った残り水がはいっている。両腕にこびりついた油汚れがなかなかきれいに落ちなかったので、私は大量に粉石けんを使ったのだった。ボーンズはその黒ずんだ泡だらけの水を飲みはじめた。鼻を洗面器のなかにつっこみ、大きなピンクの舌で、泡のひとつにいたるまで水をきれいに舐めつくす。飲めば飲むほど泡がたってきて、とうとう鼻が泡だらけになってしまった。やがて全部飲みおえると、顔を上げて深いため息をついた。ゲップをして鼻先についた大きな泡をフーと吹き、またくしゃみをすると、泡がパンと割れた。それから頭を左右に振って、鼻づらから残った泡をふるいおとした。洗面器をくわえ、一方のはしをまるで大きなピンクのくちばしのように口からつきだして、ボーンズはキャンプからもったいぶった様子で出ていった。洗面器をかみくだきながら川床にそって北の方向に歩いていく。道みち、ピンクのプラスチックの破片を点々と落としていった。彼は〝ノース・ツリー〟にむかって長時間歩いたあと、東へむきを変えて砂丘をいくつか越え、やがて丈の高いバター色の草のなかに身体を横たえると、秋の陽を身体いっぱいに浴びた。たてがみと草のわらの部分がまったく同じ模様をつくりだしていた。

しばらくすると、ボーンズはふたたび東のほうへ歩きはじめた。「いったいおまえはどっちの方向へ行く気なんだい。できたら教えてほしいもんだね」そう私は言った。一九七七年六月。修理に出した無線装置はまだもどってきていない。ボーンズはまだ無線首輪をつけていないので、彼の移動を追跡しようにも方法がなかった。乾季のまっさかりで、カラハリ砂漠のどこへ行っても水はなかった。ボテティ川にむかい、そこでブルー・プライドのほかの連中と合流するのだろうか。雨が降ってアンテロープの群れが移動をはじめ、それを追って彼がふたたびディセプション・ヴァレーにもどってくるのはまだまだ何カ月も先のことだった。

「元気でね。ブラブラ歩きのライオンさん」くるりとむきをかえてサヴァンナを歩み去るボーンズに、ディーリアはやさしく声をかけた。

一九七七年九月。すでに暑さがぶりかえしていた。この数カ月間カッショクハイエナを無線追跡してきたことで、私たちは疲労困憊していた。六月にボーンズがキャンプを訪れて以来、ライオンたちの姿はどこにも見られず、彼らに無線首輪をつけることもできないままだった。食料品が不足してきたので、補給のためマウンに出かけることにしたが、あわせてそこで英気をやしなうつもりでもあった。マウンからの帰途、動物保護区の北東のすみにそって車を走らせていると、ライオネル・パーマーにばったり会った。彼はお客のハンターを二人つれていた。アメリカのイリノイ州から来た薬剤師とその奥さんだった。とても暑く、その上疲れていたので、動物保護区の境界から一マイル東にあるサファリ・キャンプに一泊していってはどうかと誘われた時には喜んでそうすることにした。サファリ・キャンプは、アカシアの樹林帯のへりぞいの開けた地に設けられていた。この樹林帯はディセプションの川筋にそって西へ数マイルにわたって続き、中央カラハリ動物保護区へとのびている。キャンプには厚手のキャンヴァスでできた大きな寝室用テントが五つ、日よけ用の木の下に並んでいた。開けたところは砂地で、中央にはたき火を囲んでデッキチェアと小さなカクテルテーブルが用意されてあった。食堂用テントは二、三ヤード先の大きなアカシアの木の下に、小ぎれいにピンと張られてある。なかには長い食卓とガス・フリーザーと冷蔵庫がおいてあった。

アシの風よけをめぐらした台所のあたりでは、土地の人たちが料理をつくったりパンを焼いたりして忙しく立ち働いていた。パンは、大きな缶をなかば地中に埋め、熾《おき》火でそれをおおって焼くのだ。若者がひとり坐ってハンドピアノをポツリポツリとたたいていた。この楽器は手のひら大のボードにさまざまな長さの金属の細片がついたもので、たたくといろいろな高さの音がでる。草でバスケットを編んでいるものもいた。食器棚にはスウェーデン製のハム、アメリカ製のマヨネーズ、それにシーフードの缶詰がぎっしり詰まっていた。

食堂用テントから一〇〇ヤード離れたキャンプ地のはずれでは、獲物の皮剝ぎと塩漬けがおこなわれていた。そこには何十もの獣皮がだらりとたれ下がっており、ハゲワシが木の上からしきりに機をうかがっていた。角《つの》のある頭蓋骨が山積みされ、ひとつひとつに獲物をしとめたハンターの名前と住所を書いた金属札が針金で結びつけられてあった。

車を止めると、赤いジャケットを着て、ふさ飾りのある帽子をかぶったアフリカ人のウェイターが数人、「ドゥメラ」と叫び、手をたたいてあいさつをした。そのうちのひとりが私たちを宿舎に案内してくれた。宿舎は縦一二フィート、横一五フィートのダークグリーンの〝マンヤラ〟型テントで、大きな網の窓と日よけになるフライ・シートがついていた。入口のポーチの片すみにはキャンヴァス製の洗面台があり、なかほどに寄ったところにテーブルがおいてあって、上には鏡、殺虫剤の缶、懐中電灯、新しい石けん一個と洗面用のタオルがきれいに並べてあった。奥には丈の高い鉄製のベッドが二つあり、ぶ厚いマットレスに清潔なシーツと厚い毛布がかかっていた。ずっと奥には椅子が二脚とテーブルがもうひとつあり、上には殺虫剤がもう一缶、そしてランプがのっていた。

ディーリアがものほしそうな様子でテントをなでながら言った。「ディセプションにもこんなキャンプがあったら、って思わない？」

「そうだね。だけど、ここの人たちは自分たちのテントの窓のすぐ外のやぶにライオンがおしっこをひっかけるなんてことはけっして許さないだろうと思うよ」

「そのとおりだわ」ディーリアが答える。「それはなにものにも替えがたいものね。とにかく、このキャンプ地をつくるために灌木は全部切り倒され、草も根こそぎひき抜かれてしまっているのね」

「ティサデ　メッツェ！」ライオネルが自分のテントからシアンダに声をかけた。シアンダは背の高い陽気な白髪のケニア人で、サービス部門の責任者だった。シアンダが命令を伝えると、ほどなく若い先住民がだぶだぶの青いつなぎのズボンのすそをふみながら、五ガロンの手おけに熱湯を二杯、アシでつくったシャワー小屋まで運んだ。歩くたびにお湯が少しこぼれおちた。底の部分にシャワー・ヘッドが溶接された空のバケツが大枝にぶらさがっている。このバケツを下におろして熱湯を入れ、小屋の上まで綱で引きあげるのだ。シャワー小屋は床に薄板が敷いてあって足が砂で汚れないようになっていた。

シャワーを浴びて着替えをし、さっぱりした気分でたき火のところでみんなと会う。何列ものグラスとアイスペール、そしてシーヴァス・リーガル、南アフリカのワイン、ソフトドリンクなどのボトルが、テーブルクロスをかけたテーブルにきれいに並んでいる。キャンプの接待係のひとりナンディが、朝の残り火から根元のほうがまだくすぶっている枝をとりだしておしつぶすと、炎がぱっとひろがった。

薬剤師のウェスはふっくらとした顔立ちの中年だった。ふさふさとした黒髪にはところどころ白いものがまじり、デリケートで女性的な手をしていた。彼の妻アンは教師で、小柄できちんとした、とても人好きのする女性だった。二人はまさにカーキ色のカップルといってよかった。というのも彼らのいでたちといったら、ポケットのたくさんついたカーキ色のジャケット、カーキ色の帽子、カーキ色のシャツにカーキ色のパンツ、そしてカーキ色の弾薬帯《カートリッジ・ベルト》にカーキ色のブーツだ。二人がキャンプに持ってきたバッグとスーツケースのなかには、殺虫剤とチューブ入りの鎮痛剤とローション剤の瓶がぎっしりつまっていた。サファリ・ハンターの御多分にもれず、この二人もL・L・ビーンのカタログからぬけ出てきたようないでたちではあったが、二人ともとても親しみぶかく、私たちも心から好意をもった。

片腕に白いリネンをたらしたシアンダが、カキの薫製、ムール貝のワイン煮、スプリングボックの肝臓のフライをステンレスのトレイにのせて持ってきた。私たちはおおいに飲み、オードヴルを食べながら、その日のハーテビースト狩りについて細かく分析しあった。西の木々のかなたでジャッカルの遠吠えがきこえた。

しばらくすると、シアンダが晩餐の用意ができたことを告げた。細長いダイニングテーブルの上に置かれた瀬戸物の食器とワイングラスが、丈の高いガスランプの黄色い光にきらめいていた。私たちが席につくと、壁を背に立っていた、しゃれたいでたちの給仕が二人、湯気の立っているオリックス・テイル・スープの深皿を回した。主な献立はエランドのステーキ、フレンチフライド・オニオン、詰めものをしたベークド・ポテト、アスパラガス、焼きたてのパンにバター、それに冷たくてさっぱりしたワイン。最後にコーヒーとチーズ、グーズベリーのプリンがでた。ライオネルがお客のサファリ・ハンターたちからもらって秘蔵しておいた高価なワインは、私たちやほかの人たちも少しずつご相伴にあずかって、結局全部飲みつくしてしまった。

残り火も最後の炎をあげて燃えつきたちょうどその時、ライオネルにうながされたアンが、ボーンズについてなにか話をきかせてくださいと私たちに頼んだ。ボーンズはそのころすでにボツワナ北部一帯では、伝説的なライオンとしていくらかその名を馳せていた。ヤマアラシの針がいっぱい身体にささって炎症をおこし、傷口が化膿したため死にかかったこと、脛の骨が折れて肢の皮膚をつき破ったことなどを話してきかせると、アンの顔に興味ありげな表情が浮かんだ。彼女とウェスは身をのりだすようにして坐り、火をはさんで私たちの顔をじっと見つめていた。傷口をきれいにして折れた骨をとり除いてやったこと、それから筋肉を縫いあわせて皮膚をもとどおりにしたことなど、手術の様子を詳しく話すと、二人は夢中になってきいていた。ボーンズが私たちとは特に親しい関係にあること、そして彼が奇跡的に体力を回復して、ブルー・プライドの優位の雄にカムバックしたことに話がおよぶと二人の目には涙が光った。私たちが話しおえると、その場は長い沈黙につつまれた。やがてアンが口を開いた。

「なんて美しい話なんでしょう。こんな話は今まできいたことがありませんわ。お話しくださってほんとうにありがとうございました」

翌朝、テントの入口のジッパーをあけるジーという音で目がさめた。「ドゥメラ！」ナンディが朝のあいさつをしながら入ってきて、クリームと砂糖をそえた紅茶のトレイをベッドの間のナイトテーブルの上においた。紅茶をすすっていると、別の給仕が慎重な足どりでポーチにやってきて、キャンヴァス製の洗面台いっぱいに煮えたぎる熱湯を注ぎ入れ、浴用タオルと洗面用タオルをおいていった。食堂用テントでの朝食には、新鮮な果物、ソーセージ、ベーコン、卵、トースト、チーズ、ジャムそしてコーヒーがでた。砂漠の奥地でこんなぜいたくをすると、しめて一日七五〇ドルから一〇〇〇ドルはかかる。

動物保護区の境界近くの道でハンターたちと別れたのは、まだ夜が明けきらないころであった。ウェスは車の後部の特別席に坐っていた。彼のライフルは、発射用意の状態で目の前の銃架にとめてある。私たちは手を振って彼らに別れを告げると南西にむきをかえ、動物保護区に入りキャンプへの帰路についた。

正午ちょっと前、マウンのサファリ・サウスと予定どおり無線連絡をおこなう二、三分前に、ディセプション・ヴァレーを見下ろす〝東の砂丘〟の頂上にたどり着いた。キャンプにつくと、短波受信機をフェンダーにとりつけ、ワイヤをバッテリーのターミナルに接続した。受信機が作動して音が鳴りはじめた。ディーリアがコール・サインを待ち、私は食堂用テントへ行って、フィールド・ノートを清書する仕事にとりかかろうとしていた。

「〇〇九、〇〇九、こちら四三二、きこえますか？　どうぞ」ハンターのドゥーギー・ライトの声だった。お客のハンターをまた何人かつれて、ちょうどライオネルのキャンプに着いたばかりで、そこからの交信だった。

「四三二、こちら〇〇九。こんにちは、ドゥーギー。元気ですか？　どうぞ」ディーリアが答えた。

「残念ながらちょっと悪いしらせを伝えなければならないんだ、ディーリア。どうぞ」

「あら、そう……いいわ、ドゥーギー……なんでしょう。どうぞ」

「今朝、ライオネルとウェスが、君たちのライオンを一頭、撃ち殺したんだ」

「……まあ……わかったわ。ドゥーギー、そのライオンのイヤータグの色と番号は？」ディーリアの声はもう、小さくてほとんどききとれなかった。

「えーと……左耳にオレンジ色のイヤータグをつけてた……番号は〇〇一」

「マーク！　おお、なんてことを！　ボーンズだわ――あの人たち、ボーンズを撃ったのよ！」彼女は声をつまらせた。マイクが彼女の手からすべり落ちた。急いで食堂用テントを出て車のところに駆けつけたが、彼女はすでに川床のむこうに走り去ったあとだった。

「そんな……嘘よ……信じられない……いや！　そんなのいやよ！」彼女のすすり泣きが風にただよってきこえてきた。

一四　獲物小屋

マーク

古ぼけたうす暗くかびくさい小屋に動物の皮がうずたかく積みあげられてある。皮は塩漬けにされて硬直しており、どれにもしなびた耳がついている。尾の部分には、丸まらないよう、毛がついたままの生皮の芯があてられている。どの皮にも弾丸の穴があり、なかには五、六カ所あいているものもあった。

竹の壁には棚がとりつけられ、白くさらされた頭蓋骨が並んでいる。ヌー、シマウマ、アフリカスイギュウ、インパラ、クードゥー、ヒョウ、ジャッカル、その他たくさんの動物のものだ。ライオンのものもある。生前澄んだきれいな目がはめこまれていた眼窩にはひもが通され、赤い金属札が縛りつけてある。

私たちは動物の皮の包みのひとつからボーンズの皮をさがしあてた。オレンジ色のイヤータグ〇〇一はしなびた耳のなかに隠れてほとんど見えなかった。沈痛な面持ちで、私は耳の軟骨のひだをねじまわしでこじあけようとしたが、タグは耳にへばりついてなかなか離れようとしなかった。たくさんの皮のなかから、ぺしゃんこでカチカチになったボーンズの皮をひっぱりとると、岩塩の小片がパラパラと足にふりかかった。体毛ははがねのようにかたくなっていた。肢を折った時の傷跡と私たちがほどこした手術の跡が膝の上あたりに見てとれた。私たちはぎごちない手つきでざっと皮の大きさをはかると、ノートに数値を書きこんだ。そして明るい陽の光がさす小屋の外へ出た。ディーリアの目に涙があふれている。私もしばらくは口をきく元気もなかった。

ボーンズが殺されたのは乾季のことだった。カラハリには水がまったくなくなり、一〇〇〇頭を越えるオリックスの群れは、ディセプションの川筋ぞいの林をつっきって東へ進み、動物保護区を出てサファリ・サウスの狩猟許可地域へと移動してしまっていた。ボーンズも彼らのあとを追っていったのだろう、なにしろカラハリは野火に焼かれ、獲物などほとんどないに等しいありさまだった。

ライオネルとウェスは、動物保護区の境界からほんの二、三ヤード外に出たところにある灌木の下で、ボーンズがラスカルとブルー・プライドの雌の一頭といっしょに休んでいるのを見かけた。ボーンズはトラックの音を耳にすると、前足にのせていた頭を上げた。

ウェスとライオネルは、五〇ヤードと離れていない地点まで近づき、車をとめると、双眼鏡ごしにボーンズを見て、その心臓をうちぬいたのだった。もし、私たちのキャンプのすぐ近くで寝ているところを見かけたのだったら、彼のところまで歩いていって、頭にライフルの銃口をつきつけることだってできるくらい、ボーンズがおとなしいことはわかっただろうに。あのオレンジ色のイヤータグが目にはいらなかったのだろうか。いや、目にしたかどうかなどたいしたことではなかったのかもしれない。あいにくライオンには人間がつくった規則などわかりはしない。ボーンズもほかのライオンも、食物を求めて動物保護区を出たら最後、合法的に狩猟が許可された獲物となってしまうのである。

銃声と同時に、いっしょにいた雌ライオンはやぶのなかに駆けこんだ。ラスカルはとどまり、ボーンズの横に立って、二人がしとめた獲物をとりにいこうとするたびにうなり声を上げ、彼らにとびかかった。しかし威嚇射撃を受け、車で追いたてられると、おびえてあっけなく逃げてしまった。

ボーンズが射殺されたというしらせは、私たちを打ちのめした。ジジフスの木の下で私たちは抱きあって悲しみの涙にくれ、呪いの言葉をはいた。そうしていると悲しみがボーンズとの楽しい思い出をしだいにおおってゆき、心の痛手は、その思い出ゆえにますます深くなっていった。もしも二人がボーンズのイヤータグに気づいていたのだとしたら。いや、わずか数時間前には私たちの話をあんなに感動してきいていたのだから、まさか、わかっていながら撃ち殺すなんてことは考えられない。もう絶望だ。私たちはボーンズを、人間と動物の間をとりもつ希望のシンボルとしておおいに望みを託していたのだ。その彼が撃たれてしまった今、カラハリの野生動物の保護のために私たちがやりとげようとしてきたことすべてが無に帰してしまったような気がする。ボーンズは最初私たちの患者としてあらわれ、そのうちに友だちとなり、マスコットとなった。ひとりの友人がもうひとりの友人を殺したのだった。

ボーンズの死に対してだれかれをとがめだてることはできない。大学で生物学を修めた私たちには、そのことがよくわかっていた。彼らにとってボーンズは法にかなった獲物《トロフィー》だったのだし、彼が動物保護区を出たのもハンターたちの責任ではない。それに慎重に規制された狩猟《ハンティング》は、ある種の動物個体群を保護、管理していくためにはかえって有用な手段となりうるのである。とはいえ残念ながら多くの国では、野生動物の保護などは、ハンティングや観光事業などで財政的にまかなってゆける場合にかぎると主張しているのが現状だ。ボツワナ政府もこの例にもれないことを知っていたので、私たちはできるだけ私情を抑えて、むしろボーンズの死をより理性的なレベルでとらえるようにつとめた。が、私たちの

もちろん、私たちはハンティングそれ自体に反対しているわけではない。

知っているハンターのなかには、ボツワナの狩猟規制にもほかの公認狩猟規約にも一貫して従わないとの態度をとっているものも二、三いる。彼らはなんの憚りもなくこう公言する。動物は車で追いかける。獲物《トロフィー》をほしがる観光ハンターたちには、望みがかなえられるまで何頭でもアンテロープを撃たせる。草に火をつけてライオンを茂みからいぶり出し、追跡が楽にできるようにする。動物保護区内で狩猟する。狩猟割り当て分の動物がとりつくされている地域でなおも鳥獣を撃つ……。誇張して言っているのかどうかは知らないが、とにかく彼らがこう言っている以上、私たちとの関係は緊張をはらんだものとなっていった。

生態学者としての責任感から、私たちは野生生物局に対し、狩猟規制の強力な執行を促した。同時に、ハンターが動物保護区内で動物を撃ち殺しているのに出くわした時には、そのつど断固として抗議を申し入れた。さらに、砂漠のライオンの狩猟割り当て数を減らし、狩猟許可証取得料金をひきあげることを提案した。こういった私たちの行動は、一部のハンターには理解に苦しむことであるらしく、長年にわたって私たちに多大な援助を与えてきてくれた彼らにすればなおのこと、私たちが彼らの利益に反する行為をとっていると思いこんでしまった。しかし、プロのハンターや観光ハンターの全部が全部、このような態度をとったり、不法な慣習に従ったりしていたわけではない。私たちがボツワナを去る時までずっと友だちでありつづけたハンターも何人かいた。

野生生物局はボツワナの政府機関のうちでも予算が最も少ないところといってよかった。人員不足はいかんともしがたく、そのために広大な遠隔地を効果的にパトロールすることなど望むべくもなかった。局員たちの話によると、わずか一年の間に、牧場主、サファリ・ハンター、先住民のハンターが〝合法的に〟殺すライオンの数は六〇〇を上まわるという。そのほとんどが雄ライオンである。さらにつけ加えると、はっきりした数はわからないが、とにかく多数のライオンが密猟者に撃たれて皮革の闇取引市場におくられるということだ。この場合もそのほとんどが雄ライオンである。

そして残念なことに、ボツワナ政府は徹底した捕食動物管理法を制定し、国立公園と動物保護区の外にいる捕食動物はすべて殺してもよいとしてしまった。つまり牧場内に入りこんだら、実際に家畜に害を与えていようがいまいが、家畜類、農作物、水道施設、柵などを脅かすものとみなされれば撃ち殺してもさしつかえないのである。動物保護区や国立公園の外にいる捕食動物を先住民が手あたり次第に殺すのは、このためである。さらにこの管理法は別の項で、牧場主は、牧場内の家畜を殺した捕食動物の皮を自分のものにしてもよいと規定している。ライオンの皮一枚の値段は、一九七八年の市場で三〇〇プラ（約三〇〇ドル）である。この法は捕食動物として、ライオン、ヒョウ、ワニ、ブチハイエナ、ヒヒ、サル、ジャッカルのほか、絶滅に瀕している二種、チーターとカッショクハイエナもあげている。

サファリ・ハンターたちの話によると〝撃つのに適した《シューターブル》〟ライオン——つまり十分にたてがみののびたライオン——は砂漠内のほとんどの狩猟地で急速に数が減ってきて、今や事実上根絶やしされたも同然という。あるサファリ・ハンターなどは、せっかく許可証を買ったのに成獣のライオンがどこにもいないからという、ただそれだけで、まだたてがみものびきっていない若いライオンを撃ったりしている。

これを知って私たちは仰天した。こんな高死亡率ではカラハリ・ライオンもいつまでもちこたえていられることだろう。高死亡率が雄のライオンに主としてみとめられるというのが特に心配である。こうなると、個体群の繁栄が徐々にむしばまれていくことは確かだ。ブライアン・バートラムによるセレンゲティのライオンの研究結果では、雄を失った群れ《プライド》の雌の生殖能力は、新しい雄がその群れ《プライド》に加わったあとも、かなり長い間おとろえたままであるという（B. C. R. Bertram, 1975）。そして新しくきた雄は、自分の子ではない子どもを殺すことがある。そうすれば雌が一日もはやく発情期にはいって、彼自身の子どもを産むようになるからというのだ。雄が撃ち殺されるたびに、カラハリの群れ《プライド》の雌もセレンゲティの群れ《プライド》と同じように生殖機能の低下を経験するのなら、その個体数は著しく脅威にさらされるといってよい。なんとか対策を講じなければ、と私たちは思った。

中央カラハリではこれまで、長期にわたる野生動物の調査研究は一度もおこなわれたことがなかった。そのため、ライオンの個体数といった最も基本的なことがまったくわかっておらず、中央カラハリに生息するライオンの数を漠然とでもつかんでいるものはほとんどない。野生生物局も知らないのだ。私たちはできるかぎり機会をとらえてライオンの研究をしてきたが、その個体は私たちの目のとどく観察可能な範囲、つまり川床やその付近に毎年二、三カ月いるものだけにかぎられていた。そのような短期間の研究では、ライオンの保護に役立つことはほんのわずかしかわからない。ボーンズに対するあつい気持から、もっとなんとかしなければという思いが、強制——というより強迫観念——となって私たちの胸をしめつけた。かくして私たちは心を決めた。いったいどのくらいの数のライオンが中央カラハリを歩きまわっているのか。彼らはなにを食べ、そしてその食物は十分にあるのか。彼らと彼らが餌として食べる動物が必要としているのはどのような生息地なのか。さらに個体群の生存を脅かすものがあるとすれば、それはいったいなんであるのか。これらのことを調査しよう。さしあたって最も重要なことは、毎年、射殺されたり、罠にかかって死ぬのは何頭か、自然死するのは何頭か。そして子どものライオンが何頭生きのびて死亡数を補っているのか、を知ることである。

砂漠であるカラハリの最も重要かつ興味ある問題のひとつは、ライオンやほかの捕食動物が水分に対する必要をどのように満たしているかということである。動物保護区はかなり広いにもかかわらず、そこには短い雨季の間を除いて水が全然ない。しかしそもそも、ライオンには水がどうしても必要なのだろうか。野生のライオンが水なしで生きていける期間は最も長くて九日とされているが、おそらくこれ以上生きることも可能であろう。しかしたとえそうだとしても、たぶん毎年数カ月は、動物保護区の庇護を離れて水場をさがしまわることを余儀なくされるにちがいない。ボーンズが射殺されたのもボテティ川にまで足をのばした時のことだったのだろう。これが事実とすれば中央カラハリ動物保護区は、広いとはいうものの、乾季と旱魃期間にライオンたちに十分な生息地を提供するにはほどとおいといえる。

また、ライオンに関して、いままで挙げたようなことすべてがわかったとしても、それがカラハリの個体群の利益につながらなければなんにもならない。そのためにはボツワナ政府に対して、捕食獣は価値ある資源であり、保護すれば経済的にも得をするのだという考えを説ききかせる必要がある。捕食獣は畜牛を食いものにするため、根絶やしにすべき害獣である。当時役人たちの多くはそうとしか考えていなかった。

数千マイル四方にひろがった未踏の原野でライオンの研究を大規模におこなうには、研究対象の動物と年間を通じてとにかく毎日接触することが絶対に欠かせない。それは飛行機と無線追跡装置がないと、とてもできることではない。しかし研究のために飛行機を買うなど、途方もないことのように思えた。二人とも飛行機の操縦についてはなにもしらず、私が小型飛行機に乗ったのもこれまでにわずか二、三回あるにすぎない。さらに、アフリカで飛行機を所有し操縦するとなると、莫大な金がかかる。ランドローヴァーを乗りまわすだけで実は経済的なピンチをきたしており、研究資金の供給が絶えないようにいつも気を配っていなければならない現状なのである。この上さらに飛行機を買うだけの金が調達できるかどうかなどと考えるのは、まったく馬鹿げている。とはいうものの、なんとかやってみるよりほかはなかった。

一五　初飛行

マーク

一九七七年一〇月下旬のある暑い昼下がり、私たちはマウンのほこりっぽい小道に立って、西ドイツのフランクフルト動物学協会の理事長、リヒャルト・ファウスト博士からの手紙を読んでいた。協会が、飛行機に関する私たちの要請を真剣に検討しているというその知らせに私は思わず興奮をおぼえた。しかし困ったことに、先方は私の免許のナンバーとこれまでの飛行時間を知りたがっている。返事を出す前に、なんとかして飛行機の操縦を習得しなければ。

モクスをマウンに残し、キャンプに全速力でひきかえすと、とっておきの晴れ着を車に投げ入れてヨハネスブルグにむかった。数日後の朝四時、ほこりと汗に汚れたまま、私たちはヨハネスブルグ郊外のベノニにあるロイとメーリアン・リーベンバーグ夫妻の屋敷にそっとはいった。私たちが南アフリカ航空の機長であるロイと知りあったのは、一年ほど前マウンでのことだった。そのとき彼はちょうど、オカヴァンゴ川のデルタ地帯まで観光客を運んだところだった。彼は私たちの研究にとても興味を示し、飛行機の操縦が必要な時はいつでも教えてあげようと約束してくれたのだ。夜明けまで少し寝ておこうと思い、寝袋を地面にひろげた。ロイが一年前の約束をおぼえていてくれればよいが。

五時三〇分。牛乳配達人がワイヤで編んだバスケットに牛乳ビンを入れ、カチャカチャいわせながら私たちをまたいでいった。二、三時間後、ロイとメーリアンが、前庭のトラックと二つの寝袋の正体がなにか、確かめに出てきた。リーベンバーグ機長は身ぎれいにした几帳面な中年の男性で、ひとあたりがとても柔らかだった。彼は私たちの姿をみとめると、とがった鼻を引っぱるようにしてニコッと笑った。丸い顔の黒い無精ひげが上下に割れ、笑みがこぼれた。そして私たちが寝袋から出るか出ないかのうちに、飛行機の操縦を教えるのはもちろんのこと、訓練期間中、客用のコテージを自由に使ってもいいとまで言ってくれた。

悪天候のため数々の遅延をきたしたが、とにかく六週間ののち、飛行操縦訓練はほぼ終了した。さっそくファウスト博士に手紙を書いて、免許はもうすぐ取得できること、飛行時間はこれまでに四一時間であることを知らせた。また奥地への飛行については、ロイから適切な予備訓練をきちんと受けたことも書きそえた。

補助金申請が承認されて金が送られてきた時にはとても信じられなかった。見も知らぬだれかが、私たちを、私たちの能力を、このように信頼してくれたのだ。そう思うと感謝の念でいっぱいになった。あれこれ見てまわったのち、セスナの曳航機を買うことにした。一〇年前の中古機で、色は青と白のツートンカラー、翼の下に〈エコー・ウィスキー・ゴルフ〉の頭文字、EWGがペンキでかかれてあった。

さあこれでもう飛べるぞ、と勢いこんだまではよかったのだが、その前によく考えておかなければならないことがあったのに気がついた。飛行機を手に入れて操縦技術を習得することにのみ気をとられていたので、計画の次の局面にまで十分に思いいたらなかったのだ。つまり、飛行機をキャンプまでのり入れること、それこそ次にやるべき重要なことだった。まもなくカラハリ砂漠の奥地まで飛行しなければならない、そう思うと私は不安と期待が入りまじった複雑な心境になった。カラハリはあまりにも人里から遠いへんぴな地なので、ボツワナ政府は五〇〇時間に満たない飛行経験しかないパイロットがそこへ飛行することを法律で禁じている。したがって規定の飛行時間を達成するまで、翌年いっぱいはハボローネ付近での飛行は避けなければならない。規定を無視して砂漠を飛行していることがそこの民間航空官に知れると、私たちは地上に降ろされ、おそらく二度と飛行機に乗ることはできなくなるだろう。そうなればディセプション・ヴァレーでの私たちの計画も一巻の終わりとなる。

　ほかにもいろいろな問題があった。どれもこれより解決がさらに困難であるように思われた。例えば、いったんエコー・ウィスキー・ゴルフ号をキャンプまでもってきてしまえば、機体の管理維持のみならず、飛行機に必要な何千ガロンもの燃料の輸送経路の確保も、みんな自分たちでおこなわなければならない。こういった問題に加え、砂漠の上空を迷わずに飛べるようになるという大きな課題もひかえていた。

　パイロットの免許証を取得した翌日の明け方、私はカラハリへのはじめての飛行に挑戦すべく、離陸準備を整えた。私にとっては三度目のクロスカントリー・フライトである。だが、私よりむしろロイのほうが心配そうだった。「よく覚えておきなさい。ハボローネとフランシスタウンを結ぶ道路を越えたら、目標となるものはなにひとつなくなる。線路のところで位置をよくたしかめ、それから飛びつづけるんだよ」ロイは私の首にかけた鉛筆を念のためチェックし、さらに緊急の際、飲み水をつくるのに使う黒いプラスチック・シートが尾部に積みこまれているかどうかを確かめた。

　ディーリアに別れのキスをし、ロイと別れの握手をする。二人はランドクルーザーを運転してトレーラーをキャンプまで引っぱっていくことになっている。そして彼らの先導で、航空燃料入りのドラム缶を満載したボツワナ野生生物局差しまわしの巨大なトラックがあとに続く。私がエコー・ウィスキー・ゴルフ号に乗りこみ、平原を横切って、草の生えた滑走路まで飛行機をタキシング（地上移動）させるのを、二人は不安そうな面持ちで見ていた。むきをかえ、エンジンをふかして機体が移動しはじめると、ロイが両腕を激しく振って、風見用吹き流しのほうを指さしながら走りよってきた。進む方向が間違っていたのだ。私も手を振りかえして――バツが悪くて、てれかくしに笑いながら――機体を回転させると、速度を速めながら滑走路を走っていった。爆音と一陣の冷風をともないながら、機体は朝空のなかに滑りこんでいった。開放感とうきうきした気分に、しびれるような感動をおぼえた。

陶酔感はしかし長くは続かなかった。高度三〇〇フィートあたりで、飛行機は横向きに飛びはじめた――というか、そんな気がしたのだ。強い横風にのりあげたのだった。前方の山の頂きを見ながらコースを修正し、地上一五〇〇フィート、雲の層の真下で水平飛行に落ちついた。ヤン・スマッツ国際空港（O・R・タンボ国際空港の旧称）から、層雲は消えつつあり、ボツワナへの飛行にはまずまずの天候であるとの知らせが無線ではいった。地図を見ると、ヨハネスブルグから遠ざかるにつれて、土地が低くなっている。カラハリに近づくにしたがって雲と地面の間の空間が広くなっていくのを知って、私は少し気分が楽になった。

三〇分たつと無線の音もしだいに小さくなり、きこえるのはブンブンうなるエンジンの音と風の鳴る音だけになった。ウォーターバーグ山脈の二つの山の頂きの間を通りぬけると、やがてカラハリ砂漠が眼下にひろがってきた。それにつれて文明の最後のなごりも徐々に姿を消してゆく。この信じがたいほど広大無辺な原野のまんなかに二つのテントを張ったちっちゃな〝木立ちの島〟を、これから先四時間のうちに見つけなければならないのだ。いったい現在位置はどこなのだろう。なんの特徴もないのっぺりした地図でさがそうにも、航空術の知識がなくてはまったくお手あげ、先がほぐれた糸を細い針の穴に一生懸命通そうとしているようなものだ。ただかろうじて、コンパスで飛行方位を定めることだけはできたので、横風によってそれたコースはどうにか修正できたものと信じたかった。

層雲は消えるどころか下にさがってきて、そのうちに雨が降りはじめた。雲のなかにはいらぬよう、機体を降下させる。「高度は高くとること。そうすれば〝本物のにせのくぼ地《リアル・ディセプション・パン》〟を一望のうちに見ることができる。いいかね。それこそキャンプをみつける唯一の陸標となるものだよ」ロイからこう注意を受けていたにもかかわらず、雲の層は機体を下へ下へと降下させ、とうとう、草々が風にゆれて大きく波打っている様子や、やぶにおおわれた砂山の背が二、三フィート足下をさっと通りすぎるのがわかるまでになった。高度を保持することができない以上、ディセプション・ヴァレーをいつの間にか通りすぎて、二度とそこにもどることがないという事態が起こらないともかぎらなかった。そうやって位置がはっきりわからないまま数時間飛行を続けるうちに、時間も動きもまったく停止してしまったような感じにおちいった——迷ってしまったのである。

三時間ほど飛行していると、突然、ガソリンのにおいがキャビンをみたした。ガソリンの細い流れのすじが、左翼のつけねの下側にそって、うしろの窓の上方へと流れていく。それを見たとたん、みぞおちのあたりがきりきりと痛みだした。前の所有者は、両翼内部の腐食したゴムの燃料タンクをとりかえておくと確か言っていたはずなのに。きちんと調べもせずにその言葉を真に受けるなんて、なんとおろかだったのだろう。

ガソリンの流れはしだいに大きくなっていくようだった。窓のすぐ外側から翼にそってひろがり、フラップをつたって、プロペラ後流のなかに霧散していく。左側の燃料計の針がちかちか揺れてさがっていく。手さぐりで燃料セレクターをさがし、スイッチを左に入れる。ガソリンが全部流れ出てしまわないうちに、できるだけ多くの量を燃焼させたかった。

右翼の燃料だけでキャンプまで行けるかどうかはわからなかった。ほんのわずかでも静電気の火花が散れば、ＥＷＧ号は火の玉と化す。私は窓をあけて、キャビン内の空気のとおりをよくした。

ちょうどその時燃料タンクが裂けた。緑色のガソリンが翼からほとばしり、胴体にそって尾輪へと流れていく。燃料セレクターを右側のタンクにきりかえ、機体を左右にバンクさせながら、着陸できそうな場所をさがした。が、眼下に見えるのは、イバラの深い茂みと丈の低い木々だけだ。無線で緊急呼出をかけたがなんの応答もない。たぶん高度が低すぎるため、電波が遠くまでとどかないのだろう。それに呼出がきこえる数マイルの範囲内にだれか人がいるとは、もとよりとうてい考えられなかった。

臭気はますます強くなり、頭痛がしてきた。機体を水平飛行に保ったまま、ガソリンがキャビン内にもれていないかどうかを調べた。後部の積荷用ハッチ内のカーペットがぬれている。ハイオクタン・ガソリンがハッチを通って、折りたたみ補助席《ジャンプ・シート》のうしろのバッテリー・ホールドに浸透してきていた。マスタースイッチは切ってあったが、爆発と火災の危険はますます増大した。しかし私にはなんら手のほどこしようがなかった。

高度を下げながら機体をサヴァンナのちょうど真上にまで持っていく。こうしておけば、たとえ火災が起こっても胴体着陸させて外に出るチャンスはあるだろう――もっともEWG号が爆発しなかったとしてのことだが――数分ののち、裂けたタンクのほうの燃料計の針が急速にさがりだし、赤い部分にはいると、やがてそこで動かなくなった。翼の下を流れていたガソリンのすじは、タンクが空になってゆくにつれてしだいに細くなっていった。爆発の危険はどうにか去ったようだが、今度は残ったタンク内のガソリンだけではたしてキャンプまでたどり着けるのかどうかが心配になってきた。鉛筆の芯が丸くなるまで、何度も何度も紙に着陸予定時刻（ETA）を計算する。その時刻までほぼ三〇分となった時、燃料計の針がEMPTYのマークのちょうど真上で揺れだし、間もなくそこに落ちつくと動かなくなった。一分が一時間にも思える。翼を上下にゆらして、タンク内にまだ、燃料計の針を動かすくらいガソリンが残っていないかどうか確かめた。

電気系統と燃料系統のスイッチを全部切ったかどうかを確かめる。ドアのラッチをはずす。操縦桿を引いたまま着陸を試みる……。緊急着陸の際の操作の手順が何度も何度も頭のなかをかけめぐった。

操縦桿を強く握りしめる。眼下にひろがる、どこまでも変わりばえのしない単調なブッシュ・サヴァンナに、なにか目標となるものが見つからないかと首をのばしてさがしているうちに、首がコチコチになってしまった。エンジンのピッチが変わった、振動がいつもとちがう――何回となくそんな錯覚に陥る。が、エンジンが止まった場合の緊急着陸に適当な場所は依然として見つからなかった。

着陸予定時刻の少し前、旋回するプロペラを横目で見ていると、またもや錯覚かと思われるような光景が目にとびこんできた。上に白い雲の切れはしのかかった、スレート色の丸いくぼ地が霧のなかから現われたのである。ちょうど進路の右側だった。方向を間違えて貴重な燃料を無駄にすることがないように、ここで私はしっかりと方位を定めた。が、その時突然、ディセプション・ヴァレーの浅い川床が眼下をさっとかすめた。速度をおとして〝本物のにせのくぼ地《リアル・ディセプション・パン》〟の湿ったろうのような表面の上空を滑空する。燃料計の針は赤の部分にきたまま微動だにしなかった。エンジンをとめて——さあ、これで着陸できるぞ。キャンプまでは歩いていける！

ずいぶんと雨が降ったようだった。何頭ものキリンがくぼ地に立って、飛行機が通るのを巨大な鳥でも見るように興味ありげにじっと眺めている。機体はゆっくりと谷間をただよって、スプリングボック、オリックス、ハーテビーストの群れが青々と生い茂る川床の草を食べている、そのちょうど上空を通りすぎた。それから〝チーターのくぼ地〟、〝中間の島〟、〝ジャッカルの島〟、〝木立ちの島〟、〝ブッシュの島〟の上を飛んでやっとキャンプにたどり着いた。川床の涸れ池にはどれも水が満々とたたえられていた。飛行機を買うことになるとは思いもしなかったころに、私たち二人でつくった滑走路の表面は、着陸にちょうどよいかたさになっていた。失速警報が大きくなり、車輪が地面に突きあたった。キャンプまで機体をタキシングさせる。こうして、エコー・ウィスキー・ゴルフ号はディセプションのわが家にたどり着いた。

テントは大嵐のためにぺしゃんこにつぶれていた。いたるところ水びたしで泥まみれ。モクスの助けがほしかった。テントの一方のはしを立てて、ベッドの下から六フィートもあるバンデッドコブラを追いだしたあと、びしょぬれのマットレスの上でちょっとうたたねをした。それから、以前にキャンプに運んでおいた航空燃料のドラム缶から、破損していないタンクにガソリンをうつした。こわれたタンクをとりかえるまでは、片方だけで飛行することになろう。カラハリ周辺の空には不案内なため少々不安だったが、新しい燃料タンクをアメリカからとりよせるまでなにもしないで待っていることはとてもできない。ふたたび飛行機に乗りこむとマウンまで飛んだ。

私たちがヨハネスブルグにいる間、モクスは町での生活を思う存分楽しんだようだった。マウンに着くと私はさっそく彼を訪ねた。彼は自分のロンダヴェルのわきに腰をおろし、膝の間に頭をたれて、深酒の酔いをさまそうとしていた。目は充血してただれていた。茶色の紙に自分で巻いたからい茎タバコを吸うせいか、ひどい咳をしていた。彼は千鳥足でフラフラと家のなかに入り、持ちものをとってくると、私が借りてきたトラックの後部にそれを投げ入れた。

滑走路に着くと、彼は自分がこの飛行機のはじめての搭乗客になろうとしていることに気づいたようだった。たちどころに酔いがさめて、自分はこれまでに一度も飛行機で「飛《ファ》ん《・リ》だ」ことがないと言い訳をはじめた。この飛行機のほかに彼をキャンプまでつれてゆく手だてはないのだから、ここはどうしてもこちらの意を通さなければ。そう思って私は彼の言い訳を無視することにした。彼は頭を翼にぶつけて抵抗した。彼が事態を落ちついて考えられるようになる前に、私は彼をベルトで椅子に縛りつけ、すぐに離陸のため機体をタキシングさせはじめた。スロットルを前に押すと、エコー・ウィスキー・ゴルフ号はぐいっと前方に動いて、滑走路につっこんでいった。小型飛行機はどれも音がうるさいが、特に離陸時がひどい。このエコー・ウィスキー・ゴルフ号ものすごい轟音をあげて離陸した。モクスは目を顔からとびださせんばかりに大きく見開き、椅子やドア、ダッシュボードにしがみついた。「ホ　シアミ！　ホ　シアミ！　大丈夫！　大丈夫！」私は叫びつづけた。突然機体が空中に浮かんで、ゆっくりと上昇していった。

エンジンを巡航速度にまでおとし、機体をバンクさせて進行方向を定める。モクスは自分の村や川がどんどん小さくなっていくのを見て、口を大きくあけてニタリと笑った。そして川ぞいの友だちの家を指さしはじめた。モクスに操縦装置を示して、実際に操縦してみせる。私が手足を動かすたびに、今まで感じたことのなかった感動が呼び起こされるようだった。操作が移るごとに、モクスの喉が笑いでくっくっとなった。彼は飛行にとても興味を示し、その魅力にとりつかれたようだった。同時に、どこに行くにも徒歩か馬による先住民のなかで、彼だけがこのような特権を与えられて、鼻高々だった。ハンター連中には彼を〝ニール・アームストロング〟とあだなした者もいたくらいだった。

キャンプにもどったのち、三日間は二人でキャンプの掃除をした。三日目の真夜中の一時半ごろ、ランドクルーザーのエンジンの音で目が覚めた。着替えをする間もなく、ディーリアとロイの車が徐行しながらテント近くで止まった。その姿を見て、最初、これが私たちの車かと目を疑った――車には乾いた泥と草がかたまってこびりついており、見るからにみすぼらしい日干しレンガ《アドービ》の建物のようだった。

ロイとディーリアが運転台からゆっくりと出てきて、ヘッドライトのまぶしい光のなかに立った。二人とも髪の毛は泥だらけで、あちこちに草の実がついていた。目は疲労のため落ちくぼんでいた。汚い恰好ではあったが、こうして私たちは幸いにも再会をはたすことができた。ロイとディーリアが話すところによると、野生生物局差しまわしの、燃料を積んだ四トントラックはここから六〇マイル東の泥沼にはまりこんで動きがとれなくなってしまったらしい。トラックにはガソリンのはいったドラム缶が一五個積んであったが、すべてキャンプまで運びこみたかったら、車を泥からひきずり出すよりほかはない。その上、ランドクルーザーのほうは泥沼を通過しようとした際、積んであった食料品を全部おろして車を軽くする必要にせまられ、小麦粉、ひきわりトウモロコシ、砂糖の袋、缶詰の箱、新しいテント、飛行機の備品など積荷をすべておろしてトレーラーのわきの湿った地面の上に積みかさねておいてきたということだった。

その翌日から毎日、五日間、夜明けとともにモクスと私は丈の高い草とブッシュ・サヴァンナをつききって、泥にはまったトラックのもとに車をとばした。その四トントラック、ベッドフォードの運転手と助手の助けをかりて泥を車の下からシャベルでとりのぞき、石を運んできては車輪の下においた。しかし地盤がゆるいために、なにもかもがすぐに泥のなかにうまってしまう。ようやくのことでトラックがバックで這いあがるところまでこぎつけても、雨のために地面がすぐまたねばねばした泥沼にもどってしまうのだった。毎晩私たちはガソリンのはいったドラム缶を一つか二つ、泥沼をころがしてトヨタ・ランドクルーザーまで運び、それにのせてはキャンプにもどった。運転手と助手はベッドフォードのそばでキャンプを張っていたので、彼らのための食料品を残しておいた。

五日目に泥沼に行ってみると、トラックの姿はなく、ガソリンのドラム缶だけが地面にころがっていた。その後二度とそのトラックを見ることはなく、野生生物局が航空燃料をキャンプまで輸送してやろうと言ってくれることも以後一度もなかった。

残りのガソリンをあと一往復で運びきろうと思い、モクスにも手伝ってもらって、残り一缶のうち一〇缶をランドクルーザーの後部とトレーラーに積み、最後の一缶をフロントバンパーに鎖で縛りつけた。そしてディセプション・ヴァレーにむかって出発した。キャンプまで二八マイルを残す地点で道を折れ、動物保護区へ入っていった。その時、金属がひき裂かれるようなキーという音とともに、車が空中にはねあがって右に傾いた。モクスは床に投げ出され、運転をたてなおそうとする私も頭を車の天井にいやというほどぶつけた。やっとのことでまっすぐにおこしたが、そのうちに車はうっそうとしたやぶのなかをつっきって大きく旋回したあと、今度は左側に傾いた。同時にドラム缶も左にずり落ちてくる。車がひっくりかえるのではないかと思った。ハンドルを大きく左にきって急ブレーキをかける。車がとまると、砂や木の葉、折れた枝などが雨のように車体にふりかかった。

なにがなんだかわからないまま、ボーッとして窓から首を出す。打撲で身体のあちこちが痛い。長々とうねった深いわだちがとぎれたところに、ドラム缶がひとつ、めちゃくちゃになってころがっていた。そこからガソリンがもれて、あたりはハイオクタン独特のにおいがただよっている。セツワナ語でなにやらつぶやきながら、モクスは床から身体を起こした。大きく開いた目を白黒させ、ふるえる手で〈スプリングボック〉のはいったタバコ入れをとり、巻くために茶色の紙袋をひき裂いた。「よせ《ンニャ》！　ガソリン——メレロだぞ。

爆発する！」こう叫ぶと、私は彼の手をつかんだ。

フロントバンパーに縛りつけておいたドラム缶の鎖がとけて、地面にころがりおち、それをトラックがひいたのだ。が、さいわい爆発はせずにすんだ。煙をあげている穴にパテをこってりつめてから、そのドラム缶をわだちのところからころがして出した。そして、ドラム缶に押しつぶされ、車からひきちぎれた排気筒を拾いあげた。大きなハンマーで荷台のバネをまっすぐにしたあと、またキャンプへむかってのろのろと車を走らせた。モクスは、くしゃくしゃになった手巻きタバコを深々と吸っていた。

翌朝ロイを飛行機で南アフリカまで送っていかなければならなかったので、ディーリアと私はその夜は早々とベッドにはいった。ロイは補助テントの床の乾いたところにごろ寝をし、モクスにはヨハネスブルグから持ち帰った新品のテントを彼専用として渡した。

なかなか寝つかれないでいると、滑走路からライオンの咆哮がきこえてきた。私たちはベッドからとび起きた。ブルー・プライドかもしれない！　しかしボーンズが射殺されてからこのかた、彼らの姿を見かけたことは一度もなかった。それにもし彼らだとしても、ラスカルと雌のライオンはボーンズが殺された現場に居あわせたのだから、もはや以前のように私たちをうけいれてくれることもないのではないか。

滑走路に行ってみるとブルー・プライドではなく、これまで見たこともない二頭の若い雄ライオンが、滑走路のまんなかに横になってスポットライトをまぶしそうに見ていた。ブロンドのたてがみはまだ生えそろっておらず、一五歳ぐらいの男の子があごにうすく短いひげをはやしているのに似ていた。二頭はうり二つだった。もしかしたら兄弟かもしれない。一方のライオンの右の尻には、J形の傷跡がはっきりと見てとれた。私たちがそばにいてもいっこうにかまわずに、彼らはふたたびほえはじめた。すごい声だった。

私たちはいささか落胆してキャンプにもどった。ベッドにはいってこう思った。あの若い二頭のライオンたち、ブルー・プライドのテリトリーをのっとるつもりでいるわけではあるまい。ボーンズにとってかわることはまずもってないだろう、と。

一六　カラハリの放浪者たち

マーク

計画書を作成してはみたものの、実際にライオンをみつけて首輪をはめ、カラハリ砂漠を何万平方マイルにわたって追跡するとなると話はまったく別だった。飛行機と燃料をキャンプに運びこんでいるうちに一九七八年一月となり、やがてそれも過ぎていった。ライオンに首輪をはめる作業にどのくらい日数がかかるのかまるでわからなかったが、とにかく乾季にはいる前にやりおえなければならない。乾季になるとライオンたちは、八カ月かそれ以上の間、この化石化した川筋から広大なブッシュ・サヴァンナへと散らばってしまうからだ。これまで主な国際保護団体が私たちの計画に投資してくれた。今度は私たちのほうが、計画が実行可能かどうかを実証する番だ。もし失敗したら、これ以上の資金援助など望むべくもないだろう。

私たちの計画とはこうだった。ディセプション・ヴァレー全域のライオンとカッショクハイエナに麻酔をかけて無線首輪をはめ、さらにもっと北の〝パッサージ・ヴァレー〟や〝隠れた谷間《ヒドゥン・ヴァレー》〟の化石化した河川系にすむライオンの群れ《プライド》たちにも同様の処置をする。とはいえ、さしあたっての問題は、そういった遠隔地で放浪している捕食獣をどうやってみつけだすか、どのようにして陸路その場へ行って首輪をはめるか、ということである。彼らを見つけるには、川床のひらけた草原まで、朝早く行ってみるよりほかはなさそうだった。

その後六週間は毎朝夜明けとともに起き、生のオートミールをボウルのなかで粉ミルクとかきまぜたもので手早く朝食をすませた。そしてポケットに棒状の干し肉《ビルトン》を数本おしこみ、白々とした夜明けのなかに露にぬれて冷たく立っているエコー・ウィスキー・ゴルフ号にいそいで乗りこんだ。

「スイッチ、オン。マスタースイッチ、オン。スロットル、セット」ディーリアは白くもった風防ガラスのうしろで寒さにふるえていた。

「コンタクト！」プロペラを回転させて機体を後退させる。パッと出る白煙、パチパチとはじけるような音、そして轟音――エコー・ウィスキー・ゴルフ号は生きかえった。

滑走路を自分のテリトリーの中心にしているスプリングボックの〝ボーイング〟が地面

を前足でかいて尿を放ち、においづけをした。機体を離陸地点までタキシングさせると、彼は打ちとけた様子でちょこちょこと速足で横を駆けていった。私たちにすっかり慣れているため、離陸や着陸の際は、彼をひいたりすることのないよう、注意しなければならなかった。

離陸すると、またたく間にキャンプを通りすぎた。モクスは火をたいており、煙が木々の間を渦まきながらたちのぼっていくのが見えた。私たちはディセプション・ヴァレーの上空を北へむかってゆっくりと進んでいった。額を横の窓にくっつけて、化石化した川床にライオンがいないかどうかさがしつづけた。

どこへ行くにも、研究所兼自宅のランドクルーザーという金属の甲羅を背負って、のろのろと地面を進んでいた、あのカメみたいな生活は、エコー・ウィスキー・ゴルフ号の登場でようやく終わりを告げた。山のむこうも見はるかせるので、カラハリ砂漠の景観も今までのように二、三マイル四方のサヴァンナにかぎられることもなくなった。大昔の川も今では曲がりくねった川床を残すだけだが、飛行機はその上空に舞いあがると、夜明けや日暮れには茶色と緑のサンドヴェルトに長い影をおとすのだった。今まで知らなかったくぼ地や川のU字型湾曲地《オックスボウ》を空から発見すると、そのたびに名前をつけた。どれもみな化石化した川床が大昔に流砂の隆起によって分断されてできた地形だ。ヒドゥン・ヴァレー、

〝楽園のくぼ地〟、〝ワニのくぼ地〟など、どれもずっと昔からそこにあったにもかかわらず、砂丘のはるかかなたのため見ることができなかったのである。最近の大雨で、川床は緑のベルベットを身にまとい、水たまりの列はまるでネックレスのようにキラキラと輝いて川床をふちどっていた。

エコー・ウィスキー・ゴルフ号には奥地での生活はもともと肌にあわないようだった。交流発電機は焼き切れてしまい、修理のための部品がとどくまで二カ月以上も手動でスタートさせなければならなかった。エンジンはマグネット発電機からの電流で作動するのだが、バッテリーから電気が得られないのでは無線機も使用できず、コンパスも使えなかった。

カラハリ砂漠はとりたてて目につくものがなにもなく、果てしなく広がっていた。見てそれとわかるのはキャンプのまわりのわずかな地域だけだった。迷わないよう、もっぱら川床の谷間の上空を飛ぶようにはしていたが、浅くて谷間かどうかはっきりしない個所がところどころにある。インクのしみのような黒雲の影によって谷間が砂漠のなかに隠されてしまうことも時々あった。コンパスについては、マウンにはじめて飛行した時すでに正確に作動していないことがわかっていた。マウンに着陸するはずが、東へ四〇マイル以上も離れたマカラマベディ村まで行ってしまったのである。

ディセプションからはるか遠くへ飛行する時はいつでも、機尾の荷物室に食料品と緊急時の救命品を積みこむことにしていた。というのも、いついつの時刻にキャンプからどの方向にいるのか、またどのくらいの距離を飛行したのかなどわかったためしがなかったからだ。それに飛行計画書を預けようにも、モクスのほかにはだれもいなかった。エコー・ウィスキー・ゴルフ号に乗りはじめた当初、私は始終いらいらしていた。だが今では、こういった遠隔地でこのように故障の多い飛行機に乗っていると、そこからくるストレスがはかりしれないことを自覚している。かりにどこかに墜落したら、救助の望みはほとんどないといってよい。それに穴にはまる危険が常にある。丈の高い草むらで離着陸することもしばしばだったが、その場合、ラーテル（ミツアナグマ）やオオミミギツネの巣穴、トビウサギの掘った穴などで車輪が簡単に折れてしまうことも考えられる。が、この問題については、慣れてくると車輪が地面をこするくらいに高度を下げる――つまり着陸寸前に地表に〝触れてみる〟――ことで穴があるかどうかをつきとめられるようになった。

「ライオンよ――あそこ、あの木立ち！」ディーリアがエンジンの音に負けずに叫んだ。機体を急角度にバンクさせて高度を下げ、頂きが平らな木々の上をさっとかすめる。するとライオンの群れ《プライド》が、ヒドゥン・ヴァレーの〝ダウ（ライオン）のくぼ地〟からおよそ半マイルの、ハーテビーストの屍骸のそばで寝そべっているのがみえた。速度をおとしてフラップを下げ、近くの木すれすれに飛ぶ。ディーリアが枝にトイレットペーパーをおとして目印にしたあと、私はそのくぼ地に生えている、大きなふたまたのアカシアの木の位置をコンパスで確認した。それから私たちはキャンプへひきかえした。

車にキャンプ設営用品、食料品、水、麻酔道具、カメラを積みこむと、ディーリアが車を運転して先にライオンのいた方向にむかう。熱気でゆらゆら揺れるかげろうのなかに車が見えなくなるまで、私はじっと見送っていた。

数時間たって、ディーリアがライオンのいたあたりに到着したと思われるころ、私は飛行機を離陸させ、彼女のあとを追った。彼女が通ったところの上空を飛行しながら、白い点のように見える車を眼下のサヴァンナにさがした。そしてやっと、灌木の茂みのなかをカブトムシのように這い進む車を見つけた。会う約束をした川床のふたまたアカシアからはたいして離れていなかったが、車はコースをはずれていた。方向を変えなければ谷間から離れて道に迷ってしまう。私は高度を下げると車の真上に行き、それから一気にアカシアの木まで飛んだ。ディーリアは車をとめて、コンパスで飛行機の位置を確認し、それから方向を変えてさらに走行を続けた。ディーリアがちゃんと進路修正したことに満足して、私はその日の朝はやくライオンを見かけた木のところまで飛行機をとばした。ハーテビーストの屍骸はまだそこにあったが、ライオンの姿はなかった。群れ《プライド》のゆくえをさがそうと、私は上空で機体をゆっくりと旋回させた。

ディーリアがアカシアの木に到着した。くぼ地のなかでも草がそんなに生えていない、比較的なめらかな場所を選ぶと、彼女は車を前進、後退させながら、臨時の滑走路をつくりはじめた。それから車からおりると鋤を手にとり、あたりを行き来しはじめた。着陸の際、機体に傷がつかないように穴を埋め、盛りあがった泥土を平らにし、丈の高い草は根元から刈りとった。ディーリアは車から三〇〇ヤード離れたところで作業をしていたが、安全な滑走路ができたことに満足したので、くるりとむきをかえ、ランドクルーザーにもどろうとした。そのとき、ちらっと見あげると、なんとそこにライオンの群れ《プライド》がいるではないか。彼らはハーテビーストの屍骸を離れて、すでに川床のへりぞいの木々のところに移動していた。ディーリアは穴をうめるのに夢中で、ライオンが近づいてくるのに全然気がつかなかったのだ。ライオンは一列縦隊に並んで、彼女のほうへまっすぐに進んでくる。一番近いものは五〇ヤードと離れておらず、ディーリアと車のちょうど中間あたりにむかって歩いてくる。周囲数マイルには車よりほか、身を隠せるところなどなにもないため、ディーリアは逃げ場を失い、地に釘づけになったまままつっ立っていた。ブルー・プライドならなんの心配もなかったが、この群れ《プライド》にはこれまでまだ一度も会ったことがなかった。

彼らが人間に会ったのも、おそらくこれがはじめてのことだったろう。

ライオンたちはさっきよりもゆっくりと落ちついた歩調でディーリアのほうにむかってきた。頭を上げ下げしながら彼女の動きに注目している。エコー・ウィスキー・ゴルフ号が半マイルも離れていない上空をゆっくり旋回している音はきこえたろうが、私に合図しようにも、彼女にはなすすべがなかった。

ディーリアはゆっくりとあとずさりをはじめた。それにつれてライオンの顔の表情や身体の動きがどう変わるか懸命に読みとろうとしたのだ。しかし彼女が後退すればライオンも前進してくることに気づき、あえてその場を動かないようにした。ライオンたちはさらに前へと詰めよった。ディーリアとの距離が三〇ヤードになった時、彼女の恐怖は頂点に達した。鋤を振りあげて棍棒のように振りまわすと、ネアンデルタール人の女が出すような原始的な声で、腹の底からしぼり出すようにして叫んだ。「ウーウォー」

すると、命令にしたがうかのように、ライオンたちは歩みをとめて、長く一列に並んだまま、ゆっくりとその場に尻をおろして坐った。首を長く前にのばし、目の前で武器を振りまわしながら立っている霊長類の姿に目をこらしていた。

自分が動いたら、ライオンもまた動きだすのではという恐れから、ディーリアはその場にはりついたまま一歩も動けなかった。しかしなんとしてでもライオンのわきを通って、車のある安全地帯までたどり着かなければならない。その場に釘づけになっていればいるほど、襲われる公算は大きくなる。ゆっくりとディーリアは、一歩、続いて二歩と踏みだした。それから腰の高さに鋤をかかえると、ライオンの群れ《プライド》にじいっと目をそそいだまま、そのわきを斜めに通りすぎようとした。鋤を振りあげ、車にむかって長い弧をえがくようにして歩みだすと、ライオンの頭はまるでレーダーのようにディーリアの動きを追い、ゆっくりとむきをかえた。

ライオンの横を通りすぎ、あとずさりをはじめたとたん、急に一頭の雌ライオンが立ちあがり、頭を低くして忍び足でディーリアのほうに足早に歩いてきた。彼女は駆けだしたい衝動をぐっとおさえると、地面を踏みならし、大声で叫びながら頭上高く鋤を振りまわした。するとそのライオンは片方の前足をあげたまま、動くのをやめた。ディーリアも動かないでいる。やがてライオンは腰をおろした。

ふたたびディーリアが車のほうへあとずさりをはじめた。するとまたその雌ライオンがあとを追う。ディーリアが叫び声をあげ、鋤をはげしく地面に打ちおろすと、ライオンはおとなしく腰をおろす。ライオンとディーリアの間でもう一度同じことがくりかえされ、その間に彼女は車にかなり近いところまで進んだ。そしてあと一〇ヤードのところまでくると、ディーリアは鋤をライオンめがけて投げつけ、ランドクルーザーにむかって一目散に走った。雌ライオンが鋤にとびかかりにおいを嗅いでいるすきに、ディーリアは車のドアをぐいと開けると急いでそのなかに駆けこんだ。彼女は数分間、ふるえながらシートに身をもたせかけていた。

飛行機の音がだんだん大きくなり、エコー・ウィスキー・ゴルフ号が滑るように着陸してきた。ライオンたちは近くからじっと飛行機を眺めている。機体を車の横までタキシングさせ、エンジンを切る。「上出来だ！　ライオンをみつけたじゃないか」私は上きげんで言った。見ると、彼女は青白い顔をして目を大きく開いたまま、顎を窓枠の上にのせていた。私は飛行機からとびおりてランドクルーザーに乗りうつり、彼女をしっかりと抱きしめた。

その日の夕方、このライオンのうち三頭に麻酔薬をうちこんで無線首輪をつけ、彼らを〝タウ・プライド〟と名づけた。次の日は谷間の行きなれた場所を低空飛行で飛びながら、ブルー・プライドが好んで休息場所にしていたところをくまなくまわって、数時間にわたり彼らをさがしつづけた。ボーンズが射殺されてこのかた、ブルー・プライドのメンバーを全然見かけておらず、彼らが通った跡もまったく見あたらなかった。ハンターたちに遭遇したこともあって、おそらく彼らはもうディセプション・ヴァレーにはもどってこないだろうと思われた。

そのかわり、スプリングボック・パン・プライドを見つけた。彼らは私たちのキャンプの南にテリトリーをかまえていた。夕方、まだ暗くならないうちに、優位の雄であるサタンと雌のハッピーに無線首輪をつけた。二頭が麻酔からさめるまでの間、私たちは一〇〇ヤードほど離れた飛行機の翼の下にささやかな露営を張った。ディーリアは、翼の支柱に蚊帳をつりさげてその下にベッドを広げた。私は水を入れたジェリカンと食料品を並べて、小さなたき火を起こした。そのうちに、やかんの水が沸騰してカタカタと音をたてはじめ、干し肉《ビルトン》、ジャガイモ、タマネギがフライパンのなかでぐつぐつ煮えてきた。

たき火の炎が消えて赤い炭だけになった。月が砂丘の上に姿を見せて、谷間一帯を銀色の光で照らしている。エコー・ウィスキー・ゴルフ号の大きな翼の下に腰をおろすと、スプリングボックの群れが川床にそって草を食《は》んでいるのが見えた。寝袋のなかに身体をすべりこませた時、ライオンたちの咆哮がはじまった。

しばらくして目を覚ますと、月は沈み、巻雲がうっすらと空をおおって星をみえなくしていた。手さぐりで懐中電灯をさがす。いつものことだが電池は切れかかっていて、弱々しい黄色い光を放つだけだ。こんな弱い光では闇夜を貫くなんてとてもできない。それでも、ゆっくりとまわしながら目をこらすと、九対の大きな目が飛行機のまわりに弧を描いてかすかに輝いているのが見えた。スプリングボック・パン・プライドの全メンバーが、わずか二五ヤード離れたところから私たちをじっと見ているのだった。

ライオンたちの興味の的はエコー・ウィスキー・ゴルフ号で、見たところ尾部やタイヤにかみつきたくてしかたがないようだった。きっと、翼のついた巨大な粉ミルクの缶かなにかにでも見えたにちがいない。ディーリアと私はそれから、ボソボソ話をしたり、時々懐中電灯をつけてはライオンがどこにいてなにをしているかを確かめながら、一時間ぐらい起きていた。やがて一頭ずつ彼らは闇のなかに姿を消していった。

しばらくするとスプリングボックの大きな群れが、ブーブー、ピューピューと鼻で警戒声を発しながらどっとおしよせ、私たちの前を通りすぎていった。それからごろごろと喉の奥でなるうなり声がきこえ、ライオンが獲物を食べる音、骨を砕いたり肉を裂いたりする音、そして喉をならす音が続いた。懐中電灯をつけると、スプリングボック・パン・プライドのメンバーが飛行機の翼端からおよそ三〇ヤード離れたところで、しとめた獲物をはさんで小ぜりあいをしているのが目にはいった。彼らの食事が終わるまで、私たちはなかなか寝つかれなかった。

近くの湿った草を踏むサタンの足音で目が覚めた。朝の陽の光が、飛行機の翼からつりさげた蚊帳に差しこんできていた。サタンのふさふさしたたてがみが、歩くたびに、がっちりした肩の上ではねている。首にはめた無線首輪は漆黒のたてがみのなかにうもれて、外からはほとんど見えなかった。サタンは小さな木の下に横になり、私たちがコーヒーを入れて干し肉《ビルトン》のコマ切れを焼いているのを、ねむたそうな目で見ていた。

その日は飛行機の翼の下にのんびりと横になって、ライオンの寝姿を観察した。彼らは首輪など、ちょっとしたネックレスぐらいにしか感じないらしく、まったく無関心だった。午後四時ごろ、飛行機を離陸させる。空から無線発信機の調子を確かめるとともに、谷間づたいにさらに南へ行って、もっと多くのライオンを見つけたいと思ったからである。四〇マイルも離れた地点でサタンの信号音をキャッチできたときには、さすがにうれしかった。

〝スプリングボックのくぼ地〟にひきかえそうとしたとき、しだいに近づいてくる黒雲の壁に驚かされた。無線装置に気をとられていて、嵐が背後から徐々に勢いを増してくるのに全然気がつかなかったのだ。スコール線が谷間を襲う前に、地上にもどって機体の安全を確保しなければならない。そこで機首を下げ、全速力で川床へむかって突進した。

突然、疾風の前ぶれの強風が吹いて、機体は上下左右にはげしく揺れた。眼下の草があおられて乱れ動く様子から察して、風速は時速四〇マイルをくだるまい。谷間では、風は細長い川筋に対して直角に吹いているだろうから、着陸の際は横風を受けることになる。機体が風の方向に傾いたり、異常旋回《グラウンド・ループ》をおこしたり、翼が地面につっこんだりすることがないように注意しなければならない。私のわずかな飛行経験ではうまくやってのける自信はほとんどなかった。しかも飛行機操縦のマニュアルは、確か横風が時速二〇マイルをこえると着陸はきわめて危険になると警告していたはずだ。

谷間の上空までたどり着いたころ、大粒の雨が風防ガラスをたたきはじめた。「シートをもどして安全ベルトをしっかりしめるんだ。頭は膝の上にのせて！」機体にたたきつける雹の音に負けんばかりに私はディーリアにむかって大声で叫んだ。かろうじて見えるタイヤの跡は、そこが穴ぼこのあいていない、川床の着陸場であることを示している。目まいがするほどに機体を急角度にバンクさせ、そこへ降りていく。エコー・ウィスキー・ゴルフ号は斜め飛行をしながら、途方もない強風が吹きあれる雹まじりのどしゃぶりのなかに突進した。方向舵《ラダー》の左ペダルをいっぱいにふみこみ、右の翼をはげしく横にゆらしながら嵐のなかを下降していった。

やがて機体は進入路《グライド・スロープ》らしきところの上空にさしかかった。接地点はもうすぐそこだ。だが、この強風のなかで着陸準備体勢を保っておくには、よほどうまくバランスをとりながら動かなくてはならない。最初は傾斜も少なすぎ、方向舵もふみこみが足りなかったが、今度はやりすぎたらしい。機体は旋回し、滑走路と川床から離れていった。そこで私は機体をさらに斜め飛行させながら、ふたたび着陸体勢に入った。まるで横むきに着陸するみたいだ！

右の車輪が地面についたらただちに機体をまっすぐにおこし、右翼を十分に下げて風にむかわせなければならない。機体をおこすのがはやすぎると、強風のため機体は横むきに飛ばされ、着陸装置がへし折られるか、さもなくば私たちがあおむけにひっくりかえってしまうだろう。そして左の車輪も地面について速度が十分に落ちたら、ただちにブレーキに足をかけ、機体を回しながら風にむかわせる。

飛行機はアカシアの木の茂みの上空を横滑りした。地面がぐんぐん近づいてくる。草のすぐ上まできた時、スロットルを引いて着陸体勢にもっていこうとした。失速警報器がけたたましく鳴った。その時急に風がやんだ。風の勢いがなくなると、とたんに操縦の勘がおかしくなる。右の車輪が地面を強く打って、ものすごい音をたてた。あれよあれよと思う間に、機体は操縦不能のまま大きくバウンドした。

スロットルをフルパワーにし、飛行スピードを回復させて機体を上昇させようとした。しかし強風が片方の翼を強く打ったため、機体はふらつきながら川床を横切って砂丘のほうにむかった。スロットルをフルにしたままなおも進むとどうやら機体はもちなおし、むきをかえ、少しずつ上昇しだした。ディーリアをちらっとみると、彼女は頭を膝の上にのせたままだった。

風が強すぎる。これではパワーを落とさず、尾部を上げたままで地面にむかわなければならない。ふたたび着陸体勢にはいった。逆風をついて機体をなんとか安定飛行させ、パワーの無駄な浪費をおさえる。やっと、地面のちょうど真上にやってきた。だが、接地点まではまだだいぶ距離がある。ゆっくりとパワーをおとしていくと、わずかに上昇した。風がふたたび強くなって——機体はさらに傾いた。滑走路の上にいることは確かだと思ったが、雨がひどくて見きわめることができない。横窓から身をのりだして下をみると、かすかに線《ライン》が見える。少しパワーをおとす。と、右の車輪が轟音をたてはじめた。接地したのだ！　しかし、機体の旋回があまりにもはやすぎたようだ。これでは方向舵でもブレーキでも、とても機体をとめることはできない。飛行機は滑走路を通りこして草むらをつっきると、ライオンが休んでいた木のところまで走った。両ブレーキに全体重をのせて主輪を滑走させながら、私はひたすら地面に穴がないことを祈った。木々の輪郭が、嵐のなか、前方にぼんやりと現われた。しかしむかい風のお陰でスピードが落ち、機体はスリップしながらどうにか止まった。

ディーリアはいちはやく外に出て、機体を縛りつけるため、後部のハッチからくいとロープを引きずり下ろした。私もエンジンを切り、どしゃぶりの雨のなかにとび出た。こうして、私たちはウィスキー・ゴルフ号を無事、嵐から守ることができた。

飛行機の翼の下に携帯用小型テントを張ると、風で大きくふくらんだ。携帯用のバーナーで湯を沸かし、熱い紅茶とスープをすすった。風と雨は一晩中テントを打ち、飛行機は横にゆれてギシギシ音をたてたが、私たちは寝袋にくるまって暖かく、満足だった。

続く数週間は、中央カラハリ全域を飛んでライオンに首輪をつける作業をおこなった。飛行のたびにキャンプからさらに遠くまで距離をのばした。ディーリアはコンパスで確かめた方位にしたがって数時間車を走らせ、遠く離れたくぼ地やひあがった川床で、飛行機で行く私とおちあうこともあった。空からライオンを見つけることができなかった夜は、エコー・ウィスキー・ゴルフ号をアンテロープの群れの近くに着陸させ、その翼の下で野営をしながら、狩りをするライオンの群れ《プライド》がいないか目をこらし、きき耳をたてた。ベース・キャンプ周辺にもどってきた時はいつでも、ブルー・プライドの捜索にあたった。

月日が流れていった。すでに三月も終わりに近づき、あと一カ月あまりで雨季も終わろうとしていた。アンテロープが谷間を去りはじめると、ブルー・プライドの仲間たちを見つけるチャンスはますます少なくなってくる。ブルー・プライドは私たちにとって最も大切なグループだ。キャンプのすぐ近くにテリトリーのある彼らのことはやはり一番よく知っていたからである。しかし彼らにはまだ無線発信機をつけていなかった。もしかすると、ボーンズに続いて群れ《プライド》のほかの連中もハンターや牧場主たちに殺されてしまったのかもしれない。キャンプにもどるとそのつどモクスに、ライオンの声をきいたかとたずねたが、答えはいつも「否《ンニャ》」だった。

しかしある朝、パッサージ・ヴァレーで野営したあと、機体をタキシングさせてキャンプにもどると、モクスがニコニコ顔で火のそばに立っていた。彼は地面のあちこちについたライオンの足跡を指さしてから、時々英語とセツワナ語をまじえながらもほとんどがパントマイムで、私たちをキャンプのあちこちにつれていった。彼はまず忍び足で風呂場と台所へ行き、距離をおいて立てられた二本の木の棒の間の地面を、足でトントンと踏んだ。その棒には針金をわたして細かく切った肉を一列に乾してあった。彼は自分の耳をつねった。それから私が着ていた青いシャツを指さしたあと、顎を引っぱった。それは、ブルーのイヤータグをつけたライオンたちと、まだたてがみの生えそろっていない二頭の若い雄ライオンを意味していた。モクスは最後に地面に指でJの字をかいて自分の尻をたたいた。雄ライオンのうちの一頭には尻にJ形の傷跡があることを言いたいようだった。数週間前、ディーリアとロイと私のために滑走路から夜の調べを歌ってくれた、あの二頭の雄ライオンにちがいなかった。

さっそく三人は車に乗り、モクスが彼らを最後に見たという、四〇〇ヤード離れた〝ブッシュの島〟まで出かけていった。ライオンたちがあらかじめ私たちとランドクルーザーに気づくよう、ゆっくりと時間をかけて運転した。私たちが近づくとライオンたちは起きあがった。彼らの顔の表情と態度を注意して見つめ、おびえているのか、それとも攻撃しようとしているのかを見きわめようとした。

しかし心配する必要は全然なかった。以前とまったく変わらず、サッシーとブルーは車にまっすぐ走りよってきて、タイヤをかんだり、ドアの窓ごしに私たちをじっと見たりした。彼女たちのひげにうずもれた鼻づらと、琥珀色の目がほんの目と鼻の先にある。手を伸ばしてサッシーの目の上のダニを払いのけてやりたくてしかたがなかったが、思いなおしてやめた。マフィンとモフェットと名づけたボサボサ頭の二頭の若い雄ライオンが、雌たちから二、三ヤード離れたところで横になっている。若い——まだ四歳ぐらいだった——にもかかわらず、彼らは明らかに、ブルー・プライドとそのテリトリーに対して権利を主張しているようだった。もっと年長の大形ライオンたちに挑まれてもなおその権利を主張できるかどうかは、時がたてば明らかになるだろう。

ブルー・プライドのメンバーたちが車の陰で休んでいる間、私たちも彼らといっしょに腰をおろした。なにもかもが昔のままだった。もっともサッシー、ジプシー、リーザ、スプーキー、それにスパイシーは今ではすっかり立派な成獣に成長していた。ブルーと年とったチェアリーを加えると、たいそうなライオン一家だ。

ブルー・プライドのメンバーたちに麻酔薬をうちこんで無線首輪をつける。これでディセプション・ヴァレー、パッサージ・ヴァレー、ヒドゥン・ヴァレーの、化石化した川床ぞいにテリトリーを持つ五つの群れ《プライド》のなかから、一六頭以上の個体に無線発信機をとりつけたことになり、飛行機や車で追跡するのもたやすくなった。首輪をはめたライオンがそれぞれの群れ《プライド》の仲間――その多くにはすでにイヤータグをつけてある――と接することを考えると、私たちは、三六以上の個体と直接に接触することができるようになったわけだ。

このほか、六頭のカッショクハイエナにも発信機をとりつけた。ディセプション・パン・クランと〝チーターのくぼ地〟近くの群れ《クラン》の連中だ。

手持ちの首輪がすべてあるべき場所に落ちつくと、次にやるべき仕事は、雨季が終わらないうちに飛行機で毎日ライオンを追跡し、その移動を詳細に記録することである。カッショクハイエナのほうは乾季を通じて谷間近くにいるため、空から見つけるのはたやすい。

この二、三週間の緊張がしだいにほぐれていくのを感じた。ついにやったぞ！　ライオンとカッショクハイエナの飛行追跡調査のお膳立てがすっかりととのったのだ。

最後のハイエナに首輪をつけおわった日の朝、その日はもうなにもしないことにしてキャンプへもどった。二つのテントの間に車をとめるやいなや、チーフ、アグリー、ビッグ・レッドその他四〇羽ものサイチョウが羽音をたてて突進してきた。そして張り綱にとまると、クックックッとなきながらその日のひきわりトウモロコシの配給をねだるのだった。

「サイチョウ、チョウチョウさん」ディーリアは鳥たちに歌いかけながら、小道をくだって日陰になっている林のわが家へとむかった。アグリーはディーリアの肩にとまり、曲がった黄色いくちばしで彼女のイヤリングを引っぱった。チーフは四苦八苦しながら、彼女の頭のてっぺんにとまった。サイチョウの群れは彼女のあとを追って台所にむかった。台所では、マリクと名づけたシロハラチャビタキが空からさあっと彼女の前に降りたって、翼をバタつかせ全身をふるわせながら、ぼくにもくれと言わんばかりに食べもののわけ前をせがんだ。一〇〇羽ほどの小鳥たちや、トガリネズミのウィリアム、トカゲのラミーが食事をしている間は、ディーリアは私のことなどすっかり忘れてしまったのか、なかなか食にありつけなかったが、しばらく待ってやっと私の番となり、食事をすることができた。

その日の午後おそく、私たちはキャンプに近い川床に腰をおろして、オレンジ色の太陽が銀色の草の穂先を赤い炎の海に染めて、〝西の砂丘〟にすべりおちていくのをじっと眺めていた。陽が沈むと同時に、キャプテン、サンダンス、スキニーテイル、ジンピーら、ジャッカルのもの悲しいなき声が谷間にこだました。寂寞とした美しさをただよわせながら静かにねむりにつこうとしているカラハリ砂漠に、そのなき声は子守歌のように響いた。

空の色がしだいにうすくなり、〝西の砂丘〟の黒いシルエットも、まもなく夕闇のなかに消えていった。カチカチカチと、大理石を打ちあわせるような音をだしてなくヤモリの声と、チドリのあわれっぽく叱りつけるようななき声が、夜の到来を告げていた。そのうちに冷気が砂丘からしだいに川床におりてきたので、キャンプにもどることにした。

モクスが、火を起こしてアンテロープのステーキを焼いておいてくれた。「ホシアミ、ラー」今日の仕事は全部終わりましたからこれで失礼して休ませていただきます、という意味のことをおだやかに言うと、彼は長ぐつをひきずるようにして、ゆっくりと泥の道を自分のキャンプへと帰っていった。足音には親しみが感じられて心地よく、くつろいだ気分にさせてくれる。彼がここに来てくれてほんとうによかったとつくづく思った。

私たちはすぐに食事をはじめないで、しばらくの間、黙って腰をおろしたまま火がはじけるのを見つめていた。炎が少し弱くなると、むこう側が見えてきた。二、三フィート先のたきぎの山の近くで、ライオンが木切れの上に横になっている。マフィンとモフェットだ。彼らとはすでになじみになっていたが、今またこうして、私たちがくつろいでおしゃべりするのをじっとうかがい、耳をそばだてている。野生のライオンであることを忘れてしまうほどに親しみを感じる。この時の気持をどう表わせばよいだろう。とても、ありふれた言葉ひとつでは言い尽くせない。興奮、感謝、心暖まる思い、親しみ。まさにそうい

った いくつもの感情がいりまじってひとつになっていた。

しばらくすると二頭のライオンは起きあがり、大きくのびをした。それから、ボーンズがしょっちゅうにおいづけをしていた木のところへ歩いていった。私たちからわずか一〇フィートのところでふりかえると、尾を上げて放尿し、枝ににおいづけをした。二頭が台所のほうへ歩きだしたので、懐中電灯を持ってあとを追った。三方をアシでかこまれた台所のなかに立った彼らは、馬ぐらいの大きさに見えた。マフィンは頭を高く上げて、鼻づらをテーブルの上にのせた。モクスが夕食に出しておいてくれた肉をその大きな舌で舐めまわした時など、彼の頭に手をおくこともできそうだった。

その間モフェットのほうは、食器棚のにおいを嗅いでいた。支柱の上のほうにつるしておいた二五ポンド入りの小麦粉袋にとどくと、口にはさんで引っぱった。とたんに袋は破れ、白い粉が鼻先とたてがみにシャワーのようにふりそそいだ。後退してくしゃみをし、身体をブルンブルンさせると、小麦粉は台所のあちこちにとび散った。それから彼は袋をつかむと、ひきずりながらキャンプから出ていった。あとには白い粉の跡が長々と続いている。マフィンもあとを追って出ていった。袋をズタズタにひきちぎったあと、彼らは台所のすぐわきにしずかに横になった。月の光のなかでじっと動かずにいる彼らの姿は、まるで大きな砂山のようだった。やさしくクークーとなく彼らの声をまねしながら、私たちはそっと歩いていって、六フィートたらずのところで腰をおろし、彼らの腹がキューキュー、ゴロゴロ鳴る音に耳を傾けた。三〇分ほどすると、二頭は立ちあがり、大きくほえた。そして、谷間をのぼって北のほうへ歩み去った。

首輪をつけたライオンとハイエナの居場所をつきとめるために、毎朝日の出のころ、飛行機を風のないひんやりした空中に飛ばした。ディーリアの椅子はうしろむきにしてある。こうすると彼女はフードボックスを作業机にして、機体の後部をむいて仕事をすることができる。彼女は受信機の周波数をライオンかハイエナの周波数にあわせ、イヤホンでその信号音をきく。そして二つのアンテナをスイッチで切りかえながら動物の居場所をつきとめ、その方向にむかうよう私に指示を与えてくれる。つまり、信号音が最大になったときには、飛行機はその動物の真上にいるわけだ。二、三の特徴のある地形をたよりにコンパスで方向を確かめれば、ディセプションの調査地域を写した航空写真の上に現在位置を記入することができるし、めあての動物のその日の正確な位置を記録することもできる。

位置の確認がすむと、地面すれすれまで下降する。機体を急降下させたり、急角度にターンさせながらライオンをさがしつづけるのだが、このとき私たちは重力で椅子におしつけられる恰好になる。ディーリアはうしろむきで、飛行機の尾部に顔をむけたまま、生息地の型《タイプ》、グループごとのライオンの数、殺した獲物があった場合はその種類、調査地域における被捕食者の密度などをノートにとる。どんなふうにしてやったのかわからないが、とにかくよくできるものだと思う。私だったら五分もたたないうちに気持がわるくなって朝食もとれない状態になってしまうだろう。しかも彼女は二ヵ月半以上もの間、こうして毎日同乗しつづけたのだった。

もう少し経験を積んで、安全に低空飛行をしながら、ひとりでもテープレコーダーで観察記録をとったり無線機を操作したりできるようになると、以後私は単独で飛行をすることにした。その間、ディーリアはキャンプに残って、ハイエナの生息地を訪れたり、データを整理したりした。二、三年たって飛行機用のベース・ステーション・ラジオを購入してからは、二人が別々のライオンのところにいる場合でも、たいがい互いに連絡はとれたし、かりに私がどこかに不時着せざるを得なくなっても、それがどこなのか、ディーリアにもわかるようになった。

無線機での追跡をはじめてからしだいに明らかになってきたことで最も興味深い状況のひとつは、ブルー・プライドとディセプション・パン・クランとの関係である。ライオンたちが雨季のテリトリーのどこにいようと、ハイエナはかならず彼らを見つける。ブルー・プライドが獲物をしとめると、スターやパッチイズ、あるいは同じ群れ《クラン》のほかの仲間がそれを嗅ぎつけないことはほとんどなかった。カッショクハイエナの食事はその大部分をライオンに頼っており、群れ《クラン》のテリトリーもほぼ完全にブルー・プライドの雨季のテリトリーと重なりあっている。さらに両者のにおいの跡も一致していることが多い。谷間や川床を空からひとつの大きなゲーム盤として見ると、ハイエナたちは獲物を食べるライオンの動きをじっとうかがっており、ライオンが立ち去るとすぐにとびかかろうとして待ちかまえている様子が一目で見てとれた。彼らはみんな生存競争の競技者《プレーヤー》なのである。

はじめのうちは、飛行機がライオンをこわがらせ、そのため空から彼らを間近に観察することはできないのではと気がかりだったが、心配する必要はなかったようだ。まもなく高度を草の高さに保ちながら、二五から三〇ヤードの距離を、ライオンを不安にさせたりすることなく飛行できるようになった。この高さからだと、速度をあげても無線首輪は容易に目にはいるし、イヤータグの色がわかることもたびたびあった。飛行機に対するライオンの反応はさまざまだ。マフィンは滑空する飛行機を見ると、頭を上げずに目だけキョロキョロさせた、おかしな顔つきをすることがある。サタンはいつも身構えてうずくまるが、時々ふざけて飛行機をほんの少し追いかける。飛行機が頭のすぐ上を滑空すると、彼は後肢で立って両手で空中をかいた。ライオンたちが川床で休んでいるときには、着陸して彼らがいるところまで機体をタキシングさせ、翼の陰から観察しながらピクニックをすることも時おりあった。

マフィンとモフェットは、たてがみはまだ十分に生えそろっていなかったが、体重は四五〇ポンドをゆうに越えていた。そしてディセプション・ヴァレーにおけるブルー・プライドのテリトリーの所有権をあくまでも主張するつもりでいることを明らかにした。彼らは毎日、夜と早朝、もったいぶった様子で川床を行きつもどりつしながら、咆哮したりひっかき跡をつけたり、途中の高木や灌木、草むらに放尿してにおいづけをしたのである。

しかし、ある朝ブルーがこの二頭をお供に従え、キャンプにブラブラとやってきた時、彼らの結束にもひびがはいった。ブルーは発情していて、懸命に二頭のたくましい求愛者を惑わそうとしていた。彼らの前をなやましげに腰をくねらせ、身体をしゃなりしゃなりゆらして歩き、尾のふさで雄ライオンの鼻先のちりを払ってやったりした。二頭の雄ライオンが同時に同じ雌ライオンに求愛する場合には、どちらかが譲るのがふつうであり――でなければ二頭で雌の愛情を共有するものである。しかしこの場合には二頭間であらかじめ話がついていなかったようだ。見ていてすぐにそうわかった。

ブルーは飛行機のそばに数分間横になっていたが、やがて立ちあがると、モクスのキャンプのほうへ歩きだした。マフィンとモフェットが彼女の後半身に近づく。マウントするのではないかと思ったが、そうではなく、互いに肩をぶつけあった。歯をむき出しにしてうなり声をあげながら、二頭の雄は後肢で立つと、相手の身体を打ったりかんだり、爪でひっかいたりした。ブルーは木立ちのむこう側に走って灌木のかげにちぢこまった。マフィンのほうが先に彼女に追いつきくるりとふりむくと、モフェットとむきあった。ふたたび二頭の間で闘いがはじまり、ブルーは今度は川床のへりの深い茂みのなかに駆けこんだ。第二ラウンドはマフィンのほうが先におりた。左眉のところが割れて、血が顔に流れている。二頭はブルーをわれ先にみつけようと、鼻をくんくんさせながら草のなかを歩きまわった。

ブルーがその瞬間、茂みのうしろからひょいっと首をだしさえしなければ、闘いはこれで終わっていただろう。彼女の姿を見つけたマフィンは足早に駆けよった。が、途中まで行ったところで、モフェットがうしろからつっこんできた。二頭はまた激しく組みあい、そのままゴロゴロところがった。前足で相手の身体を強くひっかいたり連打するうち、あたりの草や灌木は根こぎにされてしまった。

二頭はやがて相手の身体を離し、結局マフィンのほうに軍配があがった。ブルーは――この闘いにすっかりおびえていたが――とうとうマフィンのものになったのである。マフィンは暑い日なたで彼女とむきあい、横になった。モフェットはすでに木陰に行って休んでいる。ブルーは暑さのためしだいに不機嫌になってきたようで、モフェットが休んでいるほうをちらちらと見はじめた。しかし立ちあがってモフェットのいる木陰へ行こうとすると、マフィンは唇をまげ、額にしわをよせて恐ろしい剣幕でうなる。ブルーはちぢこまり、日なたで暑さにあえぎながら、午前中はずっととらわれの身に甘んじなければならなかった。そのうちにモフェットがずっと離れたところにもっと大きな日陰を見つけて移動したので、彼女もやっとこの状態から解放された。ブルーは立ちあがることを許され、マフィンと連れだって、モフェットが去った木陰へと移っていった。

マフィンがブルーに求愛していた数日間およびその後一週間は、マフィンとモフェットは別れて行動した。それ以前、彼らが離れ離れでいたことはほとんどなかった。なぐりあいがあってから一〇日後の早朝、私たちはマフィンが咆哮しながらキャンプに近づいてくる声で目を覚ました。彼は台所の小さなアカシアの木に放尿してにおいづけをすると、川床にそって北へ歩いていった。もう一頭別のライオンが谷間のかなたから彼の咆哮に答えた。二頭は絶えずほえながら、互いに歩みよった。モフェットが〝ノース・ツリー〟近くのやぶから姿を現わすと、二頭の雄ライオンは相手のほうへ急ぎ足で駆けより、この前の争いの一件を払拭するかのように、頬や身体や尾を何度も何度もこすりあわせた。それからいっしょに、朝陽のなかで横になった。マフィンは前足をモフェットの肩にのせている。

女のことでけんかをしたくらいでは、彼らのきずなが絶たれるわけはないのだ。

車に頼るしかなかった数年間は、ライオンやカッショクハイエナに関するデータの収集はもっぱら、灌木の茂みのなかをトラックでつき進むことでおこなっていた。今では飛行機と無線追跡装置のおかげで、楽にどんどんデータが収集でき、ひっきりなしにフィールド・ノートを埋めつづけている。マフィン、モフェット、ブルー、そしてブルー・プライドのほかの仲間たちが、いつどこにいるのか、そしてスプリングボック・パン・プライドやほかの四つの群れ《プライド》からどのくらい離れているかもわかるのである。あるライオンが大きな獲物をしとめたかどうかを知りたければ、空中にあがり、無線機の周波数をあわせて、その頭上を飛ぶだけでよかった。首輪をはめた動物たちを空から見つけようと思えば、この装置で百発百中だった。それに加えて、彼らがどのような動物といっしょにいるのか、生息地はどんな様子か、夜どのくらいの距離を歩きまわるのか、子どもがあるのかどうかなどについても、まずわからないことはないといってよかった。雨季の場合、一時間半から二時間あれば、首輪をつけた動物はすべて見つけることができた。フィールド・リサーチャーの夢が、こうしてまさにかなえられたのである。

一七　ジプシーの子ども

ディーリア

　ある朝、マークはエコー・ウィスキー・ゴルフ号から二頭の雄ライオンを見つけた。どのライオンかを確かめるため上空を旋回してみると、同じ木の下で横になっていたのはマフィンとサタンだった。わずか三フィートしか離れていない。マフィンはブルー・プライド、サタンはスプリングボック・パン・プライド、つまりライバル同士である。両方とも前足をのばし、その上に顎をのせ、筋肉ひとつ動かさずに、隣接しあう彼らのテリトリーの境界をはさんで、互いにじっとにらみあっていた。モフェットの姿はなかった。

　マークはキャンプへもどった。そして、今度は私もいっしょに、車でライオンのところまで行った。彼らは依然として、相手をにらみ倒そうと対峙したままだった。ちょうど真昼間で、朝のうちは日陰になっていた彼らのいる場所も、今は熱い太陽にさらされている。

ゆっくりとマフィンのまぶたがたれ下がってきた。頭がねむたそうにこっくりして、片側にずりおちた。とたんに、サタンが太い声で腹の底からうなり声をあげた。マフィンはさっと頭をあげて挑戦に応じる構えをみせた。

にらみあいは午後になってもやまなかった。どちらかが居心地がわるくなって、場所を変えたくなると、喉をごろごろならして低いうなり声をたてる。不快感が高じると、頭はほとんど動かさずに相手をにらみつけたまま、後半身の位置をかえるのだった。

日没直後、喉からしぼりだすようなうなり声をあげて、二頭はゆっくりと起きあがった。相手からはけっして目を離さない。一歩、また一歩と、ゆっくりとした足どりで慎重に後退し、やがて二頭ともむきをかえると、それぞれのテリトリーに姿を消した。一撃もかわすことはなかったが、互いの強さをためしたという点では同じことだった。結果は引き分けに終わった。

マフィンやモフェットのように、雄ライオンが兄弟か同年齢集団のものと同盟関係を結んでいる場合には、単独でいる場合よりも群れ《プライド》やそのテリトリーの獲得・維持に際して成功する確率は高い (Bygott, Bertram, and Hanby, 1979)。サタンがもし、マフィンとモフェット二頭とむかいあっていたのなら、形勢は明らかにサタンのほうが不利だったろう。

隣接する群れ《プライド》のテリトリーは、かならずしも境界がはっきりとしているわけではなく、ある程度の重複があるようだ。スプリングボック・パン・プライドとブルー・プライドの連中は、相手がまわりにいない時にかぎり、テリトリーの境界地帯にある〝チーターのくぼ地〟で狩りをすることがある。とはいってもやはり、特に雄ライオンの場合、雨季の間は多くの時間とエネルギーを割いて、自分のテリトリーを守ろうとする。咆哮し、爪でかいてひっかき跡をつけ、放尿してにおいづけをし、必要とあらば闘いをいどんで、自分の領域、つまりは囲いこんだ獲物と生殖にあずかる雌ライオンに対して所有権を主張する。マフィンとモフェットも、咆哮したり境界地帯ににおいづけをすることに多くの時間を割いた。ブルー・プライドのテリトリーを支配した直後は特に、騒々しかった。

ある朝〝南のくぼ地〟で横になって日なたぼっこをしていたマフィンとモフェットに、マークはちょっと悪質ないたずらをした。以前私たちは、サタンに答えて咆哮するモフェットの声をテープに録音しておいたのだ。さて、今二頭が前足の上に頭をのせ、目を閉じて朝のあたたかい陽光を浴びながら、くつろいで休んでいるところから一〇ヤードばかり離れたところに、マークは車をとめ、開いた窓にテープレコーダーを固定してスイッチを入れた。

自分の声を耳にすると、モフェットはとびあがって身を起こし、ぐるりと回って車とむきあった。そのとたん、マークはテープレコーダーのスイッチを切った。しかし、かわいそうにモフェットはそれではおさまらず、この妙な声に完全に心を乱されたようだった。雷鳴の轟きに似た、腹の奥底からしぼり出すような咆哮をしながら、車にむかって数歩、歩みでて立ち止まった。頭をまっすぐに起こし耳をぴんと立て、目は刺すように鋭い。返答がないとまた大きくほえた。そして「おい！　ぼやぼやしてちゃだめだ！　おれたちのテリトリーをのっとろうとしているやつがいるみたいだぞ！」とでも言うかのように、ふりかえってマフィンを見た。しかしマフィンのほうは頭を前足にのせたまま、気にもとめないふうであった。モフェットは四度咆哮すると、マフィンのところへ行き、そこでもう一度大きくほえた。しかたがないという様子でマフィンは立ちあがり、なんとなく気がすすまないまま、モフェットの咆哮に唱和した。その後、二頭は咆哮をくりかえしながら、足早にその場を離れた。車のわきを通りすぎて、途中、ひっかき跡をつける以外は立ち止まらずに、幻の侵入者のほうへ急ぎ足で歩いていった。

二、三日後の夜のこと、マフィンとモフェットが彼らの南の猟場にいた時、サタンの咆哮が砂丘を越えてきこえてきた。二頭はとたんに立ち止まって耳を傾けた。それからほえかえすと、後足で砂をかいた。そのあと三時間にわたって、雄ライオンたちは〝チーターのくぼ地〟をはさんで咆哮しあった。その間両者はゆっくりと少しずつ歩みよって、互いの距離をちぢめていった。

夜明けにはまだ数時間あった。サタンはマフィンとモフェットの挑戦に答えるのをやめ、沈黙が谷間をおおった。マフィンとモフェットは、ブルー・プライドとスプリングボック・パン・プライドのテリトリーの境界地帯で、小さな群れをなしていたハーテビーストを一頭ずつ殺した。彼らがそれを食べていると、サタンがうしろに歩みよってきた。二〇ヤード離れたところに立って、じっと二頭を見ている。と、やがてマフィンとモフェットが気配に気づいてうしろをふりかえった。攻撃性をむきだしにした目がらんらんと輝いている。

すさまじいほえ声をあげながら、マフィンとモフェットは食べていた獲物からとびあがり、サタンにむかって激しくぶつかっていった。砂が雨のしずくのようにまわりにとび散った。相手の勢いがものすごかったので、サタンは数ヤード後退し、後足でさらさらした砂地にみぞをつくった。彼は爪をのばし、突進してモフェットの頭を前足ではげしく打ち、横倒しにした。それから後肢でまっすぐ立ち、大きく口をあけて長い犬歯をむきだすと、くるりとむきをかえて、マフィンに正面からぶつかっていった。サタンとマフィンは、互いに相手の肩やたてがみ、顔などをかみ、はげしく連打しあった。さながらプロボクサーのようだった。筋肉のすじが太くもりあがって、鋼鉄の索のように背中をはしった。

サタンの一撃から立ちなおったモフェットは、後部から彼に攻撃を加え、背中をかみ、爪でひっかいた。マフィンは両方の前足でサタンの頭を強打した。サタンが力あまって一回転すると、はずみでモフェットはイバラのやぶのなかにころがりこんだ。しかしなんとかすぐに立ちあがり、マフィンとともにふたたびサタンに闘いをいどみ、砂漠の頑強な灌木の根元に彼を追いつめた。太さ二インチもある大きな枝が、まるでマッチ棒のようにこなごなに砕けてしまった。

マフィンが正面から攻撃するとサタンはこれをはげしくうちくずして、長い犬歯を彼の肩や胸に深くつきさした。その間、モフェットはふたたびサタンの背中とわき腹にかみついて、十文字の大きな深い傷をつくった。灌木の茂みのおかげで、サタンの臀部はいくらかモフェットからの攻撃をまぬがれはしたが、かえってそのために逃げだすことができなかった。

マフィンは右目から鼻のへりにかけて深い傷を負い、そこから血がほとばしり出て顔面を赤く染めた。サタンのかむ力はなおも衰えず、身体を貫くのではないかと思われるほどだった。殴打のほうもはげしく、そのためマフィンはしだいに衰弱してゆき、わき腹が極度の疲労のため大きく波打った。

マフィンが衰弱してきたすきに、サタンは灌木の茂みからぬけだした。しかし後半身をみせるやいなや、モフェットがその左足を歯にはさんで力いっぱいかんだ。サタンは痛さにうめき声をあげる。が、マフィンとむきあっているために、モフェットの攻撃をかわすことができない。モフェットはサタンをかんだ力をゆるめようとしない。これを見て、マフィンにも新しい力がわいてきたようだ。サタンをおさえつけると、頭部にかみついてははげしく何度も打った。黒いたてがみのふさや折れた枝などが空中に舞いあがり、血がはねかえって地面を赤く染めた。サタンの深いうなり声とほえ声はしだいに力をなくしてだんだん小さくなり、哀れっぽいなき声とかわらなくなった。モフェットはサタンの背骨に歯をあてると、にぶいきしみ音をたてながら、神経と脊椎をかみくだいた。サタンは地面にくずれおちた。

モフェットとマフィンは、倒れたサタンにおおいかぶさるようにしてほんの少しの間立っていた。それからモフェットは、息をはずませながら、むきをかえて食べ残したハーテビーストの屍骸のところにもどっていった。マフィンも、よろめきながらモフェットのあとを追った。

その後、長い間サタンは身動きひとつせずに横たわっていた。高いびきをかくように喉がごろごろとなっている。肉片とたてがみがひき裂かれた首すじからたれさがっている。折れた背骨からは血がにじみ出ていた。そのうちに彼は、のろのろと前肢で立って、傷ついて動けなくなった後半身をひきずりながら、南へむかって歩きだそうとした。しかし、なんとか歩けたのはわずか一五ヤードだけで、またくずれるようにして倒れてしまった。そして血尿を排泄し、あえぐように息をのみこんだ。何度も何度も、身体をなかば起こしては、自分のテリトリーにむかって這っていったが、そのたびに力はしだいに弱っていった。とうとう大きく身をふるわせて地面にくずれおちると、最期に深く大きく息をついた。

夜が明けるとサタンは死んでいた。

キャビンでうしろむきに坐ったまま、私は目の前のテレメトリーに注意を集中しようとした。しかし、急降下して方向を変える際、木々の梢のちょうど真上にくる機体の白い尾部が、どうしても目の片すみにはいってしまう。

「しっかりつかまってるんだ。もう一度方向転換をするから、みつけてくれ」マークがインカムでこう呼びかけた。

私はシートにしがみつく。機体は〝西の砂丘〟の頂きの上空でゆっくりと傾いた。傾きすぎて失速寸前の状態になると、警報がうるさく鳴る。こわくてつい目をつぶりそうになるのをなんとかこらえて、アカシアの木の下にサッシーとジプシーらしいライオンの姿がないか、と目をこらす。この二頭は、ここしばらくブルー・プライドのほかの雌たちとは行動をともにしていない。

「あそこ、ほら――あの開けたところのへりのあたりに！」私は叫んだ。

「よし――この二、三日、姿が見えないと思ったら、あんなところにいたのか。車で近くまで行って、よくみてみよう」

こんなふうにして毎日数時間飛行するのだが、このようなやりかたはなんとも危なっかしくて、そのうちにあまり気のりがしなくなってきた。その後、私が地上に残り、空からの探索はマークだけにまかせることになったが、これで気持が落ちついたかというとそうでもなくて、それはそれでまた心配だった。こういった飛行自体きわめて危険である上に、注意力が動物の位置探索と操縦とに二分されるわけだから、事故に遭遇する確率はさらに高くなってくる。しかしマークは、二人が同乗してライオンの捜索にあたるなんて時間も労力も無駄にするだけだと言ってきかなかった。

さて、キャンプにもどると無線装置を車に積み、サッシーからの信号音をたよりに〝西の砂丘〟の斜面をのぼりはじめた。砂丘の頂上のひからびた草の一画に、雌ライオンが長い身体をなげだして寝そべっていた。私たちが近づいても、身動きもせずに横たわったままだ。もっとも、ハエを追いはらうために尾だけはたえず動かしてはいたが。

私たちは六ヤード離れたところで車をとめた。毛むくじゃらの耳に黒い目の小さな頭が、サッシーの腹ごしにじっとこちらをうかがっている。柔らかい丸い耳にねむそうな目をした一頭が現われた。それからまた別の一頭が姿を見せる。全部で結局ちっちゃな顔が五つ、一列に並んでこちらを見つめている。幼いころからずっと知っていたサッシーとジプシーは、今や自分の子どもをもつまでに成長したのだった。

子どもたちはずんぐりとした足で、母親のまわりをよちよち歩きしている。互いにつまずきあったり、うしろむきにころんで尻もちをついたり。尻はふっくらとして毛ばだっており、むぎわら色の毛には茶色の斑紋がついていた。そのうち子どもたちは動きまわるのをやめて、乳を飲みはじめた。三頭はサッシーのところ、二頭はジプシーのところへ行った。

母親たちはおよそ四歳、私たちの知るかぎりではそれぞれのはじめての子どものようだった。子どもたちは特製の〝保育室〟で育てられている。それは、異常に丈が高く枝を張ったテルミナリアの木が中央にある草の茂みで、砂丘の頂上近くにあった。

子どもたちを見つけたことが私たちにはとりわけうれしく、胸がわくわくしてきた。というのも、カラハリのライオンをいかに保護するかに関して勧告をおこなうためにも、繁殖生物学的にライオンのさまざまな局面をもっと知っておく必要があったからである。例えば、ライオンの繁殖回数、子どもの数、長い乾季を通じて母親が一腹の子にどのようにして餌を与えるのか、一腹の子のうち通常生き残るのは何頭か、などについて、私たちはもっとよく知らなければならなかった。

東アフリカのセレンゲティ国立公園での研究によると、雌ライオンは母親としては悪名高い。獲物をしとめても、まず親が食べて満腹してから子どもに与える。それに特にはっきりした理由もなしに、時々子どもを捨てることがある。強いて理由を考えれば、母親としての責任に直面するよりも、群れ《プライド》の仲間との交際のほうを好む、というところだろうか。

セレンゲティ大平原には一年の大部分を通じて獲物が比較的豊富にあり、捕食者の生活はカラハリのような砂漠地帯よりも楽なはずである。にもかかわらず、ライオンの新生児のうち、成獣まで生きるのはわずか二〇パーセントにすぎない(B. C. R. Bertram, 1975)。生きのびることのない子どものうちの四分の一は、母親が獲物のもとへつれていかなかったために飢えで死んだもの。捕食されるか、事故で死ぬものが四分の一。残り半分の死因は不明である。ジョージ・シャラーによると、成獣の寿命は長く、死亡率も比較的低い。そして育てる子どもの数はそれほど多くないという。

だがカラハリでは事情が異なるのではないか。私たちの考えはこうである。カラハリの成獣ライオンの死亡率がセレンゲティより高く、また厳しい砂漠の環境のなかで、その寿命自体もずっと短いのであれば、おそらく子どもたちの世話は逆にセレンゲティよりも十分にゆきとどいているのではないだろうか。このことを確かめるためにも、またほかのいろいろな情報を得るためにも、私たちはできるだけサッシーとジプシーといっしょに過ごすようにした。

同じ群れ《プライド》の雌ライオンたちはしばしば同時に発情し、交尾し、出産する。しかもそれは季節を選ばない。そのあと子どもを連れた雌ライオンが、これまでいた群れ《プライド》を離れて、子どもが成長して成獣の動きについていけるようになる――生後およそ四カ月――まで自分たちだけの小さなグループを形成することはよくある。生まれたばかりのライオンの子は体重はわずか三ポンドぐらいでまったく無力だ。目があくのは通常、生後三日から一五日までの間である。ジプシーとサッシーの子どもは、おそらく生後二週間から三週間はたっていただろう。

ジプシーとサッシーは、その日の残りを子どもたちといっしょに〝保育室〟の木陰で横になって過ごした。彼女たちはたいてい寝ていた。子どもたちはボールのように丸くなって、サッシーの首の下かジプシーの前肢にぴったりとよりそって寝た。五頭が全部くっつきあっても、サッシーの頭ぐらいの大きさにしかならない。そのうちの一頭が、時々、よちよちとサッシーかジプシーのもとへ歩いていって乳を飲む。するとほかの四頭もそれにならった。ジプシーもサッシーも、どの子に乳を飲ませているのかは全然気にしていない様子だった。セレンゲティでは群れ《プライド》の仲間が共同で授乳をおこなうということだが、カラハリのライオンたちも同じである。子どもたちは五分から八分かけて乳を飲むと、二、三フィート先までぶらぶら歩いていったり、また飲んですぐに母親のそばで寝入ってしまったりした。

陽が沈むと、サッシーは腹這いになって、三マイルにわたってのびている砂丘の間の細長い川床を、用心深く眺めわたした。なにか気配を感知したジプシーも、顎を上げてじっと目をこらす。突然、二頭はすっくと立ちあがって互いに顔をこすりあわせた。そして長い背を弓のようにのばし、前足で砂をけった。それからふりかえりもせずに、北へむかって歩いていった。子どものうちの三頭が草むらのなかまでほんの少し母親を追いかけたが、サッシーとジプシーは足早に灌木の茂みのなかに姿を消した。子どもたちは全員、急いで〝保育室〟の木の下の深い茂みの奥に駆けこんだ。母親が帰るまでそこに隠れているのだ。砂丘の斜面の、草むらと草むらの間の砂地に足跡が残されていなければ、どんな捕食獣もそこにライオンの家族のすみかがあることなどとても気がつかないだろう。

ほかの雌ライオンと咆哮をかわしあったのち、サッシーとジプシーは谷間の北のはしで群れ《プライド》のほかの仲間たちと合流し、いっしょにスプリングボック狩りに出かけた。そしてちょうど真夜中すぎに食事を終えると、〝保育室〟に帰ってきた。やさしくクークーとなくと、子どもたちがニャオニャオとなきながら〝保育室〟の奥からころがり出てきた。サッシーとジプシーは、足もとでよたよたしている子どもたちの顔や背中を舐め、ザラザラした大きな舌で彼らを地面におし倒した。子どもたちを一頭ずつころがしてあおむけにさせ、下腹部や尾の下を舐めてやると、小さな足が母親の鼻づらをおしかえした。そのうちに母親は子どもたちに乳を与えはじめた。

夜明けごろ、マフィンとモフェットが〝保育室〟のそばを通りかかり、サッシーのわきに横になった。子どもが一頭、マフィンの身体によたよたとかけあがって、その小さな顔を彼のひげの生えた巨大な鼻づらにこすりつけた。マフィンは、はじめのうちはうるさくされても無視していたが、子どもが彼の前肢の間に入りこみ、くるりとむきをかえて、生えそろったたてがみのむく毛の下に身をすりよせてくると、少しいらだってきたようだった。上唇の右側をゆっくりと持ちあげて顔の右半分にしわをよせ、長い犬歯をのぞかせて、気乗りのしない調子でうなり声をあげた。こんなガキ、これ以上脅かしたってしかたないさ、とでもいわんばかりだった。子どもは耳をうしろにむけると、大急ぎでサッシーのもとへ駆けよって彼女の顎の下にもぐりこんだ。そしてふりかえり、目を丸くしてこの気まぐれな年長の雄ライオンを見つめていた。

雄ライオンは育児には関与しない。〝保育室〟に立ちよるのも、おそらくは雌たちが狩りに出る際にあとをついてゆけるから、ということにすぎないのだろう。

ジプシーもサッシーもともに五頭の子どもたちに乳を与えてはいたが、サッシーのほうが母親としてすぐれていることは見ていてすぐにわかった。乳首にぶらさがっている小さな身体がもつれあい、いさかいが生じると、それがほんのちょっとした小ぜりあいでも、ジプシーはたいてい顔をぐるっと回してうなり声をあげ、腹這いになるか、その場を離れていってしまう。子どもたちが乳をもっと欲しがってなきわめいてもいっさいかまわない。五頭は全員サッシーの四つの乳首に殺到して、うばいあい、もみあうことになる。あぶれた一頭は、声高になきながらジプシーのところにもどるのだが、ジプシーはその子に乳を飲ませるときもあれば飲ませないときもあった。

月日がたつにつれて、ジプシーは子どもたちから離れて暮らす期間がますます長くなってきた。腹いっぱい食べて見るからに満ちたりた様子で、彼女は一日中群れ《プライド》の仲間たちとのらりくらり過ごした。その間、サッシーは殊勝にも、彼女とジプシー両方の子どもを育てていた。

生後およそ八週間たったある日のこと、サッシーとその子どもたちの姿が見えなくなった。ジプシーはあおむけになって自分の二頭の子どもに乳を飲ませている。しかし子どもたちが少しでも争おうものなら、歯をむき出し、鼻にしわをよせて荒々しく叱りつけ、プイとどこかへ行ってしまうのだった。残された子どもたちは母親が見えなくなるまで、じっとその姿を見送っていた。彼らはうす汚れた皮膚を通してあばら骨が透けて見えるほどにやせていた。

ジプシーは〝ヒョウの小道〟でブルー・プライドの仲間と合流し、その日の残りを彼らといっしょにブラブラ過ごした。翌朝も自分の子どものところにはもどらず、頭をリーザの背中にもたせかけて、日陰でくつろいでいた。乳房が張っていることを除けば、母親の帰りを待ちわびる、腹を空かせた子どもたちがいることなど、ジプシーの姿からはとても想像できなかった。

ジプシーの子どもは二頭ともいたましいくらいの状態だったが、うち一頭が特にやせこけて弱っていた。乳を与えなければ、そう長くは生きのびられないだろう。翌朝、エコー・ウィスキー・ゴルフ号で飛行中に、サッシーとその子どもたちが〝保育室〟から数マイル離れたところで、年とった雌ライオンのチェアリーといっしょにいるのを見つけた。高度を下げて旋回しながらよく見ると、チェアリーにも子どもが四頭いて、サッシーの子どもよりも数週間年上であることがわかった。サッシーとチェアリーはいっしょに横たわり、ゆったりとした様子で子どもたちに乳を与えていた。

無線機のスイッチを入れると、ジプシーが子どもたちから約一〇マイル離れたところで、リーザといっしょにいるのがわかった。しばらくして、車で〝保育室〟のある深い茂みに行ってみると、あの弱っていた子どもは死んでいた。もう一頭のほうはとり残されて、衰弱しきっていた。木のふたまたのところにうずくまって、おびえた目でこちらをじっと見ている。食物を与えなければ、おそらく二四時間以内に死んでしまうだろう。しかし、ひょっとしてジプシーが子どものもとにもどるという望みもないわけではない。さんざん考えたあげく、私たちはこうすることにした。キャンプでライオンの子どもを育てるとなると、いろいろ面倒が起こるだろうが、得ることも多いはずだ。もしジプシーが翌日までに子どものもとに帰らなければ、私たちが養子として育てることにしよう。

が、次の日の朝、この落ちつきのない母親は、子どもからさらに遠くへ移動してしまった。乳を与えなければ子どもはおそらくあと一日ともたないだろう。ダンボールの箱と古い毛布をかかえて、見すてられた子どもを救うために〝保育室〟へ駆けつけてみると、驚いたことに木の下にはマフィンがいっしょにいるではないか。子どもはふるえる肢でよたよたと大きい雄ライオンまで歩いていき、その小さな鼻づらを彼の腹に弱々しく押しつけて、乳で脹らんだはずの乳房を手さぐりでさがしもとめた。しかしもちろんそんなものはあるはずもない。子どもは空腹のため目まいを感じながらも、数分間マフィンをじっと見あげていたが、やがてよろめきながらまた木のところにもどった。頭をたれた子どもの身体が前後に揺れると、そのたびに額が木の幹にぶつかった。何度も何度もぶつかった。胴体がやせ衰えているために、頭部と四肢がいつもよりずっと大きく見えた。とうとう、飢えも極限に達したのか、頭のてっぺんを樹皮にもたせかけたまま子どもは動かなくなった。子どもを連れ去ろうとしたらマフィンがどう反応するかがよくわからなかったので、今はいったんひきあげて、夜になってマフィンが狩りに出かけたあとにもう一度来てみることにした。その間にも子どもは飢え死にするかもしれない。しかしマフィンがいっしょにいるかぎりは、少なくとも捕食者におそわれることはないはずだ。

雨季の終わりにしては異常な気候が続いていた。いつもだと気温はほどよく、微風が吹いて心地よいのに、今年は風がなく、むし暑かった。サイチョウは木にとまって動かない。口をあけ、翼をひろげている。そうやって体温を発散させているのだ。動くものはハエ以外なにもない。ハエだけが私たちの顔のまわりをうるさく飛んで、タオルにとまっては汚い足をうれしそうにこすりあわせていた。

その日の午後おそく、長くて黒い雲のトンネルが南東の空低くあらわれた。速度を増しながら砂丘をいくつもかすめ、やがてそれは谷間をおおいつくし、キャンプにむかってどんどん進んできた。西の空に沈みかけていた太陽に照らされて、雲は金色のすじのついた、きらめくピンクと藤色に変わった。しかしその雲も上空で渦を巻きはじめ、空は一面、風と砂の乱舞と化した。

嵐にそなえて急いでテントのジッパーをしめ、飛行機を動かないように索でしっかりと繫留した。そして道具箱を積み重ねた──モクスは休暇をとってマウンに帰っていたため、手伝ってくれる人はだれもいなかった。突然風が木々を打ち、雷鳴が轟き、稲妻が空に炸裂した。

雨と雹にうたれながらも、テントの張り綱をしめおえる。風が怒号するなか、マークが叫んだ。「車に乗って──木の下から離れるんだ！」二人はランドクルーザーにとび乗ると、キャンプから二〇ヤードのところまで移動した。ジジフスとアカシアの木がテントの上でたけり狂っている。篠突く雨が横なぐりに降りつける。強風のためキャンプも飛行機もほとんど見えなかった。

「あれっ、エコー・ウィスキー・ゴルフ号が動きだしたぞ！」索でつなぎとめておいたにもかかわらず、飛行機はまるであばれ馬のように、機首を空にむけて棒立ちになった。右側の翼が空中高くあがっている。尾輪を固定していた索がプツンと切れ、機体が風の方向をむくと、つないでいたくいは左の翼によって地面から引きぬかれてしまった。飛行機は回転して、ガソリンのはいったドラム缶と柵に激突した。

マークは柵をとび越えると、機体が動かないように右の翼の先をぐいっとつかんだ。私も車をおり、風にさからいながらエコー・ウィスキー・ゴルフ号のほうによたよたと歩いていった。

「左の翼をしっかりつかんでくれ！　そうしないと飛行機がどこかへいってしまう」マークが叫ぶ。私はつま先立ってなんとか翼をつかんだ。目もあけていられないようなすさまじい雨のなかを、私たちは必死で飛行機にしがみついていた。ひろい翼の下を強風が通りぬけると、足が浮いてしまい、数秒間身体が地上から離れる。腕と背中の筋肉が痛くてズキズキする。それに、手が離れやしないかと気が気でなかった。

稲妻が空に青くまたたいた。金属製の翼にぶらさがっていると、なんだか避雷針にでもなったような気がしてくる。寝室用テントは強風をはらんで思いきり大きくふくらんだかと思うと、次の瞬間にはくずれてズタズタにひき裂かれてしまった。だらりとたれ下がったその姿はまるでテントのポールにかかった、雨にぬれたクモの巣のようだった。

数分後には風の勢いが少し弱まったので、ガソリンのはいったドラム缶を左右の翼に結びつけ、機体が動かないよう固定することができた。破損個所を手早く点検すると、左側のスタビライザーが、ドラム缶につぶされていることがわかった。

ふたたび風が勢いをとりもどしてはげしく吹いてきた。今度は北風だ。風と雹に打たれながら私たちはもう一度両翼にぶら下がった。私はすっかり疲れきっていた。腕がひきちぎれそうだったし、寒さのため背中と肩がはげしく痙攣した。これ以上持ちこたえられそうもないと思ったちょうどその時、風の勢いが少し弱まった。手の先が翼からすべり落ちると、私は疲れはてて、泥のなかに尻もちをついた。

マークが泥水をはねとばしながらやってきて、車にのる私に手を貸してくれた。「よくやった」私の身体に腕をまわしながら、彼は言った。「もし君が翼をつかんでいてくれなかったら、飛行機はきっとどこかへ行ってしまってたろう」彼は自分のシャツを私の身体にまきつけると、急いで機体のところにとってかえし、もう一度それをくいで固定する作業にとりかかった。片方の脚になま暖かいねばねばした感じがある。手を伸ばすと、それが血だとわかった。懐中電灯をつけてよく見ると、ふくらはぎに深い切り傷がある。おそらく柵を越えた時にできたのだろう。ティッシュペーパーをあてて出血をおさえた。

マークが車のドアをぐいっと開けた。「テントを張りなおそうと思う。僕が口笛を吹いたら来て手伝ってくれ」

私はまだふるえがとまらないでいた。内心、マークが私の手を必要としなければよいのにと思った。風の勢いは弱まったが、雨は依然としてたたきつけるように降っていた。泥沼はしだいに水かさを増して湖のようになってきた。飛行機はそのなかに立っている。ほどなくして、マークが合図する口笛の音がかすかにきこえてきた。私は車からとびおりたが、そのときサンダルを深い泥沼のなかにおとしてなくしてしまった。

マークがテントの中央のポールを持ちあげた。私たちは泥沼のなかで悪戦苦闘しながら張り綱を縛りなおした。ポールは二、三本折れ、テントの片側はたるみ、床には泥水があふれていたが、これで少なくともすみかだけは確保できた。ランプをつけると、マークは私の脚に血がにじんでいるのに気がついた。説明をしようとして口をあけたが、歯がガチガチ鳴るだけで言葉にならない。彼は乾いた毛布で私の身体をくるみ、傷口に包帯をしてくれた。そしてまた外へ行きかけたので、「身体を乾かさないの？」ときくと、「まずなにか温かいものでも食べて腹ごしらえをしなきゃ」と言って、ふたたび嵐のなかに駆けだしていった。

数分後、マークは暖かいスープと紅茶を入れたカップをお盆にのせて持ってきた。テントのなかは雨のしずくがポタポタ落ちていたが、ランプの熱で少しずつ暖かくなっていった。私たちはブリキのトランクを椅子がわりにして坐り、熱いスープをすすった。すっかりくつろいで、ゆったりした気分になってきた。

嵐は五時間にわたって吹き荒れたが、はじまった時と同じように突然やんだ。そしてそのあとは、遠雷の音が時おりきこえてくるのと、木々の葉にたまった水滴がテントの上に落ちてくる音がきこえるだけだった。あたりの静けさに耳を傾けながら暖をとる。ジャッカルが一頭、〝ノース・ベイの丘〟あたりでないた。すると谷間の南のほうから、ライオンの咆哮がきこえてきた――そうだ！　その瞬間私たちはライオンの子どものことを思いだした。

毛布のなかで一番よく乾いたのをつかみ、水筒に熱湯を入れると、さっそく谷間を横切って砂丘まで車を走らせた。乾ききった大地はすでに多量の雨水を吸いこんでいたが、川床はそのほとんどがまだ水びたしの状態だった。林のなかは木々がいたるところで折れて散乱していた。懐中電灯の光をたよりにやっと〝保育室〟をさがしあてた。マフィンの姿はなかった。子どものライオンはびしょぬれのぬいぐるみのように、ぐしゃぐしゃになって木のそばに倒れていた。もはや見ることのできなくなった目が、夜の闇を凝視していた。

私たちの知るかぎりでは、ジプシーはその後〝保育室〟へは一度ももどらなかったようだ。ひきつづきブルー・プライドの雌ライオンたちといっしょに狩りに出かけたり寝たりしていたが、そのうちに乳も出なくなった。ジプシーの行動から判断すると、カラハリの雌ライオンがセレンゲティの雌よりもすぐれているとは言いがたいようだ。しかし、そう断定するのも早計だろう。たまたま、ジプシーという若くて経験の浅い母親が、子どもを育てようとしなかったのにすぎないのかもしれない。新米の母親は往々にして愚かであり、経験とともに成長していくものなのである。乾季がはじまりかけていた。私たちはサッシーとチェアリー、そしてその子どもたち七頭を観察しながら、砂漠のライオンの子育てについて研究を続けた。サッシーが、経験豊かな年長の母親であるチェアリーといっしょにいるからには、子どもたちが生きのびる可能性はより高くなったといっていいだろう。

サッシーの子どもは生後およそ二ヵ月、チェアリーの子どもはおよそ三ヵ月になっていた。子どもたちは、子ネコのようにそのへんをごろごろころげまわったり、互いの顔や身体の前部をかんだり足でたたいたりしながら、まるで兄弟、姉妹のように遊んだりけんかをしたりする。よく母親に挑みかかってみたりするが、そんなときサッシーはいっしょに興じてやることもある。チェアリーのほうは、子どもたちがなにをしようと腹を立てることはなかったが、そういったばか騒ぎにはけっして加わろうとはしなかった。

食肉動物にとって、遊びは単に楽しみでやっているだけのものではない。これはほかのあらゆる動物についてもいえることである。狩りの重要な行動パターン――忍び寄る、追跡する、動いている目標物におそいかかる――には筋肉の無駄のない動き、それに訓練が必要とされるが、これらはまさに、遊びの動きのなかにみられる。といってもライオンの子どもたちが狩りに必要な動きすべてを学習しなければならないというわけではない。こういった知識の大半は、うまれた時すでに彼らの遺伝子のなかにくみこまれているのだ。しかし、遊びながらけんかをしたり、〝狩り〟ごっこをすることによって、彼らは動いている獲物をしとめるのに必要な技術にみがきをかけるわけである。

ある午後のこと、子どもが一頭、サッシーの横で休んでいると、ハエがサッシーの尾のふさの上にハエがとまった。子どもは顎を前足にのせ、両目をよせて、ハエがふさのまわりを飛ぶのをじっと見ていた。サッシーが尾を振ると、子どもは尾にとびかかり、はずみで宙返りをうった。別の子どもも加わり、ヘビのように地面をくねくねと動く尾を足で打ったりかいたりしていた。

サッシーがとび起きてくるりとむきをかえ、前足で子どもたちの頭をぽんとたたいた。子どもたちが後肢で立ちあがってサッシーの身体をピシャピシャ打つと、彼女は草むらのなかへ逃げこんだ。すると、ほかの子どもたちもいっしょになってサッシーを追いかけだした。

とうとう年とったチェアリーもサッシーを追う長い列に加わった。イバラのやぶを出たり入ったりしながら、彼女らは曲がったりむきをかえたりして進み、途中で出くわすものはだれでも躊躇《ちゅうちょ》なくぶんなぐった。サッシーは急に立ち止まると、口に細長い棒切れをくわえ、頭と尾を高く上げて、ころげまわっている子どものあいだにわけ入った。子どもたちは砂の上をゴロゴロころがりながら、彼女の口から棒切れを引っぱりとろうとした。が、どの子も大人にはとうていかなわない。その時、チェアリーがたるんだ背中をゆすぶりながら、棒の一方のはしをつかんだ。サッシーとチェアリーははねながら互いに相手を追いかけまわした。ぐるぐる回りながらひっぱりあうと、細い棒はしだいにひき裂かれていった。子どもたちは横に一列に並んで坐り、母親同士がねじまがった小枝を奪いあって、ころがったりつかみあいをしたりするのを観戦するはめになった。そのうちに、ずたずたにひき裂かれた木切れになってしまうと、チェアリーとサッシーは奪いあいをやめた。そして息をはずませながら、いつもの木の陰へゆっくりと歩いていった。車のそばを通りすぎた時、チェアリーは、耳をまわして私たちから目をそらした。短時間ながらも自制心を失ったことに、きまり悪い思いをしているのだ、そうにちがいないと思った。

しばらくして、チェアリーとサッシーは〝西の砂丘〟の林のなかでハーテビーストの子どもをしとめた。二〇分ぐらいかけて食事をしていると、マフィンとモフェットが急ぎ足でやってきて彼女たちを追っぱらった。雌たちは子どもたちの隠れ場にもどったが、授乳もせずに、もと来た方向にむかってゆっくりと歩きはじめた。そしてやさしくクークーとなきながら、子どもたちに獲物のところまでついてくるように呼びかけた。子どもがそばでいっしょに食べていても、マフィンとモフェットはいっこうに気にかけず、文句を言うこともなかった。しかしチェアリーとサッシーは、その獲物には二度とくいつくことはしなかった。

子どもたちが獣肉を食べられるほどに成長してくると、毎日の生活パターンも変わってくる。雌ライオンは子どもを草むらに隠して狩りに出かけ、獲物をしとめると、まず自分たちの腹ごしらえをする。それから子どものところにもどって、彼らを獲物まで案内する――獲物までは時に数マイル歩くこともある。マフィンとモフェットは獲物にかぶりついている雌ライオンを見つけるとただちに追いはらうのだが、子どもたちとはいつでもいっしょに食事をした。チェアリーとサッシーは子どもたちへの授乳をまだ続けていたが、そのうちに回数はだんだん少なくなり、授乳時間もしだいに短くなっていった。

母親たちは自分の子どもが無事に育っていくよう全力をつくしているようだった。しかし乾季がはじまると、空は晴れわたり、草はひからび、アンテロープはあちこちに離散していく。それとともに獲物はだんだん数が少なくなり、小さいものしか得られなくなる。逆に子どもたちはしだいに大きく成長していく。そして絶えずお腹をすかすようになる。

一八　群《プライド》れに縛られないライオン

ディーリア

カラハリ砂漠のように広大な野生の地にいると、テントを張って生活すること自体、なんとも窮屈な感じがしてくる。そこで時々、キャンヴァス地のベッドを川床までひっぱり出して、星をあおぎながら寝たりしてみる。枯れ草のさわやかなにおいとひんやりとしたやわらかい大気は、睡眠薬などよりはるかに眠りをさそってくれる。まわりでうるさく鳴く小鳥や昆虫の種類も、今では、ほとんど知らないものはなかった。ジャッカルの叫び声とともに、鳥たちのききなれたなき声を耳にしながら、私たちはねむりにつく。夜間、何時間かおきに私は目を覚まし、南の空低く、なだらかな曲線を描いて動く南十字星を目で追いながら、いまどこに見えているかを確認する。そしてまた、ねむりにつくのだった。

いつだったか、明けがた四時ごろ、灌木の茂みから木々のざわめく大きな音がしたので、びっくりして目をあけた。星明かりのなか、五ヤードと離れていないところに、どっしりしたライオンの姿がボーッと現われた。まっすぐにこちらにむかって歩いてくる。「マーク！ライオンがくるわ！」さしせまった調子で私はささやいた。そして暗い地面を、手さぐりで懐中電灯をさがした。

寝袋に深くもぐりこんでいたマークは、ねむたそうに口のなかでモゾモゾと言った。「心配しなくてもいいよ。もしライオンがすぐそばまできたらテントのなかに移ればいいじゃないか」そう言いおえた時、ライオンははやマークのベッドの足元に立って私たちを見下ろしていた。

「マーク」なるべく唇を動かさないようにして私は言った。「すぐそこにいるのよ。起きてよ！」懐中電灯がみつかると、私はゆっくり持ちあげてスイッチを入れた。モフェットの琥珀色の目が、光を受けてまぶしそうにまばたきをした。キャンプの暗がりからはマフィンも現われ、こちらにむかって歩いてくると、モフェットの後方二、三ヤードのところで立ち止まった。私たちが寝ていたのは、どうやら彼らがよくにおいづけをする、お気に入りの灌木の根元だったらしい。

マークは寝袋から頭をつき出して、自分の足先のむこうにいるライオンを見た。モフェットは臀部を地につけてしゃがみ、後足で地面を前後にかきはじめた。そして肢の間から地面に音高く放尿した。明らかに自分のテリトリーににおいづけをしているのだった。

マフィンとモフェットだとわかったからといって、このまま彼らのお気に入りの木のところにいようなどという気は毛頭なかった。寝袋からようやくのことでぬけだすと、ライオンから目を離さずにテントにむかって歩きはじめた。テントはそこから六〇ヤードばかり離れた、木立ちのむこう側のへりにあった。

マークのベッドの頭の側を通りすぎたとき、彼は地面を手でさぐりながら服をさがしていた。「なにを着りゃいいんだ」こう言いながら、彼はまだ半分ねぼけて、裸のままそこに立っていた。

「そんなの、どれだっていいじゃないの、頼むから、はやくしてちょうだい！」私は彼をせきたてた。二頭のライオンはマークがよろめきながら洋服と寝袋をかきあつめるのをじっと見ている。とうとうたまらず、私はマークの腕をひっつかむと、テントまでひっぱっていった。茂みがとだえたところで、ふりかえってマフィンとモフェットを見ると、彼らは互いに頭をこすりあっており、私たちがあわてふためいて逃げていったことなどいっこうに気にとめていないようだった。なんでまたあんなに大騒ぎをしたのか、われながらおかしかった。

一九七八年の雨季は、雨量は多かったがはやばやと終わってしまった。乾季の烈風がいつもよりかなりはやくから吹きはじめて、草々はまたたく間に淡黄色に変わった。風がほこりや砂を巻きあげるので、空はにぶい灰色だ。まだ六月なのにサヴァンナは乾ききってみえる。いつもなら八月にはいってからのことなのだが。

川床の表面をおおっている粘土質の土に生える短い草は、砂丘の草木よりもはやく枯れる。そこで草原で暮らすアンテロープは、木々の緑が川床よりも長い間残っている砂丘中腹の叢林地帯へと移動していく。アンテロープの群れはゆっくりと小さなグループにわかれ、なだらかに起伏するブッシュ・サヴァンナに、幾千平方マイルにわたって散らばっていくのである。

私たちは毎日、夜明けとともに急いでエコー・ウィスキー・ゴルフ号に乗りこみ、空からライオンの探索をおこなうことにしていた。一日でも無線探索をおこたると、ライオンがカラハリのどこか遠くへ移動して二度と見つけられなくなるのではないかと心配だった。しかし、数週間が過ぎても群れ《プライド》は全然移動しなかった。むろん、アンテロープがいなくなったため、もはや乾ききった川床からは姿を消していた。またマフィンとモフェットが木ににおいづけをしながら〝中央のくぼ地〟をのぼりおりすることもなくなったし、ブルーほか、雌ライオンたちがキャンプに立ちよることもなくなった。にもかかわらず、ブルー

・プライドのライオンたちは、彼らの雨季のテリトリーからそれほど遠くないところにずっといたのである。大形のアンテロープの大半が立ち去り、飲み水もほとんどなくなった状態で、彼らはどうやって生きつづけているのだろうか。夜間、無線装置を操りながら車で彼らを追跡するうちに、その答えがいくらかわかりかけてきた。

モフェットは数日間、マフィンや雌ライオンたちと離れて暮らしていた。なにも食べていなかった。谷間の東側の、イバラの茂みのなかをつき進んでいると、前方の草の間をチョコチョコ走るニワトリ大のクロエリショウノガンを見つけた。モフェットはとたんに速足となり、頭を低くさげてジグザグにそれを追いかけていった。あと一〇フィートというところでノガンはパッと飛びたったが、その瞬間彼は前へつき進み、後肢で立ちあがると、太い前足でノガンをたたきおとした。そして上唇をあげると、羽毛におおわれた胸部を一気にかみくだいた。くしゃみをし、頭を左右に振って、鼻についた綿毛をおとす。数分後、羽毛をまだたてがみにつけたまま、彼は次の狩りに出かけていった。

最初私たちは、モフェットのこの新しいバード・ハンティングについては、それが大した意味を持つものとは考えてもみなかった。四五〇ポンドもある雄のライオンが、こんなわずかな食物で満足するはずがないからだ。しかし同じ日の夕方おそく、彼は四ポンドのトビウサギを殺し、マングースを巣穴に追いつめた。ライオンの食物が大きく変わりつつあった。

ブルー・プライドの面々は今までどおり砂丘の林のなかでキリンやクードゥー、オリックスなどを時おり捕食しては生をつないでいた。が、これら大形有蹄類も数が少なくなり、しかも草原のあちこちに広く散在するようになったため、ライオンの小形動物あさりは以前にもましてひんぱんにおこなわれるようになった。雨季には五〇〇ポンドのオリックスを殺していたのに、今では一五ポンドから二〇ポンドのヤマアラシ、スタインボック、ラーテル、オオミミギツネ、オオノガンなどをおもな食物としている。しかしこれだけでは、一、二頭のライオンが食べる量としても十分とはいえず、ましてや群れ《プライド》全体を満足させることなどできるはずもなかった。雨季の間じゅういつもいっしょにいて、身体をこすりあったり元気づけあったりしていたブルー・プライドの雌ライオン七頭も、やむなく小さなグループにわかれざるをえなくなった。こうすれば獲物をしとめた時、十分な量の肉がみんなにゆきわたることになるだろう。

子どもを連れたチェアリーとサッシーが群れ《プライド》から離れて、ディセプション・ヴァレーの東およそ五、六マイルのところにある〝ワニのくぼ地〟近くをぶらついているのを空から見つけた。川床のへり近くで狩りをすることはやめ、もっぱらブッシュ・サヴァンナや林のなかをうろついている。そこのほうがオリックスやキリンの群れ、小形動物なども見つけやすいらしい。彼女たちは毎夜、獲物を求めて五マイルから一〇マイルの距離を歩きまわらなければならなかった。

ジプシーとリーザは〝楽園のくぼ地〟付近で狩りをした。ブルー・プライドのほかのメンバーたちは、ディセプションから西へ二、三マイルのところにある、砂丘の谷間をうろついていた。このようにしてブルー・プライドは雌ライオンを中心とした小グループに分裂し、マフィンとモフェットは各グループを次から次へと移り歩くことになった。あちこちに散在している群れ《プライド》のメンバーの居場所をつきとめるのには時間がかかるため、雌たちと離れて過ごす時間はますます多くなり、しだいに、自分だけで狩りをするようになっていった。

ひとつの群れ《プライド》の行動圏は面積にして今までの二倍強、およそ六〇〇平方マイルにおよんだ。〝移動《マイグレート》〟という言葉の本来の意味からすれば、ライオンたちは実際には〝移動した〟のではなくて、ただ単に行動圏を東西に大きくひろげたにすぎなかった。彼らの毎日の居場所と、行動圏内での分布状況とを色つきの点で示した地図を描いた。すると、彼らがまるで飛び散ったBB銃弾のようにあちこちに散在しているのがわかった。

乾季に対する反応はほかの群れ《プライド》もだいたい同じようだった。彼らはバラバラになって、谷間からはるか遠くへどんどん移動しながら餌をあさる。それもほとんどが小形動物だ。冬のあいだの乾燥がひどければひどいほど、食物、行動圏内での動き、生息地の利用方法、社会構造などは雨季の場合と大きく変わってくる。月の明るい夜に飛行機を飛ばすようになったのは、この変化を実際に目で見て確かめたいと思ったからだった。

真夜中の離陸。やわらかい月の光を浴びて鉛色に光る砂漠が眼下をしだいに遠ざかる。寂として忘れ去られたカラハリの世界。この上空を滑っていく私たちが目にすることのできる地上の灯は、帰路の目標として滑走路にとりつけたガスランプだけだ。キャビンの計器の灯をうけて、私たちの顔は無気味に赤く輝いていた。このようにして、私たちはライオンとハイエナの夜の行動を空から観察しはじめた。

ある夜、かすかにしか見えない陸標をよく確認しようと目をこらしていると、ブルー・プライドのテリトリーの境界のところに、スプリングボック・パン・プライドのハッピーがいるのを見つけた。マフィンとモフェットがサタンを殺してから二週間とたたないうちに、別の雄ライオン、ディアブロがスプリングボック・パン・プライドをのっとってしまっていた。雌たちはこの新しい雄にうちとけて、最近ではハッピーなどが彼と交尾をしているのを見かけることさえもあった。今、月明かりの空を旋回しながら見ると、ハッピーはブルー・プライドのテリトリーの境界をパトロール中のモフェットとマフィンから二、三ヤードと離れていないところにいる。彼らはどうするだろう。自分のテリトリーに帰れ、とハッピーを追いはらうだろうか。それとも交尾をするだろうか——むろん、彼女が発情していればのことだが。私たちはワクワクしながら、なりゆきを見まもった。セレンゲティでは、雄ライオンがほかの群れ《プライド》の雌に求愛することもあるようだが、カラハリではそんな光景にはついぞお目にかかったことがない。急いでキャンプにもどると、車に乗りかえて南のライオンのいるところにむかった。

マフィンとモフェットは鼻を地面につけて、〝チーターのくぼ地〟近くのキイチゴの茂みのなかを、急ぎ足で歩いていた。そして急に立ち止まると顔を上げた。三〇ヤードと離れていないところにハッピーがいる。目が合った。雄たちは尾をぴくりと動かすと、数秒間、熱いまなざしで彼女をみつめた。彼女は灌木におおわれた低い砂山の頂上に立って、雄たちを見下ろしている。

ハッピーは草の上に高く頭をつき出し、耳を立ててゆっくりと前進してきた。マフィンとモフェットははね起きると、喉の奥をごろごろならし、尾をはげしく動かしながら、一〇〇ヤードばかり彼女を追いかけた。しかし逃げ足が速すぎてとても追いつけない。追跡をやめると、彼女は彼らの手のとどかない遠いところで立ち止まった。ハッピーを見つめる彼らの目は攻撃的だ。彼らは後足で草をかくと、大きくほえた。

ハッピーはふたたび、用心深く二頭の雄のほうへ歩み出た。するとまた追跡がはじまり、彼らはハッピーの長い尾のふさのすぐうしろまでせまると、咆哮し、捕まえようとして空をつかむ。彼らに追われるたびに、彼女は危険をおかしつつ彼らとの距離をしだいに縮めていくのだが、雄ライオンはそのたびに追跡意欲を失っていくようだった。二〇ヤードたらずのところまでどうにか近づいてきたとき、マフィンとモフェットは並んで横になり、結局のところ仲間同士のドタバタ追跡劇さとでもいわんばかりに、なりゆきをただ傍観していようときめこんだ。

臀部をしなやかにくねらせ、目を半開きにし、口を少しあけてハッピーがしゃなりしゃなりと雄ライオンのほうに歩いていくと、彼らは魅せられて、催眠術をかけられたようになった。マフィンがすっくと立ちあがり、もったいぶった様子でハッピーのほうにむかったが、彼女は全速力で逃げだした。彼が立ち止まると、彼女はふりかえり、ふたたび彼らのほうに歩きだした。今度は彼らの鼻先から二、三ヤードと離れていないところを通りすぎていく。

マフィンはできるだけ背のびをすると、ありったけの才覚をはたらかせ、ふんぞりかえって彼女に近づいた。ハッピーは臀部を下げて、暗に彼をマウントに誘った。しかしマフィンが彼女の後部にむかって歩を進めると、急に彼女は、彼の鼻をいやというほど打った。マフィンは耳を倒し、長い犬歯をむきだして大きくほえ、ちょっとひるんだ。そのすきに、ハッピーは尾を挑発的にゆらゆらと動かしながら、気どった小またで歩み去った。そのあと二、三回、雄たちは彼女にとり入ろうとしたが、やがてマフィンもモフェットも遊戯にあきてきたらしく、北の自分のテリトリーにもどっていった。ハッピーはおよそ三〇ヤードうしろから、雄たちのあとを追った。別の群れ《プライド》の領域内に入っていくことなど全然気にもとめていない様子だった。

ブルー・プライドのリーザ、ジプシー、スパイシー、スプーキーは、〝西の砂丘〟の頂上でイボイノシシの屍骸を食べおえたところだった。そこへマフィンとモフェットがまっすぐにやってきた。一五ヤードほど離れて、ハッピーがあとを追ってくる。

セレンゲティの雄ライオンは別の群れ《プライド》の雌ライオンとも時おりつきあうことがあるのだがそれは別に異常でもなんでもない。マフィンとモフェットがハッピーと仲よくしたとしても、それもまたまったく驚くにはあたらない。しかし知ってのとおり、セレンゲティの群れ《プライド》の雌は閉鎖的な社会グループを形成しているので、あらたに雌をメンバーとしてうけいれたり、よその群れ《プライド》の雌が自分たちのテリトリー内にいるのを認めたりはしない（G. B. Schaller, 1972）。セレンゲティでは、群れ《プライド》とは、緊密な関係にある雌ライオンとその子どもからなる、神聖にして侵すべからざる安定した社会集団なのである。彼女らは一頭もしくは複数の雄ライオンと交際し、彼らのほうは雌たちがテリトリーを守るのに手を貸すことになる。雌ライオンが群れ《プライド》を追い出されて放浪ライオンとなることもあるが、その場合もほかの群れ《プライド》の仲間になることはない。セレンゲティでは単一の群れ《プライド》が同じ血縁を保ちながら何代も続く。したがって、群れ《プライド》にはどの時代にも、その構成メンバーとして、曽祖母、祖母、母、娘、叔(伯)母、それに女のいとこがいることになる。

さてマフィンとモフェット、そしてハッピーは、〝西の砂丘〟の頂上にむかって着々と歩を進めていた。私たちは車に乗って彼らのあとを追った。まもなくハッピーとブルー・プライドの雌ライオンの間で格闘がはじまるものと思いこんでいたので、それにそなえて懐中電灯、カメラ、テープレコーダーなどを車に積みこんでいた。

スポットライトにブルー・プライドの四頭の雌の姿をみとめたときには、彼女らはすでにイボイノシシを食べおえていて、互いの顔をのんびりと舐めあっていた。マフィンとモフェットは仲間の雌ライオンにあいさつをし、イボイノシシの骨のにおいを嗅いだあと、数ヤード離れたところに横になった。ハッピーはスパイシーとスプーキーのそばを通りすぎて、マフィンとモフェットのすぐわきに横たわった。信じられないことだが、どの雌ライオンからも攻撃的な動きは全然おこらなかった。私たちは用意したテープレコーダーのスイッチを切り、カメラを車にもどした。これは驚くべきことだ。ブルー・プライドの領域のまっただなかによそものの雌が踏み入ったのに、メンバーたちがほとんどなんの注意もはらわないとは！

その後四日間、ハッピーはまるでブルー・プライドの一員のようにふるまい、まずマフィンから、次にモフェットから求愛を受けた。暑い日中、マフィンはできるだけハッピーの近くに陣どって、彼女の一挙一動も見逃さないようにしている。もっとよい日陰がないかとさがしまわるハッピーに、彼は身体がこすりあわさるほど近づいた。ハッピーのうしろに立って、マフィンのほうから交尾を先導することも時にはあったが、たいていは彼女のほうが尾をうち振り、臀部をくねらせながら前を行ったりきたりして誘うか、さもなくば身体を彼にこすりつけてから、前にしゃがみこむのだった。交尾のためハッピーにおおいかぶさるようにして立つと、マフィンはまず彼女の首をかむ。すると彼女はうなり声をあげて耳を倒した。交尾が終わるとマフィンは急いでハッピーの身体からおり、彼女の前足の一撃を避ける。というのも彼女は交尾が終わるとすぐにくるりとむきをかえて、ものすごいうなり声をあげながら、かならず相手を殴打するからである。そのあとハッピーは肢を投げだしてあおむけに寝ころび、目を閉じて、明らかに恍惚状態で草の上をゴロゴロところがる。マフィンとハッピーは二日間ずっとこんなふうにして、昼間は数時間、夜は終夜にわたって、二〇分から三〇分毎に交尾をおこなった。三日目の日没時には今度はモフェットが求愛行為をおこないだしたが、その時マフィンがなんの異議もとなえなかったのも、むしろ当然といえば当然であろう。

日中ハッピーは、まるでブルー・プライドのメンバーのように、スパイシーが休んでいる灌木の下に身体を横たえた。いつもマフィンかモフェットがそばについていた。五日目の夜、彼女は単独で南へむかい、スプリングボック・パン・プライドのディアブロ、ディキシーそのほかの仲間のもとにもどった。

このように雌ライオンが群れ《プライド》の間を往来するケースは、これまでのライオンに関する記録には一度も報告されていない。この雌は異常なのだろうか。通りすがりの〝夜の来訪者〟なのだろうか。彼女の行動は一風変わっているのだろうか。私たちにはとてもそのようには思われなかった。ハッピーがブルー・プライドの雌たちにあっさりうけいれられたのを見ると、群れ《プライド》の間での雌ライオンの交換などごく普通の出来事のようにも思えてくる。

砂漠の冬はある夜突然に終わった——春という季節はなかった。八月下旬。日中はしだいに暖かくなっていったが、夜間はまだ厳しい寒さのままだった。そして九月初旬のある静かな朝、気温は急に上昇した。

暑い乾季がカラハリ一帯にやってくると、温度計は日中日陰でもしばしば五〇度を指し、それが夜間には五度から一〇度にまで下がる。昼夜の気温差が三五度、四〇度になることもめずらしくなかった。日中の相対湿度は五パーセント以下。太陽は情け容赦もなく照りつけ、植物にわずかに残っている生のなごりをも焼きつくしてしまうほどだった。アカシアやカトフラクトの花（通常、一年のうちで最も乾燥した時期にカラハリ砂漠を一面におおって咲き、アンテロープの水分の補給源となっている。色はピンクと白で不思議な美しさをもつ）は、この年は見かけなかった。あちこちでちっぽけな花が、しぼんで茶色くなった顔を地面にむけている。いずれそのうちに、しなびて砂のなかに落ちてしまうのだろう。風は焼けただれた谷間を横切って吹いてくる。からからに乾ききった草はボロボロにくずれて、根元の部分だけが、折れたほうきの先のようにひび割れた地面からつき出ていた。これまでに四回乾季を経験したが、この年の乾季が最も厳しかった。

一〇月にはすでに、ディセプション・ヴァレー周辺の砂丘やサンドヴェルトには大形アンテロープの姿はほとんど見られなくなっていた。雨季にはこれら大形アンテロープの五〇パーセント以上が川床に集中していたのに、今ではこの草もないやせ地をさまよっているのは全体の一パーセントにも満たなかった。

チェアリーの子どもは生後六カ月、サッシーの子どもは五カ月になっていた。母親たちは子どもにまだ授乳を続けていたが、母親自身はこの五カ月間、一滴の水も飲んでいなかった。成長する子どもたちのためにも獣肉を手に入れることはどうしても必要であり、そのため彼女たちは東へどんどん距離をのばし、動物保護区の境界地帯にまで出かけることもあった。そのあたりの林には、ほんの数頭とはいえ、木々の新芽を食べているアンテロープがいたからだ。とはいえ、毎夜一五マイル以上も歩き、それを数日間続けて、やっとオリックス一頭しとめることができるというありさまだった。

ある朝マークは、子ども連れのチェアリーとサッシーが、マフィンとモフェットといっしょに動物保護区を出たところにいるのを見つけた。かつてのボーンズのように、彼らもまた境界をこえて放牧地域へと侵入したのだ。しかも時はまたもや狩猟シーズンにあたっていた。背中がたるみ、なんとなく陰気な感じのする年老いたチェアリーは、思慮深く慎重だった。彼女はこれまでに数多くの乾季を生きのびてきたが、おそらくその間には旱魃も一度や二度は経験しただろう。動物保護区の外で狩りもしたにちがいない。ここを出たらどんなに危険か、それはよくわかっているようだった。

雌牛はまるまると太っている上、動きがおそくて鈍いため、ライオンにとっては恰好のえじきであるはずだが、チェアリーの先導で牛の放牧場から三〇〇ヤードと離れていないところまで来ても、彼女らは私たちの知るかぎり、一頭の家畜も殺さなかった。彼女たちが捕食したのは、水を求めて動物保護区からまぎれこんできたアンテロープだけだった。しかしそうはいっても、もし万が一牧場主に見つかったなら、チェアリーもほかのライオンも、家畜を殺さずに慎重に行動していたからといって、それが報われることは絶対にありえない。

マフィンとモフェットは常に雌たちのそばにいたわけではないし、もし今そばにいたとしても、チェアリーほど老練であるわけでなく、また彼女ほど賢明でもなかった。

カラハリのライオンの保護に関する数多くの疑問に対して、私たちはやっと解答を与えられるようになってきた。まず第一に、彼らは水を一滴も飲まなくても、少なくとも八カ月は生きていける。そして乾季に餌を求めて移動する際には、一方向にのみ動くのではなくて、広大な範囲に散らばっていく。彼らが動物保護区を離れるのは、私たちが考えていたように水を求めてのことではなくて、十分な食物を得るためなのである。ブルー・プライドの九頭の雌ライオンは、その行動範囲を都合四五〇パーセントもひろげた。雨季には二七〇平方マイルであったのが、乾季には一五〇〇平方マイルを越えたのである。一方のスプリングボック・パン・プライドは、六五〇パーセントもひろげた。このように行動範囲がとてつもなくひろがると、当然、撃たれる危険性のある個所に足をのばすことも起こってくるわけだ。

行動範囲が拡大していくと、わずか数週間前まではあれほどまでして――死を賭してまでも――固守していたテリトリーも、崩壊してしまったように見える。これまではテリトリーが重なりあうことがあってもたいした広さではなかったが、今や、その重なりあう部分は途方もなく大きくなってきている。ブルー・プライドの雨季のテリトリーを通って〝ヒョウの小道〟を下っていくのは、だれあろうディアブロである。一方、マフィンとモフェットはといえば、さんざん歩きまわったあげく〝イースト・サイド・プライド〟の領域まで入りこむ。ディセプション・ヴァレーの雨季のテリトリーを出て二〇マイル以上も、休みなく二カ月余り歩きつづけることもしばしばだった。雨季のテリトリー近くにもどってくることがあっても、そこに滞在するのはせいぜいわずか二、三日で、またすぐに出かけていった。

乾季の静けさがディセプションをおおっている。もはや夜明けに、ライオンの咆哮やジャッカルのなき声が谷間をただようことはなくなった。ライオンが遠くにいるために咆哮がきこえないというのではない。谷間のすぐ近くにいるときでさえ、彼らはほえないのである。谷間のキャンプからは、ライオンの気配は目でも耳でも感じとれることはなかった。乾季になるとライオンはどこかへ移動するものだと一般には信じられており、私たちも長い間そう信じて疑わなかったが、それも無理はない。飛行機とラジオ・テレメトリーがなければ、動物保護区にとどまったまま、時にはキャンプから一マイルと離れていないところで餌をあさり歩くライオンもいることなどけっしてわかるはずがないのだから。

暑い乾季になると群れ《プライド》は六、七、八月の短い冬よりもさらに細かく小さなグループにわかれる。一グループはせいぜい二頭。協力して獲物をしとめ分けあうのだが、その彼女たちにしても、単独で行動することがしばしばだ。マフィンとモフェットが雌ライオンたちといっしょにいる時間は、雨季には全体の五七パーセントであるのに対し、乾季にはわずか二〇パーセントにすぎない。これに対して、セレンゲティの群れ《プライド》の雄ライオンは、一年を通じて全体の七〇から九〇パーセントの時間を雌といっしょに過ごす（G. B. Schaller, 1972）。マフィンとモフェットはしばしば、ブルー・プライドの雌ライオンたちからは四〇マイルも離れたところにいた。

このように極端な環境のもとで暮らすカラハリのライオンの社会組織は、東アフリカのライオンのそれとはかなり異なっている。そのことはしだいにわかってきた。最も重要な相異は雌の行動である。カラハリの雌ライオンは、乾季の間たびたび別の群れ《プライド》に移っては行動圏を変える。私たちはハッピーがそうするのを何度となく目にしていた。

子ども連れのチェアリーとサッシーは、動物保護区を出たり入ったりして移動する間に、〝イースト・エンド・プライド〟、ブルー・プライド、そのほかの群れ《プライド》のメンバーたち、およびどこのだれだか私たちにはわからない雌ライオンたちと会い、交際した。乾季前にどの群れ《プライド》にいたかはたいして問題とならないらしい。このような新しい社会関係はいともたやすくうちたてられるようだ。とはいえ、異なった群れの個体間のこういった交際は、通常はごく一時的なものでしかなく、アンテロープがどこかに集中していて、それがライオンのグループを釘づけにし、全員に十分な食糧が供給できる場合以外は長続きしない。野火のあと吹き出る新芽にアンテロープが群がっている時などに、このような交際がみられるのだった。

今日はライオンたち、どこにいるのだろう。私たちは毎日毎日、情報のはいってくるのが待ちきれない思いで空からの探索を続けた。カラハリ砂漠の乾季がもたらす過酷な環境にもかかわらず、ライオンが状況にあわせて柔軟な社会行動をおこなっていることが、観察のたびにわずかずつながらわかってきた。社会的な出来事と非社会的な出来事の流れ――だれとだれが交際しているか。グループには何頭のライオンがいるか。そして彼らはどのような関係をうちたてているか――は非常にダイナミックである。

雌ライオンには、グループ間の往来がとりわけひんぱんなものもいる。例えばハッピーがそうだが、彼女は一九カ月に一八回、四つの異なった群れ《プライド》のライオンと、どれも一時的ではあるがつきあっていた。そして最後はブルー・プライドのスパイシーといっしょになって落ちついた。もっと驚いたのは次の例だ。ある朝、イヤータグをつけた〝オレンジ・プライド〟の雌ライオン、ケイブが、ブラブラと〝北のくぼ地〟にむかって歩いていくのを見かけた。三年ぶりに会ったケイブは、その時スプリングボック・パン・プライドの若い雄ライオン一頭と若い雌ライオン二頭をひきつれていた。しかし二、三日後にはもうこれら若い仲間を捨てて、スプリングボック・パン・プライドのディキシーといっしょになっていた――しかも彼らがいたのは、ブルー・プライドの以前の雨季のテリトリーだった。いったいどうなっているのか。これではめちゃくちゃではないか。これらのライオンが長年自分の群れ《プライド》の仲間とのみ狩りをしたり、横になったり、遊んだりして成長するのを見てきた私たちが、このような現象を目のあたりにして、どんなに驚き、とまどったかを想像してほしい。長い年月をかけて私たちが解き明かそうとしてきたライオンの社会構造全体が、音をたてて崩壊していくような気がした。

私たちが観察した雌ライオンは例外なくすべて、別の群れ《プライド》のメンバーとつきあっていた。セレンゲティのライオンの社会組織にとって、変わることがなく、また社会の基本でもある団結と群れ《プライド》機構は、カラハリの個体群のなかでは、一時的ながら崩壊してしまったのである。これはまさに、ひとつの種がその社会構造を苛烈な環境にみごとに適応させえた、驚くべき一例である。

もはや、群れ《プライド》の雌ライオンたちが血縁関係にあるかどうかはさだかでなくなった。生まれたときから観察していないと、ライオンの家系を知ることはできない。最年長のチェアリーはブルー・プライドで育ったものと思いこんでいたが、もしかしたらイースト・サイド・プライドが彼女のうまれ育ったところなのかもしれない。このような状況のもとでうまれた子どもの父親を確かめることはとうてい不可能だ。なぜなら、ブルー・プライドの雌ライオンが別の四つの群れ《プライド》の雄と交尾をすることも考えられるからである。

チェアリーとサッシー、それにその子どもたち、それからマフィンとモフェット、そしてほかの多くのライオンたちは、ひきつづき、動物保護区の外で餌をあさり歩いている。雨がふたたび降れば、おそらく、このうちの何頭かは自分たちのもとの行動圏にもどるだろう。たぶん――だが今のところ、空には一点の雲もない。

一九　友人の〝遺灰〟

ディーリア

一九七八年、乾季。砂塵とハエの襲来にもかかわらず、例年同様、二、三よい点もあった。ひとつには草が枯れはてて研究対象の追跡が容易になったこと。それから雨にそなえてキャンプのことをあれこれ心配する必要がなかったこと。そして、水とひきわりトウモロコシに誘われて私たちの林にやってくる動物がしだいに多くなり、日ましに人なつこくなっていったこと、などである。

キャンプの新参者のなかには背中が灰色のウグイスのなかまがいたが、私たちはそれを〝ピンキー〟と名づけた。片手にすっぽりとはいってしまうくらいの、かわいいやつだった。ピンクの脚はつまようじのように細く、尻の部分がふっくらとしており、尾は上をむいていた。見たところまるで手製のつくりもののようだった。

ほとんど毎日のように、ピンキーは寝室用テントのなかにピョンピョンとびはねながら入ってきて、昆虫を求めてトランクや箱の下、キャンヴァスのひだなどをつっつきまわった。ベッドの頭のところに積みあげられた本、雑誌、新聞の山が、ハエや甲虫をあさる、彼のお気に入りの猟場だった。

ある日の午後、私たちが横になっていると、ピンキーが本のかげからピョンピョンと現われて、マークの裸の肩にとび乗った。とびはねながら胸から腹を下りて、へそまで到達すると、一瞬つま先で立ち、首を伸ばしてあちこち眺めてから、へそのなかをのぞきこんだ。マークが笑うと腹筋がピクピクゆれたが、ピンキーはやさしい目をまん丸くしてそれに耐えていた。しかし突然、小鳥は鋭い小さなくちばしを、矢のようにマークのへそめがけて振りおろした。彼がなにをねらっていたのか、そして目あてのものが得られたのかどうかはわからない。しかし、床をピョンピョンとびはねてテントの外に出ていったピンキーは非常に満足した様子だった。

キャンプには、マリクを含めて七羽のシロハラチャビタキがいた。寒い夜にはその七羽がアカシアの木の枝に一列に並び、互いにくっつきあって寝ていた。列のまんなかにいるものは暖かく気持よさそうにしているが、両端の二羽はしばらくたつと身体が冷えてくる。そこで目を半分とじたままとびあがると、仲間の背をつたって列のなかほどまでピョンピョンはねていき、身体をくねらせながら中央の暖かい場所にわりこもうとする。まるでディズニー映画のワンシーンを見ているようだ。そうやって列のなかに落ちつくと、すぐにまたぐっすりとねむりこける。しかし、しばらくたつと、また両端の鳥が寒くなってきて同じことをくりかえす。これが一晩中続くのだった。

キャンプで最もすばしっこい動物は、断然トガリネズミのウィリアムだ。耳はミッキーマウスのように大きく、ひげはちぢれている。長い鼻はゴムホースのようで、おどろくほど精巧にできていた。彼は片時もじっとしていることがなく、だしぬけに動きだしたり、止まったりしながら、自分専用の小道をつっ走る。まるで一方の足をアクセルに、もう一方の足をブレーキにかけて運転しているようだった。たえず鼻をピクピク動かしながらやぶを出たり入ったりして、サイチョウやヒタキとひきわりトウモロコシの奪いあいをしていた。

ウィリアムの通り道にはキャンプをつっきっているものがあり、そこを通って、ジジフスの木にかこまれた〝ティールーム〟の椅子の下にひょいと顔をみせることもあった。トガリネズミは新陳代謝のはげしい動物で、毎日ものすごい量の食物を摂取しなければならない。このためウィリアムは、たえずせかせかと忙しそうに動いているのである。それでも通りすがりに立ち止まっては、その長い鼻で私たちの足の指をくすぐることもある。ウィリアムはキャンプの人気者だった。

　時々、キャンプにはマウスが大挙してやってくる。だがミシガン州立大学のロリン・ベーカー博士から、大学の博物館のためにカラハリ砂漠にすむ齧歯類を採集してくれないかと頼まれてからは、その個体数は激減した。マークと私は時間がなく、この計画に応じることができなかったので、モクスに頼むことにした。マウスの生け捕り方と苦痛を与えない殺し方、さらに研究用の剝《はく》製にする方法を彼に教え、標本がひとつできあがるとなにがしかの報酬を払うこと、そしてそれとは別に、新しい種を採集してきたらそのつどチップを与えることを、モクスと申しあわせた。

　モクスは熱心に、しかも誇りをもってこの責任ある仕事にとりかかった。そしてついには熟練の域にまで達した。彼はテントの四すみと茶箱のうしろに罠をしかけ、毎朝通常の仕事を終えると、車の道具箱からペンチを一丁とり出して罠から罠へと忍び寄り、かかったマウスをかき集める。そして、午前中いっぱいかけて三匹か四匹のマウスを剝製にした。仕上がった剝製はどれも形は申し分なく、まるで生きているように見えた。

　ある日の正午ごろ、ジジフスの木の下で読書をしていると、うしろでモクスの咳払いがきこえた。彼は〝気をつけ〟の姿勢をして、最近捕ったラットとマウスのコレクションを自慢げに見せてくれた。どれもみな、板にきちんと並べられてあった。足は身体の下側にしまいこまれ、尾はだらりとたれ下がっている。確かにこれは彼の作品としては最高のできばえだった。目に綿がつめられていたが、その点を別にすれば、まるで眠りこけているかのようだった。

「すばらしいじゃないの。よくやったわね」とモクスに言いかけて、よく見ると、列から鼻がひとつ突き出ているのに気がついた。列のちょうどまんなかあたりで、長い鼻づらが板をおおってのびている。それはまぎれもなくあのウィリアムだった――こうして彼は、ミシガン州に永久に保存されることになった。

フランクフルト動物学協会のおかげで飛行機を手に入れた私たちは、協会がひきつづいて計画に資金を提供してくれることを願っていた。だが一九七八年も終わりに近づき、新しい年が始まろうとする時になって私たちはまたもや資金難におちいってしまった。スタンダード銀行の支店長、リチャード・フラッタリーは親切にも、無担保で一時的に融資を受けられるようにとりはからってくれた。担保として差し出せるようなものを持っていないことを彼は十分に承知していて、その件についてははじめからなにも言いださなかった。さらに、倹約のため、エコー・ウィスキー・ゴルフ号を飛ばすのをやめた。マウンに出かけるのも一月まで延ばした。きっとそのころには、補助金給付を知らせる便りがマウンにとどいていることだろう。

一月になり、マウンに出かけることになった。荷造りをする長い間、モクスは飛行準備が整ったエコー・ウィスキー・ゴルフ号のそばに立って、私たちを待っていた。彼は一張羅を着こんでいた。身につけるもののセンスも、はじめて私たちのもとへ来た時からするとずいぶんよくなった。黒い大きなくしを頭のうしろにさし、赤と青の太ぶちのダーク・サングラスをかけている。やせこけた細い脚をおおっているのは、つぎだらけのマークのジーンズで、靴はリカオンに埋められそうになった、マークのあのテニスシューズである。モクスが自分の町に帰るのは、かれこれ三カ月ぶりのことだった。長い乾季が終わって目あての雌がもどってくるのをテリトリーでじっと待っているスプリングボックのように、彼はワクワクと胸をはずませていた。

マウンの滑走路に着陸すると、モクスをスタンダード銀行へ連れていき、そこで彼に給料と齧歯類の採集に対する報酬を支払った。支払い金額は合計で二〇〇プラ（約二五〇ドル）を越えた。モクスがこんなに多額の現金を目にしたのははじめてのことだった。預金口座を設けるよう、リチャード・フラッタリーといっしょに彼を説得したが、彼は生来銀行に対して不信感を抱いているらしい。お金は銀行に預けておけば最も安全なのだとしつこく勧めると、彼はくるりとむきをかえて、急いで銀行から出ていってしまった。銀行のすぐ外では、ヤギとロバが数頭、草を食《は》んでいた。

あとを追って私たちも外に出た。追いつくと私は「モクス、どうしたの？」とやさしくたずねてみた。モクスはしばらく地面を見つめていたが、やがてゆっくりと顔を上げて私を見た。

「カウボーイ」

「カウボーイですって？」

「そう、カウボーイ」彼はしかめ面をしながら、右手をさし出し、ひとさし指と親指で六連発拳銃の形をつくった。たどたどしい英語で彼はこう説明してくれた。

数カ月前、彼はヴィレッジ・センターでB級のカウボーイ映画を見た。平和部隊の志願兵のひとりが主催したものだが、そのなかに、銀行が襲撃されるシーンがあったのだという。ボツワナではこれまでに一度だって銀行強盗などおこってはいない、そう私たちがいくら説得しても、モクスの決心はかたかった。いつなんどき、馬上の覆面強盗が、ひづめの音高くマウンの銀行を襲撃し、なかの金を全部奪ったあげく、土けむりをあげながら駆け去っていくかもしれぬと思いこんでいるのだった。彼にしてみれば、お金は母親のロンダヴェルにかくしておいたほうが安全なのである。

リチャードのランドローヴァーを借りると、私たちはモクスを、泥壁にわらぶき屋根の彼の家まで送っていった。小さい子どもたちがワーッと出てきて、おかえりなさいとあいさつをし、サングラスを見て感嘆の声をあげ、踊りながら彼のまわりを回った。モクスはそのひとりひとりの頭をなでてやった。二日たったらここに迎えにくると言いおいて、私たちはその場を去った。

補助金給付の知らせを一刻もはやく得たいと思って、サファリ・サウスに急行し、郵便受けをしらべると、二カ月前にとどいていたクリスマスカードの山のなかに、フランクフルト動物学協会からの電報があった。静かなすみのところに行って封を切る。郵便局の電報係のなぐり書きは容易には判読できなかったが、要旨はこうだった。すなわち、協会は今後二年間私たちに資金を全額給付するつもりである、と。また助かった。私たちはホッと胸をなでおろした。

マークは私を頭上まで高く抱きあげた。「いいかい、ディーリア。できるだけおめかしをするんだ──君をディナーにつれていこう」

私たちは一カ月おくれのクリスマス、六回目の結婚記念、それから補助金の給付を祝って、タマラカネ川ぞいにある〈アイランド・サファリ・ロッジ〉で食事をした。宿の主人であるヨイとトニー・グレアムはシャンパンを一瓶ただであけてくれ、その夜の宿泊にとコテージを提供してくれた。テーブルクロスとワイングラスがあり、給仕がいる。本物のシャワーを浴び、本物のベッドに寝る――ちょっと信じられない気持だった。何年か前、はじめてハボローネの駅で汽車をおりたあの時よりも、今私たちは互いにずっと愛しあっており、またこの研究にもずっと愛着を感じていた。

その後二日間を手紙書きやショッピングで過ごしたあと、滑走路から空路〝ディセプションのくぼ地〟へ帰るしたくをすっかり整えたうえで、モクスの母親のロンダヴェルの前に車をとめた。少女がひとり、火にかけた、湯気のたったひきわりトウモロコシの鍋をかきまわしていた。数人の子どもたちが砂遊びをしている。みんな静かに立ちあがると、小屋のほうへ歩いていく私たちを見つめた。口をひらくものはだれもいない。モクスはどこにいるのとたずねると、みんなポカンとして私たちを見た。

みんなより年上で、以前見たことのある一〇代の少女が家から出てきた。知らないわ。モクスなんていう名前、きいたこともない。彼女はもううんざりだわといわんばかりに、にべもなく言う。近所の人たちも車のまわりに集まってきた。みんな肩をすくめてみせる――だれひとりとしてモクセン・マラフェなど聞いたこともないと言うのだ。

二日間にわたって、私たちは車で彼をさがしまわった。その後二回、彼の母親の家のそばに車をとめてみたが、モクスの気配を感じることはできなかった。もしかしたら家のなかに隠れているんじゃないか。そもそも彼自身が自分から姿を消そうと決めて、一族みんながそれに手を貸しているのでは。だがとうとう、私たちはあきらめて立ち去ることにした。以後二度とそこを訪れることはなかった。

最初、私たちはひどく感情を害し、腹も立てた。モクスが自分から辞めたいと申し出たのだったら、私たちとしても十分に納得できただろう。家族から遠く離れた砂漠での生活は、若い独身の男性にとってはけっして面白いものではないかもしれない。彼は私たちにとってかけがえのない人物だったし、彼も私たちのことをそう思ってくれているものと信じていた。それなのに。少なくとも、黙って姿を消すようなことはしないで、辞めるときちんと申し出てほしかった。でも、マウンのハンターはこう言った。私たちの面前で辞めると言いだせなかったのは、ある意味で彼なりの愛情をこめた別れのしるしだったのかもしれない、と。

モクスは村のひとびとの間でおおいに認められていた。飛行機に乗ったというだけでなく、〝撃った〟ライオンをすぐにまた蘇生させることができる人たちといっしょに働いていたということで、彼は一族の長《コシ》といってもいいほどのもてぶりだった。彼はもはや村の道化者ではなかった。村人からの尊敬と新たなアイデンティティーの確立――これこそモクスがカラハリから持ち帰った最大の収穫だった。だがそれも、村人と別れて私たちといるかぎりは、彼にとっては何の意味も持たないというわけだ。

マウンに出かけるたび、モクスのことをだれかれとなくきいてみた。が、二度と彼の姿を見ることはなかった。

一九七九年一月。フランクフルト動物学協会から補助金を受けとると、ヨハネスブルグに飛んだ。新しいテントと必需品の購入、そして飛行機の点検がその目的だった。ヨハネスブルグでの最初の夜は街に出て、できたら映画を見ようと決めていた。

都会の夜にひときわ高くそそり立つ高層ビル、尖塔、そしてゆっくりと回転しているレストラン。まばゆいばかりの光の洪水のなかに星の光は消えうせていた。車のクラクション、エンジンの音、ひとびとの叫び声、サイレン。そして人ごみと、むっとするような人いきれ。

暗い路地口にさしかかると、マークは私の腕をとり、自分のほうへ引き寄せた。途中、私は油でべとべとのフィッシュ・アンド・チップスの袋を踏みつけた。砂漠の砂の上で生活するようになってはじめて、私は都会の歩道がひどく不潔で、汚濁にみちていることに気がついた。

私たちはぴったりと寄りそって歩いていった。立ち止まり、身体をかわし、歩道を歩く人にぶつからないようむきをかえながら。映画館に近づいた時、突然、見おぼえのある顔が目にうつった。マークの腕をギュッとつかむと、急いで小さな本屋に駆けこんだ。そして棚ごしに外を見た。ヨハネスブルグでの数少ない知りあいのひとりが目の前を通りすぎてゆく。私たちは互いに顔を見あわせた。

「どうして逃げたりしたんだ」マークがきいた。

「わからないわ」

切符を買うため映画館の前に並んだ時も、前の人との間隔はできるだけあけるようにした。なかに入ると片すみにぽつんと空いた席を二つ見つけた。まわりもすぐに観客でいっぱいになった。彼らは絶えずおしゃべりをし、笑いあい、映画が始まってもやめなかった。

「出よう」

外に出て通りに立つと、小さなカフェを見つけた。歩道に並べられたテーブルが、鉢植えの――本物の――木の間で見え隠れしている。南アフリカの白ワインを二杯注文し、都会の夜の賑わいをじっと眺めながら、私たちはただ黙って坐っていた。

翌朝、長い間たいへん世話になっているマウンの人たちへのささやかな贈物を買いに、ギフトショップへ出かけた。棚にはかわいい陶器やクリスタルガラス、銀製品が何列にも並べられ、キラキラと輝いていた。歳は三〇代だろう、グリーンの目をした魅力的な女性がいろいろとアドバイスをしてくれた。せっかく彼女が選んでくれても、マウンには合わなかったり、予算オーバーだったりで、なかなか品は決まらなかった。

「ボツワナからいらっしゃったのですか」彼女はきいた。

そこで私は、六年間カラハリに住んでいて、ライオンとカッショクハイエナの研究をしていることを話した。

「あら……私の父も以前にカラハリに住んでいたんですよ」

「まあ、そうですか。それで、お父さまのお名前は？」

「名前をいっても、あなたがたはたぶんご存じないでしょう――父はつい数年前に亡くなりました。名前はバーグホッファー――バーギー・バーグホッファーといいます」

一瞬、マークと私は口がきけなかった。「あ、あなた――あなたがバーギーのお嬢さん！」思わず舌がもつれてしまった。

私たちは五年このかた、なんとかしてバーギーの家族と連絡をとりたいと念じつづけてきた。彼に対する私たちの親愛の気持と、彼の尽力に対する感謝の気持を、ささやかながらも伝えたいと思ったからである。しかし、彼の娘さんたちの結婚後の姓名はどうしてもわからなかった。

彼女はヘザー・ハワードと自己紹介をしてから、二階にいるご主人を呼んだ。マイクという名のご主人はさっそくおりてきて、バーギーにまつわる数々の話をきいてくれた。「そういえばバーギーは「カラハリ砂漠にテントを張って、ランドローヴァーだけを頼りに野生動物の研究をしていた、変人としかいいようのないアメリカ人の友だち」の話をしていたことがあったっけ」二人はそのアメリカ人、つまり私たちがどうなったかをいつも気にしていたという。夕食に誘われたが、その午後にボツワナに帰ることにしていたため、残念ながら断わらざるを得なかった。今度またヨハネスブルグに来た時はかならず電話をすると約束して別れた。

しかし次に来た時も、またその次に来た時も、結局連絡しなかった。あの店の近くに用事があった時はいつでも、二人に偶然でくわして、電話しなかった理由を説明するはめにおちいるのではないかと、ヒヤヒヤものだった。どうしてこんな行動をとるのか、われながら理解できなかった。ひとびとに会いたい気持はおおいにあるのに、結局それを避けてしまう。マークも私も、こんな奇妙な行動をとってしまう自分をわかってくれるのは、この世でお互い相手だけしかいないと感じていた。きっと二人でいることに満足しているため、他人とのつきあいについてはつい大げさに考えてしまうのかもしれなかった。

やっとハワード夫妻を訪問したのは、はじめて彼らに会ってからおよそ一年たってからのことだった。天気のよいある日の午後、南アフリカの高地草原《ハイヴェルト》の緑を敷きつめたなだらかな原野をつききって、ヨハネスブルグ郊外の夫妻の家まで車をとばした。ふたたび彼らに会えてとてもうれしかった。二人とも私たちが長い間ごぶさただったことについてはなにもきかなかった。おそらく二人は私たち以上によくわかっていたのだと思う。父親のバーギーも結局、彼の人生の大半をひとりで野生のなかで過ごしたのだから。

ヘザーは人好きのする感じのいい女性だったが、なぜかもの思わしげだった。しばらく私たちは雑談をしていたが、そのうちに彼女は父親の遺言について次のように語った。

「父は遺言のなかに、死んだら火葬にして、灰は荒野のどこか静かで草ぶかいところにまいてほしいと書いています。父が死んで以来このかた、私たちはこの遺言を実行する機会をずっと待っていました。ふたたびこうしてあなたがたにお会いできたのですから、あなたがたもごいっしょに父の最後の願いをききとどけてくだされば、父もきっと喜ぶことと思います」

私たちは牧草地をつきぬけて、小さな川のほとりまで歩いていった。川は流れが急で、岩にぶつかっては渦をまいていた。そよ風がやさしく頬をなで、あたりにはチョウが舞っている。風のなかに灰をとばすと、私にむかってほほえんでいるバーギーの顔が見えたような気がした。私たちは、彼をもう一度自由にしてあげたのだった。

灰の一部は、ゆれ動く丈の高いアシの間のクモの巣にひっかかった。私はふりかえって、遠く煙霧にかすむヨハネスブルグの街を見た。それは緑の丘陵のかなたに無秩序にどこまでもひろがっていた。バーギーや私たち二人にとってカラハリがいつまで未開の原野のままの状態でいられるのか、非常に疑わしく思った。

一九七九年二月。飛行機に機材や必需品を積んで、カラハリにもどる。帰ってから荷を解き、のこぎりをひいたり、釘を打ちつけたりして数日間。五つのテントからなる新しいキャンプができあがった。茶色のふちどりのある小さな黄色の食堂用テントは、ジジフスの木の近くの木立ちの中央にあり、なかにはきちんとテーブルクロスをかけた食卓と椅子があった。その両側にはオレンジの箱を利用してつくった食器棚を置き、瀬戸物の皿、かご、グラスをおさめた。木々の間をぬって小道を行くと寝室用テントに着く。マークが梱包用の箱でつくった、ちゃんとしたベッドがそなえつけてある。仕事場兼研究室用テントのなかには、大きな作業テーブルと本棚、タイプライター、ファイル・キャビネット、それからデスクとして使うテーブルがもうひとつ。さらに、ガス・フリーザーと冷蔵庫をそなえた貯蔵用テント、そして三方をアシでかこった新しい台所もある。

今の私たちをバーギーに見せてあげたい、そう心から思った。

二〇 スカベンジャーの学校

ディーリア

一九七八年の雨季とそれに続く冬の期間中、私たちはライオンの観察と並行して、カッショクハイエナの調査もひきつづきおこなっていた。スターは今では一二歳を越えていた。これまでは全身が長くて黒っぽい毛で厚くおおわれていたが、今ではそれも薄くなり、きめのあらい灰色の肌があちこちにむきだしになっていた。ケープのように肩をおおっていたブロンドの毛はぬけてしまい、闘いで負った傷が革のようにかたい首すじにくっきりと浮き出ている。歯は長年にわたって骨をかみ砕いてきたため、もうボロボロだった。起きあがる動作もいくらか緩慢となり――おそらく身体が少しかたくなったのだろう――夜間の採食行動の際も、どちらかというと休み休みおこなうことが多くなった。

空からの探索の途中、マークは四日連続して、〝西の砂丘〟の同じ場所でスターの無線信号音をきいた。カッショクハイエナにとって、こんなことはまずありえないことだ。砂漠の屍肉食者《スカベンジャー》には、このように一カ所にずっととどまるといったぜいたくは許されていないはずだ。どうしてスターが動かないのか。理由としては次の二つが考えられる。首輪をはずしてしまったか、あるいは死んでしまったか、どちらかである。

私たちは車に無線受信機を積み、スターの発信機からの信号音にむかって、キャンプの西側の砂丘の坂をのぼっていった。チクチク刺すイバラの茂みのなかに入って、スピードをおとすと、信号音がしだいに大きくなった。しかしスターのいる気配はどこにもなかった。私たちはその瞬間、彼女は死んだものと覚悟した。ずたずたにひき裂かれ、骨をハゲワシにきれいにしゃぶられた彼女の屍骸が砂の上にころがっている光景に、今にも出くわすのではないかと目をこらした。

マークは車をとめてエンジンを切り、前方を指さした。およそ一五ヤード先の灌木の上に、年とったスターの顔があった。風雨に耐えぬいたその顔はじっとこちらを見ていた。身体をブルンブルンふるわせて粉のような砂をはらいおとし、尾をぴしっとはねかえすと、彼女は小さな砂山にあいた穴の入口のほうへ歩いていった。そして穴にむかって頭をさげ、ごろごろと低く喉をならした。穴のなかからよちよちと這い出てきたのは、黒褐色の柔毛でおおわれた、オナモミのような子どもが三頭――スターは無事に生きていたばかりでなく、キャンプからわずかに三〇〇ヤード離れた巣穴で子どもを育てていた！　子どもたちの黒い瞳が母親を見あげる。母親は足もとをよたよた歩く子どもたちに、その大きな鼻をこすりつけた。

私たちはまたもや、カッショクハイエナの母親がわが子を世話する様子を観察する機会にめぐまれた。前にパッチイズとシャドーが子どもを見捨てたのは、私たちが観察しようとしたのがいけなかったのでは、とも思ったが、今度の場合、スターは私たちによく慣れているため、そばで観察していてもたいしてじゃまにはならないだろう。子どものうち雌はペッパー、二頭の雄はココアとトッフィーと呼ぶことにした。

カッショクハイエナの採食習性に関してはこれまでに多くのことを知ったが、その社会構造についてはいまだによくわからない。なぜ群れ《クラン》で生活をするのか、これは依然として謎である。屍肉食者であるからには、――ほかの社会生活を営む食肉動物のように――大形の獲物をつかまえるために協力する必要もないはずだ。にもかかわらず、どうしてグループをつくってつきあうのか。優位の雌であるパッチイズが、餌を見つけても独占しないでスターやシャドーにも分けてやるのはなぜか。群れ《クラン》のメンバーたちがなんらかの形で互いの協力を必要とするのでなければ、なにゆえに彼らは共通のテリトリーを持つのか。スターはトビウサギが使っていた穴を大きくひろげて、自分の巣穴にしていた。砂についた三本の深い溝は地下に続く三つのトンネルとなり、どれも深いアカシアの茂みにかくされていた。日中、彼女は巣穴からおよそ一五ヤード離れた木陰で寝ていて、三、四時間ごとに巣穴の入口へ行き、喉をごろごろならして子どもたちを呼びだす。子どもたちはよちよち歩きながら穴から出てきて、しわがれ声でギャーギャーなきながら母親のまわりをぐるぐる何度も這ってまわり、熱狂して彼女を迎えるのだった。彼らは〝歯をむきだして〟見せ、耳を倒し、尾を背中に巻きあげて、あっちこっちへとよろめいている。スターは一頭ずつ、その身体を舐めたりかんだりしてやった。それからひんやりした砂地の通路に横になり、二〇分から二五分ほどかけて彼らに乳を与えた。

わずか生後三週間なのに、子どもたちはもう外で遊びはじめた。最初は互い同士ぶつかりあってころんでばかりいたが、そのうちにうまく身体のバランスをとることができるようになってきた。そうなるとまずは、鼻づらをつきあわせてのとっ組みあいと、首すじをかむことの練習である。スターがいっしょになって遊ぶことはほとんどなかった。子どもたちがありったけの力で母親の耳や鼻や尾をかみ切ろうとしたり、丸々と太った灰色の腹部に急にとび乗ったりしても、当の母親は辛抱強くじっと横になっているだけ。我慢しきれずに怒りだすことは一度もなかった。こんな時、ライオンや人間の母親ならこうはいかないだろう。おふざけもこれまでと思ったら、今度は彼女が子どもたちをころがしてあおむけにする。子どもたちが逃げようとしてのたうちまわると、すかさずおさえつけて毛づくろい。やっと母親の手からぬけると、とたんに子どもたちは一目散に逃げて、また前のようにかみあいをはじめるのだった。

あたりがうす暗くなると、すぐにスターは子どもたちを巣穴のなかの安全な場所に導き入れる。そして母親が数マイルにわたって採食している間、子どもたちはそこを動かずにいた。しかし四時間か五時間おきに授乳のためもどってこなければならないので、彼女はほかのハイエナほど採食に時間をかけることができず、また巣穴からそれほど遠くへ行くこともできなかった。というわけで、子育ての期間中、彼女が見つけることができる獲物の量はごくかぎられていた。

子どもが生後六週間になったある夜、スターはペッパーの背中に注意深く口をあてて力強くつかむと、滑走路を下り、谷間を横切って〝ノース・ベイの丘〟の灌木のなかに入っていった。そしてそこの新しい巣穴にペッパーをそっとおいた。それから彼女はもどって、ココアとトッフィーを同じようにして新しい巣穴に運んだ。スターが子どもたちを移動させた理由はわからない。が、ジャッカルやオオカミのような食肉動物が幼い子どもを成長の過程で二、三回別の巣へ移すことはよくある。

理由はなんであれ、これでカッショクハイエナの巣穴の内部を調べるまたとない機会を得たことになる。懐中電灯とノートと巻尺を持って、私たちはハイエナのもとの巣穴にむかった。そのあたりに着くと、マークはしゃがんで穴の入口のまわりの砂地を調べだした。

「なにをさがしているの」私がきく。

「動物の足跡だよ。スターがいなくなってからヒョウやイボイノシシがここに入らなかったかどうかを確かめておいたほうがいいと思ってね」

数百というカッショクハイエナの小さな足跡のなかに、大きくて新しい捕食獣の足跡らしきものがないかどうか、私たちは丹念に調べた。

やがてマークは安心したように言った。「だいじょうぶそうだ。君はそっちの入口から入ってごらん。僕はこの大きいのにする」

私は四つんばいになって溝のなかに頭をつっこみ、高さおよそ二・五フィートのトンネルのなかへ入っていった。頭と肩を下げてやっと通れるほどの高さだ。まっくらやみのなかに懐中電灯をかざすと、トンネルは前方約一二フィートにわたってまっすぐにのびていて、それから左に曲がっていることがわかった。イボイノシシかヒョウがこの暗い通路に居を構えているなら、ブツブツ言ったり咳をしながら這いよってくる私たちに対して、おおいに脅威を感じているにちがいない。前方の曲がり角のかげにひそむ怒った目が想像できた。

腹這いになり、手をバネにし、足の先で蹴るようにして少しずつ前に進む。時おり頭が天井にぶつかると、砂が首や背中に雨のように降りそそぐ。両肘に体重をかけたまま、前方に懐中電灯をつき出して、ゆるやかな坂を下っていった。

つきあたり近くまで来ると、動くのをやめて耳をすました。すると、なにかにぶつかったりこすれたりする音が、マークのいる別のトンネルからこもって響いてきた。追いつめられたヒョウがフーッとうなり声をあげるんじゃないかとなかば思いながら、曲がり角にむかってゆっくりと懐中電灯を照らす。そしてすぐにひっこめた。なにも起こらないとわかると、身体を前方に伸ばして曲がり角のむこうをのぞきこんだ。

目の前に現われたのは、直径約五フィート、高さ三フィートの部屋だった。この巣穴の中央に位置するものと思われた。天井から灰色の根毛が、毛髪のようにたれ下がっている。ハイエナの子どもたちはおそらくここで大半の時間を過ごしたのだろう。床は砂地で、彼らが横になった個所は少しへこんでいた。部屋から小さなトンネルが三つ、大きなトンネルが二つ出ていた。

マークの姿はまだ見えなかったが、声は聞こえてくる。私たちは互いに、先になりあとになりして声をかけあいながら、巣穴の様子を説明しあった。声が反響して、まるで樽のなかでしゃべっているようだった。私たちは地下でトンネルがどうつながっているのかを確かめ、それぞれの長さ、幅、高さを測定した。

巣穴がとてもきれいなのには感心した。スターはすばらしいハウスキーパーだ。まわりに糞やゴミは全然落ちておらず、骨が二、三あるだけだ。またにおいにしても、地面が湿ってかびくさいだけだった。若いキリンの頭蓋骨とオリックスの肩胛骨。それが唯一の調度品だった。

「おい、なにかにかまれたぞ！」マークが別のトンネルから叫んだ。いったいなににかまれたのか。マウスなのかヒョウなのか。よくわからなかったが、同時に私のほうも全身に火のような鋭い刺痛を感じだした。突然のことで動転してしまい、出口にむかうにも、部屋でくるりとむきをかえて頭から先に行けばよいのに、まったく気がつかず、腹這いのままあとずさりをはじめた。そのまま坂をのぼり、できるだけはやく部屋から離れようとした。必死になって手で地面を押し、足の先で蹴ってあとずさりする。途中たえずお尻を天井にぶつけながらも、やっとのことで入口にたどり着いた。日光と新鮮な空気のなかに立つと、全身ノミにたかられているのがわかった。

着ているものを全部ぬいで、水筒の水を全身に浴びた。そして身を隠しながらキャンプにもどった。はじめてモクスの出迎えがなくてよかった、と思った。

スターが子どもを新しい巣穴に移したのはなぜか。その理由はいくつか考えられる――

例えば、子どもが成長するにつれて穴が手ぜまになってきた、穴を捕食者に見つけられたので、子どもを守ろうとした、など――しかし、ふえつづけるノミの大群を避けるため、というのもある程度あたっているのではないか。

生後二カ月になると、ペッパー、ココア、トッフィーは、陽が沈むころ、スターや新しい巣穴から一〇ヤードばかり離れたところへはねていって、以前よりずっと長い間遊びに興じるようになった。しかし草がほんの少しそよいだだけでも――あるいは頭上に一羽のカラスでも目にとめると――いつも急いで母親のもとにもどるか、巣穴に姿を消してしまうのだった。

採食に出かけようとするスターは、まず立ちあがって身をふるわす。そして子どもたちには一瞥《べつ》も与えずに歩き去る。子どもたちもいくらか大きくなっていたので、もはや特別な注意をはらって安全な巣穴におしこめておくことはしなかった。ペッパーとココアは一五ヤードばかり、母親のあとを駆け足で追いかけるが、すぐに巣穴にひきかえす。ほかの二頭よりいつもずっと注意深いトッフィーだけが穴の入口にとどまって、安全な場所からじっと母親を見送った。スターの足音がひからびた草木のなかにきこえなくなるまで、三頭は黙って立っている。それから一〇分か一五分ぐらい、穴のまわりで遊んだり、あちこち探検したりして過ごしたのち、三頭とも穴のなかに入ってしまう。この年ごろのカッシヨクハイエナの子どもは、身体はまだイエネコよりもほんの少し大きいぐらいで、ライオン、ヒョウ、チーター、ジャッカルのえじきになることが多い。

生後二カ月半になるとペッパー、ココア、トッフィーの腹部は丸々と太ってきた。ある夜、スターはココアの首をくわえ、やぶをぬけて西のほうへ歩いていった。車で彼女のすぐうしろをつけると、彼女は〝ノース・ベイの丘〟を下って谷間まで降り、そこから北へ進路をとった。スターの口もとでぶらぶらしているココアはふにゃふにゃで、まるでぼろ布のようだった。

その日の朝、マークは〝トップレス・トリオ〟の木の下にモフェットがいるのを見かけていた。そしてスターは今、暗い川床にそってまっすぐにモフェットのいた木にむかって進んでいる。双眼鏡で見ると、モフェットの巨体は木の下で石のように動かないでいる。ライオンがカッショクハイエナにそっと忍び寄って殺すことはよくある。もしスターがコースを変えないでこのまま歩いていくと、モフェットにぶつかってしまう。スターは逃げおおせるかもしれないが、ココアは間違いなく途中でふりおとされてしまうだろう。

私は双眼鏡ごしに、スターが子どもをくわえてライオンに一歩一歩近づいていくのをじっと見ていたが、内心、気が気でなかった。カッショクハイエナは視力がそれほどよくないようだし、もしモフェットが身動きをしなければ、スターはおそらく最後の最後までモフェットの存在に気がつかないだろう。気づいた時にはもう手遅れにちがいない。風はなく、夜の空気は死んだように静まりかえっていた。モフェットのにおいは、二、三ヤードまで近づかなければ彼女のもとにとどかない。スターは前方の危険に気がつかずにどんどん歩きつづけている。

モフェットは重い身体を一回転させると、足をふんばって起きあがった。大きな頭を上げると、目は川床から彼のほうにむかって歩いてくるスターに釘づけになった。以前にライオンが忍び足でカッショクハイエナを襲う姿を観察したことがあったが、その時の経験から推察すると、モフェットはスターとその子どもとの距離が二〇から三〇ヤードになるまで待って、そのあと一気に襲うものと思われる。そうすれば、彼女に反撃のチャンスを与えずに完全にとりおさえることができる。

しかし、モフェットからあとわずか八〇ヤードのところまで来て、スターは立ち止まり、前方をうかがった。と、不意にむきをかえ、ライオンを大きく迂回した。モフェットは前足に鼻づらをおとして、どうやらまたもとのように寝てしまったようだった。

スターは北へ二マイルほど、ゆっくりと歩いていった。その間、ココアは微動だにしなかった。月はまだのぼっていなかったが、川床のカルクレートの浅瀬が輝く星の光を反射していたため、ひからびた草の間を移動するハイエナの黒々とした姿を追うのはいともたたやすかった。北東にむきをかえ、砂丘に着くと、彼女は生い茂ったイバラのやぶのなかの、くねくねと曲がった道をたどりはじめた。そうやって、さらに半マイルほど歩きつづけたが、途中で時々立ち止まってはあたりを見まわし、きき耳をたてた。ココアをどうしてそんなに遠くまで運ぶ必要があるのか、まったく理解できなかった。

たちはだかる丈の高い木のやぶをつききって、大きく開けた場所に出たとたん、私たちはあわてて車のエンジンを切った。そして口もきけないほどびっくりして前方を見つめた。目の前にあったのは、数個の大きな灰色の砂山からなる、長さ一五ヤード以上にもおよぶ巨大な巣穴の集合体であった。各砂山の頂きにはカッショクハイエナの子どもが立っていた。彼らは年齢もまちまちで、明らかに異なった母親からうまれたようだ。シャドーとパッチイズに見捨てられたと思いこんでいた、行方不明の子どもたちもいた。群れ《クラン》の子どもたちが全員、この共同巣穴に顔をそろえていた——このような巣穴を見たのは、おそらく私たちがはじめてだろう！

ここにいたってやっと、カッショクハイエナの社会の存在理由《レゾン・デートル》の謎がとけた。これまで長年にわたって問いつづけてきた疑問に解答が得られたのである。彼らが屍肉食者でありながら群れ《クラン》をつくり、食物を分け、テリトリーを共有するのは、ひとえに子どもを育てるためなのであり、この過酷で気まぐれなカラハリの環境では、子育てにはみんなの一致団結した協力が必要なのである。

科学の世界では、長い年月をかけて努力を重ねても、研究者の思うとおりに新しい事実が発見されることは非常にまれである。私たちは言葉もなく坐っていた。スターはココアを砂の上にそっと置くと、うしろにさがった。ほかの子どもたちがみんな出てきて、新しい仲間のにおいを嗅いだ。ココアはビクビクしたり恐れたりする様子もなく、小さな黒い鼻を上げて、出迎えた大ぜいの子どもたちのにおいを嗅いだ。スターがペッパーとトッフィーを連れにもどっている間、ココアは新しいすみかのまわりを探検していた。

カラハリでは、餌はまばらに散らばっていて、どこにどのくらいあるのかが予測できない。そのため、雌のカッショクハイエナが自分と成長期の子どもたちとに十分なだけの食物をさがしだすのは非常に困難である。のちになってわかったことだが、群れ《クラン》のなかで子どもを産むのは、ふつう毎年わずか一頭だけである。したがって、この共同巣穴の子どもの数もかぎられてくる。子どもを全員安全に穴のなかに入れると、雌は一頭ずつ単独で採食に出かける。数夜にわたり、自由勝手にあちこちさまよい歩いて、餌がみつかると子どものもとに持ち帰る。自分の巣穴にわが子だけを残し、一夜のうちに何回となく餌運びをしなければならないわけではないのだから、群れ《クラン》全体としても餌さがしに割く時間はふえるし、子どもたちにも規則正しく食事を与えることができる。出産経験の有無にかかわらず、すべての成獣の雌ハイエナが巣穴にいる子どもに餌を持ち帰る(拙論、1979b)。雄がそうすることもある。餌さがしは単独でおこなうが、子育ては共同でやる。カッショクハイエナは社会性と単独性が奇妙に混ざりあった生きものといえよう。このことはまた、彼らが徘徊するこの土地の、気まぐれな性質をも反映しているようだ。

共同巣穴を見つけてから、私たちの日課も変わってきた。早朝、マークが飛行機をとばしてライオンやハイエナの居場所を探索する。そのあと二人でキャンプから最も近いところにいるライオンまで車を走らせる。日が暮れて間もないころ、私はひとりでハイエナの共同巣穴まで車をとばし、ある時は数時間、ある時は夜じゅうずっとハイエナを観察する。その間、マークはキャンプにいて、テープレコーダーに録音したデータをノートに書きおこすのだった。

巣穴へはノート、懐中電灯、カメラ、テープレコーダー、寝袋、焼きたてのパン、それからスープと熱い紅茶を入れた魔法ビンを持っていく。車の後部には食料品の缶詰をいくつかと水を入れたジェリカンをひとつ積み、観察が思ったより長びく場合にそなえた。巣穴に着くと、たいていの場合ハイエナの姿はどこにも見あたらなかった。そこで私は日没の光景を眺めながら、カラハリの夜の訪れにしばし耳を傾ける。ジャッカルが一頭、〝北の砂丘〟でなき声をあげた。テリトリーを守るクロエリショウノガンのなき声もきこえる。数百ものヤモリが夜の調べをかなではじめる。日が暮れると、マークのたき火が三マイル半先でゆらめいているのが見えた。

ある日没時、ハイエナの子どもたちが穴から姿を現わすにはまだちょっと間があるころ、突然車が揺れた。びっくりしてなにごとかとあたりをみまわした。きっと気のせいだと思いかけたとたんに、また車が動いた。もしかしたらミナミメンフクロウが車の屋根にとびおりたのかもしれないと思って、ドアをあけて見てみたが、なにもいなかった。すると車がまた揺れた。だんだんうす気味わるくなってくる。ふと、うしろの窓ごしに外を見ると、なんとモフェットの大きな毛むくじゃらの頭部が、車のテイルゲートの上にそろりそろりと現われてくるではないか。彼は荷台に鼻をくっつけて、道具箱やスペアタイヤのにおいをくんくん嗅いだ。そしてふたたび頭を低くすると、トレーラーのヒッチを口にはさんで、まるでおもちゃでも扱うように車をガタガタと揺らしだした。

「ねえ、モフ、やめてちょうだい！」私は窓にむかって叫んだ。モフェットは最後にぐいっと引っぱると、開いた車の窓から二フィートたらずのところまで歩いてきた。そして頭を上げるとじっと私の目をみつめた。できるだけやさしく私は言った。「ねえ、ちょっとからかってみただけなのよ。車を揺らしたいのなら、続けてやってもいいのよ」

モフェットは大きなあくびをすると、身体をブルンブルンふるわせて、ハイエナの巣穴のほうへ歩いていった。そしてそこの小さな木に放尿してにおいづけをし、木の茂みのなかに姿を消した。その時、わき腹にJ形の傷跡がみえた。

この砂丘の斜面でひとり過ごす夜。きらめく星は、まるで頭のすぐ上にあるかのよう。それは私の人生のうちでもまたとない、特別な意味をもつ夜だった。ハイエナの子どものことも徐々にわかりかけていた。最年長の〝ピピン〟は三歳を過ぎており、亜成獣といってもさしつかえなかった。彼はもう自分の食べる分は自分でさがしていたが、これまでどおり、巣穴を訪れて小さな子どもたちと遊ぶことも忘れなかった。次の年長者〝チップ〟も、ピピンと同様、巣穴から出て自分で餌さがしをしていた。年少の兄妹である〝スーティ〟と〝ダスティ〟は、さらに年少の雌の〝パフィ〟とともに、終日巣穴にとどまっていた。そこにペッパーとココアとトッフィーがあらたに仲間入りをした。

共同巣穴を発見した次の夜、パッチイズが、草を踏み分けた道を、殺したばかりのスプリングボックの骨を口にくわえてやってきた。足音がきこえると、子どもたちは全員、とびあがって毛を逆立てた。年少の子どもたちは急いで巣穴の入口へ駆けこんだ。おそらく、ライオンかほかの捕食獣の足音と勘違いをしたのだろう。間もなくパッチイズであることがわかると、年長の子どもたちは身体をはずませながら彼女に駆けより、数分間、そのまわりをぐるぐるまわってあいさつをした。パッチイズは砂の上に骨をおくと、鼻の下を一列になって行進する子どもたちのにおいを一頭ずつ嗅ぎ、耳や背中を舐めてやった。スーティは自分よりも年長のピピンとチップに敬意を表したあと、スプリングボックの肢をつかんで穴のなかに駆けこんだ。ほかのものもみんなスーティのあとに続いた。子どもたちが穴のなかで食事をしている間、パッチイズは砂山の上でねむった。

同じ夜おそく、シャドーがやぶのなかからブラブラと出てくると、子どもたちは駆けよって、彼女のまわりをぐるぐるまわった。細かい砂をけりあげるので、あたり一面にもうもうと白い煙が立った。シャドーは砂山の上にドサッと坐りこむと、パフに乳を飲ませはじめた。授乳の間、パフは前足でシャドーの柔らかい乳房をもんでいた。シャドーがパフの母親であることは間違いない、そう思ったちょうどその時、ダスティもまた彼女の乳を飲みはじめた。年齢のちがいから考えて、パフとダスティが両方ともシャドーの子どもであるはずはない。そうすると、シャドーはわが子ではない子どもにも乳を与えていることになる。その後、パッチイズとスターが互いに相手の子どもに乳を与えあっている光景にもぶつかった。このような共同授乳は、ライオンやリカオンなど、二、三の野生の食肉動物にのみ見られる現象である。ハイエナに関してはこれまでに記録されていない。これによってカッショクハイエナの協調的な社会構造がさらに証拠づけられたことになる。

乳の出る雌ハイエナは群れ《クラン》のすべての子どもに乳を与えるのであり、また巣穴に餌を運ぶにしても、雌がみんなで共同してやる。だから、だれがどの子の母親なのかは最初は全然わからなかった。が、幸いにも私たちは、この群れ《クラン》の雌たちのこれまでの妊娠期間と授乳期間を、それぞれについて詳細に記録してある。それと子どもの年齢とをつきあわせ、さらに巣穴の前に長時間坐って観察することで、私たちは家族関係を確かめることができた。ピピンはスターの前回の出産でうまれた子であり、最近うまれたペッパー、ココア、トッフィーの異父兄にあたる(当時優位の雄であったピピンの父親は、やがて別の優位の雄にその地位を奪われた)。チップはパッチイズの子であり、パフはシャドーの子である。しかし、ダスティとスーティの母親がだれなのかはわからなかった。

スター、パッチイズ、シャドーが食物を運んでくるわ、ピピンがやってきて巣穴の砂出しをしたり子どもたちと遊ぶわで、共同巣穴はさぞかしハイエナたちでごったがえしていると思われるだろうが、実際にはけっしてそうではない。成獣の雌は毎夜訪れるわけではないし、お互いがかちあうこともめったになかった。たまたま偶然に会うことがあっても、あいさつを交わしあうことはほとんどなかった。さらに、よそから移り住んで子どもたちの父親となった成獣の雄ハイエナが、子どもたちのもとを訪れたり、彼らに食物を運んだりすることはまずないといってよかった。

採食に多くの時間を割かなければならないので、巣穴には子どもを保護する成獣が全然いない場合がほとんどだった。群れ《クラン》のメンバーたちはテリトリー全体にひろく散らばって、やぶや木々の下で睡眠をとる。巣穴から五マイルも離れたところで寝るものもいた。日中たまに成獣が巣穴近くで寝ることがあっても、巣穴からはかならず二〇〇から三〇〇ヤードは離れていた。

幼獣は巣穴そのものによって保護されているだけでなく、同時に身体の大きい年長の子どもたちによってもまもられていた。ペッパー、ココア、トッフィーはよく、二五ヤード先の丈の高い草のなかを歩きまわったが、近づいてくる動物の姿を目にしたり、その足音を耳にすると、たとえそれがヤマアラシであろうとライオンであろうと、とたんに穴のなかにとびこんで地下にもぐってしまう。数分後、まず耳が、それから目、そして最後に鼻が、潜望鏡のようにそろりそろりと穴のへりに現われ、危険が去ったかどうかをうかがう。年長の子どもたちがもう隠れていないことがわかると、巣穴からとび出て、またもとのように遊び興じるのである。

ある日の午後おそく、八頭のリカオンの一群が、巣穴に駆け足で近づいてきた。年少の子どもたちは姿を消したが、身体の大きさがすでに成獣の四分の三ほどになっていたチップとダスティとスーティは、巣穴の外にとどまってリカオンの群れに敢然と立ちむかった。体毛を全部逆立てて、一番大きな砂山の頂上に立つ、彼ら三頭はなかなか手ごわそうに見えた。リカオンたちは巣穴のまわりを三回まわり、時々穴に近づいてはなかをのぞきこんだりしたが、結局なにもしないで歩き去った。しかし、ある日の午後モフェットが巣穴にやってきた時は、チップ、ダスティ、スーティをはじめ、子どもたち全員が穴のなかに姿を消し、立ち去ったあと一時間以上も姿を現わそうとはしなかった。

子どもたちは、時おり安全な巣穴を離れてかなり遠くまで出歩いた。そんなある夜、小形の頑強なブルドッグくらいの大きさに成長したパフは、巣穴から出て、いつもより遠くまでさまよっていた。するとかん高い叫び声と、格闘しているような音が丈の高い草むらからきこえてきた。急いで駆けつけてみたがもはや遅く、ひき裂かれたパフの屍骸をヒョウがアカシアの木にむかって引きずっていくところだった。こうしてパフは死んでしまったが、母親のシャドーはその後もほかの子どもたちに授乳と食糧の供給を続けた。

毎日、陽が沈んで日中の暑さがおさまると、子どもたちは巣穴の四つの入口からじっと外をうかがう。危険がないとわかると穴から出て、掘りおこされた砂がもりあがってできた山の上に、身体をくずして横になる。さらに時間がたって冷気が砂丘の斜面から谷間へ流れだすと、子どもたちは草の茎や小枝、古い骨など、なんでも手近にあるものににおいを嗅ぎはじめる。これはハイエナにとって非常に重要な〝学習〟である。というのも、彼らは前方二、三フィートまでしか目がとどかない丈の高い草むらで採食をすることが多く、その上、広範囲に散らばった屍肉の切れはしをさがしあてなければならないためである。成獣になると、ライオンの危機を知らせあうのも、においづけで仲間が互いに連絡をとりあうのも、ほとんどがこの嗅覚によってなされることになる。

ペッパー、ココア、トッフィーは、肛門腺からねばり気のある糊状の分泌物《ペイスト》を出せるようになるずっと以前から、すでににおいづけの試みをおこなっていた。毛ばだった小さな尾を上にあげ、身体をまわして草木の茎におおいかぶさるようにしゃがみこむ。そしてそこに、それぞれのにおいの〝名刺〟をおこうとする。これを彼らは、くりかえし何度も何度もおこなった。そしてそのつど、鼻をくんくんいわせて、うまくいったかどうかを確かめるのだった。

共同巣穴に移ってから間もなく、ペッパー、ココア、トッフィーは自分の肛門腺からねばねばした液体が分泌されるのを発見した。時に生後およそ四カ月。彼らは誇らしげに尾を上げ、あらゆるものの上に――成獣の尾の上やカメラの三脚にまで――白くてねばねばした液体を落としては、なすりつけながら巣穴のまわりを大いばりで闊歩した。

子どもたちが互いに自らをためしあいながらおこなう遊びは、彼らの成長の過程で欠くことのできない要素である。うまれてはじめて巣穴から姿を現わすその日から、子どもたちはけんかごっこに興じはじめるが、そのなかでみせる行動のパターンは、成獣が闘争の際にとるのと、もはやまったく変わらない。すなわち彼らは、鼻づらをつきあわせてとっ組みあい、首をかみ、後肢をしめつけ、追っかけっこをするのである。遊びはまた、子どもたちの間に社会的な結束を育む上でも重要である。彼らはもう少し成長すると、群れ《クラン》の社会順位制のなかで、地位を争って闘うようにもなるだろうが、その際に必要な闘争技術を鋭く磨きあげるのにも、遊びはおそらくおおいに役に立っていると思われる。

ピピンが巣穴にやってくると、いつも子どもたちはひどく興奮して出迎え、前方にとび出て彼のまわりをぐるぐるまわったり、尾を引っぱったり、とびあがって耳にかじりついたりする。ピピンは長兄らしく、みんなの先頭に立って、やぶを出たり入ったりしながら楽しそうに追っかけっこをするが、最後はいつもわざと負けてやる。子どもたちに追いつかれて下敷きになったピピンは、頭を左右に振ってかまれないようにするのだった。

もし共同巣穴で育てられることがなかったら、子どもたちは年長者から保護されることも、また年長者との遊びの経験を持つこともない。ひいては群れ《クラン》の成獣から学ぶことも、さらに成獣たちと社会的な結束を固めることもないであろう。

一九七九年二月。この数カ月間、私たちは空を見あげて、雨の気配をさがしもとめてきた。二月は通常雨季のまっただなかなのに、この年は空に雲の姿を見かけることはめったになく、日中の気温は日陰でも四三度を越えた。時おり、積雲の大きな塊が東の地平線上に頭をのぞかせることがあったが、すぐに沈んで視界から消えてしまった。恵みの雨はどうやら別の土地をうるおしたようだった。四月の初旬までには雲はことごとく去り、私たちはすべての望みを失った。一九七九年、雨の降る望みは完全になくなってしまったのである。一度だけ、ほんのつかの間の雨があったが、それを除くと、ディセプション・ヴァレーの動植物が以前水分にありついて以来、かれこれ一二カ月の月日が流れていた。これから先半年以上は、とても雨が降る見込みはない。カラハリは完全に旱魃のなかにとざされてしまった。

ライオンたちが――彼らはひあがった川床を去って広大な地域に分散していた――たまにこの谷間を訪れることがあっても、獲物の量は非常に少なく、カッショクハイエナに残される部分も当然のこととして血のついた羽毛、尾羽、角、ひづめぐらいしかない。スプリングボックの最後の群れが谷間を去ると、間もなくチーターもリカオンも姿を消した。今や、アリ、シロアリ、小鳥、齧歯類、それからたまにいるスタインボックだけが、ヒョウやジャッカルの食物となっている。しかもこのような小形の獲物にしても、その大部分はもう食いつくされてしまっていた。スター、パッチイズ、マクダフ、ピピンは、毎晩獲物を求めて二〇マイルかそれ以上、灰色の砂漠を歩きまわった。彼らもまた、シロアリを舐めとり、マウスやハリネズミ、ヤマアラシ、トビウサギなどを追いかけた。来たるべき乾季を前に、食糧の供給は悪化の一途をたどるばかりだった。雨が降らないのであるから、水分補給源となる野生のメロンも生育しなかった。

生後一八カ月になったダスティとスーティは、独力で採食をはじめた。ポーゴーとホーキンズがかつてしたように、彼らもスター、パッチイズ、シャドーのうちのだれかが巣穴を出ると、うしろにくっついていっしょに出かけた。ペッパー、ココア、トッフィーだけが巣穴に残ることが多かったが、そこは今では物音ひとつしない寂しい場所になっていた。食物を辛抱強く待っている間に数日が過ぎることもある。今なお乳が出るのはスターだけで、生後六カ月半を経過したこの三頭の子どもは、いまだに栄養と水分の大部分を彼女の乳にたよっていた。

ある風の強い夜、スターは〝ヒョウの小道〟にそって北へ進路をとり、〝バーギーのくぼ地〟で川床を横切った。それから北東にむかい、〝東の砂丘〟の斜面にさしかかった。真夜中まで一二マイル以上も歩いたのに、食物をなにひとつ見つけることができなかった。自分の食う分がないだけでなく、子どもに持ち帰るものもまったくない。ラットやトビウサギのコロニーをいくつか見つけて、入口に鼻先をつっこんでみたが、どれもなかはもぬけのからだった。彼女は疲れはてて、川床からおよそ一マイルのところにあるアイフジの木立ち近くに横になった。

マフィンとモフェットは、ディセプション・ヴァレーの東側のサンドヴェルトを徘徊したり、動物保護区の境界をこえて放牧地域に侵入したりして過ごしていた。この夜彼らは西にとってかえし、前の雨季のテリトリーまでもどってきた。そして〝東の砂丘〟の斜面をテクテクのぼりはじめた。途中ハーテビーストを一頭だけ見かけたが、あいにく逃げられてしまった。やせこけた彼らはもう腹ペコだった。

星《スター》のある頭と首を冷たい砂の上において横むきに寝ころぶと、スターは時おり前足で細かい砂をかいて、しわだらけの腹部にかけた。しばらくして彼女は、風下にかすかな物音をきいた。風が強かったから、ライオンの近づく音はかき消されてしまったのだろう。それに彼女はぐっすりとねむりこけていたようだ。気配に気がついてとびおきたが、時すでにおそかった。マフィンとモフェットが突進してきて、はげしくスターを打った。数秒ののち、彼女は息絶えた。

二一　ペッパー

ディーリア

ペッパー、ココア、トッフィーはスターの死を知るすべもなく、何時間も、何日も巣穴の砂山の上に横たわり、顎を前足にのせて、スターがいつも歩いてくる道のほうをじっと眺めていた。日がたつにつれて衰弱がひどくなり、遊ぶこともしなくなった。二、三時間ごとにそのへんをゆっくりと足をひきずるようにして歩きながら、そのつど、ひからびてボロボロになった骨の破片のにおいを嗅いでいた。暑くて長い日中は涼しい穴のなかで過ごし、衰えた身体から水分が逃げないようにしていた。

骨ばった肩が鋭角をなしてつき出ている。体毛もぬけはじめた。日中はまるで地上から水という水がすべてなくなってしまったかのように、信じられないほど暑くて乾燥しきっているが、ありがたいことに夜になるといくらかは涼しくなった。

スターの死から四日目の夜、ペッパーとココアとトッフィーは巣穴から出てこなかった。それから三晩、私たちはなんとか生きていてほしいと念じながら、月の光を浴びた動物の影もない砂山を、坐ったまま見つめていた。なんとしても確かめなければと思って、穴の入口のひとつまで這っていき、ひざまずいて耳をそばだてたが、なかからはなんの音もきこえてこなかった。砂の上にハイエナの子どもの小さな足跡もなかった。きっと飢渇のため死んでしまったのにちがいない。

しかし私たちが立ちあがり、くるりとむきをかえて車のほうにもどりかけたとき、穴のなかからドシンという音とキイキイというなき声がきこえてきた。少なくとも一頭だけは生きている——しかし、これもどのくらい生きのびられるものやら。

真夜中ごろ、巣穴の西の草むらからサラサラと葉がすれる音が大きくして、彼らの異父兄ピピンが、巣穴のある開けたところに姿を現わした。口には殺したばかりのトビウサギをくわえている。彼は四ポンドあるそのトビウサギを砂の上におくと、穴の入口まで行って喉を大きくならした。とたんに、弱りきって腹をすかせた三頭の子どもが穴からとび出てきて、キイキイなきながら彼を迎えた。ピピンのまわりを何度も何度もまわったあと、トビウサギのところへ走っていき、それを巣穴までひきずっていった。途中手を休めると、もう一度ピピンのもとに走り、もうもうと砂けむりをあげながら、いかにもうれしくてたまらないというふうに彼のまわりをとびはねるのだった。餌をひっぱったりひき裂いたりしながら、やがて彼らは穴のなかに姿を消した。

ピピンがたった一頭だけで、砂山の頂上にたたずんでいる。肢は長くて細く、身体はやせていた。彼は、母親のスターがよくしていたように、頭を動かさず、目だけをギョロつかせて、長い間私たちを見つめた。そしてそのあと長い体毛をブルブルとふるわせ、尾をむちのように振って、やぶのなかに歩み去った。

「マーク！　ピピンはあの子どもたちを養子にするつもりなのよ、きっと」私はマークの耳にささやいた。そうすれば、スターのこの三頭の子どもたちにも生きるチャンスが与えられる。しかもそれは、私たちのカッショクハイエナ研究の眼目となる。というのも、自然界における養子縁組はめずらしく、たいていの種は孤児を見捨ててわが子だけの育児に専念するのがふつうなのである。

次の日の夕方はやく、ダスティがキリンの皮の大きな切れっぱしを持って巣穴にやってきた。皮には新鮮な肉がいっぱいついている。ダスティの二、三歩うしろをやってきたのは、年長の雄のチップだった。ペッパー、ココア、トッフィーは、歯をむきだしてかん高い声でなき、尾を高くあげてあいさつをしながら、穴からとび出して昔の巣穴仲間のまわりを這うようにまわった。ココアが皮をつかむと同時に、三頭は穴のなかに姿を消した。

個々のハイエナがどういう血縁関係にあるのかを知らずに、ただ漫然とこの光景を見ていると、まるで母親と父親がわが子に餌を運んできたように見えるだろう。実際にはみんないいとこ同士なのである。

続く数日間のうちに、群れ《クラン》の何頭かがペッパー、ココア、トッフィーの世話をはじめた。ダスティとスーティの母親をつきとめることができなかった理由が、この時になってやっとわかった。スターの子どもたちと同様この二頭も、母親の死後、群れ《クラン》によって養子として育てられていたのだ。

さて、このようにしてパッチイズ、シャドー、ダスティ、ピピンによって養われたペッパー、ココア、トッフィーは、日ましにたくましくなっていった。カッショクハイエナの子どもはたいてい生後一〇カ月から一二カ月まで乳を飲むが、この三頭は生後七カ月に突然乳を断たれてしまった。だが食事が急激に変化したにもかかわらず、彼らは運ばれてくる肉や皮や骨を食べて丈夫に育っていった。かくして彼らが生き残る公算はますます大きくなっていった。

共同巣穴の観察を三年以上続けて、興味深い事実をいくつか発見した。そのひとつは、カッショクハイエナにおいて養子縁組はしばしばおこなわれるということである。私たちの観察期間中、生き残った子どものうち七〇パーセントが養子として育てられた孤児だった。

カッショクハイエナの雌の大半は、うまれおちた群れ《クラン》にとどまるので、雌はすべて血縁関係にある。長い間群れ《クラン》を観察しているうちに、ハイエナ同士の関係が数多くわかってきた。パッチイズとシャドーはスターのいとこであるから、ペッパー、ココア、トッフィーは、彼女たちから見ればいとこの子ということになる。ペッパーたちにとってダスティは年長のまたいとこにあたり、ピピンは前にも述べたように異父兄である。ペッパー、ココア、トッフィーはこのような親類縁者に養子として育てられたのである。

従来ハイエナは害獣と見なされており、類語辞典にも〝ろくでなし〟や〝腹黒いやつ〟の同義語としてのっているくらいだが、このように仲間の子どもたちに餌を運んだり、彼らを養子として育てたりもするのである。非常に社会的であるばかりでなく、非常に無私無欲な生きものでもあるらしい。

しかし実際にはどの程度まで無欲なのだろうか。旱魃のさなか、パッチイズ、シャドー、ダスティ、ピピンは、自分が食べてしまってもよかった餌を、どうしてスターの子どもに分けてやったのだろうか。自分を犠牲にしてまでほかの雌の子を助けたのはなぜだろうか。

おそらく、血縁淘汰という社会生物学の一説にその答えの一端が見いだされるだろう

（W. D. Hamilton, 1964）。
〝最適者生存《サヴァイヴァル・オヴ・ザ・フィッテスト》〞ということばのいう〝適応度《フィットネス》〞とは、個体の肉体的な強さではなくて、むしろその生き残る力、つまり個体が後代に伝える遺伝子の数なのである。人間をはじめとしてあらゆる動物は、自己の遺伝子の適応度を次の二つの方法で高めることができる。ひとつは直接自分の子どもを産むことだ。子どもが親と共有する遺伝子は二分の一である。もうひとつは間接的な方法だが、遠縁にあたる、例えば、いとこ、甥、姪などの生存度を高めることとである。この場合、伝えられる遺伝子は前者よりは少ない（R. Dawkins, 1976）。

　ペッパー、ココア、トッフィーは、シャドーにとってはいとこの子だから、シャドーと共通の遺伝子をそれぞれいくらか持っている。彼らを生きのびさせれば、シャドーの遺伝子の適応度はその分高くなるわけである。彼女の唯一の子ども、パフが殺されてしまった今、もしかりにペッパー、ココア、トッフィーも死んでしまうと、シャドーは自分の遺伝子を後代に伝える、もとより数少ない機会のひとつを失うことになる。カッショクハイエナの雌が、一生のうちで一腹の子どもたちを育てる機会はそれほど多くないことを考えると、このことは特に重要である。さらに、ペッパーたち三頭が異父兄のピピンと共通に持つ遺伝子は、それぞれ四分の一であるから、彼らに餌を与えれば、結局ピピン自身も遺伝子的には得をするわけである。

というわけで、血縁淘汰説によると、ペッパーたちに食物を運ぶ群れ《クラン》の仲間は別に利他的でもなんでもない。いとこや異父（母）兄弟（姉妹）を生きのびさせるために巣穴に運ぶ餌は、実は、運ぶ者が自分の血を絶やさないためにおこなう投資にすぎないのである。もちろん、カッショクハイエナ自身は孤児たちに餌を運ぶ理由をわかってやっているわけではない。が、彼らの社会行動が進化してきたなかで、〝扶助する〟遺伝子をそなえ、みんなで仲間に餌を運んでやるものたちのほうが、そういった遺伝子を持たず餌運びをしないものよりずっと多く、血縁のハイエナを生きのびさせてきたことは間違いない。したがってこの行動は、カッショクハイエナがごく自然な集団生活をおくる過程で進化してきたものだといえるだろう。

ペッパー、ココア、トッフィーにとってまたいとこにあたる雄のチップとスーティは、彼らに餌を運ぶことはしなかった。もっとも巣穴を訪れていっしょに遊ぶことはあったが、思うにそれはきっと、餌にありつきたくてやってきたのではないだろうか。事実、三頭のために運ばれてきた屍肉を、チップとスーティが横取りしたケースも数多くあった。

しかし同じまたいとこでも、雌のダスティのほうは三頭の幼獣にせっせと餌を運んでいた。これはまたどうしてなのだろう。チップもスーティも、ダスティも三頭の子どもとの血縁の度合は同じであるはずなのに。その答えはたぶんこうだと思う。すなわち、雌の大半はうまれおちた群れ《クラン》に一生とどまり、群れ《クラン》の構成メンバーがふえることで利益を得る。だが、雄の大部分はその群れ《クラン》を出てほかに移住するため、雌のように利益を得ることはない。またいとこ同士となると、共通する遺伝子もおよそ三二分の一にすぎず、これだけでは雄に餌を運ぶようにしむけるには不十分だ。雄にとっては、またいとこと共有するわずかな遺伝子を伝えるために投資をするよりも、自分でその餌を食べてしまったほうがずっと得なのかもしれない。雄は、最終的には群れ《クラン》を出て放浪者となるか、ほかの群れ《クラン》のメンバーになるのであるから、うまれおちた群れ《クラン》のメンバーの増加によって直接利益を受けることはないのである。ところが異父（母）兄弟（姉妹）同士はまたいとこ同士の、平均で八倍の遺伝子を共有している。したがってピピンの場合は、最終的には群れ《クラン》を出ていくにしても、幼獣たちに食物を供給すれば、彼自身の遺伝子の適応度はまたいとこたちの場合よりもずっと高まるのである。

一方雌は、おそらく一生その群れ《クラン》にとどまるのであるから、幼獣に食糧を運べば、血縁的にはどれほど離れていようと、どの雌もそれによって益を受けることになる。ある雌が直接育児を手伝うようになれば、群れ《クラン》のほかの個体がテリトリーを守り、食糧源を確保してくれる。けれど、なによりもおそらく最も重要なことは、彼女のまわりには多くの雌たちがいて、いつか幼獣の養育にあたるべく待機しているということだろう。

以上述べたように、カッショクハイエナの子どもは、群《クラン》れの雌すべてと、血縁的に最も近い雄たちとによって育てられる（拙論、1984）。彼女らの行動が純粋に利他的でないからといって、その特殊性がうすれるわけではない――ちょうど、小鳥のさえずりになんらかの役割があるからといって、それが美しくないとはけっして言えないように。最初利他的と見えた――私たち人間も含めた――動物の行動の進化の裏に淘汰圧がはたらいていたことがわかると、この種の行動には利己的な要素が当然ながら避けがたく存在していることも納得がいった。

わが子をまだ持たないダスティが、年少のまたいとこたちにせっせと餌を運ぶ様子を見ながら、私はこんなことを考えていた。いったい全体、真の無私無欲が自然界に――そして人間界に――存在するものだろうか。私たちがアフリカまでやってきて、長い年月を厳しい環境のもとでこんなにも一生懸命研究を続けているのはなんのためだろう、純粋に動物のためだけを思ってのことだろうか。わが身の利益などまるで考えなかったといえるだろうか。

ペッパー、ココア、トッフィーは、量はあまり多くないながらもふたたび餌にありついて、また以前のように遊びはじめた。ある日の午後おそく、ペッパーがねむりからさめて、ふらふらと立ちあがった。あくびをしたあと、よろよろと巣穴のまわりを二、三回まわった。そして、まだねむたがって起きあがろうとしないココアの首をかみ、耳や尾にむしゃぶりついた。ココアが立ちあがって反撃に出ようとすると、ペッパーは全速力で逃げて、近くのひからびた草むらややぶのなかに大きな音をたててとびこんだ。二、三分ののち、彼女は駆け足で砂山にもどると、空中高くとびあがって巣穴の入口の前に降り立ち、急いでそのなかに駆けこんだ。穴のなかからもうもうと砂けむりがまいあがった。数秒後、黒い耳、目、鼻孔に、白いカルクレートの粉でくまどりをつくったペッパーの顔が、穴のへりの上に現われて外をうかがった。どうやら、みんなが自分に注目しているかどうかを気にしている様子だった。確かにみんな、彼女の動きを見守っていた。やがて彼女は巣穴からとび出ると、トッフィーにぶつかり、ふたたびやぶのなかに姿を消した。

新しい遊びを思いつくのはたいていペッパーだ。ある午後のこと、彼女は私たちの車のほうに小またで歩いてくると、鼻づらをゆっくりのばしてバンパーのにおいを嗅いだ。と、その瞬間、毛を逆立てながら駆け足で巣穴にもどった。砂山にたどり着くと、ふりかえり、目をギョロギョロと見ひらいてランドクルーザーを見た。そのあとココアとトッフィーをうしろに従え、一列縦隊で車のほうに非常に用心深く歩いてきた。車に並んで立つと、三頭とも鼻を車におしつけてにおいを嗅ぐ。そして次の瞬間、また一目散に逃げ去った。これを何度かくりかえしたが、そのたびにだんだん大胆になってきて、とうとうしまいには車の下にもぐりこむほどになった。彼らが車台のあらゆる部分をしゃぶったり、かんだり、においを嗅いだりする音が私の耳にもきこえてきた。

ある夜、巣穴を数時間観察したあと、私は車で砂丘の斜面を下りはじめた。が、しばらくして、ブレーキをいくら強く踏んでも車が止まらないことに気がついた。私はハンドルを握りしめ、シロアリの塚や穴や灌木の茂みにぶつからないようにカーブを切りながら、平らな川床めがけて砂の斜面をはねるように下っていった。川床からキャンプまではなにごともなく無事に運転できた。しかし車を止めようと減速したとき、スピードの判断を誤ったらしい。ブレーキペダルを床いっぱいに踏みこんだのに、車はいつもの駐車地点を通りすぎて、その先の寝室用テントのわきを進んでゆき、仕事用テントから三フィートのところでようやく止まった。観察記録を清書しおわって先に休んでいたマークが、片肘をついて起きあがり、懐中電灯をかざしてテントの窓から外をうかがった。テントの入口のフラップをあけると、私はできるだけやさしく言った。

「心配しなくてもいいのよ。どうやらハイエナの子どもたちがブレーキを食べてしまったらしいの」実際、彼らはブレーキ・ホースをかみ切って、なかの油を全部流出させてしまっていた。

カッショクハイエナの扶助行動《ヘルピング・ビヘイヴィア》の研究を博士論文のテーマにするつもりの私は、巣穴の観察をこれまでゆうに一〇〇〇時間以上もおこなってきた。ハイエナの子どもたちもいまでは私にすっかり慣れていた。ある午後のこと、私は車をおりて、巣穴のある開けた場所のへりのところの、丈高い草の上に腰をおろした。ペッパーとココアは巣穴から顔をだすと、ゆっくりとした足どりでこちらにむかって歩いてきた。鼻づらを私の髪のなかにつっこみ、鼻をならして私の耳、首、顔のにおいを嗅ぎはじめた。彼らの冷たくて湿った鼻から息がフッと出て、首すじや背中にかかる。くすぐったくて笑いだしそうになるのを我慢して、じっと身体を動かさずにいた。そのうちに彼らの興味は、巣穴の砂山のまわりに散在している骨へともどっていった。

ハイエナの子どもの間に坐っていると、彼らの行動がより細かく観察できたし、またあらためて精確にその全体像を把握することもできた。ペッパーが鼻をくんくんさせながら私の身体のあちこちのにおいを嗅いでいる間に、私は巻尺で彼女の頭囲と首囲りを測った。そんな時、彼女は別にいやがりもせず、されるままになっていた。しかし、身のまわりの品々には十分な注意が必要だった。ある時、ペッパーは私の膝からノートをつかんで巣穴に駆けこんだ。幸いにも穴の入口で落としたからよかったものの、そうでなければ簡単にはとりもどせなかっただろう。

時々ペッパーは、その並はずれて大きな前足で私の腕をひっかいた。ココアを遊びに誘う時にやるしぐさだ。また生後八ヵ月のある日には、門歯で私の小指をかみ、まるで戦いをいどむかのように私の目を見つめた。その気になれば私の指をかみ切ることなど造作ない。そう思うと、私は目をそらしてあわてて手をひっこめた。彼女といっしょに遊べば楽しいだろうが、それは結局、研究の客観性を保つさまたげとなる。それに、彼女の強力な顎でかまれたらひとたまりもないだろう。私が彼らの遊びの誘いにのろうとしないものだから、とうとう彼らは誘うのをやめて、私をただもの珍しげに眺めるだけになった。ペッパーは車がくると、いつもゆっくりとした足どりで駆けより、車からおりる私のにおいを嗅ぐのだが、そのあと観察している間は、たいてい私のことなど無視していた。私は成獣がやってくる前には車にもどるよう、いつも気をつけていた。共同巣穴からわずか一〇ヤードしか離れていない開けた場所に私が坐っていると、みんなはゆっくりとくつろげないだろうと思ったからだった。

一九七九年の乾季は、その前に雨季がまったくなかったために、私たちの知るかぎりでは最も過酷な乾季となった。九月も終わりになると、気温はまた日陰で四九度をこえ、毎日の相対湿度は五パーセントを割った。成獣は身体が要求する水分を補給するため、ますます多くの餌を必要とし、そのために巣穴に立ちよることもしだいに少なくなっていった。二、三夜連続して子どもたちが餌にありつけないこともあった。成獣と幼獣の両方ともがやつれ、やせ衰えてきたのを目にしたのは、カッショクハイエナの調査を開始して以来これがはじめてだった。ペッパー、ココア、トッフィーは、またしても一日の大半をひんやりした巣穴のなかで過ごすようになり、遊ぶこともしなくなった。

ある日の午後おそく、マークと私は台所で夕食の用意をしていた。すると驚いたことに、ペッパーが小道をこちらにむかって歩いてくるのが目にはいった。彼女は生後まだ一年にみたない。ハイエナの幼獣は通常、生後およそ一八ヵ月になるまでは巣穴を離れることはない。しかも巣穴を出ても、はじめの三、四ヵ月は成獣のうしろにくっついて歩くだけだ。そのあとにはじめて、自力で採食できるようになるのである。しかし今、幼いペッパーは巣穴から三マイル半もの距離をたったひとりで歩いてきた。途中、こわい目にもあっただろう。やせこけた身体にはえた毛は全部まっすぐにつっぱっていて、まるでビン洗い用のブラシのようだ。こんなに幼いうちからすでに自力で採食をはじめたという事実からも、成獣から十分に食物を与えられていないことがうかがえた。

ペッパーは一瞬のためらいもなく台所へ直行した。シチューの鍋を火にかけてかきまわしていた私のところへやってくると、木のスプーンのにおいを嗅ぎ、それをつかんで引っぱり、私の手からもぎとろうとした。とられまいと私のほうも固く握りかえす。引っぱりっこは結局私の勝ちに終わった。もっとも私としては、シチューを鍋ごと彼女にやってしまいたい思いでいっぱいだったのだが。長期にわたる乾季のさなか、カッショクハイエナとライオンを観察していて最もつらいのは、なんとか彼らを助けてやりたいと思っても、その気持を抑えなければならないことだった。私たちがこのカラハリにやってきたのは、カッショクハイエナやライオンがどのようにして生き残っていくのか、また動物保護区は彼らの保護のために十分な食糧資源を供給できるのかどうかを知るためであって、彼らに救いを与えるためではない。生ゴミは焼いて、川床から遠く離れたサンドヴェルトの深い穴に埋めた。食糧は動物たちの手のとどかないところに保管し、洗面器の水は——いつもなんとなくうしろめたい気がしながらも——かならず捨てることにしていた。動物たちの飲む水は私たちの林にはまったくないといってよかった。ハイエナがキャンプを砂漠のオアシスのように思ってここにばかりたむろすることがないよう、私たちは万全の注意を払った。おいしそうなにおいがしても、そこまで近づけないことがわかると、ハイエナはたいてい、寄ってはこないものなのだ。

しかしペッパーだけはちがっていた。彼女は台所の棚と箱全部のにおいを嗅いだあと、小道を下って食堂用テントのほうへ歩いていった。入口からなかに入ると、私たちがとめる間もなくテーブルクロスをつかんで引っぱった。テーブルの上の皿が全部、大きな音をたてて床に落ちた。その後一時間ばかり、ペッパーはキャンプを、すみからすみまでうろうろとのぞきまわった。水を入れたドラム缶のにおいを嗅いだり、テントの入口に頭をつっこんだり、後肢で立って吊り棚に前足をかけようとしたり。あたりが暗くなって、ようやく彼女はキャンプを去った。私たちは車であとを追って、彼女がどのくらいうまく採食ができるようになったかをみてみることにした。

体毛をまた逆立てながら、ペッパーは北にむかって歩いていく。途中、ひからびた地面のあちこちに鼻づらをくっつけてにおいを嗅ぎ、昆虫を二、三捕まえて舐めとった。スポットライトで〝アカシア岬〟をまわると、立ち止まって谷間の北のほうを見つめた。スポットライトで照らすと、別の捕食者の大きな目がおよそ一〇〇ヤード先からこちらに近づいてくるのが見える。ペッパーは明らかに怯えた様子で、そろそろと車にむかってあとずさりをはじめた。そしてすばやく車の下に入ると、前輪のうしろに身をかくし、目を丸くして外をうかがった。双眼鏡で見ると、近づいてくるのはまたいとこのチップだった。距離が離れていたために、ペッパーはチップだとわからなかったようだ。チップは車をひとまわりすると、そのまま、歩きつづけた。ペッパーも車の下から出て谷間にそって北にむかった。

〝中央のくぼ地〟の涸れ池に近いところで、ペッパーは二頭のジャッカルに行く手をはばまれた。ジャッカルをちらりと見るとすぐに、彼女は二マイル離れた巣穴にむかって走りはじめた。相手が怯えているとわかるとジャッカルは俄然大胆になり、背後にせまった。鼻先が彼女の尾にとどきそうだ。耳をうしろにむけてスピードをあげ、ペッパーは走りに走る。様子から相手が新前《ルーキー》であることがわかると、ジャッカルの一頭が前方に突進して彼女の臀部をかんだ。ペッパーは尾を肢の間にはさんで、身体の後部を収縮させた。しかし二頭はひきつづき肢を狙い、彼女は肢をとられまいと必死で抵抗し、ほとんど坐りこむような体勢になった。

こうした状態が数百ヤードにわたって続いたのち、ペッパーは急に立ち止まった。身体の大きさがジャッカルの二倍もあることにたった今気がついたかのように、彼女は身体を大きく伸ばして、首のまわりの毛を逆立てた。そして今度は彼女のほうが、ジャッカルを川床のへりまでずっと追いかけていった。私たちはそのあとペッパーについていき、彼女が無事巣穴にもどるのをみとどけた。しかし、ほんの少しのアリとシロアリを除いて、彼女はなにも獲物を見つけることができなかった。

数週間ののち、マークは泊まりがけでマウンに行き、私だけがキャンプに残っていた。日が暮れたころ台所で騒がしい音がしたので、なんだろうと思って小道をそろそろと下っていった。すると、ペッパーが台所のかどをまわって、まっすぐにこちらにむかって歩いてきて私の足の指や手の指のにおいを嗅いだ。あとをつけていくと、しばらくはキャンプのあちこちで鼻をくんくんならしていたが、やがて林を出て、平らな川床で立ち止まった。私は彼女から五フィート離れて腰をおろした。ふりむいて私を見たあと、ペッパーも顔を上にむけたまま、臀部を地面につけて坐った。西の空にかかっている月は細かったが、それでも数マイルにわたってカラハリ砂漠を見はるかすことができた。砂丘の稜線が明るい空を背景に黒々と浮かびあがっている。物音ひとつしない静かな夜。ペッパーと私はいっしょに腰をおろしていた。砂漠の砂の上の二つの小さな影。カラハリ砂漠を、そして自然界を、こんなに身近に感じたことはこれまで一度もなかった。一〇分ほどすると、ペッパーは尾をピシッと振って、ふりむきもせずに歩み去った。もし夕食を求めて砂漠をさまよい歩かねばならないとしたら、私ならいったいどこへ行くだろうか。

ココアとトッフィーも巣穴から出て、採食をはじめるようになった。しかし、三頭のなかで最も慎重だったにもかかわらず、トッフィーは巣穴を出たばかりのある夜、ヒョウに捕まって殺されてしまった。屍骸は、巣穴からわずか一五〇ヤードのアカシアの木の高いところにしまいこまれていた。スーティもまた姿を消した。おそらく群れ《クラン》から出ていったのだろう。シャドーの屍骸はひからびて、乾ききった砂漠の砂の上にころがっていた。彼女もスター同様、ライオンに殺されて食べられてしまったのだ。優位の雄だったマクダフも死んだ。死因は不明。現在この群れ《クラン》は、パッチイズ、ダスティ、ピピン、チップ、ペッパー、ココアだけである。旱魃によって犠牲者が続出していた。

ペッパーとココアは、いっしょについていく成獣がいればいつでも、あとにくっついて採食の旅に出かけた。今や唯一の雌の成獣であるパッチイズ、異父兄のピピン、そしてまたいとこのダスティは、ペッパーとココアがついてきてもいやがりもせず、また見つけた食物は常にわけ与えてやった。ペッパーとココアは亜成獣へと成長しつつあった。このように成獣たちと旅に出ることにより、彼らは屍肉食者として生きるすべを多く学んでいったにちがいない。群れ《クラン》のテリトリーはどこからどこまでかを知り、行動範囲内を網の目のように走る小道の所在を覚え、そしてどうすればほかの捕食者が殺した獲物を見つけ、横取りできるのかを体得していくのである。

ついていく成獣がいない場合は、二頭は単独で出かけ、通常真夜中には巣穴にもどった。だれかが餌を運んでくれることがあればそれはたいてい真夜中ごろときまっていたからである。旱魃が最悪の状況となってもなお、パッチイズ、ピピン、ダスティは、できるかぎり孤児のペッパーとココアに餌を運びつづけていた。

ある夜、マークはアシでかこった風呂場で、暗がりのなか、スポンジで身体を洗っていた。洗面器の上にかがみこんだ彼の頭は泡だらけで、足は砂がつかないように細板の上にのせていた。突然、なにものかの舌先が彼の足先をなでた。マークがウアーと大声をあげてとびあがる。その瞬間、ペッパーの頭がひょいと上がってテーブルにぶつかり、水のはいった洗面器をひっくりかえした。ペッパーはむきをかえて一目散に入口へ逃げたが、誤って入口の丸太の枠に頭を激しくぶつけてしまった。このため彼女はますますおじけづき、まるで跳飛する七〇ポンドの砲弾のように、狭い小屋のなかをとびはねながらあちこち駆けまわった。マークのほうも、つまずいては叫び声をあげ、ますます気が動転していったが、そうしながらも、なにがいるかをつきとめようと躍起になっていた。とうとうペッパーは、小屋の壁をつき破って外に出た。ボロボロになったアシのかこいにポッカリと大きな穴があいてしまった。

ほどなくして、マークもペッパーも平静をとりもどした。ペッパーは長い体毛にくっついたアシの葉をふるいおとすと、小道を下って台所へ平然と歩いていった。台所で空のやかんをとりあげ——取っ手には彼女の母親、スターの歯型がまだついていた——そのあと、夜の闇のなかに立ち去った。

二二　マフィン

マーク

　幾すじものきらめく陽光が、葉の落ちたキャンプの木々をさし貫いている。白熱の光線が忍び寄り、私たちの林のすみずみにまでひろがってくる。まるで季節などなくなってしまったかのようだ――あるのはただ熱気のみ。毎日毎日がこの世の終わりかと思われるほどだった。こんな状態が何週間も、何カ月も続いた。一九七九年九月までの二〇カ月間にディセプション・ヴァレーに降った雨は、わずか四インチ。カラハリ一帯は一面広大な灰色の大地と化し、灰色の空にむかってひろがっているその光景はまるで、手を天にさしのべて雨乞いをしているかのようだった。

　キャンプの木に釘で固定した温度計によると、気温は五〇度を越え、そのまま下がることはなかった。開けた川床の表面温度にいたっては六六度近くあった。私たちは毎日、少量の水をキャンヴァス地のベッドにかけては、その上でごろごろしながら何時間もボーッとして過ごした。またある時は、冷暗所を求めるゴキブリよろしく、テントの床に身体をおしつけてみたり、グランド・シートの片すみにだらしなく手足を伸ばして横になったりした。

熱気はヒルのように私たちにとりついて、体力を消耗させた。なにか仕事を——どんなものでも——しなければならない時には、のろのろと時間をかけてどうやらやりおえるのだが、そのたびにぐったりと疲れてしまう。ベッドから起きあがると、目の奥に黒い斑点がひろがることもしばしばで、目まいを感じた時は、吐き気が去るまで膝の間に顔をうずめていた。何時間も無気力の状態が続くと、頭が混乱してなにがなんだかわからなくなる。時々、私たちは立ち止まって考える必要があった。「なぜ私たちはここにとどまっているんだろう。このひどい乾季——もう五回目、いや、六回目だっけ？——というよりは、こりゃ旱魃だな。この初めての——待てよ、二度目のような気もするけど——旱魃をなんとか切りぬけようと悪戦苦闘しているのは、いったいなんのためなんだろう？……」

相対湿度は非常に低く、水分の蒸発が極端にはげしいため、私たちは全然汗をかかなかった。体内から外に出る水分は、皮膚を湿らせる前に蒸発してしまったのである。飲み水は、いったん火にかけて沸騰させた。熱くてこげくさかったが、それでもおいしく飲めた。

太陽が〝西の砂丘〟のむこうに沈むとたんに肌寒さを感じたが、皮膚の表面はほこりの層におおわれてべとつき、それが乾いた汗の塩分とからまって日中の暑さの名残りをとどめていた。入浴しないではいられなかったが、いざ風呂場で裸になり、身体を濡らすと、アシの壁から風が勢いよく吹きこんできて、寒さに身ぶるいする。――いつも暑すぎるか、寒すぎるかのどちらか。まったくもって腹立たしかった。

マフィンとモフェットは、ここ数カ月間、荒涼とした砂漠を何マイルにもわたって歩きまわっていた。二頭は、離ればなれの時もあるし、またいっしょに行動することもあった。あちこちに散らばった同じ群れ《プライド》の雌ライオンからは、三〇～四〇マイルも離れていることもあり、もはや彼らが雌ライオンといっしょにいる光景を目にすることはほとんどなくなってしまった。ブルー・プライドのメンバーにとっては、社会制の崩壊、つまり強制的な別離状態の時期となった。見つけることができる獲物は、せいぜいラットかスプリングボック、ヤマアラシ、スタインボック――これは運がよければの話だが――といったところで、とても群れ《プライド》を維持していくのに十分な食糧とはいえなかった。

マフィンとモフェットも、暑い日中は私たちのように無気力の状態で過ごしていた。貧弱なやぶでも、少しでも日陰をつくるものがあれば、その下の砂地や焼けてまっ黒になった根株の上にゴロリと横になった。二頭とも絶えず口を動かし、乾いた唇からねばねばした舌をつき出していた。うつろな目をゆっくりとまわして、分析のために彼らの糞を集めている私たちを見る。身体はやせこけ、腹は上のほうにせりあがって背骨にくっつきそうだった。たてがみはうすくなり、つやもなくくしゃくしゃで、まるで寝たきりの病人の髪の毛のようだ。

まがりなりにも食事といえるものにありついてから、すでに一週間以上たっていた。ディセプション・ヴァレーのもとのテリトリーにはもはや大形のアンテロープの姿はなく、やむなく彼らは東へと移動した。そして動物保護区の境界近くの疎林地帯で毎夜狩りをした。今この二頭のライオンは、やぶの隣にあえぎながら横になっている。彼らのほかに生きものが生存している形跡は見られなかった。

その日の夕方、暑さがおさまると、彼らは動物保護区の境界にむかって東へ歩いていった。そして鋼鉄線の柵をくぐった。獲物だけでなく水のにおいもする。前方の、イバラの枝を切り倒してつくったボーマのなかで、牛が不安そうに身動きをした。マフィンとモフェットは音をたてずに、忍び足で前進した。

突然、マフィンの肢に激痛が走った。大きくほえると、彼は罠に体当たりした。片方の足が罠の口にはさまれてねじれている。彼は罠の鋼鉄に喰いついて、ごろごろころげまわった。罠に結びつけられた鎖と丸太を引っぱると、肢の筋肉が裂けた。モフェットが駆けよってきて、ひき裂かれた足と罠のにおいを嗅いだ。しかし彼にできることはなにもなかった。

夜どおしマフィンは、なんとか逃げだそうと、あえぎよろめきながら重い丸太を力いっぱい引っぱった。砂にいくつもの円ができた。モフェットはそばにいて、マフィンの様子をじっと見ている。朝になるとアフリカ人の牧場主がひとり、ウマに乗ってやってきて、ライフル銃を上げ、マフィンの顔と胸を撃った。モフェットはくるりとむきをかえ、動物保護区にむかって西へ走り去った。マフィンを撃った男は、うるさくほえたてる猟犬の群れとともにモフェットのあとを追い、やぶのなかに駆けこんだ。ライフル銃を撃つ音が何度もして、弾丸が逃げていくライオンのまわりの砂地を打った。

しばらくしてから、私は最後にマフィンとモフェットを見かけた柵付近の上空を飛んだ。そこにはもはや、彼らの姿はなかった。遠く東のほうからマフィンの信号音がきこえてきた。熱いものが胸にこみあげてくるのを感じながら、機体をバンクさせて動物保護区を出、信号音のする方向に進んでいった。マフィンはおそらく、水を求めて川にむかったのだろう。あるいはアンテロープの群れについていったのかもしれない。そんなふうに考えようとつとめた。しかし信号音が異常にはっきりしていることから、マフィンがもはや無線首輪をつけていないことは確かだった。

六五マイル東にあるサウ湖付近のモピピ村の上空で、信号音が最大になった。高度を下げて、わらぶき屋根の小屋の上を行きつもどりつしながら、首輪のある小屋を見当づけた。見下ろすと、大形の雄ライオンの皮が低い小屋近くの砂の上に木釘でとめられている。ひとびとは上をむいて飛行機を指さしながら、村中を右往左往していた。

付近の空地に着陸すると、先住民たちがどっと飛行機をとりかこんで、拍手をしたり手を振ったり笑ったりした。またもや失ってしまった友だちを悼む気持から、私は顔をしかめたまま、黙って人垣をかきわけながら村のなかに入り、空から見当をつけておいた小屋にむかった。中年のアフリカ人女性が疲れた様子で玄関に現われ、ドアの陰から私を見た。

「この家のどなたかがライオンを撃たれましたね。その首にまいてあった首輪をお持ちのはずと思うのですが」私が言った。

なんの用件で訪問を受けたのかがわからず、一瞬、彼女は当惑しおびえたようだった。彼女を安心させるために、私はかすかにほほえんでみせた。そのとき、ずり切れて血まみれのマフィンの首輪が、彼女のうしろの柱の上にかかっているのが目にはいった。発信機はまだ作動している。彼女はそれを私に手わたした。ライオンを何頭撃ち殺したのかときいてみたが、わからないという。が、夫が放牧場から持ち帰ったライオンの皮はこの一枚だけだった、と彼女は言った。二、三日したらまた来て、マフィンの最期の様子をご主人からきくつもりですと言いおいて、その日はそれで失礼した。

ふたたび離陸して、受信機をモフェットの周波数にあわせたが、彼からの信号音は得られなかった。マフィンは殺され、モフェットは行方不明。ディーリアにそう告げるのはとてもつらかった。

ひきつづき数週間にわたって、空からモフェットの行方をさがしたが、信号音はきこえてこなかった。怪我をして、あちこちさまよい歩いたあげく死んでしまったのかもしれない。発信機はたぶん、弾丸があたってこなごなにこわされてしまったのだろう。

二三　ウラニウム

ディーリア

〝スプリングボックのくぼ地〟にある小さくてまるい池は、この数カ月間ひあがったままだ。ひびわれた灰色の底には、水を求めてやってきた大小さまざまな動物の足跡がくっきりとついている。水がたっぷりあったころについた足跡、それらは、ひざまずいて水を飲むカッショクハイエナ、そしてぬかるみのなかに足を滑らせたライオン、剛毛の密生した尾を振りまわすヤマアラシの姿を彷彿《ほうふつ》させる。深くしずんだ足跡。これは、中央部に残ったよどんだ水を飲むため、泥のなかにつっこんでいった動物たちのものである。また、最後の二、三滴の水を求めて、ぬかるみに深く前足を入れたオリックスの絶望的なひづめの跡。さらに、ここに来てにおいを嗅ぎまわったあと、かつては心ゆくばかり飲んだ水の味をただ思い出に秘めるだけで立ち去ってしまった動物たちの足跡もあった。

池は大きなアカシアの木の茂みと小さなジジフスの木にとりかこまれており、水辺にひざまずくと、陰にかくれて姿が見えなくなるほどだった。私たちはライオンとカッショクハイエナの糞を採取するために、〃スプリングボックのくぼ地〃に車を走らせた。旱魃における捕食動物の食生活を知るため、私たちは直接彼らの行動を観察してきたわけだが、糞の分析も、観察結果を補う意味で非常に重要だった。

突然、ブン、ブン、ブンという大きな音が近づいてきた。驚いて見あげると、ヘリコプターが一機、木々のまわりを旋回している。私たちは姿を見られないように、あとずさりをしながら茂みのなかに深く入った。困惑と恐怖と好奇心と焦燥の入りまじった複雑な気持になる。ヘリコプターはここでなにをしているのだろう。ヘリコプターが着陸すると、もうもうと砂けむりがあがった。回転翼《ローター》の動きが徐々にとまって、だぶだぶのジーンズをはいた三人の若者が川床へおりてきた。採取した土のサンプルをいれた青いビニール袋が、機体のスキッドに固定された金属皿に縛りつけてあった。私たちが自己紹介すると、彼らは、自分たちは地質学者で、いま、ある鉱山会社と契約して探査にあたっているのだという。

「なにをさがしてこの地を探査してるのですか」マークがたずねた。

三人のうちでリーダー格の男が、神経質そうなまなざしをまずマークの肩へ、それから地面へとおとした。「ええと——ほんとうは言ってはいけないことになっているんだけど——その、つまり——ダイヤモンドなんです」彼は口ごもりながらこう言った。

私は胸がしめつけられるような気がした。そして手が汗ばんできた。巨大なダイヤモンド鉱山のイメージがさっと脳裡をよぎった——大きく開かれた採掘場、鉱石のくずの山、コンベア、トラック、破壊された大昔の川の谷間に無気味に現われる掘っ立て小屋の町——カッショクハイエナの巣穴があったあたりには、おそらく駐車場ができるのだろう。

「探査許可証をお持ちですか？」私がきいた。

地質学者は即座に答えた。「実際の作業はこのディセプション・ヴァレーでおこなわれるのではないんです。ここは飛行場として使うだけで、動物保護区の南側の地域が探査現場になります」

カラハリの美しさをほめちぎったあと、三人はヘリコプターにもどって飛び去った。その後、土のサンプルを取ったあとの穴と青いビニール袋が、ディセプション・ヴァレー全域のそここにみられた。

二、三週間後、赤白のツートンカラーのビーヴァー（長年アラスカで使用されていたのと同じ型の単発の小型飛行機）が私たちの滑走路の上を数回旋回して着陸した。キャンプへタキシングするその飛行機を見ていると、また私は胸がしめつけられるような気がした。

パイロットとナビゲーターが自己紹介をした。名前はそれぞれハルとキャロラインといい、ユニオン・カーバイド社から派遣された鉱物測量技師だということだった。キャロラインの髪は薄茶色で、顔にはそばかすがあり、いつも満面に微笑みをたたえていた。ミシガン州出身のハルは背が高くて肌が浅黒く、ことのほか慇懃《いんぎん》だった。彼の説明によると、二人は磁気計を使ってカラハリのウラニウム鉱脈をさがしているのだという。二人をお茶に誘って、仕事についてもう少し詳しい話をきくことにする。彼らがやって来るについては事前になんの連絡もなく、また動物保護区内でなにをするのかについても、私たちはなにも知らなかった。

サイチョウ、ヒタキ、ケープカラムシクイなどが頭上の木々に集まってきて、いつものように楽しそうにおしゃべりをはじめた。二人は小鳥たちがとてもよく慣れているのに目をみはり、またその日の朝、機内からライオンを見たことをひどく興奮しながら私たちに話した。このような野生動物にかこまれて、まさに原始のままの原野で生活できるなんて、ほんとうにすばらしいことだと二人は言う。お茶を注ぎながら、私は彼らをにらみつけたい気持をぐっとおさえた。もしもディセプション・ヴァレーで鉱石が発見されたら、カラハリの原野はいつまでこのままの状態でいられるか、二人は考えたことがあるのだろうか。

これから数週間はほかの人たちとともに、動物保護区内のくぼ地やひあがった川床ぞいに飛行機をとばすつもりだと、二人は誇らしげに語った。大昔の川床はウラニウムの鉱床として特に期待がかけられているようだ。もしもある程度の量のウラニウムが発見されたら、すぐに掘削班がのりこんできて、ディセプション・ヴァレー――おそらく今私たちが坐っているちょうどこの場所――で、露天掘り鉱山の開発が可能かどうかを調査するはずです。そう、彼らは言った。

私たちはぞっとした。このカラハリでおよそ六年間、私たちは二人きりで暮らしてきた。なのに今、突然、ひとびとが飛行機で入れかわり立ちかわりこの地を訪れてくる。二人の来訪者は坐ってお茶を飲みながら、私たちがこれまで一生懸命まもろうとしてきたものの破壊につながる鉱山開発に、どれほど自分たちが期待し力を入れているかを、ほがらかに語った。

「あなたがたがおつくりになったあの滑走路、よくできていますね」ハルが言う。「このキャンプ周辺を燃料基地として使えないものかと考えているんですが――ヘリコプターや飛行機に燃料を補給するのに、ここだと楽に着陸できそうですから」

「いいえ、だめです」私は無愛想に言った。「申しわけありませんが、私たちはここで、繊細な動物たちを相手にしているのです。そんなことをすれば、動物たちにかなりの動揺を与えてしまいます」

「そうですね。それじゃいけませんね。私たちにとっては大助かりなのですが。もちろん、あなたたちの立場もよくわかります」

この間抜けのおたんこなす！　あんたたちがカラハリで露天掘りをするのを手助けするなんて、まっぴらごめんだわ！　私は内心こう思ったが、ことさら声をはりあげて、「お茶をもう一杯いかがですか？」と言いながら、わざとにこやかに笑いかけた。

そのあと二、三分ばかり話をしてから彼らは帰っていった。来た時と同じように、ビーヴァーに乗って去っていった。

カラハリの野生動物を保護するにあたって最も重要な問題点のひとつに、ディセプション・ヴァレーのような大昔の川床やくぼ地をまもる、という急務がある。適度の降雨量がある年には、川床は栄養に富んだ草でおおわれ、草原にすむアンテロープの出産期の主要な食物となる。林地は、キリン、クードゥー、スタインボック、エランドなどには欠かせない、木の新芽を提供する。それはまた、雨季には草を食べていても、乾季や旱魃期に土地がひからびてくると木の葉に切りかえざるをえないアンテロープにとっても不可欠な食物となる。そしてこういった有蹄動物にひかれて、捕食獣がやってくる。彼ら捕食獣の行動範囲は、もっぱらこの川床ぞいの地域に集中しているのである。

砂丘の間を曲がりくねってのびている化石化した川床地帯は動物たちの全行動範囲から見れば、ほんの狭い一部分にすぎない。だが、砂漠における動物の生息地としてはきわめて重要な地域である。ディセプション・ヴァレーをはじめとするこのような川床に露天掘り鉱山を設け、それにともなう開発事業を進めることにでもなれば、カラハリの野生動物にとってはとんでもない災難だ。

そして今、まるで一夜にして、ディセプション・ヴァレーは鉱業にとっての大きな関心地となったようだ。かつてオーストラリアのひあがった川床の地表近くでウラニウム鉱床が発見された。同じことがカラハリ砂漠にも起こるのかもしれない。

その後数週間毎日のように、飛行機やヘリコプターが砂漠の上空を飛ぶ音がきこえた。私たちは、動物保護区内での鉱石探査を早急に控えてほしい旨の要請書をボツワナ政府に提出したが、返答はなかった。ただ待つよりほか、どうにもしかたがなかった。飛行機などの騒音でうるさかった空もやがて静かになったが、鉱石探査の結果がどうなったかは全然わからなかった。

ある朝のこと、〝東の砂丘〟のかなたからガラゴロと大きな音がきこえてきた。見ると、サヴァンナの上空数マイルにわたって砂けむりがまっすぐに立ちのぼっている。キャンプ近くの川床に立つと、トラック、数台の一〇トントレーラー、それに二五トントラック搭載掘削機が一台、一列縦隊に並んで谷間に進んでくるのが見えた。ユニオン・カーバイド社は、カラハリ砂漠にのりこんでウラニウムの試掘をおこなおうとしている。ウラニウム坑をつくってはたして採算があうかどうかを確かめるつもりらしい。私たちは〝中央のくぼ地〟でトラック隊と会い、掘削作業員たちに話しかけて、今後の予定をきいてみた。丸顔に卑屈な表情を浮かべたダグという名の、担当の若い地質学者は、ブーツの先を地面にこすりながらしゃべり、次のことを約束してくれた。トラックの運転手は、川床にそって走る時はけっしてスピードをあげない。動物を追いかけない。夜、彼らの野営地にカッショクハイエナがやってきても脅かさない。ライオンやハイエナが谷にそって動きまわる夜間には車を走らせない、と。

「あなたがたの研究がどんなに重要であるかわかっているつもりです――それについては、ボツワナの野生生物局から話をうかがいました――ですから、あなたがたの仕事の邪魔をしようとは思いません」

彼の言葉から明らかに気をつかってくれている様子がうかがわれ、私たちは安心した。互いにねんごろに握手をかわすと、彼はトラックで走り去った。しかしほどなくして、彼が私たちに協力すると申し出たのは、単に私たちをなだめるためにすぎなかったことがわかった。

これまで私たちは、時速わずか五マイルから一〇マイルで、できるだけ音をたてないように注意しながら川床周辺を移動してきた。しかし今や、重装備の車が私たちの嘆願や抗議を無視して、時速五〇マイルものスピードで轟音をたてながら谷間を行き来している。それは昼となく夜となく続き、しかもペッパーやココアがよく通る道ぞいを走っている。車は川床の柔らかな表面に深いタイヤの跡を残した。少なくともこれから先、一〇〇年は消えそうもないほどの深いわだちだった。私たちは再三再四、おだてたり、懇願したり、最後には脅かしたりして彼らにかけあった。そしてやっとのことで、トラックのスピードを落とすことと、夜間の走行をやめる約束をとりつけた。しかしそれはただの一度も守られなかった。ふたたび自分のテリトリーを確立しようと谷間にもどってきた、ほんのわずかのスプリングボックとオリックスも、川床から大急ぎで駆け去ってしまった。

掘削作業員たちが谷間ぞいに設けた野営地には、ドラム缶やビールの空き缶その他がらくたが捨てられ、ちらばっていた。青いビニールのひもを結んで印づけをしたところは、後日再調査の必要がある場所だ。アカシアの大枝や小枝の間ではためいているそのひもは、掘削作業員のトレードマークであり、まるで谷間の所有権を主張しているかのようだった。

掘削がどこでおこなわれていようと、私たちは毎日午後、車で現場を訪れた。そして気をもみながら結果をきいてみた。砂の上にブーツで線を描きながら、ダグは決定的な量のウラニウムはまだみつかっていないと言って私たちを安心させた。が、報告書のグラフは見せようとはしなかった。

彼らが谷間にやってきてから一一日目、重装備のトラックの長い列がキャンプのすぐ近くで止まった。テストは終わり、決定的といえるだけの量のウラニウムは発見されなかったということだった。私たちは車の列が〝東の砂丘〟のかなたに姿を消すのをじっと見送った。また別の川床で掘削をおこなうつもりらしい。でも。彼らが言ったこと、ほんとうに信じてよいのかしら。

私たちの調査は、ようやくカラハリ砂漠の保護のために役立ちそうな様相を示しはじめてきたところだった。しかし、今となってはもう手おくれなのだろうか。さらに多くの鉱石を、家畜を、と欲望かぎりない人間の貪欲さにおされて、今まで私たちがやってきたことはすべて元も子もなくなってしまうのだろうか。私たちは二人だけのロビイストとして、開発の強力な力に対抗してきた。この地域の生態系についても多くのことを学んだ。しかしそれだけでは十分ではない。ほかのひとびとの注意を喚起することがぜひとも必要だ。ボツワナ政府はカラハリ砂漠を開発可能な資源地域とみなすのではなくて、貴重な自然の財産と考えるべきなのである。

私たちはとにかく、できることはなんでもやってみようと決心した。まず手はじめは、青いビニールのひもを、見つけ次第ひきちぎることだった。

二四　ブルー

ディーリア

顔に風を受けて〝北の砂丘〟に立つブルー。かつては丸々と太って逞しかったこの雌ライオンも今ではすっかりやせて、ウエストもまるでスズメバチのようにくびれていた。体毛は背中にそって数ヵ所でぬけており、灰色のまるい斑点ができていた。歯茎は白っぽかった。

ブルーは頭を上げてやさしく「クー」となき、耳をピンとたてて、東に南に北にとむきをかえて返事をうかがった。これまでの七年間のほとんどを、彼女はブルー・プライドの雌ライオンの、少なくともだれかといっしょに過ごしてきた。膝をつきあわせ鼻づらをこすりあわせながら、仲よく寝たり、狩りをしたり、食事をしたり、子どもを産んだりしてきたのだ。それ以外の年でも、ブルー・プライドの仲間たちは、ブルーがクーと呼びかければ返事をかえし、やぶのなかから姿を現わして、頭をこすりあわせながらあいさつをしたものだった。ところがこの一年半の間に（ちょうどこの期間、私たちはカッショクハイエナの子どもの成長を観察していた）旱魃がひどくなり、ブルー・プライドの雌ライオンはバラバラに離散してしまった。ブルーが仲間の雌といっしょにいる姿は、この数カ月、一度も見たことがなかった。

チェアリーとサッシーが五〇マイル以上も離れたところにいようとはブルーにわかるはずはなかった。七頭の小さな子どもをうしろに従えて、チェアリーとサッシーは動物保護区の東の荒涼とした平原をさすらっていた。そして時おり、見たこともない雄と雌のグループに出会った。彼らは二頭の子どもたちを、自分の子のように扱った。雄は、かつてマフィンとモフェットがしたように、子どもたちと獲物を分けあうことさえもあった。色あせたイヤータグがなければ、チェアリーとサッシーが、もとブルー・プライドのメンバーだったなど、とてもわかりそうもなかった。

旱魃はすでに一八カ月も続いていて、ブルー・プライドは完全に崩壊してしまった。ブルーは従来のテリトリーにとどまっている唯一の雌ライオンだった。ほかの仲間たちは、林や灌木の茂みや草むらなどが混じりあった、一五〇〇平方マイルを越える広大なサヴァンナを、手にはいるものはなんでも食べながら歩きまわっていた。

自分の怠慢がもとで子どもを失ったジプシーは、リーザとともにディセプション・ヴァレーの南東のほうへ奥深く入っていき、ダイカー、クードゥー、ヤマアラシ、小形の齧歯類などを捕食していた。スプリングボック・パン・プライドのハッピーとブルー・プライドのスパイシーは、さまざまな群れ《プライド》の間を行き来したあと、二頭で同盟関係を結んだ。そして谷間の真南の、灌木の茂みや草むらのある開けたサヴァンナで獲物をあさったが、特にトビウサギやスタインボック、そのほか小形の哺乳動物を捕食していた。一九七九年の五月に、彼女たちは二、三日の間をおいて、二頭ずつの子どもを出産した。これは同じ群《プラ》れ《イド》の雌同士にはよくみられるケースだ。三つの群れ《プライド》の雄が交尾の相手だったので、子どもたちの父親を見きわめることはまず不可能だった。

ハッピーとスパイシーが互いに相手の子どもにも授乳している様子をはじめて目にした時、私たちはうれしくて胸がドキドキした。以前に見たライオンの共同授乳は同じ群れ《プライド》の近縁関係のものにかぎられていたが、ハッピーとスパイシーはもともと群れ《プライド》がちがうのだから、近い縁者であるはずはない。マークの博士論文のテーマである〈ライオン間の協調行動の進化と生態〉を研究する上で、こういった行為、およびこれに類する行為の観察は非常に重要な意味をもつのだ。

もはやモフェットの姿を二度と見ることはなかったが、飛行機を飛ばすたびに、マークは無線受信機を彼の周波数にあわせた。時おり雑音にまじってピーという音がかすかにきこえることがあり、モフェットが砂漠のどこかをさまよい歩いているのかもしれないという望みを抱かせた。しかし、そのまぼろしの信号音の方向に機体をむけると、いつでもそれは消えてしまった。

〝北の砂丘〟の頂上で、ブルーとともに腰をおろした。ブルーは私たちといっしょにいることをうれしく思っているような気がする。ブルーは車の陰でねむった。風を入れるために車のドアをあけ放すと、足で彼女の身体をこづくこともできそうだった。ブルーは車のタイヤにはいまだに興味をもっていて、あおむけに寝ころぶと、肢を投げだし、頭を片側にまわしてそっとタイヤのゴムをかんだ。

ブルーはいつもなら陽が沈んでしばらくたってから起きあがって動きはじめるのだが、その日は空腹がひどかったため、四時にはもう立ちあがって、砂丘の林にむかって餌さがしに出かけた。砂丘の斜面に立つと、谷間にそって南北に一マイルのかなたまで見はるかすことができる。が、獲物となる動物の姿は一頭も見あたらなかった。

ブルーはやぶを出たり入ったりして、二時間以上もジグザグに歩いていったが——そして途中立ち止まっては、きき耳をたて、じっと目をこらしたが——食物を見つけることはできなかった。大きくあえぎながら、しばらく横になって休んだあと、夜になるとまた〝西の砂丘〟にむけて歩きつづけた。開けた砂地近くで、ブルーは大きく一歩をふみだそうとして立ち止まり、肩胛骨が背中の上につき出るくらいまで、身体をゆっくりと下げた。その姿勢のまま、巣穴近くでとびはねているトビウサギにむかって忍び寄り、あと一五ヤードというところまで追いつめて、一気にとびかかっていった。しかしトビウサギはブルーに気がつき、ふさふさした尾を、相手を惑わすようなしぐさでうち振りつつ、目もくらむばかりのスピードで何度も何度も急回転しながら、自分の穴に突進していった。ブルーはまわりの砂をけちらしながら追いかけた。鼻先がトビウサギの尾にとどかんばかりのところまでせまったちょうどその時、トビウサギは自分の巣穴の入口に頭をつっこんだ。ところが身体がうまくなかに入らなかったため、一瞬動きをとめた。瞬間、ブルーはすかさず前足で、まだ穴の外にあったトビウサギの後肢をとりおさえ、口にはさんで引っぱった。それから目を半分閉じて、ゆっくりとリズミカルにそれをかんでいった。四ポンドしかないこの獲物を、ひとかみひとかみ十分に賞味しながら食べている。五分とたたないうちに、血のしたたりが二、三滴、そしてふさふさした毛の束だけが砂の上に残った。しかしこれだけでは、この先生きていくための食事としてとても十分とはいえない。ブルーは林を通りぬけて、狩りを続けた。

その夜も次の夜も、さらに一八マイル歩いたにもかかわらず、ブルーはそれ以上餌を見つけることができなかった。彼女はしばしば横になって休んでは、赤くただれた皮膚をかいている。毛が抜けてかさぶたになった部分が、身体の表面に日ごとにひろがっていくようだった。疥癬《かいせん》にかかっているのではないかと思った。疥癬とはきわめて小さなダニの寄生によっておこる、身体の衰弱をともなう一種の皮膚病で、健康な動物に寄生している時は無害だが、例えば栄養失調などにより体調をくずしている場合にはたちどころに脱毛症状をおこすのである。

餌不足と体調不良にもかかわらず、ブルーのやせた腹部は少しずつ大きくなり、乳首もふくらんできた。だが、ともに協力して狩りをする群れ《プライド》の仲間はおらず、大形の獲物もほとんど手にはいらない。このような旱魃期に子どもを産むなんて大変ではないかと心配だった。ある朝、丈の高い草むらで子ネコほどの大きさの二頭の雄の子どもに乳を与えているブルーの姿を見つけた時、私たちは気の毒でならなかった。自分の食う分さえ十分でない時期に、しかもこの数千平方マイルにわたって水がまったく得られない状態のなかで、彼女はうまれたばかりの子どもの授乳に必要な水分と栄養分を、なんとしても確保しなければならないのだ。

私たちは毎日のようにブルーを見にいき、旱魃のなかで子どもをどのようにして育てているのかを観察した。ビンボとサンディと名づけた子どもたちが最初に目をとめたのは、おんぼろのわがトヨタ・ランドクルーザーだった。母子はしばしばこの車の陰で横になるので、発車の際は尾や肢をひかないよう、注意しなければならなかった。

夕方になると、ブルーはビンボとサンディを丈の高い草むらや灌木の茂みのなかに隠し、餌を求めて数マイルを歩きつづけた。数時間後にはもどってきて、五〇から一〇〇ヤード離れたところから、やさしくクーとないた。すると草が動いて子どもたちがとび出し、かん高いキイキイ声で母親に答えるのだった。ブルーがピンク色のザラザラした舌で子どもたちを舐めると、彼らは金切り声をあげて身もだえする。彼女がサンディにかまっている間に、ビンボはなんとか立ちあがり、母親のおっぱいのほうへ身体をのりだして歩きだそうとした。しかし母親の大きな前足であおむけに倒され、ふたたびその大きな舌につつまれて身動きができなくなった。ひとしきり、舐めたりかんだりしたあと、みんなは木の下に来て横になった。間もなくブルーは子どもたちに乳を飲ませはじめた。

食物がきわめて乏しかったため、ブルーは二四時間から三六時間も子どもをおき去りにしたまま、餌をさがしに出かけなければならないこともあった。子どもは二頭ともやせていたが、とりわけ、小柄なサンディのほうが衰弱の徴候を示しはじめ、そのうち、ビンボがやぶのなかをとびはねたり、棒切れとじゃれあっているのを、草むらに坐ったまま大儀そうに見ていることがますます多くなっていった。ブルーが授乳を終えた時、もっと欲しいといって大声でなきだすのは、いつもきまってサンディのほうであった。

子どもたちが生後二カ月になったある夜のこと、ブルーは彼らにクーとやさしく呼びかけたあと、草むらのなかへ歩きはじめた。ビンボとサンディは、西のほうにむかって砂丘の斜面を下る母親のあとを大急ぎで追いかけた。しかし母親が川床をなかほどまで横切った時、ビンボは二〇ヤード、サンディは三〇ヤードも母親からおくれてしまった。二頭は大声でないた。ブルーは立ち止まって、クーとなきながら子どもたちが来るのを待った。だが、彼らがやっと追いついても、全然休ませないで、すぐにまた西へ向かって歩きはじめる。三マイルほど歩いたのち、子どもたちは〝西の砂丘〟の頂上に連れてこられた。母親は木の根元にはえている丈の高い草むらのなかに子どもたちを置くと、ふたたび狩りに出かけていった。

ブルーが最後に水を飲んだのは十カ月前、にわか雨が降った時だった。それ以来、トビウサギやマウス、ラーテル、オオミミギツネなどを食べることだけで水分を補給してきた。餌を求めて、夜間少なくとも一〇マイル歩かなければならないこともしょっちゅうだった。途中までビンボとサンディをなんとか励ましてつれ歩くこともだんだん多くなった。しかしサンディはしだいに遅れがちとなってきた。彼は身体の大きさがビンボの三分の二しかなく、毛もうすい。鋭くかどばった小さな骨は皮膚を通して透けて見えるほどだった。ある朝。私たちが目にしたのは、ブルーとビンボだけだった。サンディはあとからくるのだろうか、それとも、ヒョウかジャッカルかハイエナにくい殺されてしまったのだろうか。ブルーとビンボは、イバラのやぶの下に仲よく横になった。乾季の野火に焼け残った草々の、黒く焦げた剛毛の間に、熱風が砂とすすと灰の小さな波をたてていた。ブルーのあばら骨と骨盤が皮膚の下にはっきりと輪郭をあらわしている。歯茎は白く、体毛は背中から腹部にかけてうすくなっていた。彼女はビンボを鼻でつっついた。するとビンボは後足で立ち、前足の肉趾を母親の顔にあてた。母親は大きな舌で子どもをあおむけにし、そのしわのよった身体をかんだ。その間子どもは、母親の額を舐めていた。この様子だと、ブルーは自らが満足に食事をしていなくても、生き残ったわが子を見捨てるつもりはないだろう。

ブルーの首に無線首輪をつけてから一八カ月が経過していた。首輪のへりはすり切れて、アンテナは伸びきったベッドのスプリングのように曲がってしまった。かすかな信号音を空からキャッチすることはますます困難になっていたし、彼女の居場所が車からつきとめられないこともしょっちゅうだった。ビンボを連れたブルーに間近から麻酔薬をうちこむのはあまり気乗りしなかったが、古くなった発信機はとりかえたほうがよい。それに彼女の健康状態を詳しく調べるよい機会でもあった。

母子が大きなアカシアの木の茂みの下でねむりこける黄昏時まで待つことにした。やがて銃の速度コントロール・ノブを最低にあわせ、消音装置を定位置にセットすると、マークは一〇ヤード離れたところからブルーに麻酔薬をうちこんだ。麻酔弾は大きなゆるい弧を描いてとび、音もなく彼女の横腹につきささった。彼女はとびあがり、足を片方ずつ空中高く上げた。そしてヘビにかまれたのではないかと、地面をあちこち見てまわった。ビンボはちょっとの間、母親を不思議そうに見ていたが、そのあといっしょに草の間をきょろきょろみてまわった。そのうちに母子ともどもまた寝入ってしまった。

一五分たつと麻酔がききはじめてきたようだった。マークが試しに草の上で足をあちこち動かしてみたが、ブルーは目を覚まさなかった。私たちがゆっくりと車からおりると、ビンボの頭がヒョイと持ちあがり、彼は射るような鋭い目で私たちを凝視した。これまで私たちの全身像を何度も見てきたはずだが、こんなに間近に、しかも自分のほうにむかって歩いてくるのを見たのはこれがはじめてだったようだ。私たちがそろりそろりとブルーのほうに歩いていくと、ビンボの視線は、母親と私たちとの間を往復した。しかしブルーはいつもよりぐっすりねむりこけている。母親が私たち二人を喜んでうけいれているのだから、ビンボも私たちを認めないわけにはいかないだろう。彼は顎を前足の上にのせて、一〇フィート離れたところから、私たちが母親を扱う様子をそのあと一時間半ばかりじっと見ていた。

ブルーをあおむけにころがして身体をくわしく調べると、思ったよりもずっと悪い状態であることがわかった。腹の毛はほとんどぬけていて、わき腹と首にできた大きなはげには、かさぶたがこびりついている。まさしく疥癬の症状を示していた。

野生のままの状態でこの病気を治療するのは非常に面倒だ。寄生虫を殺すためには、動物を化学溶液で薬浴させなければならない。そのための器具も、また肝心の薬品も、いまは持ちあわせていなかった。

「そうだ、いい考えがあるぞ」マークがささやいた。「車のエンジンからオイルを少しぬきとって、それをブルーの身体全体に塗るんだ。うまく塗れて、ブルーがすぐに舐めてしまわなければ、ダニを窒息死させることができるかもしれない」

私はバカバカしい気がしたが、といってほかによい方法も思いつかなかった。マークが車の下に這っていき、エンジンからオイルを、キャンプへもどるのに必要な量だけ残して、三クォートばかりぬきとった。それをブルーの身体全体にそそぎ、毛と毛の間にもくまなく手でこすりつけた。彼女をころがして胸の部分にオイルを塗ると、動かすたびにビンボの頭がそっちの方向をむく。どうにか塗りおわってみると、ブルーの身体はもうめちゃくちゃで、とても見ていられないありさまだった。砂とオイルと灰が固まってヘドロのようなどろどろの層をつくっており、まるでタンカー事故の犠牲になったアザラシのようだった。

ブルーの首に新しい無線首輪をとりつけ、歯の摩滅具合についてメモをとり、写真を写したあと抗生物質の注射を打った。一〇フィート離れたところからビンボの身体を調べたが、皮膚病らしい徴候はみとめられなかったので、器具をしまって車にもどった。ちょうどその時、ブルーは頭をおこしてあたりを見まわしはじめた。

そのあと二日かかって、ブルーは自分の身体についた砂とちりのほとんどを舐めてしまい、オイルの層だけがそのまま残った。この治療は彼女になんの副作用も与えなかったようだ。それどころか、身体をひっかく回数もしだいに少なくなり、一週間とたたないうちに、大きなかさぶたがこびりついていたはげの部分のへりのところがピンク色に変わって、健康な皮膚をとりもどしてきた。毛がふたたび生えはじめると回復は早かった。〝油浴〟をしてから三週間半たつかたたないうちに皮膚はほぼ全治し、傷の部分全体が新しい毛でおおわれた。

生後三カ月をすぎても、ビンボはほとんど母親の乳だけにたよっていた。この年齢になるとたいてい身体に肉もついてがっしりしてくるのだが、彼はまだやせて小さかった。狩りをする母親のそばにいる時には、彼女がしとめたわずかな獲物に興味を示さないわけではなかったが、母親とともに狩りに出かけることはめったになかった。獲物はほとんどが小形動物だったので、数マイル離れたところに隠れているビンボにとどけられる前に、たいていブルー自身によって全部平らげられてしまうのだった。

ある夜、ブルーは雌のラーテル一頭とその子どもをしとめた。親のほうを食べたあと、子どものほうはビンボに持ち帰った。ブルーがそれを地面におくと、ビンボは首のうしろをかんで持ちあげ、頭を高くして大いばりで歩きまわった。それから腰をおろすと、前足を獲物の背中にまわして、またたく間にこの三ポンドの肉塊を平らげた。くるべき時が来たのだ。ブルーはこの子のために、さらに多くの肉をさがしてこなければならなくなった。

次の夜、〝東の砂丘〟のふもとにビンボをおいて、ブルーは狩りに出かけた。まず砂丘の谷間にあるひからびた灌木の林を通りぬけ、そのあと砂丘の斜面をのぼっていった。頂上付近で、ここ久しく目にしなかったものに出くわした。彼女は身体を低くして忍び足で前進した。紫色の夜空を背景に黒く浮き出ている、砂丘の稜線にそって現われたのは、灌木の茂みをつききる、まっ黒な生きものの長い列だった。先頭を行くのは雄のヌーである。砂ぼこりをもうもうとあげながら、幾百というヌーの群れが闇夜よりも黒々と、砂丘にそってうねうねと進んでいた。

尾の先をゆっくりとうちふると、ブルーは群れの前にパタッと身を伏せた。そして三頭目のヌーが通りすぎようとした時、ガバッと身を起こして背中にとびかかり、前足を肩にかけ、そのかたい皮膚に爪を深く立てた。ヌーはうめき声をあげて逃げようとし、ブルーを引きずったまま駆けだして、とげだらけのイバラの茂みのなかに入った。しかしブルーは力をゆるめず、全体重をかけてヌーの首の下あたりをおさえつける。ヌーがあばれて地面をけると、ブルーは相手の肩にかけていた力をゆるめ、今度は歯をたてて喉ぶえをかみ切った。二頭は地面にころがった。ヌーは最初、肢をけりあげながら苦しい息づかいをしていたが、そのうちにしだいに動かなくなっていった。ブルーははげしくあえぎながらもヌーの横腹をかみ切って血を舐め、柔らかい内臓にかぶりついた。

二、三分ののち、ブルーはビンボのもとにむかった。二マイルほど歩くと、彼が隠れているところにたどり着いた。やさしくクーとなくと、ビンボがとび出てきた。そして鼻先を母親の尾の先に近づけたまま、獲物のところにもどる母親のあとについていった。ところがジャッカルが二頭、すでに屍骸をみつけて肉をひき裂いていた。ブルーはとんでいって彼らを追っぱらい、ビンボも母親に協力した。やがて、ライオンの母子は食事をはじめた。急がずに、十分に味わいながら食べた。

満腹になるとビンボは母親の身体の上にどさっとくずれ落ち、そのまま寝てしまった。

うまれてはじめて、彼の腹は丸くパンパンにふくらんだ。

次の夜おそく、カッショクハイエナのパッチイズは、ひき裂かれたヌーの腹からただよってくるつんとしたにおいに鼻をピクピク動かした。ブルーとビンボは夜中までに、あらかた全部を平らげ、残っていたのは皮、骨、そして骨についた少量の肉だけだった。パッチイズはあたりをぐるぐるまわって、ライオンの母子が立ち去ったことを念入りに確認した。早くもやってきて屍骸から一口二口失敬していくジャッカルを、パッチイズは首のまわりの毛を逆立て、尾を立てて追っぱらった。かくして彼女はやっと、ライオンの残した大きな骨、腱、皮にありついた。

ペッパーとココアはあいかわらず巣穴のなかで暮らしていた。古い骨をしゃぶったり、時々トビウサギなどを殺して命をつないでいた。ある時突然、皮と赤身肉が少しついたヌーの肢が一本、砂けむりをあげて穴の入口から落とされた。ドスンドスンと大きな音をたて、キイキイなきながら、ペッパーとココアはその肢を穴の奥の部屋に引きずりこんだ。パッチイズは巣穴の砂山の上に横になるとすぐに寝てしまった。重いヌーの肢を、ほぼ三マイルのかなたから運んできたのだった。

次の夜、車で巣穴を訪れると、ペッパーが砂山の頂上で横むきに寝ころんでいた。いつもはすぐに起きあがってトラックに近づき、興味深げににおいを嗅ぐのだが、その夜はいつもと様子がちがっていた。片目をあけて上目づかいにちらりと私たちを見ただけで、無頓着に前足で腹部に砂をかけたあと、またねむりこけてしまった。

ブルーがしとめたヌーによって、二頭のライオンと三頭のハイエナが食にありついた。しかし捕らえたヌーは一頭きりだった。カラハリ砂漠のこの付近でヌーを見かけることはとてもめずらしいことなのである。

二五　砂漠の黒真珠

マーク

　ブルーがヌーをしとめた翌朝、そのことはまだ知らぬまま、太陽がのぼらないうちに、私はエコー・ウィスキー・ゴルフ号に乗ってライオンとハイエナをさがしに出かけた。朝早ければ風も比較的おだやかで、砂嵐が舞うこともなかった。ブルーの信号音がイヤホンにきこえたので、木々の上まで高度をおとし、砂丘の谷間へとおりていった。するとブルーとビンボがヌーを食べているのが目にはいり、びっくりした。ヌーはいったいどこからやってきたのだろう。どうしてこのあたりにいたのだろう。これまでのディセプションでの生活の間、ヌーの姿を見ることはめったになく、特にこの三年間は全然見かけなかった。ここから南へ一〇〇マイルばかりの地点で群れを離れ、あちこち歩きまわっていた年とった雄なのかもしれない。しかしヌーは完全な群居性の動物である。たった一頭だけではるばるこのディセプションまでやってくるなどということがありうるだろうか。私にはどうしても理解できなかった。

私は受信機をモフェットの周波数にあわせて機体を上昇させ、イヤホンにピーという音がきこえてこないかとじっと耳を傾けた。しかしなんの音もしなかったので、周波数を変えて〝ジンジャー・プライド〟の〝ジェロニモ〟をさがすことにした。

ディセプション・ヴァレーが南のかなたに遠ざかると、眼下前方のサヴァンナいっぱいにもうもうと砂けむりが立ちのぼっているのが目にはいった。いまだかつて、空からこんな光景に出会ったことは一度もなかった。機体を近づけてよく見ると、幾百、幾千という黒い点が一列縦隊をなし、ブッシュ・サヴァンナをつききって移動している。きもをつぶした私は、無線でキャンプにむけて大声をあげた。

「ヌーだぞ！　ディーリア、何万というヌーを見つけたぞ！　北へ行進中だ！」

スロットルをひきもどして機体を下降させると、ヌーの列がブッシュ・サヴァンナをうねりながら進んでいくのが見えた。まるで、ひからびたカラハリ砂漠の黄褐色の地肌に黒真珠のネックレスを長々とかけたようだった。あとでわかったことだが、私が出くわしたのは、これまでで二番目に大規模なヌーの移動であった。

フランシスタウンに通じる幹線道路を何十万というヌーの大群が通り過ぎるのを何時間

も待ったことがあった、そうハンターたちが思い出話に言うのを、マウンに行った時にきいたことがある。しかし、ヌーたちがどこから来てどこへ行くのかはだれも知らない。雨量の多い年に個体数が爆発的に急増し、そのあとの旱魃の年に次々に死んでいくのさ。多くの人はそう思いこんでいる。この移動のちょうど二、三カ月前、ある外国のコンサルタント会社がボツワナ一帯を空から観察しているが、それによると、南部カラハリ一帯に生息するヌーの数は二六万二〇〇〇頭で、これはセレンゲティ国立公園の群れに次ぐ個体数だという。しかしこの調査団も、ボツワナではヌーはけっして移動しないと断言している。

空からヌーを発見した翌朝、日の出とともに、私はディーリアを連れて飛行機に乗った。サヴァンナの上空一〇〇フィートのところで機体をバンクさせ、ターンさせると、やがて、うねうねと続くヌーの通った跡を南にむかってたどりはじめた。ヌーが移動するのとは逆の方向に進路をとり、カラハリ砂漠の奥地へ深く深く入っていった。そして、集団移動がどこではじまっているのか、どんなところを通っているのか、さらに、移動のルート、速度、目的地、その他この事象を説明するのに必要と思われる事柄を、詳細にわたってノートしていった。

この五年間はカラハリ砂漠に降る雨も多く、ヌーの群れはあちこちをさすらいながら生きてきた。空のそここに見える雨雲を追いかけ、緑の草むらを求めながら、彼らは砂漠の南部地域に奥深く移動し、このあたり唯一の水場である北の湖と川からは、三〇〇マイルも遠く離れていた。乾季の間は数カ月間水を飲まなくても、水分や栄養分は草から補給できる。カルクレートからなる数百ものくぼ地やその周辺に生える草も、次の雨季がはじまるまでの間にすっかり枯れてしまうことはけっしてなかった。雨季ごとにヌーの個体群は、あらたにうまれた子どもを加えて大きくふくれあがっていき、子どもたちはくぼ地に生える草木から蛋白質やミネラルを摂取して、たくましく力強く成長していった。

ところがこの年一九七九年は雨量が極めて少なく、青々としていた草もすっかり黄褐色に変わり、五月なかばの今、陽にさらされて白々とした淡黄色となっている。太陽があたると、いまにもパサパサとくずれそうだった。

ヌーの群れが低い砂山の背に立っている。たてがみと顎ひげと細い尾が乾いた風になびいている。彼らの北への移動は本能か、それとも幾代にもわたって受けつがれてきた行動なのか。いずれにせよ、北へ行けば、このあたり唯一の水場に行きあたり、この旱魃を生きぬくことができる。なにものかがそう彼らに告げているのだ。サウ湖、ンガミ湖、ンガベ川、ボテティ川、そしてオカヴァンゴ川のデルタ地帯の南のへりは、おそらく幾世紀にもわたってカラハリのヌーを旱魃からまもり、彼らに水を与えつづけてきたことだろう。

足もとから砂けむりを舞いあげ、ヌーは雄も雌も子どもも、頭を低くして、北のほうへトボトボと歩きはじめた。

セレンゲティのヌーの群れは、大群が一団となって移動することが多いが、ここカラハリのヌーは、食物も乏しい半砂漠地域に生息しているために、個体群の形成も流動的であり、そもそも一集団に集まる傾向があまりない。今、目の前を移動していくヌーにしても、四〇頭から四〇〇頭にもおよぶさまざまな数の群れがあり、しかも東西一〇〇マイル以上にわたって広大な土地いっぱいに散らばりながら移動していた。

ヌーの群れは、全部が全部同じ方向にむかっているのではなかった。総勢九万を数えるかと思われる大群は北に進路をとっていたが、ほかの数万の群れは、三〇〇マイル東のリンポポ川にむかって歩きはじめていた。北にしろ東にしろ、いずれの方向に移動するにしても、いったん行動が開始されると、彼らは食事にはほとんど時間を割かなかった。水がないと、ものを食べても消化されないからである。というわけで、できるだけはやく水のあるところに行かなければならなかった。そこに着けばおそらく、より栄養に富む食物にもありつける。水がなければ、たとえ草がたくさん生えているサヴァンナにいても餓死することがありうるのである。それに草が豊富にあったとしても、旱魃を生きのびるのに必要な蛋白質やその他主要な栄養素が十分に含まれているとはかぎらない。彼らは暑さで脱水症状を起こすのを避けるため、日が暮れて間もないころか夜間、あるいは早朝に移動する。何日も何日も、トボトボと歩きつづけるヌーの長い長い列がそこにあった。

一晩にヌーの群れが行く距離はおよそ二五マイルから三〇マイル。彼らが砂をけちらして移動した跡を空から見ると、まるで湖と川にむけて伸ばした、ふしくれだった手の指のようだった。なかにはすでに三〇〇マイル以上も歩いてきたものもいた。ボツワナの南部や南西地域からやってきたのだが、南アフリカ国境線を越えて来たものすらいた。砂漠の暑さは厳しく、幼いものや年よりには犠牲者が続出した。彼らは落伍してとり残され、屍肉食者たちのえじきとなる。各個体はほとんど飲まず食わずの状態で、身体を酷使しながら長い苦しい道のりを歩いていった。だがこの辛苦の長旅こそ、彼らが進化してゆくための試練なのであり、これに打ち勝った強者のみが、生きのびてゆけるのである。

突然、ヌーの群れが立ち止まった。目の前に今まで見たこともないものが立ちはだかっている。彼らは次々と集まってくると、イライラした様子でまわりをぐるぐる回りはじめた。彼らの行く手をさえぎるように、そこには撚りあわせた鋼鉄線がピーンと左右に張られてあった。これは口蹄疫を予防するため、中央カラハリ動物保護区の北の境界線ぞいに一〇〇マイル以上にわたって設けられた柵で、〝クケ〟柵と呼ばれる。東と西のはしで、それは別の柵とつながっており、さらにもう五〇〇マイル以上のびて、砂漠に縁どりをほどこしていた。

太古の昔から旱魃の際に彼らが頼りにしてきた、湖岸や川岸の緊急時の生息地から、今やヌーの群れは完全に遮断されてしまった。彼らのこれまでの学習や、本能ではどうにも太刀打ちできない障害だった。

あと一日か二日で川に到着するところまで来ているのに、勢いがそがれてしまったため、しかたなくヌーの群れは東へむきをかえ、柵にそって歩きはじめた。それ以外にどうしようもなかった。ほとんど飲まず食わずで何日も歩きとおしだったため、すでに身体は衰弱していた。それにこの長い柵のために、一〇〇マイル以上もの距離をよけいに歩かなければならなくなった。

柵にそって歩いていくと、別の群れに行きあった。彼らもまた湖岸や川岸にむかう、同じ移動集団の仲間だった。毎日のように行きあうキリン、オリックス、ハーテビーストたちもまた、水を必要としながら、鋼鉄線とくいのために動きがとれなくなっていたのだった。

広大なサヴァンナにひろがる、幾千というアンテロープの群れは、今や柵のためにどれも同じルートをとって水場へむかわざるをえなくなった。やせた土地に生えていた草々は、じきに踏まれて折れてしまう。最初の群れが通りすぎると、ひづめですりつぶされて粉々になるので、後続の群れが食べるものはなにもなかった。空腹と喉の渇きと疲労のため、落伍するものがではじめた。キリンだったら楽に柵を越えられそうなものだが、なかにはとびこえようとして肢を柵にからませてしまったものもいた。もがいて柵から離れようとしても、ピンと張った鋼鉄の柵は肉に深くくいこんでなかなか離れない。とうとうそのキリンは片方の前肢の膝を折って身体を前方に投げだした。後肢を二本とも柵にとられたまま、ふたたび立ちあがろうとして何日も前肢で地面をかき、まわりに小さな砂の山をいくつもつくった。だが結局このキリンは最後まで立ちあがることができなかった。

ほどなくしてヌーの群れは、〝マカラマベディ〟と呼ばれる南北にのびた柵の端にたどり着いた。〝マカラマベディ〟柵はここで東西に走る〝クケ〟柵とぶつかり、さらに南へ、〝テイルエンド〟柵となって動物保護区の東の境界づたいにのびていた（地図1を参照）。ここにいたって、ヌーの群れのなかに大混乱が生じた。そのまま柵にそって進むには、南にむきをかえなければならない。しかしこれは水場の方向とは正反対の方角である。ヌーたちは頭をブラブラさせながら困惑して立っていたが、そのうちにそのほとんどが身体をゆさぶりはじめ、よろめいて、とうとうその場にくずれおちてしまった。しかし彼らは頑強な動物であり、その最期はそう簡単にはやってこなかった。捕食獣にすばやくかまれたり、爪を立てられたりした場合とちがって、柵の犠牲になったヌーの死期はごくゆっくり

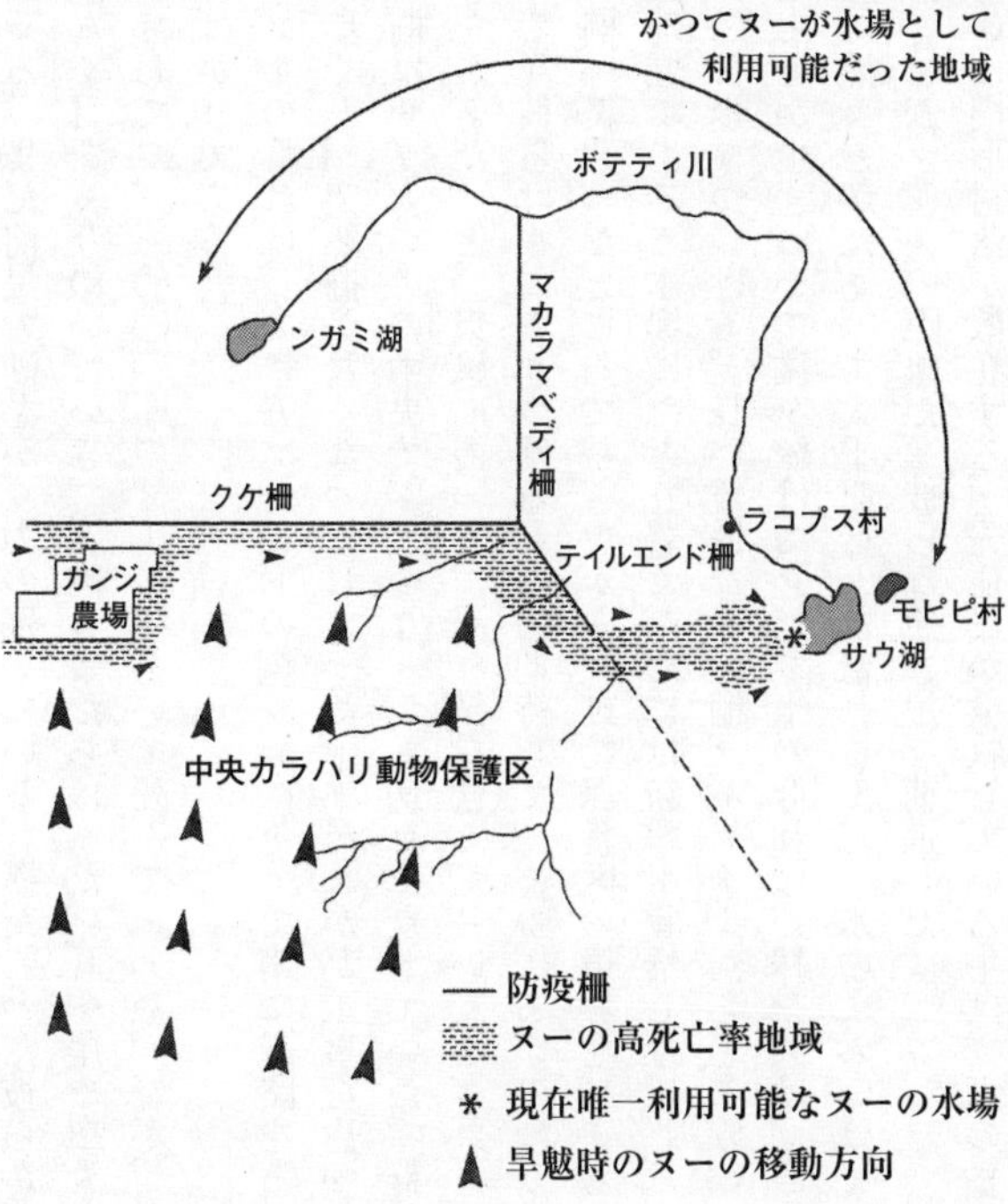
かつてヌーが水場として
利用可能だった地域
ボテティ川
ンガミ湖
マカラマベディ柵
クケ柵
ラコプス村
テイルエンド柵
ガンジ
農場
モピピ村
サウ湖
中央カラハリ動物保護区
防疫柵
ヌーの高死亡率地域
＊ 現在唯一利用可能なヌーの水場
旱魃時のヌーの移動方向

地図１

とやってくる。まだ前足で砂をかく力の残っている、横たわった彼らからカラスやハゲワシは容赦なく目をくりぬいていき、屍肉食者たちはまた、耳や尾や睾丸などをかみ切っていく。こうして二、三〇〇〇頭のヌーが柵ぞいで死んでいった。だが、殺戮はたった今はじまったばかりである。

やがてヌーの群れは、高さ五フィートの鋼鉄線にそって南に進路をとりはじめた。ところが一日歩くと、突然柵がなくなってしまった——だれかが工事を途中で放りだしたかのように、柵はサヴァンナの中央でぷっつりとたち切れになっていた。群れはぐるりとまわってむきをかえた。と、東風にのって、湿り気を含んだ甘い、まぎれもないにおいがただよってくる。彼らは水にありつけるものと期待して、このにおいのほうに進んでいった。しかし、柵が終わったところでむきをかえ、動物保護区の境界を越えると、そこはもう観《サファ》光《リ》用狩猟《ハンティング》地域である。水場にたどり着くためには銃撃も覚悟しなければならない。

さらに二日歩きつづける。長い難儀な旅、柵、ハンターたち。こういった障害にもかかわらずなんとか生きぬいて旅を続けてきたヌーの群れは、林をぬけ、さらに数千の仲間といっしょに黒々とかたまって大平原へとなだれこんだ。水のにおいはますます強くなってくる。あと二五マイルの距離だ。彼らは急ぎ足で前進した。

湖岸ぞいに円形村落《クラール》が散在する。先住民が放牧している牛は、湖のまわりの平原から食べられる木や草の葉を全部くいちぎってしまい、あたりの景観を台なしにしていた。そして地面は、表面に厚さ数インチもの粉をふいたコンクリートのようになっていた。朝の静かなたずまいのなかに、息の詰まるようなもうもうとした砂けむりが、ヌーのひづめから立ちのぼった。ひょろひょろとのびた灌木は荒れ地のあちこちに根をおろしていた。ひからびたヌーの屍骸が平原のそこここに散らばっている。横むきに身体を横たえた瀕死のヌーは、両肢をリズミカルに動かしている。もうろうとした意識のなかで、なおも水を求めて歩きつづけているかのようだ。繁殖群に属す若い盛りのヌーの雄と雌が、サウ湖へむかう長い列から離れはじめた。これ以上はもう一歩も歩けないといわんばかりに膝からくずれおち、鼻づらが下へ下へとさがっていく。とうとう、鼻孔から息を吐くたびに砂に小さな穴ができるほどになってしまった。

生き残ったヌーの群れは、動物保護区を出て二日目の夜明けに湖近くに到着した。しかし水だけあればそれで十分というわけではなかった。あたりは数マイルにわたって木陰となる木はなく、食べるものも全然なかった。時間もかぎられている。水を飲んだら、日差しが強くならないうちに、つまり太陽の熱によって残った最後の力が奪いとられないうちに、二五マイル後方の木陰と食物のある林にもどらなければならない（地図2を参照）。

突然、整然とした長い列が割れて、彼らは輪を描きはじめた。手を振ったり、やじをとばすひとびとを満載した三台のトラックから幾千というヌーが逃げまどっている。五トントラック、ベッドフォードがヌーのまわりをぐるぐる回り、だんだん中心に追いつめてゆく。なかにわけ入ると群れをつききった。そしてUターンをし、同じようにしてまた元のところにもどった。最初トラックがつっこんだ時にぶつけられた数頭のヌーが、足をひきずって逃げようとした。それを見た運転手は急カーブを切り、負傷したヌーを次々にひき倒していった。そのたびに、トラックの車輪からもうもうと砂けむりがあがった。

六頭のヌーを倒したところで運転手たちはトラックを止め、先住民たちが笑いながらとびおりてきた。二人がかりでヌーの角をつかむと、別のひとりがナイフで、のこぎりを引くようにして喉をかき切った。

陽が高くなるにつれてしだいに暑さが増してくる。生き残ったヌーはチラチラ光る白い塩のくぼ地を横切って、草木の生えていない荒れた丘にのぼった。これが最後の丘で、水場まではもうあと少しだ。下を見ると、半マイルと離れていないところにサウ湖が青い水をたたえて横たわり、ペリカンとフラミンゴが花びらのように水面で揺れていた。

かつてヌーの群れは、北は三六〇マイル以上にわたる川岸と湖岸、南はリンポポ川の、これも同じぐらいの範囲の流域を、旱魃のあいだ自由に動きまわることができた。しかし今は柵と先住民の定住地ができたため、中央カラハリの個体群の大部分が移動できる範囲

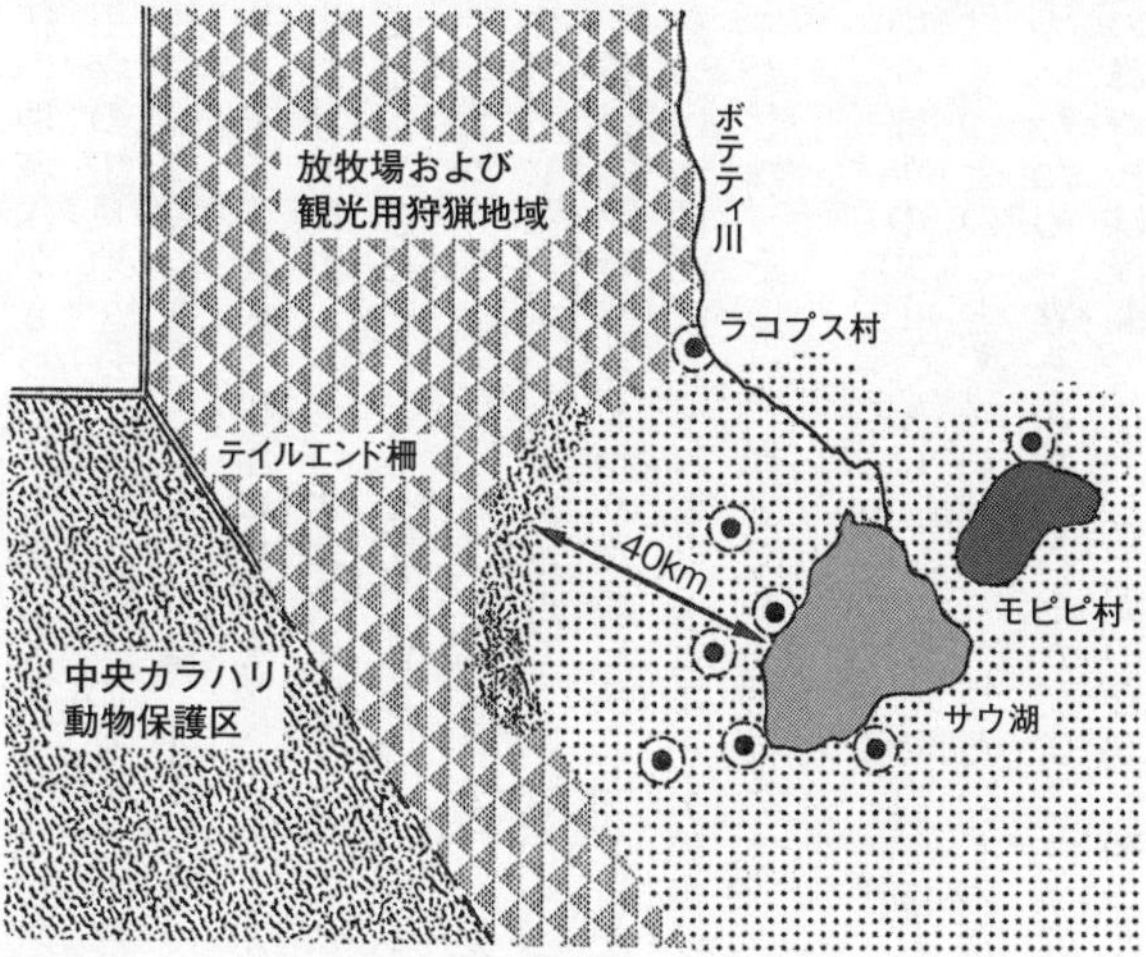

先住民の定住地
ヌーが食物を得ることのできる唯一の地域
牛の過剰放牧により草のなくなった地域
餌場と水場との毎日のヌーの往復

地図２

も、ごく狭い地域にかぎられてしまっている。水を求めてやってくる八万のヌーの群れに対して、川岸の生息地から二、三マイルの範囲しか移動の自由を認められていないのである。ヌーたちはここで水を飲まなければ、死ぬよりほかなかった。

湖の両岸にある先住民の小屋に危険を嗅ぎとり、水に飢えたヌーの群れは、まずためしに二、三歩だけ前に出てみた。水は、ほらすぐそこにある。自分の目で見ることも、においを嗅ぐこともできるのだ！ やがて彼らはゆるい駆け足で、どっと湖にむかって坂をおりはじめた。だが、あと二〇〇ヤードで湖に着くというところで、イヌの群れをつれた先住民とその子どもたちが、円形村落《クラール》近くの物陰からとび出てきた。イヌたちはけしかけられてヌーを襲い、ぐるぐるまわりながら長い間彼らを追いまわした。疲れ切ったヌーの後肢をおさえつけ、地面にくずれおちるところを膝のうしろの腱を切って動けなくし、腸《はらわた》を引きずりだした。そこへ密猟者たちが棍棒とナイフを手に急いでやってきて、とどめをさした。

幾千というほかのヌーたちは、この騒ぎのため水に近よることができなかった。それでも何頭かはやっとのことで湖に到達し、冷たい水のなかに身をくずした。しかしあまりにも衰弱していたため、立ちあがることができなかった。水を飲むことすらできないものも多く、その鼻づらは浅瀬に、そして泥のなかにゆっくりと沈んでいった。

私たちはエコー・ウィスキー・ゴルフ号から双眼鏡を通して、大量殺戮が湖岸づたいにくりひろげられるのを見ていた。怒りに身をふるわせながら、私は操縦桿を前方に押し、湖岸にむかってまっしぐらにつき進んでいった。密猟者たちはヌーを殺すことに夢中で、はじめは飛行機に気がつかなかったが、時速一六〇マイルの速度で轟音とともに平原を横切り、地面すれすれまでおりるとやっと気がついたようだ。一頭の若い雄のヌーを襲っていたイヌの群れの真上を、ほとんどかすめるようにして機体が通りすぎると、イヌたちはぎりぎりになってやっとヌーから離れ、ひらりと身をかわした。彼らはあわててほうぼうに散らばり、ヌーは走りだした。私たちはイヌたちを追いかけ、物陰に逃げこむのを見とどけた。三人の密猟者は、飛行機にむかって棍棒を投げるとすぐに砂けむりのなかに身を隠し、腹這いになったまま、イバラのやぶのなかをほうほうの体で逃げていった。

ヌーが移動している間はひきつづき、早朝と月明かりの夜に定期的に機体を低空飛行させ、小屋や群れの上空を飛んだ。これには密猟者も手も足もでず、以来ヌーの群れが彼らに脅かされることはしだいに少なくなった。

こうしてヌーたちは湖で水を飲むことができたのだが、皮肉なことにこの湖が、彼らにとって破滅のもととなった。いったん水を口にした彼らの移動は、そこでとまってしまったのだ。先住民の定住地があるため、それ以上北へは進めない。北を流れる川まで行くことはできないのである。そこで彼らは毎日、陽の光が強くならないうちに湖から木陰と草のある林へもどり、夜になるとまた、平原と塩のくぼ地を横切って湖へ出かけることを余儀なくされた。往復五〇マイルという信じられないほどの長い道のりだった。

おしよせるヌーの群れが、放牧地の草を湖に近いところからどんどん食べつくしてゆくにつれて、水場と餌の間の距離はしだいに大きくなっていった。しばらくの間は、このようにしてヌーも持ちこたえられたが、とうとう、湖で飲むことができる水と、林で得られる草の全部をもってしても、水場と餌場の間を往復するのに十分なエネルギーを確保できない時がやってきた。この時点でヌーたちは必然的に飢餓状態におちいり、大量死を招くことになったのである。

やがて九月となった。カラハリの暑い乾季がはじまり、弱りきったヌーたちにさらに追い打ちをかけた。気温はぐんぐん上昇し、塵旋風が渦まきながら乾ききった平原を横切っていく。日の出がはやくなり日の入りがおそくなったために、ヌーの移動はどうしても陽が照る暑い時間にかかることになる。こうして、「重荷にあえぐラクダは一本のわらでも背骨が折れる」という諺の、まさに最後の一本のわらがのせられた。死亡するヌーの数はふくれあがり、屍体は平原、塩のくぼ地、湖岸のあちこちにみられた。雨が降りさえすれば、受難のヌーたちもこのサウ湖周辺から出て中央カラハリへもどっていくことができるのに、いかんせん彼らの大部分は、ここで死んでしまうことになった。

ボツワナで大規模な柵の建設がはじまったのは一九五〇年代のことである。そのころボツワナでは畜牛の飼育が盛んにおこなわれていて、牛肉の輸出が重要な産業となっていた。そこで、家畜の間に周期的に流行する口蹄疫（FMD）の発生をくいとめる必要が生じてきた。EEC加盟のヨーロッパ諸国は、口蹄疫の流行期間中は汚染のおそれがあるとして、ボツワナからの肉製品輸入を拒否している。ボツワナ政府がこの儲けの多い産業の保護にのりだし、いろいろと対策を講じたとしても、ごく当然のことだった。口蹄疫流行防止策の案出は、もっぱら動物健康管理局に一任され、今日までに八〇〇マイルをこえる防疫柵が、ボツワナの砂漠地帯のいたるところに設けられることになった。さらに、七〇〇マイルの柵が現在建設中である。

口蹄疫ウィルスを媒介しうるのは、ケープスイギュウとある種の野生のアンテロープであり、これらの個体群こそが家畜を周期的に汚染する病原菌の保有者ではないかと疑われている（Young, Hedger, and Powell, 1972）。柵が設けられたのは国内の家畜集団を野生動物群からひき離すため、そして病気におかされた畜牛をそうでないものから分離するためである。さらに、柵をすることにより動物の行動範囲が細かい区域にわけられるため、病気発生の際には、迅速にその場所を立入禁止にすることができる。柵は感染した動物がほかの地域へ移動するのをふせぐから、理論的には病気は柵で容易にくいとめられることになる。しかし実際には、この病気はボツワナの柵を越えてどんどんひろがりつづけた。口蹄疫予防のために柵をめぐらすことは、多くの議論をよびおこした。病因究明にあたった獣医師たちは、このような方法で病気を予防しても効果はあがらないとして疑義を呈した。広範囲にわたる実験にもかかわらず、口蹄疫ウィルスを家畜へ感染させるのが野生動物であるということはいまだ実証されるにいたっていない（R. S. Hedger, 1981）。この病気は疫学的にはほとんど解明されておらず、そのほんとうの感染経路を知る人はだれもいないというのが現状だった。

私たちがここカラハリで研究をはじめるずっと以前から、カラハリの野生動物は柵によって存亡の危機にさらされていた。一九六一年には、〝クケ〟柵と〝マカラマベディ〟柵がぶつかる角の付近と、そこからサウ湖にかけての地域で八万ものヌーが死んだ。一九六四年にもふたたび同じことが起こった。この年、ガンジ地区の政府役人だったジョージ・シルバーバウアーの概算したところによると、中央カラハリ動物保護区のヌーの個体数の一〇分の一が、旱魃期、〝クケ〟柵によって足どめされ、五日ごとに死に追いやられていた計算になる（G. Silberbauer, 1965）。一九六四年の大量死を生きぬいたヌーの数がどのくらいかははっきりしない。ボッワナの野生生物局の生態学者、グレアム・チャイルド博士は、一九七〇年のヌーの死は「今ひとびとが思い起こすかぎり、最も凄惨なものであった」と書いている（G. Child, 1972）。

バーギー・バーグホッファーも、死に瀕した数千のヌーを救おうと努力したが、やはりうまくいかなかった。彼は柵と柵との角の付近に鋼鉄製のドラム缶を利用してつくった桶をおき、数週間にわたってボテティ川から水を運んだ。

「まったく不面目きわまりなかったよ。哀れな奴らのところへ歩いていって身体に手をかけるだろ。そうするとたんに奴ら、その場にどっと倒れてしまうんだよ」

かつて雨季にディセプション・ヴァレーを行動範囲の一部としていたシマウマたちも姿を消した（G. Silberbauer, 1965）。この七年間、私たちは一頭も見かけていない。〝パイパーのくぼ地〟近くの一五平方マイルの土地をぎっしりおおっていたと、ジョージ・シルバーバウアーの記述にある、オリックスとエランドとハーテビーストの大混成群も、今や雨季におけるもとの集団のほんの一部にまで縮小してしまっていた。

旱魃や疫病予防の柵によって中央カラハリのアンテロープの数が減少してくると、その生き残りは、捕食者集団にとっていっそう重要になってくる。大形のアンテロープがすべて死に絶えることになれば、ライオン、ヒョウ、チーター、リカオン、それにカッショクハイエナのような屍肉食者も同様の運命をたどることになろう。柵によって食物の供給が絶たれる以前、そこにどのくらいの数の食肉動物がいたかは不明だが、おそらくその数は相当減少したのではないかと思われる。

ボツワナの動物健康管理局がカラハリ砂漠に柵を設けはじめてからこのかた、カラハリのサン人が食肉用にアンテロープを狩ることはますます難しくなってきた。アンテロープの肉はサン人だけでなく、ほかのアフリカ先住民にとっても数少ない蛋白源のひとつである。かつて政府機関所属の農村社会学者であったボブ・ヒッチコック博士は、疫病予防のための柵の建設と時を同じくして、それら先住民の摂取する蛋白質の量が著しく減少したことを指摘している。

ヌーの危機は今や、単に〝アンテロープ対柵〟という図式でとらえるのではなく、もっと大局的な情況関係のなかで考えていかなければならない。それは草地や水のようなかぎられた資源を奪いあって、人間と野生動物の間でくりひろげられる生存競争なのだ。私たちはこのように、より大きく情況をとらえていく必要がある。ＦＭＤ予防策として柵にかわる別の方法、例えばワクチン接種のような高度の技術を要するプログラムがもっと真剣に検討されなければならない（詳細については付録Ⅰを参照）。

ボツワナ政府は多くの点で、野生動物の保護に対し前むきの姿勢をとってきている。事実、その国土のおよそ五分の一が国立公園か動物保護区である。政府役人は私たちに対して常に丁重であり、私たちは中央カラハリ動物保護区での研究の許可をすんなり得ることができた。にもかかわらず、ヌーの救済のために政府の関心と行動を喚起しようとする私たちの試みは、いつも失敗の連続だった。

私たちはヌーの移動と死亡の実態を手紙や報告書に記してボツワナの野生生物局に送った。また、サウ湖岸地域に野生動物偵察《ゲーム・スカウト》キャンプを設置し、ヌーに対する密猟や圧迫をとりしまること、および動物保護区から湖までの地域を〝回廊〟として保持し、ヌーが水場に容易に行けるようにすることなどを要請した勧告書も提出した。しかし、反応はまずないといってよかった。

旱魃はしつこく続いて、一〇月になってもやまなかった。ヌーの死亡率はますます高くなっていった。私たちは挫折感を味わいながらも、とにかく二人だけでもなんとか彼らを助けようと努力した。カラハリ砂漠で過ごすようになってからこのかた、このような動物の苦しみ、このような生息地の崩壊を目のあたりにしたのははじめてだった。なにもかもがこの上なく無力であるように思われた。幾千年の昔から、ヌーたちは数マイルにおよぶ川岸の生息地のあらゆる場所に分散して旱魃期を生きのびてきた。今回の旱魃期にも自由にそれができたなら、死亡数もずっと減っていたのではないだろうか。

知人のほとんどが、忘れるのだ、と言った。「畜産業は巨大で、とても君たちが太刀打ちできるしろものではないよ。柵のとりはずしなど、望んでも無駄だね」ある友人は問題をひきおこしたかどで国外退去を命ぜられるかもしれない、と警告してくれた。しかしボツワナはいやしくも民主共和国である。その政府が野生生物の問題を理由に私たちを追い出すとは、とても信じられなかった。手おくれにならないうちになにかをしなければ。私たちは追いたてられるような気持になっていた。シルバーバウアー博士とチャイルド博士がこれまでの大量死の状況を記録した報告書も、ただファイルされてどこかへしまいこまれたままになっているらしい。次の旱魃がやってこないうちになんとしてでもこの問題を解決してみせるぞ。私たちはそう心に誓った。ボツワナ国内には私たちの要請に耳を傾ける人は全然いないのだから、全世界にむけてこの問題をアピールしよう。国外の要人の支持をとりつければ、彼らの力添えで、おそらく政府もこの問題をあらためて見直すようになるのではないだろうか。

ある日無線で、私たちはある招待を受けた。近々、オランダのベルンハルト殿下がボツワナの野生動物保護区の一部を視察にこられるらしく、その際、殿下にスライドを見せてほしいという。殿下のこられる日からほどなく、今度はフランクフルト動物学協会のリヒャルト・ファウスト博士と〝動物の友《フレンズ・オヴ・アニマルズ》〟の一団——両方とも私たちの主なスポンサーである——がマウンにくることになっている。こりゃ、千載一遇のチャンスではないか！　地球全体の自然保護にたずさわる主要人物が二人も、私たちの間近——二〇〇マイルと離れていないところ——にしかもこの数週間のうちにあい前後してやってくるというのだ。私たちはさっそく、ファウスト博士とベルンハルト殿下にヌーの危機を知らせる手紙を書き、よろしかったら私たちのキャンプにもおいでくださいと書き添えた。だが、そうしてはみたものの、ベルンハルト殿下が砂漠のなかのこのキャンプを訪れることはまずないだろう。

とはいっても、万が一殿下がここに来られることにでもなったら、いったいどのようにしてお迎えしたらよいのだろう。殿下とお供の人たちはどこで寝ることになるだろう。まさか、梱包用の箱でつくったベッドとフォームラバーをそなえつけた寝室用テントに、殿下をお供の人たちといっしょに休ませるわけにはいかないだろう。それに王室の方がエコー・ウィスキー・ゴルフ号に乗ってくれるだろうか。ここの滑走路は短すぎて、大型機の乗り入れは不可能なのである。それから食べ物や飲み物はどんなものを出せばよいだろう——干し肉《ビルトン》やこげくさい臭いのする白湯でもよいだろうか。なによりも心配なのはトイレいてある。〝雷ドラム缶〟と呼んでいるそれが私たちのトイレであった。

このように不安は数々あったが、とにかく、殿下を迎える準備だけは万端ととのえておいたほうがよいのではないかということに落ちついた。そうすれば、クワイでお目にかかったのち、急に殿下がこのキャンプを訪れることになってもあわてないですむ。ディーリアはテントの床を洗い（テントのすみのクモの巣はいつものようにとらないでおいた）、台所の深鍋のなかの古い小鳥の巣をとり除いた。そしてボウルのなかの砂糖をふるってアリを除き、バケツでつくったオーヴンでパンを焼いた。私は飛行機にワックスをかけ、雷ドラム缶のまわりにポールを立て、その上に黄麻布《バーラップ》をたらした。それから、このような時のためにとっておいたワインを一瓶、ジジフスの木の下に埋めた。

ベルンハルト殿下がボツワナに到着する当日、私たちはオカヴァンゴ川のデルタ地帯の東のはしにある高級保養地〈クワイ・リヴァー・ロッジ〉へ飛んだ。ロッジの上を低空飛行したあと、芝生のはえた長い滑走路に着陸した。ランドローヴァーが迎えに来ていて、白色塗料で上塗りをしたロンダヴェルが、きれいに刈りこんだ芝生のなかにいくつもまとまって並んでいるところに案内してくれた。食堂は黒っぽい木でできていた。そのむこうはクワイ川の氾濫原で、リーチュエ（ウシ科の偶蹄類）の群れがそこここにちらばっている。カバが灰色の潜水艦さながら、青い水にもぐっていた。

　ロッジに着いたが、殿下とその一行は、車で鳥獣類を見にどこか奥地に出かけていた。私たちはホッとした。どうあいさつをすればよいのか、いささか心もとなかったからだ。だれか教えてくれる人がいればいいんだが。ディーリアがちょこんと膝を曲げて、僕が会釈して……でいいのかな。呼びかける時はどうしよう。「陛下《ユア・マジエスティ》」だろうか、それとも「殿下《ユア・ハイネス》」だろうか。砂漠のまっただなかではとても思いつかないようなことが、次々と頭に浮かんでくる。しかし、無作法ものと見られるのだけはどうしてもいやだった。

　その日の夕方、わらぶき屋根の食堂に入ると、部屋はすでに人でいっぱいだった。まわりを気にしつつ、なんとなくおどおどしながら部屋のなかに入っていく。とにかく殿下の姿をさがさなくてはと、ひとりひとりの顔をはしから眺めだした。中央のテーブルを通りすぎたちょうどその時、だれかの手が私の腕を強くつかんだ。と同時に「私の名前はベルンハルトです――バルナルトではありませんよ。南アフリカの有名な心臓外科医にその名の人がいますけれど。あなたがたがオーエンズ夫妻でしょう」という声がきこえた。なんの前ぶれもなく、突然私たちはオランダのプリンスとさしむかうことになった。ヌーの危機を知らせた殿下への手紙のなかで私が名前の綴りを誤ったことを彼は指摘してくれたのだった。かすかな微笑が目尻に浮かび、日焼けしたそばかすのある顔一面にひろがった。

薄くなりかけた頭髪は、うしろにまっすぐになでつけられ、細ぶちのどちらかというとかたい感じの眼鏡が鼻の上にきちっとのっていた。ナチ侵攻中、オランダ軍の司令官として活躍していた彼の姿は以前に写真で見たことがあったが、今本人を目の前にして、その写真の面影が彷彿としてきた。

「とにかく」彼は続けた。「あなたがたに会えてうれしく思います。かわいい奥さまを私のとなりに坐らせてください」

ディナーの最中、殿下はエコー・ウィスキー・ゴルフ号で私たちのキャンプへ行けたらどんなにいいだろう、と言った。なにげなく言ってはいたが、一縷《る》の望みを託している、という思いは明らかに伝わってきた。しかしあいにく彼の滞在日数はわずか一日だけだった。

翌朝六時半に私たちは、殿下と彼の秘書に滑走路でおちあった。前夜のディナーの席で、殿下は飛行機を操縦していた昔のことを生き生きと話してくれた。〈ジプシー・モス〉という名の飛行機のこと、生垣のある短い着陸場のこと。今、エコー・ウィスキー・ゴルフ号は離陸しようとしていた。殿下は私を見て、笑いながらたずねた。「よろしいですか？」私はキャンプの方向を示すと、操縦を彼にまかせた。操縦の細かいところは多少忘れていたのかもしれないが、少なくとも一見したところは全然そんなふうには見えず、彼は私たちを無事まっすぐにキャンプへと運んでいってくれた。

お茶で一服したあとふたたび飛行機に乗ると、ヌーの移動のルートにそって北の〝クケ〟柵へむかった。その日の餌を求めて屍骸に急行するハゲワシの列をたくみによけながら私たちは柵にそって進み、柵と柵がぶつかる角で南に進路をかえた。東方数マイル先にあるサウ湖岸の平原からもうもうと砂けむりが上がっている。数千のヌーが、長くつらい道のりを旅してやっと水にありついたとたん、またすぐに木陰へとひきかえしているのだ。見わたすかぎりの平原に点々と散らばっているヌーの黒い塊の真上を、高度を下げて飛んでいる間じゅう、殿下は口をキッと結んだまま、ただ頭を横に振るだけだった。その日は一〇日前よりもずっと暑く、動物たちは次々と息絶えていった。私たちは、破滅と死と苦悩の修羅場の上空を飛んでいたのだ。キャンプへもどる道すがら、だれもほとんどしゃべらなかった。

気の滅入るような飛行のあと、滑走路からキャンプまで歩いていると、チーフと名づけた仲よしのサイチョウがとまっていた木から滑るようにまっすぐおりてきて、殿下の頭の上にとまった。またお茶の席を設けて歓談したが、その時ベルンハルト殿下は、私たちの研究のための資金がさらに追加されるようなんとか骨折ってみること、ヨーロッパのしかるべき人たちにヌーの危機を知らせることを約束してくれた。

私はジジフスの木の下からワインを掘りおこし、ディーリアはバケツ製のオーヴンから焼きたてのパンをとりだした。テーブルのまわりを飛びまわるサイチョウ、ケープカラムシクイ、シロハラチャビタキといっしょに私たちは昼食をとった。

その日の午後ベルンハルト殿下は、ライオン、カッショクハイエナの子ども、そして〝ピンクパンサー〟を見てまわった。だが、ピンクパンサーは穴のなかに這って入るとそれっきり出てこなかった。ちょうど夕方暗くなる前にはクワイ・ロッジにもどることができた。その夜、私たちは殿下にスライドをお見せした。そして翌朝キャンプに帰ると、今度はファウスト博士を迎える準備にとりかかった。

リヒャルト・ファウスト博士は驚くほどエネルギッシュで、一週間七日を休みなしで働く。毎朝五時から八時まではフランクフルト動物学協会の理事長として。朝八時から夕方五時まではフランクフルト動物園の業務を指揮する。そして夕方五時から夜一〇時までは、ふたたび動物学協会の理事長として働く。このたびのアフリカ旅行で彼は七年ぶりに勤務を離れたのだが、この時でさえ、協会のスポンサーの一団を引きつれていた。

今、博士は車のステップに立っている。頭髪は風にゆれ、顔は砂にまみれていた。私たちはサウ湖岸と塩のくぼ地にそって車を走らせながら、ヌーの屍骸をひとつひとつ見てまわり、その数を数え、雌雄を鑑別し、年齢を推定した。そして夕方、湖水からわずか二、三ヤード高くなった開けたところに携帯用寝具を敷き、たき火をかこんで坐った。太陽が沈んで熱波がしだいにおさまっていくなかで、一頭の若いヌーが私たちよりも一段と高い土手の上に立って、水場まで坂をかけおりるのをためらっている様子を眺めた。闇は重くたれこめ、屍臭が鼻をつき、夜の鳥が死者のために哀歌をうたっていた。長い間、だれもひとこともしゃべらなかった。

夜一〇時半には火はすでに消えて、もえさしだけになっていた。かすかな振動が空気を伝ってきこえてきた。「耳をすまして……なにかきこえませんか？　ほら……岩にぶつかる水の音のような」数分が経過した。すると音は轟きに変わった。低いうなり声が平原から起こった。「ヌーが来る！」

黒い物影がぞくぞく進んできて土手の上をおおった。それにつれて、まわりに砂けむりがもうもうとたちこめた。私はそっと車に身を移すとスポットライトをつけた。無数のヌーの群れが、エメラルド色の目を燐光体のように輝かせながら土手に殺到し、私たちがいる野営地のまわりになだれこんできた。

数限りないヌーの群れが私たちのかたわらを通りすぎて、湖のなかに入っていった。騒々しく音をたて水をはね散らしながら、彼らは湖の水を飲んだ。しかし、一頭のヌーが水のなかにいる時間はわずか二、三分だった。そのあとすぐに、彼らは岸のほうへと渦まく、黒い生きものの流れに引きよせられ、やがて西の平原にむかった。このようにして休む暇なく帰りの旅がすぐにはじまる。遠路はるばるやってきたのに、わずか二、三口の水だけとは！ しかも太陽に活力がうばわれる前に木陰を見つけるとなると、わずか二、三時間の余裕しかないのだ。

ヌーの群れが死にものぐるいで湖に殺到し、たちどころにそこから去っていく様子を眺めながら、私は、カラハリ砂漠にすむすべての野生動物の保護にとって移動がいかに重要かを考えないわけにはいかなかった。ヌー、ライオン、ハイエナは私たちに多くのことを教えてくれた。中央動物保護区はあれだけの広大なひろさをもちながら、移動性の強い捕食者と被捕食者のほとんどの個体群に対して、なんら適当といえる生息地を与えていない。動物保護区には涸れることのない水場はないし、柵や定住地が設けられたことで、国内の数少ない湖や川に行く道もはばまれている。この状況下では、アンテロープの個体群が厳しい旱魃期に水を得る場所はほとんどないといっていい。ライオン、ヒョウ、カッショクハイエナなど、カラハリの捕食獣は水なしでもずっと生きてゆくことができるが、それは獲物となる草食動物が彼らに食物と水分とを十分に供給しているかぎりにおいてなのである。ヌーたちがボテティ川やサウ湖の水をもっと容易に飲めるよう、また密猟者によって彼らが脅かされることのないよう、早急になんらかの対策が講じられなくてはならない。

さらにこのほかにも事態解決のための方法が案出されなければならない。さもないと、カラハリ砂漠の野生動物はそのほとんどが姿を消してしまうだろう。私たちはそう確信した。

さしあたってヌーの窮状を救える唯一の手だては雨である――砂漠に緑の草をもたらす雨。雨が降れば、ヌーたちはサウ湖に行かなくてもすむ。だが、長期的に見た場合、解決法は動物保護区からサウ湖へいたる地域も保護区にくみいれて、その分だけ保護区をひろげる、あるいはその地域を、少なくともヌーの群れが容易に湖に到着できるための安全な〝回廊〟に指定することしかない。こうすれば、もちろんその地域の定住地と牧場経営の開発は凍結されることになる。

観光事業や野生動物関連の産業が畜産業にかわって発展すれば、この地域の先住民の生活水準も全般的に向上するだろう。そして同時に、豊かな天然資源も保護されることになる。しかしハボローネの政府機関に対してこのような提案をしたところで、受諾されることはまずないといってよい――サウ湖岸地域には畜産にかかわる要人が多すぎるのだ。

ファウスト博士はヌーの現状にいたく心を動かされて、私たちの研究をひきつづき支援することを約束してくれた。ファウスト博士とベルンハルト殿下が私たちのキャンプを訪れたのちの数ヵ月間、私たちは、テントのなかでタイプライターをたたいたり、ジジフスの木の下で鉛筆をつっつくサイチョウとともに仕事をしながら、長時間を過ごした。まず、世界中の関係雑誌にのせる記事の草稿を書いた。それから報告書や回報《サーキュラー》を、そのほかの有力な人物に送った。これを読んだだれかが、ヌーの保護のためになんらかの対策を講じるようボツワナに働きかけてくれることを期待したのだ。同時にまた、柵に固執するEECをも説得して、柵が野生動物に与える影響について再検討がなされるよう願っていた。

こうしたことで貿易関係のビジネスマンや政府役人の態度が変わるとはとても思えなかったが、ただ私たちは私たちなりにベストをつくしたまでである。こうした間にも雲の影がないものかと、くすんで荒涼とした空を見あげてみるのだが、それらしきものはどこにもなかった。

二六　カラハリの空

マーク

旱魃が始まってから二年半余りが過ぎた、一九八〇年一〇月なかばのある午後、空に一片の雲が現われた。来る月も来る月も砂漠の空は焼けつくように乾ききっていたが、枕のようなふんわりした水蒸気のかたまりがたったひとつ、カラハリ砂漠の上空にぽっかり浮かんだのだ。まるで私たちをからかっているようだった。だが数時間後にはほかにもいくつかの雲が現われ、あちこちに散らばった。そしてそれぞれが東の空、つまり谷間とサウ湖の間の上空で、しだいに黒ずんで大きくなっていった。

雲のひとつから雨がすじをなして落ちはじめるのを見て、ディーリアと私は飛行機にとび乗った。高度一五〇〇フィートのところで機体はやわらかい灰色の水蒸気の下に入った。雨が風防ガラスをたたきつけ、機体の表面にそって流れていく。窓をあけて腕を外にたらすと、冷たい雨のしずくが指先へと流れおちた。新鮮ですがすがしいにおいがキャビンに勢いよく流れこんできた。これこそまさにカラハリの空だ。

別の雲塊によって空が水蒸気でおおわれていくなか、サウ湖までとぶ。湖岸の平原の上空に雲はまだなかったが、眼下ではヌーの黒い塊が一団となって、西の空にじっと目を注いでいた。と、にわかに平原の大地が動きだした。何千というヌーの群れが、西へむかってドッと駆けだしたのだ。生得の秩序感、とでも言うべきものが個体間に伝わって、そのうちにヌーは列をつくりはじめた。ある列は長さ一マイル以上もあった。どの列も、一片の雲とその雨のヴェールにむかってまっすぐに進んでいった。

機体のまわりのもやと水けむりのためか、あるいは私たちが興奮していたからか、はじめは気がつかなかったが、地面にまだ雨は降っておらず、依然として乾ききった灰色のままだった。そうわかったとき、私の心は絶望感にうちひしがれた。私たちがつっこんだのは尾流雲《ヴァーガ》であって、雨は地上に達する前に熱い砂漠の空気中に消散してしまう。そこならきっと雨が降っている、そう思ってこの雲のすぐ近くまで来たヌーたちも、頭を低く下げ、足どりが重くなってきた。なかには立往生しているものもいた。失意のどん底？　ヌーにもそんな気持があるのだろうか。

速度を落としフラップをいくらか下げて、眼下のヌーの群れから目を離さずに三〇分ばかり雲から雲へ移り飛んだ。やがて午後もおそくなると気温が下がってきて、とうとう地面にも白い水柱が密になって落ちはじめた。サヴァンナ一円はうす暗くなり、ついに雨の恵みを受けることができた。水たまりができた。ヌーの群れは集団で水を飲み、雨にぬれた草をみつけしだい、口に運んだ。

三日後にふたたび雨が降り、そのあと一週間たってまた降った。緑の草がいたるところで芽をふき、成長していく。ヌーの群れはカラハリ砂漠や動物保護区へもどる道すがら、むさぼるように草を食べた。むろん、移動をしたあの大群のなかで生き残ったのは彼らだけだったのだが、少なくとも雨が降ったおかげで、私たちとしては時間的に余裕ができた――つまり、ボツワナ政府および世界中のほかの国々にカラハリのヌーの救済を訴えるのは、今すぐでなく、またの年でもよいことになったのである。

最初に雨が降った日の翌朝。空にはまだ積乱雲がモクモクと浮かんでいた。私たちは空からライオンをさがすことにした。サッシーの信号音がヘッドホンに音高く鳴ったその時、大粒の雨が機体を打ちはじめた。信号音が最大となった地点を通りすぎる。額を横の窓ガラスにおしあてて、眼下をかすめる木々の間を霧ごしにちらっと見た。機体を急角度にバンクさせ、またもとにもどす。まずサッシーの姿を見つけた。彼女はチェアリーと七頭の子どもとともに、大きなアカシアの木の近くに立っていた。子どもはみんな若者に成長していた。サッシーとチェアリーは、旱魃の間ヌーを捕食しながら、すべての子どもを一頭の脱落もなく育てあげた。だがそのためには動物保護区を出て遠くまで足をのばさなければならないこともあり、牛の放牧場のなかに二、三〇〇ヤード入りこむこともしばしばだった。彼女たちはどこからみても、実に立派な母親だった。今、みんなは〝ハーテビーストのくぼ地〟近くに立ち、篠突く雨のもとで互いの背中や顔の水を舐めあっていた。機体をバンクさせて上を通りすぎた時、子どもたちは互いに忍び寄ったり、追いかけっこをしたりしていた。ぬれた砂の上に彼らの足跡がついていた。

ブルーとビンボの姿を見つけた。この母子は〝ワニのくぼ地〟の西の水たまりで水を飲んでいた。位置を記録したあと、むきをかえてキャンプへもどろうとした。と、その時、二頭がいるところからほど近いアカシアのやぶのはずれに、大形の雄ライオンが一頭横になっているのが目にはいった。機体のほぼ真下でぼんやりとしか見えなかったので、機体をまわしてもう一度よく見ようとした。しかし機体が風におし流されたのと、やぶが重なりあっていて視界がさえぎられたため、ふたたび見つけることはできなかった。

やがてついにディセプション・ヴァレーにも雨が降りだした。日没直後のことだった。

ペッパーは共同巣穴付近で、においのマークを嗅いでいた。ココアは近くのやぶの中で横になっていた。降りだした雨がまわりの砂山の頂上にプスプスと小さな穴をあけはじめると、ペッパーとココアは耳をピンとたてて立ちあがった。カッショクハイエナのこの子どもたちがはじめて見る雨であった。彼らはまず小枝や古い骨片、それから自分の鼻先にたまった水を舐めたが、そのうちに地面にできた水たまりの水を飲みはじめた。二歳にしてやっとありついた水らしい水だった。

次の朝、ブルーとビンボはディセプション・ヴァレーの奥地の〝ドッグズ・レッグ〟付近にいた。彼らの上空をかすめた時、大きなブロンドの雄ライオンがいっしょにいるのが目にはいった。前日この母子といっしょにいるのを見かけたあのライオンにちがいない。およそ二年間母と子だけで生きてきたあとだけに、仲間ができたのを知って私はうれしく思った。雨が降りつづいて、アンテロープの群れが谷間にもどってくれば、おそらくライオンたちもふたたび川床を歩きまわるようになるだろう。夜間や早朝、砂丘から砂丘へ轟きわたるライオンの咆哮が聞けないと、なんとなくさびしい気がするものだ。キャンプにもどると航空写真の上に彼らの位置を記入した。そしてすぐに三頭のいるところまで車を走らせた。近くへ行ってもっとよく観察しようと思ったのである。

三頭のライオンは密生したイバラの茂みの間の開けたところにいた。雄ライオンは横むきに寝ころんでいて、車が止まってもふりむきもしなかった。

「ずいぶんくつろいだ様子ね。ちょっと信じられないくらいだわ」ディーリアが雄ライオンを見て言った。その時、彼がくるりと頭をまわした。

ディーリアは双眼鏡をとりあげて目にあてたが、とたんにハッと息をのんだ。

「マーク！　モフェットよ！　生きていたんだわ！　腰の傷跡もみえるわ！」首輪と発信機はなくなっていたが、右の耳には赤いイヤータグの残片があった。モフェットはマフィンが罠にかかって射殺された現場にいあわせ、彼自身、イヌの群れをつれた馬上の男に追いかけられた。おそらく逃げる間に怪我もしたことだろう。にもかかわらず、しかも旱魃の厳しい環境のなかをよく生きのびていたものだ。

しばらくして、ディーリアと私はそっと車をおりた。ライオンを安心させる方法として、私たちは長い間ライオン同士が呼びあうときにたてるなき声をまねしてきたが、今もまたそのなき声をまねして、やさしくクークーとなきながら前方に這って出た。ビンボとブルーから離れて横になっていたモフェットは、ヤマアラシを太い前足の間にしっかりはさんでムシャムシャと食べていた。彼は私たちをじっと見つめ、それからため息をつくとまた食事を続けた。彼からおよそ五ヤードは離れた灌木の茂みのもとに私たちは腰をおろした。ふたたびモフェットに会えて、昔の日々がまたもどってきたようだった。

ビンボはほぼ二歳になっていた。たてがみはまだ生えはじめたばかりでそろっていなかったが、体重は二〇〇ポンドもあった。立派に亜成獣として成長していたが、好奇心だけは幼いころと変わりなかった。そのビンボがゆっくりと立ちあがって、私たちのほうへ歩いてきた。あと五フィートというところまできて立ち止まると、顔をそむけた。前足を舐め、地面のにおいを嗅ぎ、それからためらいがちに一歩前に足を出した。卵の上を歩くように、細心の注意を払って前足を地面においた。なによりもまず、彼が全面的に私たちをうけいれてくれればいいのだが。危疑の念より好奇心のほうがはるかに旺盛であることを示してほしい。私たちの身体に触れてくれれば、それがなによりの証拠となる。

さらにもう一歩、ビンボは前進した。そして私のほうに身体をのりだした。私の顔からわずか三フィートのところに彼の鼻と頬ひげがある。彼はなおいっそう近づいた。目のなかに映った砂漠の景色、そして光の変化に順応する時虹彩に現われる金茶色の斑紋さえ見ることができた。くりかえし何度も彼は鼻づらを前におし出したが、すぐにもとにもどし、耳をほんの少しまわした。さらにもう一度、ぎごちなく前進を試みた。が、結局それが最後だった。彼は急いで私の頭のそばの葉のたくさんついた枝に鼻をつっこみ、くんくんと音をたててそのにおいを嗅いだ、はじめからこれがめあてだったといわんばかりだった。やがて彼は歩き去った。もう少しで私に触れるところだったのに。なにものかが邪魔をして、とうとう触れあうことができずに終わった。私とビンボをへだてていた障壁は、ついに最後までとりはらわれることがなかった。

私たちは長い間腰をおろしたままモフェットがゆっくりと食べるのを見ていた。食事を終えると彼は顔と肩からヤマアラシの針をこすりとり、前足を舐めた。身体をきれいにしおえると起きあがって、たてがみをゆさゆさゆらし、ピンクの舌で鼻づらを舐めながらこちらへむかって歩いてきた。そして私たちの足もとで立ち止まると、やさしい目で私たちを見た。彼はさらに歩いて、いつもの木陰にブルーといっしょに横になった。

数千平方マイルにおよぶ原野のまっただなかにいるモフェットとブルーとビンボは、人間たちが考えもなしにおこなう開発の波からは、少なくともある程度は保護されている。この三頭をはじめとして、ペッパー、ココア、それからほかの動物にも、この地上の一部をわがものとして生きながらえ、数々の困苦にもめげず生きつづける権利が与えられているはずなのである。

だがその時、そばの木にぶらさがっているヒラヒラしたものが私の目にとまった。二人とも今まで気がつかなかったが、それは木の枝に縛りつけられ、風にはためいている、青いビニールの調査用リボンであった。

エピローグ

ディーリア＆マーク

かつてディセプション・ヴァレー一帯を支配していたブルー・プライド王朝の後継は、ブルーとビンボとモフェットだけとなった。ついこの前会ったビンボは、まだたてがみは生えそろっていなかったが、放浪好きのたくましい雄の若者になっていた。やがては放浪個体となってディセプション・ヴァレーを去り、自身のテリトリーと群れ《プライド》を求めて、はるか遠くまでさすらうことになろう。しかしさしあたってはまだ、彼と母親のブルーはブルー・プライドのもとのテリトリーにおり、ブッシュ・サヴァンナや林を通りぬけ、谷間の東方、〝ワニのくぼ地〟付近を歩きまわっていた。母子は、時おりモフェットに会った。三頭は狩りをしたり、木陰でいっしょに休んだりした。

モフェットはいつも、小形の動物や鳥を捕食しながら単独で暮らしていた。テリトリーを持たないため、咆哮することはめったになかったが、時々、風にむかってやさしくクーとなくことがあった――もしかしたら、昔の友達マフィンからの応答に耳をすましていたのかもしれない。

一九八〇年の暮れに、年老いたチェアリーはさらに三頭の子どもを出産した。父親はたぶん、動物保護区の境界近くにテリトリーを持つイースト・サイド・プライドの雄であろう。子どもをつれたチェアリーとサッシーの行動範囲は、ディセプションの東二〇マイルから五〇マイル、〝ハーテビーストのくぼ地〟付近かその先にまでおよんだ。この一帯は絵のように美しく、テルミナリアとコンブレッツムが密生する林が広がり、まばらな木立ちの草地と、なだらかなサヴァンナへとつらなっていた。ここで、これらの雌ライオンたちは、クードゥー、ダイカー、ハーテビースト、移動中のヌーなどを、折にふれて捕食した。この地域にすむほかの雄や雌ライオンとあらたな関係をつくったので、おそらくもう、ディセプションのキャンプに近い、ブルー・プライドのもとのテリトリーにもどってくることはないであろう。

リーザとジプシーはいっしょに〝楽園のくぼ地〟にすんでいる。ジプシーは一九八〇年にそこで子どもを三頭出産した。出産も二度目になると、母親としてかなりうまくやっているようだった。私たちがカラハリを去る前に見たかぎりでは、彼女の新しい子どもは健康に育っており、成長もはやかった。

かつてブルー・プライドのメンバーであったスパイシーとスプーキーは、スプリングボック・パン・プライドに仲間入りした。スパイシーはそこで、ハッピーの家族といっしょに自分の子どもを育てた。

はじめて会ったときにはまだほんの子どもだったブルー・プライドの雄、ラスカルとホンバーは、のちに動物保護区のすぐ外の放牧地付近で、牧場主によって撃ち殺された。耳にイヤータグをつけ、または首に無線首輪をはめたライオンの三分の一以上が、私たちのカラハリ滞在期間中、プロのハンター、密猟者、牧場主らによって撃ち殺された。主として雄ライオンをねらった、このような大量殺戮は、個体群の長期的な繁栄にとってきわめて有害であると思われる（カラハリにすむライオンの保護に関する私たちの勧告については付録IIを参照）。

スプリングボック・パン・プライドの優位の雄であったディアブロは、〝オールスターズ〟と名づけた三頭の最高位の雄たちによって群れ《プライド》を追い出され、ディセプション・ヴァレーから西へ二〇マイルほど行ったところで二頭の若い雌と交渉をもった。スプリングボック・パン・プライドの雌のハッピー、ディキシー、サニー、マッツィー、タコはスパイシーとスプーキー、それから別の群れ《プライド》の二頭の雌と連れだって、短い雨季の間、なつかしい昔のテリトリーに帰って短期間を過ごしたが、今はまたディセプション・ヴァレーの南北一二〇〇平方マイル以上にわたって広がる、広大なサンドヴェルトに散らばっている。ヒドゥン・ヴァレーにつくった臨時滑走路の穴を点検していたディーリアをおどかしたタウ・プライドのライオンたちは、旱魃期に動物保護区を出た時、牧場主によってすべて撃ち殺された。

亜成獣に成長したカッショクハイエナのペッパーは、今でもキャンプにやってきて、母親のスターがやったようにやかんを盗んだりする。

パッチイズは一九八〇年の末に四頭の子どもを出産し、群れ《クラン》の共同巣穴に彼らを移した。共同巣穴ではダスティとペッパーが、子どもたちに食事を与えるのを手伝っていた。ダスティは自分の一腹の子どもを亡くしていたが、パッチイズの子どもが共同巣穴に移されてくると、すぐにいそいそと彼らの世話にとりかかった。子どもたちにとって異父兄にあたるチップも食糧をやったり、いっしょに遊んでやったりしながら育児の手伝いをした。しかし、もっと遠い親類にあたる雄のまたいとこのピピンは何の手助けもしなかった。

中央カラハリにすむカッショクハイエナの保護に関する勧告については付録Ⅲを参照してほしい。

一九八〇年の末にサウ湖に降った雨は、数千におよぶ仲間が死にたえたのち辛くも生きのびたヌーを、一時的にまた動物保護区にもどした。しかしホッと一息ついたのもつかの間だった。あちこちで多少の降雨はあったものの、旱魃は、一九八四年まで続いたのである。ヌーの群れは、今や完全にひあがってしまったサウ湖にむかってなおも移動しつづけている。

中央カラハリ動物保護区の境界が設定された時、移動性のアンテロープの個体群についてはなにもわかってはいなかった。現在その数はかなり減ったとはいえ、これらの動物を保護するため、移動する種という見地から解決法が見出されねばならない。

私たちは、ヌーに関する調査が今後も続行されることを望んでいた。そこで、ディセプションのわがキャンプを小規模ながらも調査基地にすることを考え、このための資金を要請したところ、フランクフルト動物学協会が、ヌー問題の今後の調査に必要な施設と調査員に対して資金を供給してくれることになった。ダグとジェーンのウィリアムソン夫妻が、ヌーに関する私たちの予備調査をひきついでくれることになり、現に今、ヌーの行動習性についてより詳しい調査をおこなっている。彼らの報告によると、一九八三年だけで六万頭以上のヌーが、サウ湖の周辺地域で死んだという。

ヌーの問題が世間に知れわたると、非常な関心をひきおこした。ヌーを心配する手紙が世界中いたるところからボツワナ政府に寄せられた。ボツワナの野生生物局のある役人の話によると、ボツワナの農業省は、カラハリのヌーが利用できる給水設備を開発するための調査研究資金として百万プラ以上を野生生物・国立公園局に計上することに同意したという。ボツワナ政府は、サウ湖の西岸にある定住地の開発を凍結させることによってヌーの移動通路を維持すべきだという勧告を、当面のところ受諾した。さらに、カラハリ動物保護協会がハボローネに設立され、中央カラハリ動物保護区内に野生動物のための水場を開発することがはたして実現可能かどうか、ひきつづき審議がおこなわれている。

残念ながら、サウ湖には野生動物偵察《ゲーム・スカウト》キャンプがまだ設立されていない。そのために、移動するヌーに対する密猟やいためつけがあいかわらずひどい。先住民が車でヌーを追いかけたり、イヌをけしかけたりする。あげくに射殺するか、槍でついたり棍棒で打って殺してしまうのだ。ヌー問題の解決法として推奨できるものを付録Iに提示した。

モクスに会うことは二度となかったが、彼がマウンから三〇マイルほど東にある、ボティ川ぞいの村モトピのダチョウ飼育場で働いていることが、ついにわかった。その飼育場主の言うには、モクスは夕方たき火をかこんで坐ると、ボーンズのことや、ブルー・プライドのライオンたちに追われて木にのぼったこと、はじめてスターを無線追跡しようとして失敗したことなどを話すことがよくあるという。いまもビールをよく飲んでいて、時おりモトピの女性をおどかしたりするらしい。彼はまた〝ラ デ タウ（ライオンの男）〟という、彼にふさわしい呼び名をもっている。

目下私たちは、調査の結果をまとめて発表するところである。また、カリフォルニア大学デイヴィス校に提出する博士論文を書き上げつつある。それが終わればまもなくカラハリ砂漠にもどって、七年間慣れ親しんだペッパー、ダスティ、ブルー、サッシー、モフェットたちについての調査を再開するつもりである。

今後死ぬまでディセプション・ヴァレーにすみついて、フィールド日誌をつぎつぎと埋めていく生活をおくるのも悪くはないな、そう思うことがある。それほどにここでの生活は、神秘に包まれ、つきせぬ興味を抱かせてくれる。しかし、ただそのようにのめりこむだけでは、カラハリ砂漠にとって益になることはほとんど何もはたせないのではないか。七年間の調査のデータを整理してまとめ、その結果を公に発表して科学と自然保護に寄与すること、これをまずやらなければならない。同時に重要なことは、カラハリ砂漠にしかないすばらしい野生の財宝を、ボツワナのひとびとや世界のほかの国々の人たちに知らせることである。このままキャンプでテント生活をしていては、このようなことはなしえない。

これまで私たちは、この砂漠で苦しい時を何度か切りぬけてきた。けれど、なかでもとりわけつらかったのは、ディセプション・ヴァレーを去るときだった。

一九八〇年一二月のある早朝、エコー・ウィスキー・ゴルフ号は滑走路をはずむようにして駆けぬけ、砂漠の空に舞い上がった。ボーイングと名づけたスプリングボックが速足でわきによけ、キャンプではサイチョウが木々の間をとびまわっていた。別れに先だって谷間をひとめぐりしようと、マークが機体を北に向けた時には、二人ともひと言も口がけなかった。ボーンズの折れた肢を手術した木立ちの上を低くとんでから、ハイエナの巣穴の上にさしかかると、アカシアのやぶの下でペッパーが身を横たえているのが目にはいった。それからマフィンとモフェットがスターを殺した〝東の砂丘〟の肩、キャプテンとメイトがヘンゼルとグレーテルを育てた〝チーターの丘〟頂上の狭い空き地の上空をゆっくりと時間をかけて通りすぎた。そうして機首を南へ一六三度まわすと、エコー・ウィスキー・ゴルフ号はディセプション・ヴァレーに別れを告げ、一路、別世界へと飛び去った。

付録

付録Ⅰ　カラハリにおける移動性有蹄動物の保護

カラハリ砂漠にすむヌーやハーテビーストのような有蹄動物は、旱魃になると中央カラハリ動物保護区を横切って、その保護のおよばない地域へ移動する。ンガミ湖、オカヴァンゴ川のデルタ地帯、サウ湖、そして、これら自然の貯水池をつなぐ河川へむかうのである。目的は飲み水だけではない。旱魃期には、栄養に富む餌は動物保護区内では十分に得ることができず、さらに多くの餌をさがしもとめる必要にせまられる。そこで、移動するこれら有蹄動物は、過去二〇年来先住民の定住地がふえつづけている地域へと足をのばすことになり、今や水、草地といった限られた資源をめぐって、人間と野生動物の間に直接的な争いがおきている。その上、口蹄疫（FMD）の蔓延をふせぐために設けられた柵によって移動がはばまれ、アンテロープの個体群が行くことのできるのは、かつて利用できた河岸の生息地のうちのごくわずかな部分だけにかぎられている（六三五ページ、六三九ページの地図を参照）。

人間と砂漠の移動性アンテロープとの間の争いを解決するのはたやすいことではないかもしれない。しかし、早急になんらかの対策をうちださなければ、これら有蹄類の個体群は、カラハリ砂漠に周期的にやってくる旱魃を生きぬくことはできないであろう。そこで私たちは次のような勧告をしたい。検討されることを期待する。

1　口蹄疫防疫柵の役割を定めるためには、詳細にわたる調査が必要である。まず、病原菌が動物間をどのような感染経路で伝わるのかについては、ほとんど何もわかっていない。また広範囲におよぶ実験にもかかわらず、口蹄疫を健康な家畜に感染させるのが野生の有蹄動物なのかどうかは、いまだ決定的に立証されるにいたってはいない（J. B. Condy and R. S. Hedger, 1974）。したがって、野生の有蹄動物が伝染病の源であり、柵がその蔓延をくいとめていると断定しうる論拠は誰ももっていないのである。

一九五〇年代の初期に柵が設けられて以来、ボツワナでの口蹄疫の発生は主なものだけで九回を越えた。そのたびに、口蹄疫は防疫柵のあるなしに関係なく、国内の広い範囲に蔓延している。なぜこのようなことが起こるのか。ひとつには、口蹄疫を起こすウィルスが三種あることが挙げられよう。環境状態が引き金となれば、三種のウィルスが別々の場所で、ほぼ同時に病気の発生を促すこともありうる。さらに、このウィルスが、空気感染によってかなり遠くまでひろがり（R. S. Hedger, 1981）、また乗り物に付着した湿った土を通じても伝染しうる（O. H. Siegmund, ed. 1979）ことを示す証拠もあり、柵を設けたぐらいでは、とてもこれをくいとめることはできない。疫病の進展と蔓延をふせぐのに柵がたいして役に立っていないとする情況証拠は、反対に役に立っているとする証拠と同じくらい存在するようだ。ただはっきりしているのは、ボツワナ全土に生息する移動性のアンテロープの個体群は、この柵によって惨憺たる情況に追いこまれていることである。

しかしながら、柵を撤去することがヌー問題の長期的解消につながるとはいえない。ボツワナの数少ない川や湖の岸にそって先住民の定住地がひしめきあっている。そのため、たとえ柵がとりはらわれても、カラハリのアンテロープが遠からず水場から遮断されるのは明らかである。この地域に観光産業や野生動物にもとづく産業を発展させてはどうかと提案しても、ボツワナ政府は一度もまじめにとりあげようとはしなかった。そういった産業が発達すれば、おそらくこの地域の先住民の生活水準は向上し、同時に、すばらしい自然の財産も保護されるだろう。野生動物にこれ以上の災難がおよぶのをふせぐため、調査を通じて、現在計画中の新しい柵が野生動物にどんな影響を与えるかをみきわめる必要がある。

2　ボツワナは疫病防止策として、柵にかわる何らかの方法を考えなければならないが、有効な最新のワクチン接種プログラムがその第一だろう。過去の口蹄疫発生期間中ワクチンによる予防接種を受けていたのは、感染地域の全畜牛のうち五〇パーセントたらずということが多かった。しかもそのうち、古くなったワクチンが使用されたことが少なくとも一回はある。現在米国で開発中の新しいワクチンが完成すれば、畜牛は口蹄疫に対し生涯免疫を得るだろう（P. H. Abelson, 1982）。柵を設けなくてもよいようにし、牛肉輸出産業が気まぐれな口蹄疫の影響をできるだけ受けないようにする方法として、ワクチン接種のほかに次のようなことが考えられる。すなわち、口蹄疫が風土病である地域により多くの食肉缶詰工場をつくる。口蹄疫発生期間中に家畜を移動させた時は、畜牛没収など、罰則をより重くする。疫病によって隔離された地域の境界ぞいは軽飛行機でパトロールする。

3　ヌー問題の部分的解決法として、中央カラハリ動物保護区の東の境界を一部さらに東にうつして、サウ湖周辺地域を保護区に含めるというのがある。たとえボツワナ政府がこの案に注意をはらわなくても、サウ湖から保護区へいたる湖の西岸地域は、せめてヌーが移動するための回廊として永久に保護されるべきである。また、この地域における定住地と放牧場のこれ以上の開発は凍結されなければならない。この回廊は、ヌーが移動しなかった年でも定住地にくみ入れられることがあってはならない。しかし、観光産業やサファリ・ハンティング、野生動物にもとづいた他の産業等を維持するためにこれを利用することはさしつかえない。

4　常設の野生動物偵察《ゲーム・スカウト》キャンプをサウ湖畔地域に設置して、移動性アンテロープの密猟を阻止しなければならない。

5　有蹄動物に水を補給する手段として動物保護区内の試錐孔《ボアホール》を利用するのは、あまり勧められる方法ではない。しかしこの策をとる場合は、次のことを念頭においてなされるべきである。

(a)　草の種類が豊富でも、それだけでアンテロープの餌として質的に十分であるという保証はない。中央カラハリ動物保護区内に生えている青草や木の若芽にアンテロープが乾季を生きのびるのに十分な蛋白質とミネラルが含まれているかどうかの調査が必要である。もしこういった栄養分が十分に含まれていないならば、移動性アンテロープにただ水を供給しても、その生存は保証されない。

(b) 人間が給水設備をつくって水を供給すれば、移動性アンテロープの個体群はそこに集まるようになるだろう。しかしその場合、管理が十分にゆきとどかないと、草は食べつくされ、結局そこは砂漠化してしまう。

(c) 人工的な給水設備は人間も引きよせる。人間は家畜と農作物をたずさえてその付近に定住するようになる。こうなるとヌーはもはやそこに近づくことはできなくなる。そして、動物保護区内の試錐孔《ボアホール》の周辺に発達して、しだいにその数を増している、例えばカデのような先住民定住地をどう扱うかといった、きわめて微妙な問題が今後さらに深刻化することになろう。

6 くぼ地や化石化した川床は、中央カラハリ動物保護区の全面積のうち、およそ一一パーセントを占めるにすぎない。しかしその土壌は（動物にとって）必要欠くべからざるミネラルを有し、またそこに生える草に含まれる蛋白質と繊維質の割合は、サンドヴェルトの草と比べてはるかに望ましいものである。全地域のほんの一部にすぎないこの場所だが、降雨量が一〇インチ以上あった年の雨季には、全有蹄動物の五七パーセントもがそこに生息した。化石化した川床は野生動物の生息地としてきわめて重要であり、保護しなければならない。それは私たちの調査の結果明らかである。

7　ボツワナ産の牛肉の大部分を輸入するヨーロッパ経済共同体（EEC）、なかでもとりわけ英国は、ボツワナの畜産業に対して多大の助成金を与えている。口蹄疫の蔓延防止に防疫柵がどの程度効き目があるかを実証するための調査がこれまでに一度もおこなわれていないにもかかわらず、しかも、柵設置計画が着手されて以来三〇余年間に、少なくとも二五万頭のヌーと彪大な数の他のアンテロープが直接この計画の犠牲となって死亡したという事実をもかえりみず、ブリュッセルのEECは断固として防疫柵の建設を強要している。助成金によって金が〝容易に〟手に入ると、家畜の数が必要以上にふやされ、その結果過剰放牧をきたし、土地は砂漠化する——そして野生アンテロープの個体群はそこから追い出されることになる。先住民の多くは、伝統的に野生動物から得てきた食料品や衣料品の必要をみたすことがしだいにできなくなり、生計はますます国外からの援助計画に依存するようになる。そして、国の家畜の大半を所有する少数の富裕な畜牛所有者ばかりが、いっそう裕福になっていく。

欧州議会はこのような政策を即刻改めるべきである。外国からの助成金によってボツワナがおし進めなくてはならないのは、観光産業、撮影旅行と狩猟旅行、野生動物の

〝放牧場〟をつくることなどの、野生動物にもとづく産業の発展である。これに必要な資金は、年間ボツワナに支払われる牛肉の輸出代金（一四五〇万英国ポンドを超えている）の一部をあてればよい。野生動物にもとづく産業は砂漠化をひきおこすこともなく、維持するのに費用もそれほどかからない。また、これによって国民一般の生活水準があがることも考えられるため、ほかの産業に比べて長続きもするだろう。

付録Ⅱ　カラハリにすむライオンの保護

1　捕食獣管理法を修正して、次のことを牧場主に義務づけなければならない。すなわち、牧場主は捕食獣を撃つ場合、かならず同獣が確かに自分の家畜を殺したという証拠を事前に提示する。これについては関係当局による調査が即刻おこなわれねばならないが、家畜の損害事実が十分に証拠だてられた場合、家畜を襲った当の捕食獣を殺す任は、牧場主ではなく政府当局が負う。また同獣の屍骸は担当官が押収し、その売却によって得た金は、捕食獣の家畜襲撃によって牧場主がこうむる損害を補償するための資金にあてられる。捕食獣の頭蓋骨は野生生物局によって年齢の査定がおこなわれ、個体群の構成や動態に関するデータが必要な時に適宜参考にされるものとする。

2　私たちの調査の結果得られた生息密度の数値にもとづき、カラハリのライオンの狩猟割り当て数を二分の一に減らすこと、および、サファリ・ハンターがライオンの狩猟許可証を取得する際の料金を二倍にひきあげることを要求する。サファリ・ハンターによってしとめられたライオンの頭蓋骨もすべて、野生生物局の熟練職員によって年齢の査定がおこなわれるべきである。（本書は私たちの調査結果を科学的に論じたものではない。生息密度の数値、行動範囲の大きさ、生息地の活用状態などについては、別のしかるべき刊行物で詳細にわたり論ずる）

3　サファリ・ハンターはライオンを撃った経験がある（つまりライオンに関する知識を十分に持っている）場合のみ、ライオン狩猟許可証の購入が認められるものとする。前もって許可証を買わされて、いざライオンを撃とうとしても（この場合の狩猟対象は成熟した雄にかぎられる）成熟した雄ライオンがいないという、その理由だけで未成熟な若いライオンを撃つハンターが多くなってきている。このため成熟したライオンが全然いなくても、雄ライオンに対する狩猟圧はへらない。

4　捕食獣を餌でおびきよせることや、罠にかけることを禁じる法律の執行は、もっと厳格になされるべきである。このような行為を許すと、動物は家畜に害を与えていなくても、無差別に殺されたり不具にされたりする。密猟者が捕食獣を動物保護区や自然公園から誘い出す時に、最もてっとり早い方法として使われるのが、この餌によるおびきよせである。

5　野生生物局はこれまでの二倍から三倍の人員を現地に派遣して、現行法の執行をおし進めなければならない。

6　付録Ⅰで詳しくとりあげたように、カラハリ砂漠にすむライオンやその他の野生動物を保護するにあたって最も重要な方策は、中央カラハリ動物保護区の境界を調整しなおして、少なくともサウ湖の西岸地域が保護区内にはいるようにすることである。これまでみてきたように、カラハリのライオンは水を飲まなくても数カ月間生きることができるが、乾季や旱魃が長びくと、その多くは十分な餌をもとめて動物保護区の庇護を離れざるをえなくなる。

7　以上挙げてきた方策が講じられないうちは、旱魃期、動物保護区外にいるライオンを撃つ許可は一時差し止められるべきである。この時期、ライオンの多くは生存のためやむをえず、保護区を出ているのである。

8　サウ湖の南端に観光施設を開発する。湖が見渡せるロッジに宿泊設備を設け、次のようなレクリエーションのための施設をととのえるとよい。すなわち、湖上につくられたブラインド（鳥獣に気づかれないように観察するための小屋）までパピルスの間をぬってのカヌー旅行、カヌーで川をさかのぼっての釣りや鳥獣観察、マカディカディ低地動物保護区や中央カラハリ国立公園（案）の化石化した川床への撮影旅行、地元の滑走路からの鳥獣観察飛行などである。カラハリ砂漠、マカディカディ低地、オカヴァンゴ川の旅行客に対して、ツアー・オペレーターはサウ湖周辺の施設の利用をツアー契約に含めてはどうだろうか。そうすればこの地域の経済はおおいに発展し、同時に、今なお比較的知られることのないボツワナの独特な地域が、保護されるとともに宣伝されることにもなろう。

付録Ⅲ　カッショクハイエナの保護

1　カッショクハイエナは、屍肉の量がかぎられていることが多い半乾燥地帯の生態系に生息する屍肉食者であり、当然、その数は少ない。カラハリの原野がますます草を食む畜牛によって占領されてきている今、この種は、生息地の減少という重大な脅威にさらされている。ガンジ、トゥリ、ノジャニをはじめとするほとんどの放牧地区で、カッショクハイエナはよく射殺され、また罠にかけられて捕らえられる。しかしハイエナが家畜に与える脅威については、誇張されているきらいがないでもない。私たちはディセプション・ヴァレーで狩りをするカッショクハイエナを数回観察したが、一、二の例外を除いて、ウサギよりも大きい獲物を追いかけるようなことはなかった。雨季のはじめ、スプリングボックの雌たちが時を同じくして子どもを出産するころでさえ、カッショクハイエナがスプリングボックの子どもを殺すのをみかけたことは一度もなかった。それに、家畜の屍骸にかぶりついているカッショクハイエナがいたとしても、殺したのもそのハイエナであると憶断はできない。カッショクハイエナは別の捕食獣がしとめて食べたあとの残骸を見つけるか、あるいはくすねたりする場合が多い――というより、ほとんどがそうなのである。南アフリカの牧場主のなかには、カッショクハイエナが彼らの牧場内に入ってくるのを容認するものもすでに現われている。カッショクハイエナはもっぱら屍肉食者で、家畜群を危険にさらすことはふつうまずありえないという事実をひとびとに教えこむ必要があるだろう。

2　カッショクハイエナが食糧の大部分を依存している捕食獣のうち、特にライオンやヒョウは、牧場主、密猟者、ハンターによって撃ち殺されることが最近ますます多くなってきている。中央カラハリにおいて現在のカッショクハイエナの個体群密度を維持するには、主要な捕食獣のコミュニティを保護することが絶対に必要である。

3　防疫柵によって幾千というヌーが死に追いやられている。もし柵の犠牲にならなければ、これらヌーはカッショクハイエナやカラハリにすむ他の捕食獣の食糧源として永久に活かされるはずである。このヌー問題に本腰を入れて取りくむことも、カッショクハイエナの保護にとってきわめて重要である。

4　カッショクハイエナは、実際には家畜に対しほとんど何の脅威も与えていない。さらに、絶滅の危機に瀕している種でもあることを考えると、ボツワナの捕食獣管理法の対象からははずすべきである。牧場主にカッショクハイエナ殺しの特別許可証を発行する際には、カッショクハイエナが確かに家畜に害を与えたという証拠が提示されなければならない。

参考文献

Abelson, P. H. 1982. Foot-and-mouth disease vaccines. *Science* 218 : 1181.

Bertram, B. C. R. 1975. The social system of lions. *Scientific American* 232 : 54-65.

Bygott, J. D., B. C. R. Bertram, and J. P. Hanby. 1979. Male lions in large coalitions gain reproductive advantages. *Nature* 282 : 839-41.

Child, G. 1972. Observations on a wildebeest die-off in Botswana. *Arnoldia* (Rhodesia) 5 (31) : 1-13.

Condy, J. B., and R. S. Hedger. 1974. The survival of foot and mouth disease virus in African buffalo with nontransference of infection to domestic cattle. *Res. Vet. Sci.* 39 (3) : 181-84.

Dawkins, R. 1976. *The Selfish Gene.* New York : Oxford University Press.（『利己的な遺伝子』日高敏隆、岸由二、羽田節子、垂水雄二訳、紀伊國屋書店　２０１８）

Hamilton, W. D. 1964. The genetic evolution of social behavior, I, II. *J. Theor. Biol.* 7 : 1-52.

Hedger, R. S. 1981. Foot-and-Mouth Disease. *Infectious Diseases of Wild Mammals,* (ed. John Davis et al. Ames : Iowa State University Press) 所載。

Kruuk, H. 1972. *The Spotted Hyena. A study of predation and social behavior.* Chicago : University of Chicago Press. (『ブチハイエナ』〔上・下〕平田久訳、思索社 世界動物記シリーズ16・17 1977)

Macdonald, D. W. 1979. Helpers in fox society. *Nature* 282 : 69-71.

Mills, M. G. L. 1976. Ecology and behaviour of the brown hyena in the Kalahari with some suggestions for management. *Proc. Symp. Endangered Wildl. Trust* (Pretoria) pp. 36-42.

Mills, M. G. L. 1978. Foraging behavior of the brown hyena (*Hyaena brunnea,* Thunberg, 1820) in the southern Kalahari. *A. Tierpschol* 48 : 113-41.

Moehlman, P. 1979. Jackal helpers and pup survival. *Nature* 277 : 382-83.

Owens, D., and M. Owens. 1979a. Notes on social organization and behavior in brown hyenas (*Hyaena brunnea*). *J. of Mammalogy* 60 : 405-08.

Owens, D., and M. Owens. 1979b. Communal denning and clan associations in brown hyenas (*Hyaena brunnea*, Thunberg) of the Central Kalahari Desert. *Afr. J. of Ecol.* 17 : 35-44.

Owens, D., and M. Owens. 1984. Helping behaviour in brown hyenas. *Nature* 308 : 843-45.

Owens, M., and D. Owens. 1980. The fences of death. *African Wildlife* 34 : 25-27.

Schaller, G. B. 1972. *The Serengeti Lion.* Chicago : University of Chicago Press. (『セレンゲティライオン』〔上・下〕小原秀雄訳、思索社　世界動物記シリーズ22・23　1982)

Siegmund, O. H., ed. 1979. *The Merck Veterinary Manual.* Rahway, N. J. : Merck & Co.

Silberbauer, G. 1965. *Bushmen survey report.* Gaborone : Botswana Government Printers.

Skinner, J. 1976. Ecology of the brown hyena in the Transvaal with a distribution map for southern Africa. *S. Afr. J. of Sci.* 72 : 262-69.

Trivers, R. L. 1974. Parent-offspring conflict. *Am. Nat.* 14 : 249-64.

Williamson, D. T. 1984. More about the fences. *Botswana Notes and Records.*

Young, E., R. S. Hedger, and P. G. Howell. 1972. Clinical foot and mouth disease in the African buffalo (*Syncerus caffer*). *Ondersterpoort J. vet res.* 39 (3) : 181-83.

監修者あとがき

伊藤政顕

カラハリはアフリカ南部のほぼ中央に位置する砂漠地帯だ。ボツワナ、ナミビア、ジンバブエ、ザンビア、南アフリカにまたがっており、内陸の乾燥地帯で北部にはサヴァンナ、中部には湿地帯もあるが、南部には砂丘が発達している。一部にサン人とコイコイ人がすんでいるが、当時は開発はされていなかった。

本書はMark & Delia Owens, *Cry of the Kalahari*, (1985, London; Collins) の全訳である。ただし、エピグラフと謝辞は単行本版に従い省略した。

オーエンズ夫妻は、一九七四年一月四日、アメリカを出発してボツワナにむかった。マークとディーリアはジョージア大学在学中に知り合い、結婚した。出発はその一年後のことである。

最近は日本の若い研究者も海外へ出かけ、興味深い研究の成果を発表しているが、まだその数は多くない。オーエンズ夫妻は家財道具を売り払って出発したが、この本を読み進むうちに、多くの自然保護団体から多額の援助を受けていることがわかる。オーエンズ夫妻の若い情熱に敬意を払うと同時に、それを陰で支えている大きな社会的な力をうらやましく思った。

この本はオーエンズ夫妻が、ボツワナの中央カラハリ動物保護区のディセプション・ヴァレーで一九七四年五月から七年間、野生動物を調査した成果であり、また、夫妻の生活記録である。しかしこれは単なる記録ではなく、多くの野生動物が登場する大自然のドラマでもある。

カラハリの動物たちのなかで、もっとも興味深いのはカッショクハイエナだ。オーエンズ夫妻は、スターと名づけた雌のカッショクハイエナを追っているうちに、スターがシャドーという雌と出会い、独特のあいさつ行動をするのを観察する。これまでカッショクハイエナは単独行動者と考えられていたが、このあいさつ行動から、群れ《クラン》をつくって生活しているにちがいないと考え、調査を進める。

調査の結果、やはりカッショクハイエナも群れ《クラン》をつくり、一定の行動圏を持っていることがわかる。この行動圏は乾季には雨季の二倍に広がる。食糧事情がきびしくなるからだ。乾季には群れ《クラン》はほとんど崩壊してしまうが、においのマークで互いの連絡はとっているようだ。

カッショクハイエナの食物はライオンの食べ残しや小動物などだが、ヒョウやチーターの獲物をうばうこともある。また、数カ月から、旱魃の時には何年も水を飲まないで生活する。

一九七七年の乾季、二人はシャドーの乳房が大きくなっているのを発見する。しかし、どうしても、その巣穴と子どもたちを発見することができない。そして翌一九七八年、無線首輪をつけたスターを追跡して、ついに砂山にある巣を発見する。ところが、その後二カ月半ほどたつとスターは子どもを他の場所へ運びはじめる。このスターを追跡した結果、大きな砂山に巣穴の集合体を発見する。マークとディーリアの喜びが行間にあふれているような感動的なシーンだ。そこでは乳の出る雌は群れ《クラン》のすべての子どもたちに乳を与え、子どもたちに餌を運ぶのも協同作業であった。

ブチハイエナについては、いままでにH・クルークの『ブチハイエナ』（思索社）、H・バン・ラービック、J・グドールの『罪なき殺し屋たち』（平凡社）などの本が出ているが、カッショクハイエナについて書かれたものは、この本が日本では初めてではないだろうか。そしてこの本でもふれられている、ブチハイエナとの比較も興味深い。

たとえば、タンザニアのセレンゲティ国立公園で観察されたブチハイエナは、なかま同士さかんに声で連絡するが、カッショクハイエナが連絡の手段として使うのは、もっぱらにおいだ。

カッショクハイエナは体長一一五センチメートル、頭は大きく、首は太い。毛色は灰褐色か茶褐色で、肢の下部には暗褐色のしまがあり、チャイロハイエナ、ブラウンハイエナともよばれる。日本では横浜市立野毛山動物園に雄雌二頭が飼育されているが（一九八八年時点）、繁殖はしていない。

カッショクハイエナの次に興味をひくのは、ライオンだ。野生のライオンの調査については、ジョージ・シャラーの『セレンゲティライオン』（思索社）、ブライアン・バートラムの『ライオン、草原に生きる』（早川書房）などのすぐれたレポートが出版されている。しかし、これらは東アフリカのライオンについての報告であり、カラハリのライオンについて書かれた本はやはり日本ではこれが初めてであろう。

東アフリカのライオンの群れ《プライド》は、同族の雌とその子ども、そして一〜三頭の雄という構成で、雌は一生この群れ《プライド》のなかで生活する。雄の子は三歳ぐらいで優位の雄に追い出される。追い出された若い雄はグループをつくって放浪するが、他の群れ《プライド》を見つけるとそこの優位の雄を追い出して群れ《プライド》を手に入れる。

カラハリのライオンも群れ《プライド》をつくって生活している。だが乾季になると群れ《プライド》は小さく分かれて広い範囲に散らばってしまう。また、カラハリでは雌も他の群れ《プライド》との間を往き来しているが、これはセレンゲティライオンとの大きな違いだ。

セレンゲティでは、一年中餌になる動物がいるし、水を飲める場所があるが、カラハリでは、乾季にはアンテロープが移動してしまい、水を飲む場所もない。このような過酷な季節には群れ《プライド》を維持するのはむずかしい。

オーエンズ夫妻が調査したライオンのなかで、印象に残るのはボーンズだろう。ボーンズはけがをして餓死寸前のところを夫妻に救われ、群れ《プライド》に復帰する。やがて乾季の訪れとともに姿を消し、約八カ月後、次の雨季にふたたび姿を現わす。ボーンズは次の雨季にもディセプション・ヴァレーに帰ってくるのだが、オリックスを追って動物保護区を出たところで、ハンターに撃たれてしまう。

また、のちにもう一頭のライオン、マフィンも、罠にかかって撃たれてしまう。この二頭のライオンの死は、実に象徴的なできごとだ。

カラハリの過酷な自然環境に適応して生活してきた動物たちの上に、ハンティングや開発という人間の大きな圧力がのしかかってきている。カラハリの自然保護はオーエンズ夫妻の一貫したテーマだが、この本のなかではとくに、ヌーの群れが防疫柵にはばまれて水場に近づけない悲惨な状態を解消するよう強く訴えている。また、カラハリの奥地にまで地質調査のヘリコプターが飛んでくるのに強い懸念を表明している。

オーエンズ夫妻はこの本のなかで、カラハリの多くの動物たちの生活を興味深く紹介すると同時に、その保護をよびかけている。そのよびかけは、夫妻の七年間にわたる調査を基礎にしているので説得力があり、また重みを感じる。カラハリの自然が保護され、そこに生きる動物たちが自然のなかで生活していけるよう祈らずにはいられない。

本書は二六章からなっているが、一章から一〇章までは小野さやかが、一一章から二六章までは伊藤紀子が翻訳を分担し、全体の原稿を私が目をとおすという形で作業を進めた。翻訳をすすめる過程では、動物行動学、生態学、古生物学、植物学、また、その他自動車、飛行機など多くの専門家の方々に多くのことを教えていただいた。心からお礼を申し上げる。また、早川書房編集部の宇佐美力氏、森裕介氏、校閲課の屋代通子氏にはたいへんお世話になった。心より感謝したい。

一九八八年一一月

解説　オーエンズ夫妻の見た夢

（京都大学アジア・アフリカ地域研究研究科准教授）
高田　明

筆者達は、最愛の伴侶と野生の動物達に囲まれて暮らすという、動物好き青年の夢を体現した夫婦である。予期せぬコブラや見知らぬライオンの群れとの遭遇といったトラブルすらも含めて、そうした夢の一部といってよいだろう。

私はこの四半世紀の間、本書の端々にも登場するサンの暮らしを研究する人類学者として、カラハリの地と関わってきた。大学院生の頃には、ヘッドランプで照らしながら本書の英語版のページをめくった。大きな感銘と共にテントを出て、カラハリの澄んだ星空を眺めたことは今でも鮮やかに思い出す。筆者達の夢に共感するだけでなく、その経験の一部を共有するという幸運に恵まれた読者である。この地域を特徴づけている動植物や地形は様々な分野の研究者を惹きつけて止まないが、それを分かりやすく、躍動感あふれる日本語で伝えている訳者の苦労は相当だったに違いない。名著であると共に名訳でもある本書が文庫化されたことをうれしく思う。

本書を読み始めた読者は、すぐさまそこに通底しているナチュラリストの冷静かつ温かい眼差しを感じとるだろう。筆者達が鮮やかに描くカラハリ砂漠の光景は、私達の五感を刺激して、人が自然と関わることの根源的な喜びを追体験させてくれる。そして、そこで生を営む動物達のように、筆者達もまた四肢を躍動させ、思考を巡らして、謎や困難を一つずつ解決していく。その過程についての生き生きとした記述は、私達の理性と感情の双方に訴える。筆者達が動物学において多大な業績をあげると共に、作家としても大きな成功を収めていることは偶然ではあるまい。また、厳しい環境で触れる、助け合う人々の温かさ、文明の産物のありがたみ、町に赴いた時の所在のなさ、キャンプに戻ってきた時の安心感などには、私も同じ地に関わってきたフィールドワーカーとして大いに共感する。

一方、研究分野の違いにもよるのだろうが、私の目には、筆者達が現地の社会や政治には驚くほどナイーブであるようにも映る。彼方で燃えあがり、砂丘を越えていく野火をみた筆者達は、動物の行動についてはあれだけ働かせた想像力を、その背後にある人間の営みに向けることはない。この火をつけたやつら、と言及されるサンは長い間、カラハリ砂漠の広大な領野で移動生活を送ってきた。そのサンが名付けたとされるディセプション・

ヴァレーで筆者達が彼らと出会わなかったのは、サンにとってはそこが暮らすのに向いていなかったからだろう。もっとも、この辺鄙な地に文明の利器を持ち込んで奇妙な暮らしを始めた筆者達を、遠巻きにこっそり眺めたサンはいたかもしれない。カラハリ砂漠は筆者達によって発見されたのでも、キリスト教が理想とするエデンでもない。さらには動物学であれ人類学であれ、調査という活動は一七世紀以来の南部アフリカの植民地化とそこからの脱却という、苦難の歴史と切り離せない。筆者達の調査を可能にした広大な中央カラハリ動物保護区（CKGR）は、サンの伝統的な生活域とほぼ重なる。これは、人類学者でありベチュアナランド保護領政府の調査官でもあった「シルバーバウアー（本書でも何度か登場する）」が、域内の野生動植物を保護するだけでなく、そこで狩猟採集に基づく生活を送っていたサンが自ら望む生活スタイルを選べるようにCKGRの境界を定めたからである。

筆者達が感じた町での所在のなさは、白人が埋め込んだ社会インフラの上に立ちながらも、その基盤を否定しかねない理想を唱えているという根本的な矛盾に由来するのかもしれない。筆者達の友人の白人ハンターであるライオネルがもう一人の友人、すなわち筆者達と野生動物の交流の象徴であった雄ライオンのボーンズを狩猟区内で撃ち殺した時、その矛盾の一端は表面化した。また、長らく筆者達の助手を務めたツワナ人のモクスが黙って姿を消した時、筆者達はひどく当惑し、腹を立てた。これは彼らの間に、筆者達がライオンとの間に感じていたそれにも匹敵する壁があることを示している。この壁を越えたなら、筆者達はそれまで聞こえなかったたくさんの声を耳にしたことだろう。

筆者達がカラハリ砂漠を去った後も、こうした矛盾をめぐる葛藤は続いている。CKGR内での鉱山開発は、筆者達が危惧したほどには進んでいない。ボツワナ政府が地域開発をうたって一九九〇年代後半から実施した再定住政策により、ほとんどのサンはCKGR外に居住地を移され、地域社会の底辺で生きることを余儀なくされている。二〇一四年には広大なオカヴァンゴ・デルタが世界遺産に登録され、観光業が盛んになってきている。その一方で、地域開発や保全活動が進むと共に人間とゾウ双方のポピュレーションが増え、オカヴァンゴ・デルタの水域と水量は急速に減少している。その結果、人間とゾウを始めとする野生動物との生活域が重なってきており、農作物等への被害だけでなく、人身事故が増えている。地域住民、政府、NGOや国際機関が様々なアプローチから筆者達が発した問いかけへの答え、すなわち人間と野生動物が共存していく道を探っている。しかし、人間といってもその立場、例えば自然保護を重視する欧米人、地域の開発と発展を求める政府、伝統的生活域での権利を主張するサンによって、何を重視するかは大きく異なる。簡単な答えはない。問いかけは今も反響し続けている。

二〇二一年七月

解説 ベストセラーを生んだ大地の記憶

（文芸評論家、エッセイスト）北上次郎

本書は、ディーリア・オーエンズとマーク・オーエンズ、この若き夫婦が七年間、アフリカ最後の秘境でフィールドワークした驚異の記録である。

たとえばマークは本書の冒頭で次のように書いている。「ここにいるたいていの動物は、これまで人を見たことがなかった。銃で撃たれたことも、車に狩りたてられたことも、落とし穴や罠にかかったこともなかった。そのおかげで私たちは、多くの野生動物について、これまでほとんど知られていないことまで学べるめったにない機会を得た。雨季には、朝起きてみると三〇〇〇頭ものアンテロープがテントのまわりで草をはんでいることがよくあった。また、ライオン、ヒョウ、カッショクハイエナは夜キャンプにやってきて、テントの張り綱をひっぱって私たちを起こす。時には風呂場にきて私たちを驚かせたり、食器を洗ったまま捨て忘れた水を飲んだりした。月光の下で私たちといっしょに坐っていたこともあるし、私たちの顔を嗅ぎにきたことさえあった」

彼らと動物たちとの触れ合いは、驚きを禁じえない。彼らは動物たちに名前をつけて識別しているが、額に小さな星があるカッショクハイエナの「スター」は、彼らに近づいてきて、ディーリアの髪の匂いを嗅ぎ、一歩横に出て、マークの顎ひげを嗅ぐ。そういう接触が随所にあるのだ。草の上で寝ていたら、ジャッカルにシャツと靴を持っていかれたこともあり、そういうユーモラスな日々の断面も描かれている。

本書の白眉は、カッショクハイエナがなぜ群れで行動しているのかを突き止めるくだり。ライオンやオオカミ、時には原始人まで、群れを作るのは共同で狩りをしたほうが効率がいいからで、楽しいから一緒にいるわけではない。そして、カッショクハイエナは屍肉食だから通常狩りはしない。いつも単独で食物を探して歩いている。にもかかわらず、彼らは群れを作って社会生活を営んでいる。なぜ彼らは仲間を必要としているのか。

本書はミステリーではないので、本書のラスト近くで明らかになるその理由をここに書いてもいいのだが、私が感動した箇所でもあるので、ここには書かないでおく。

そのくだりの一シーンを引くにとどめておく。それは印象的なシーンで忘れがたい。

「ピピンがたった一頭だけで、砂山の頂上にたたずんでいる。肢は長くて細く、身体はやせていた。彼は、母親のスターがよくしていたように、頭を動かさず、目だけをギョロつかせて、長い間私たちを見つめた。そしてそのあと長い体毛をブルブルとふるわせ、尾をむちのように振って、やぶのなかに歩み去った」

砂山の頂上に佇む、このピピンがカッコいい。肢は長くて細く、身体はやせていても、カッショクハイエナの無私の心がカッコいいのだ。著者は次のように書いている。

「従来ハイエナは害獣と見なされており、類語辞典にも〝ろくでなし〟や〝腹黒いやつ〟の同義語としてのっているくらいだが、このように（略）非常に社会的であるばかりでなく、非常に無私無欲な生き物でもあるらしい」

別のところで著者は、ハイエナについて「臆病でこそこそ隠れ暮らす動物ではない」と断言しているが、本書を読むと、その力強い断言が心地よく思えてくる。

ディーリア・オーエンズとマーク・オーエンズ、若き彼らはいつも研究資金が乏しく、そのために苦労する生活のディテールも興味深い。毎日三食、煮豆を食べるだけだったり、水も制限されているので、風呂にも当然入れない。ガソリン代だけで二〇〇ドルもかかるようなところまで行ったら、研究資金として援助者個人から二〇〇ドル渡されたこともある！　向こうは善行をほどこした気になっているが、そんな小額の援助金を渡すのに呼びつけるのか（いや、マークはそう言ってないが、言ってやれ）。あるいはローデシアで繰りひろげられているテロ闘争（時代は一九七〇年代の半ばである）の影響をうけて移動が制限されたりもするから、自然界だけの問題でもないので大変だ。

彼らがカラハリ砂漠で過ごしたのは、ディーリアが二五歳、マークが三〇歳のときからの七年間だが、このときのフィールドワークの成果が、ディーリアが七〇歳で初めて書いた小説『ザリガニの鳴くところ』の背景にあるのは、想像に難くない。あの傑作小説の瑞々しい自然描写の奥には、カラハリ砂漠で過ごした若き日の記憶があるに違いない。『ザリガニの鳴くところ』には、ライオンのボーンズ、カッショクハイエナのシャドーやスターなどはいっさい出てこないけれど、彼らと過ごした若き日の記憶が、濃厚に漂っている。本書を読み終えたら、もう一度、『ザリガニの鳴くところ』をお読みになることをすすめたい。また違った風景が見えてくるはずである。

二〇二一年七月

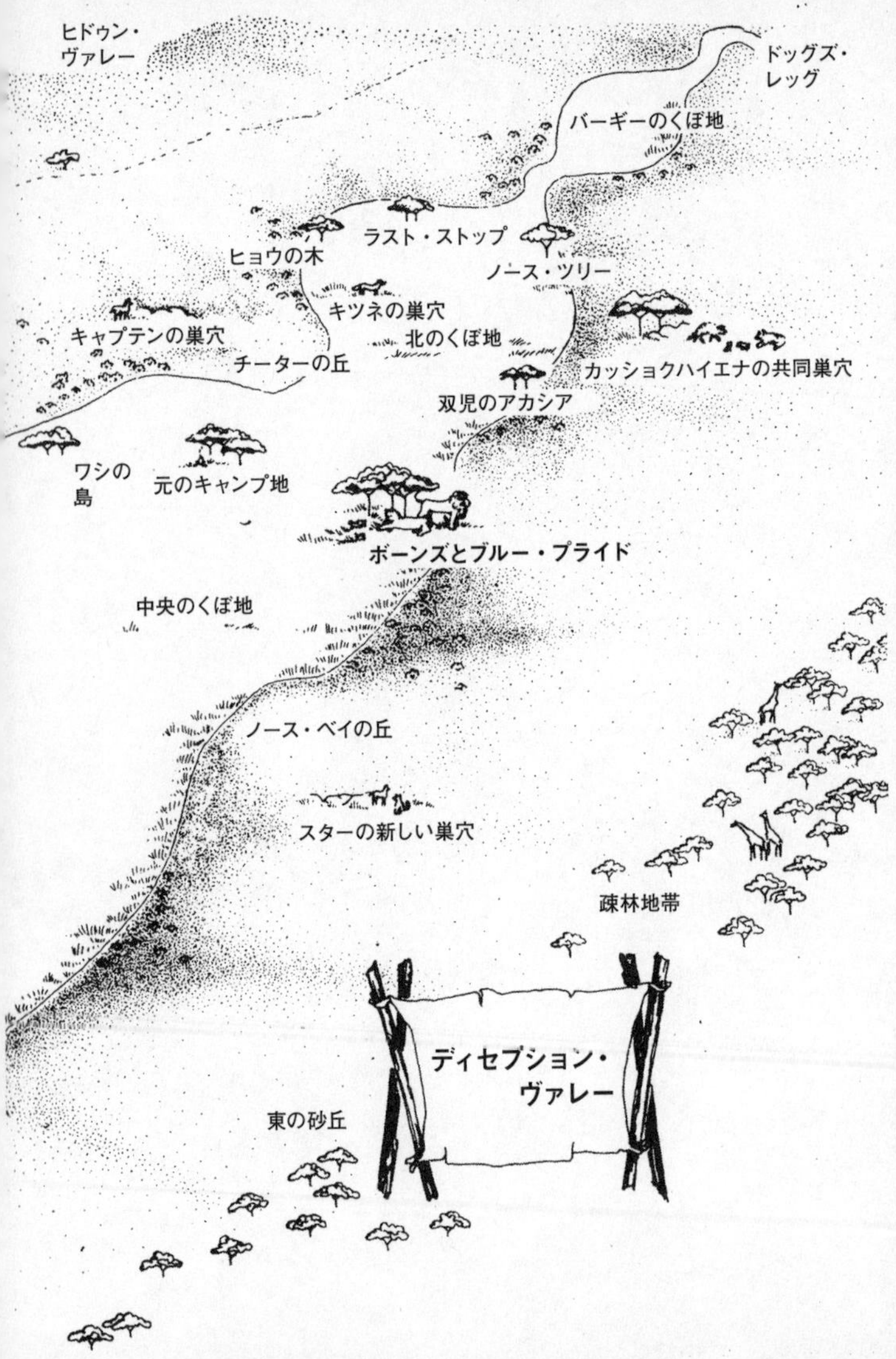
ヒドゥン・
ヴァレー
ドッグズ・
レッグ
バーギーのくぼ地
ラスト・ストップ
ヒョウの木
ノース・ツリー
キツネの巣穴
キャプテンの巣穴
北のくぼ地
チーターの丘
カッショクハイエナの共同巣穴
双児のアカシア
ワシの
島
元のキャンプ地
ボーンズとブルー・プライド
中央のくぼ地
ノース・ベイの丘
スターの新しい巣穴
疎林地帯
ディセプション・
ヴァレー
東の砂丘

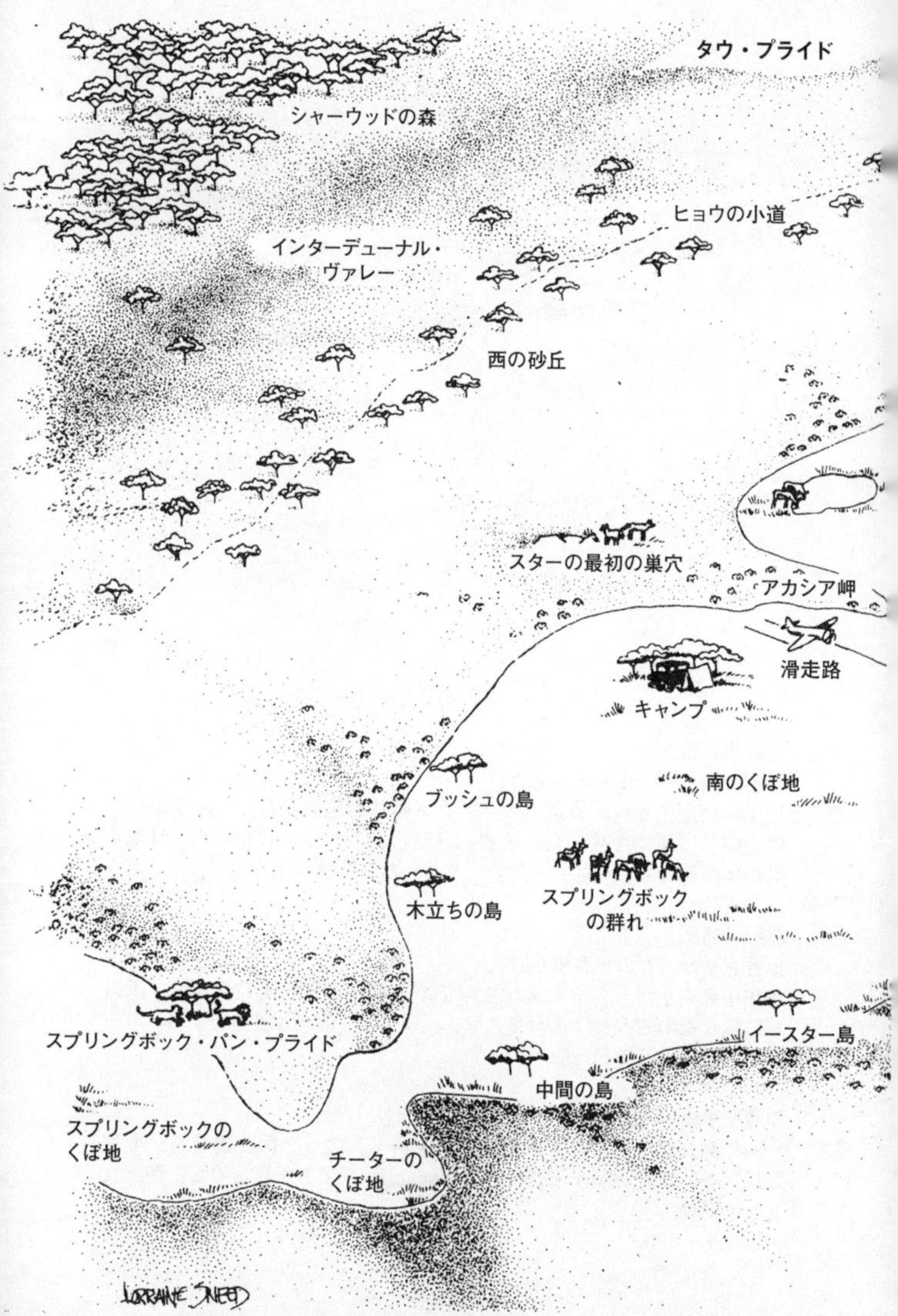
タウ・プライド
シャーウッドの森
ヒョウの小道
インターデューナル・
ヴァレー
西の砂丘
スターの最初の巣穴
アカシア岬
滑走路
キャンプ
南のくぼ地
ブッシュの島
木立ちの島
スプリングボック
の群れ
イースター島
スプリングボック・パン・プライド
中間の島
スプリングボックの
くぼ地
チーターの
くぼ地
LORRAINE SNEED

◎監修者紹介
伊藤政顕（いとう・まさあき）
1936年東京生まれ。東京農大卒。東京動物園協会発行誌「どうぶつと動物園」の編集を務めた。著書に『動物世界の愛と悲しみ』『日本の動物事典』『世界の動物事典』（共著）など多数。

◎訳者略歴
小野さやか（おの・さやか）
1936年東京生まれ。立教大学文学部卒。動物の科学研究会会員。訳書『孤独な森の住人』J・マキノン、『ライオン草原に生きる』B・バートラム（早川書房刊）他。

伊藤紀子（いとう・のりこ）
1939年高知県生まれ。津田塾大学英文科卒。アジア国会議員連合事務局翻訳者、読売新聞社《The Daily Yomiuri》記者等を経たのち、翻訳家として活動。

本書は、一九八八年十一月に早川書房より単行本として刊行された『カラハリ――アフリカ最後の野生に暮らす――』を改題し文庫化したものです。

HM=Hayakawa Mystery
SF=Science Fiction
JA=Japanese Author
NV=Novel
NF=Nonfiction
FT=Fantasy

カラハリが呼《よ》んでいる

〈NF577〉

二〇二一年八月十日　印刷
二〇二一年八月十五日　発行
（定価はカバーに表示してあります）

著　者　マーク・オーエンズ
　　　　ディーリア・オーエンズ
監修者　伊《い》藤《とう》政《まさ》顕《あき》
訳　者　小《お》野《の》さやか
　　　　伊《い》藤《とう》紀《のり》子《こ》
発行者　早川　浩
発行所　株式会社　早川書房
郵便番号　一〇一 - 〇〇四六
東京都千代田区神田多町二ノ二
電話　〇三 - 三二五二 - 三一一一
振替　〇〇一六〇 - 三 - 四七七九九
https://www.hayakawa-online.co.jp

乱丁・落丁本は小社制作部宛お送り下さい。
送料小社負担にてお取りかえいたします。

印刷・中央精版印刷株式会社　製本・株式会社明光社
Printed and bound in Japan
ISBN978-4-15-050577-6 C0198

本書は活字が大きく読みやすい〈トールサイズ〉です。